面向21世纪课程教材

大学基础化学实验（Ⅱ）

第三版

蔡良珍 主编　俞 晔　王月荣　熊 焰 副主编

U0228661

化学工业出版社

·北京·

《大学基础化学实验(Ⅱ)》(第三版)主要包括有机合成和物质性质测定两部分内容，共56个实验项目。编写时注重基本操作实验和基础实验，以培养学生的动手操作能力，综合性、设计性实验将设计与仪器操作紧密结合，以培养学生综合运用各种知识分析、解决问题的能力。

　　本书可作为高等院校化学类专业本科生的教材，又可供从事化学实验工作或化学研究的技术人员参考。

图书在版编目 (CIP) 数据

大学基础化学实验.Ⅱ/蔡良珍主编.—3版.—北京：化学工业出版社，2019.9(2023.7重印)
面向 21 世纪课程教材
ISBN 978-7-122-34849-4

Ⅰ.①大… Ⅱ.①蔡… Ⅲ.①化学实验-高等学校-教材 Ⅳ.①O6-3

中国版本图书馆 CIP 数据核字 (2019) 第 141322 号

责任编辑：宋林青	文字编辑：刘志茹
责任校对：宋　夏	装帧设计：刘丽华

出版发行：化学工业出版社（北京市东城区青年湖南街 13 号　邮政编码 100011）
印　　装：涿州市般润文化传播有限公司
787mm×1092mm　1/16　印张16¼　字数 426 千字　2023 年 7 月北京第 3 版第 3 次印刷

购书咨询：010-64518888　　售后服务：010-64518899
网　　址：http://www.cip.com.cn
凡购买本书，如有缺损质量问题，本社销售中心负责调换。

定　　价：40.00 元

前　言

为进一步推进大学化学实验教学改革，按照教育部有关实验改革的精神，即大力改革实验教学的形式和内容，开设综合性、创新性和研究性课题，本教材在保持第一版、第二版编写指导思想和教材特色的基础上，对部分内容进行了删选和补充，对实验编排作了调整。结合编者院校的科研成果，增加了一些适合本科学生实验的，与科研实际相结合的课题，希望进一步加强学生查阅资料、解决实际问题的能力和创新能力。本版主要作了如下修改：

一、对原第 1 章内容进行了补充，如增加了熔点、减压、分馏等基础操作的实验实例，方便学生操作和自学。

二、对原第 3、4 章有机合成实验和天然产物的提取与分析两章互换，将天然产物的提取与分析一章中仪器部分相应提前，有利于学生在有机合成后知道产品可以用什么仪器去鉴定，方便教学。

三、增加了新的仪器使用方法，如气相色谱、红外、高效液相色谱等操作手册。

四、原第 3 章有机合成和第 5 章综合性实验做了部分删选和补充。

五、第 6 章增加了实验原理部分，并根据实验教学内容修改了部分实验。

本次修改工作由蔡良珍、俞晔、王月荣、熊焰负责，蔡良珍统稿。本次再版得到了华东理工大学教务处、化学工业出版社、华东理工大学化学与分子工程学院及使用本教材的各高等院校师生的大力支持，在此深表感谢。

限于水平，疏漏之处难免，恳请同行及读者提出宝贵意见。

编　者
2019 年 5 月

第一版前言

为适应 21 世纪的科技发展和社会对理科应用化学人才培养的需要，多年来在理论课程改革的同时，化学实验课程的改革也一直没有间断。新的实验课程设置尝试打破原来分设的无机、分析、有机和物化四门化学实验课程的体系，对实验技能训练进行科学组合，加强应用意识及综合、创新能力的培养。《大学基础化学实验（Ⅱ）》是继 2000 年 8 月出版的《大学基础化学实验（Ⅰ）》之后，为新的实验课程体系配套的第二本教材。

《大学基础化学实验（Ⅱ）》是为大学二年级学生编写的化学实验课程教材。该教材在体系上，以有机合成为主线，将有机化合物的物性测定、色谱和波谱等有机物分离和分析方法溶入其中，因此更有利于培养学生综合运用各种知识分析、解决问题的能力。对于一些应用化学专业二年级学生必须掌握的，但一时还难以归入有机合成主线的实验内容单独设立第 5 章。在内容上，增加了相转移催化反应等较新领域的有机合成实验以及设计性实验的内容，使学生能了解和尽早接触本学科的前沿发展，并进行科学研究的初步训练。在实验手段上，部分有机合成实验采用半微量合成装置，以进行更为严密的基本实验技能训练；增添了傅里叶变换红外光谱仪、核磁共振波谱仪等现代有机分析仪器方法，使学生能接触和运用现代科技的最新成果，有利于提高学生的科学素养。

《大学基础化学实验（Ⅱ）》教材中的实验体系，于 1997 年秋季开始就在华东理工大学应用化学专业二年级学生中试行。历经 5 年的改革实践，在自编教材三易其稿的基础上编写出版了本教材。教材前四章中的有机合成部分由蔡良珍、肖繁花执笔，有机分析部分由苏克曼执笔，虞大红编写了第 5 章和附录，并负责全部书稿及图的编排和润色。本教材在编写过程中得到了"面向 21 世纪应用化学课程系列改革课题组"负责人朱明华教授和冯仰捷教授的热情指导和帮助，也得到华东理工大学教务处、化学系的大力支持，在此表示衷心感谢。

化学实验教学的改革是一项十分艰巨的任务，需要在长期教学实践中不断探索、总结和提高。编写这样一本基础化学实验教材涉及广泛的理论和实际知识，需要丰富的实践经验，由于我们的水平有限，不当甚至错误之处在所难免，希望读者和同行不吝指正。

编　者
2002. 10

第二版前言

《大学基础化学实验（Ⅱ）》第一版于 2003 年 3 月出版。第一版编写是建立在新的实验课程设置尝试打破原来分设的无机、分析、有机和物化四门化学实验课程的体系，对实验技能训练进行科学组合，加强应用意识及综合、创新能力的培养。几年来本书经过华东理工大学化学与分子工程学院化学系和理工优秀生部各专业以及国内一些高等院校的使用，取得一定成效，并在 2007 年获得上海市普通高校优秀教材三等奖。学生通过该模式的训练后，都能较熟练地掌握有关有机合成、天然有机化合物的提取、有机化合物的分离提纯以及物性的测定等实验技能，并且使学生的综合应用实验技能有了明显提高。

化学实验教学是一项系统工程，需要一批长期为化学实验教学默默奉献的教师在教学实践中不断探索、总结和提高。即利用教师的许多科研成果的合适部分改造成实验教学内容，开设综合性、创造性实验和研究性课题，因此第二版教材在保持第一版编写指导思想和教材特色的基础上，对部分内容进行了删选和补充，实验编排作了合理的调整，结合化学系教师多年的科研成果，增加了一些适合本科学生实验的、与科研实际相结合的课题，欲进一步加强学生查阅资料、解决实际问题的能力和创新能力，据此对第一版作如下的修改。

1. 对原第 1～3 章内容进行了部分删选和补充，如在乙酸正丁酯合成中补充了固体超强酸催化剂的制备和应用，肉桂酸的合成增加了酯化部分，两种酯化实验装置、方法的不同，学生可以做个比较，并新增了斯克劳普反应等。

2. 对原第 4 章的天然产物的提取和分析内容单独设一章，更换了一个实验。

3. 原第 4 章的"多步有机合成及其结构分析和综合性设计实验"设为第 5 章：综合性实验。在"多步有机合成及其结构分析"一节增加了安息香的辅酶绿色合成方法、微波合成、介孔分子筛和离子液体的合成及性质的测定等。在"综合性设计实验"一节增加了显色剂、植物生长调节剂半叶素的合成设计、手性拆分和未知样品的鉴定或分离的内容。

4. 原第 5 章物质性质测定更改为第 6 章，并对其内容作了部分删选和补充。

5. 为使教材能体现科学技术的不断发展，更新了实验中所涉及的仪器，同时考虑到地区差异，适当保留了原有仪器的型号和使用方法。

本次修订工作由蔡良珍、虞大红负责修订和统稿。

本次修订得到了华东理工大学教务处、化学工业出版社、华东理工大学化学与分子工程学院化学系及使用本教材的各高等院校师生的大力支持，在此深表感谢。

本次修订是否妥当，恳请同行及读者提出宝贵意见。

编　者
2009 年 8 月于上海

目　录

第1章 绪 论

《大学基础化学实验(Ⅱ)》是针对 21 世纪应用化学专业人才培养目标的要求而设置的一门新课程,是应用化学专业设置的化学实验系列课程之一。大学基础化学实验(Ⅱ)的内容,以有机合成实验为主线,将有机化合物的物性测定、色谱和波谱等有机物分离和分析方法融入其中,打破了原来无机、分析、有机、物化四门化学实验课自成体系的系统。对实验技能训练进行科学组合,更加注意培养学生的科学素养、综合能力和创新意识。

1.1 教学特点

(1) 大学基础化学实验(Ⅱ)是为大学应用化学专业二年级学生开设的一门独立的化学实验课程,以加强基本技能与应用性技能训练,培养学生综合能力、应用意识和创新精神为目的,选择内容,安排实验。

(2) 打破无机、分析、有机、物化的界线,突出认识过程中"综合"这一环。有机合成的最终目的是利用一系列有机反应,从廉价、易得的原料合成制得有高应用价值、高附加值的有机化合物。本书通过①一步或多步有机合成反应;②反应产物的分离和提纯;③目标产物的物性测定和结构鉴定整个过程,培养学生的应用意识、综合能力和科学素养。

(3) 强调"综合",但又不流于形式。对一些应用化学二年级学生必须掌握的,但一时还难以归入有机合成主线的实验内容,如一些物理化学实验,单独设立第 6 章。

(4) 更新实验内容,增加了相转移催化反应等较新领域的实验内容,以及傅里叶变换红外光谱、核磁共振波谱等先进的实验手段。

(5) 在实验技能训练方面,删除了单纯为训练实验技能而设置的实验,如蒸馏、重结晶等,而将基本实验技能训练放入相关的有机合成实验中进行,有效地缩减了学时数。

(6) 增加了设计性实验的内容,让学生学习科学研究的全过程,包括资料查阅,实验设计,准备和实施,实验结果的分析与讨论以及实验报告的撰写,培养学生科学的思维方法和综合应用知识的能力。

1.2 课程设计思路与教学要求

《大学基础化学实验(Ⅱ)》是一门独立的化学实验课程,它按基本实验技能训练、有机合成实验和综合性实验三个层次,由浅入深、由简到繁,循序渐进。

(1) 基本实验技能训练

① 实验基本知识和操作 涉及有机合成实验中普遍使用的加热、冷却、干燥、压力的测量与控制等实验室基本技术,以及玻工操作和配塞打孔等。

② 有机物的分离和提纯 包括蒸馏法、萃取法、重结晶法、升华法和经典色谱法。

③ 物性测定 涉及熔点、沸点、折射率等简单的物性测定。

以上这些基本实验技能训练，不单独安排实验，而是结合相应的有机合成或天然产物提取实验进行，避免不必要的重复。

（2）天然产物的提取与分析

当今社会崇尚"绿色"，回归自然，因此天然化合物的提取和应用将成为一个新的热点。这一部分是具有很强应用背景的内容，在具体实验内容的选择上既考虑到涵盖天然药物、色素、香料等较宽领域，又兼顾提取手段的多样性，如溶剂萃取、水蒸气蒸馏、升华等。

（3）有机合成实验

主要是简单的、一步完成的有机合成实验。通过这些实验，让学生掌握有机合成反应中常用的实验装置和实验操作技能，并学习典型的有机合成反应。例如，通过乙酰苯胺和乙酸正丁酯的合成，掌握从反应体系中除去水的不同方法及其原理和适应范围；通过1-溴丁烷的合成，掌握带气体吸收装置的回流冷凝装置及操作等。

（4）综合性实验

这一层次的实验教学主要培养学生的独立工作能力和综合能力，并在上述两个层次的基础上强化实验基本操作和技能训练，在实验内容上安排了以下两个方面。

① 多步有机合成以及结构分析　通过不同合成路线的比较和选择，培养学生分析问题、综合运用知识的能力。在内容选择上增加了较新的合成反应，如相转移催化反应等，使学生能尽早接触有机合成领域中的新进展。也增加应用性较强的实验，如对位红染料的合成及棉布染色，进一步增强学生的应用意识，也有利于提高学生的学习兴趣。在实验操作技能方面，进行强化训练。

② 综合性设计实验　由学生按题目要求，自行查阅资料，设计准备实验，并进行实验，最后对结果进行分析、讨论并写出报告。通过这样的方式培养学生的独立工作能力和初步的科研能力。

以上（3）、（4）两个部分又都是将有机化学和仪器分析（气相色谱、紫外吸收光谱、红外吸收光谱、核磁共振氢谱等）结合起来。用仪器分析方法定性鉴定提取的天然化合物或合成的目标产物，或进行定量测定。使学生掌握各种仪器分析方法所提供的独特信息以及适用范围，同时也让他们亲自操作这些现代分析仪器并进行数据处理技术，提高科学素养。

由于仪器分析中的每一科目都有其独自的原理，所以在这一部分的一开始简要介绍了气相色谱、紫外光谱、红外光谱和核磁共振氢谱的基本原理和仪器结构。

在本教材编写过程中，我们并不刻意追求形式上的划一，对于一些一时难于与有机合成实验这一主线结合的，而又比较重要、学生应该掌握的实验内容，采用灵活处理办法，单独设立一部分，例如本教材中的第6章"物性测定实验"。

1.3　实验预习、实验记录和实验报告

1.3.1　实验预习

实验预习是有机化学实验的重要环节，对实验成功与否、收获大小起着关键作用，学生在实验前必须对所做实验进行认真全面地预习，以便对所做实验内容有全面的了解，做到心中有数，并按要求将预习结果写在实验记录本上。对于那些未预习的学生，实验指导教师有权拒绝他们进行实验。

预习要求：明确实验目的；了解实验原理；领会实验步骤和注意事项；根据实验内容从有关手册或参考书上查出有关试剂、原料、产物的物理常数。例如，在有机合成实验报告中的前五项内容（见附录1实验报告范例1）。

1.3.2　实验记录

实验是培养学生科学素养的重要途径。实验过程中，要求学生做到认真操作、仔细观察、积极思考，并将实验中的各种现象、数据如实地记录下来，记录要做到简单明了、字迹清楚。实验结束时，学生须将实验记录本和产物交给实验指导教师检查。实验记录是研究实验内容、书写实验报告和分析讨论实验结果的重要依据，也是培养学生形成良好实验记录习惯的主要环节。

1.3.3　实验报告

在实验操作完成以后，必须对整个实验加以总结讨论，即讨论实验现象，分析出现的问题，对实验数据、结果进行整理归纳。这是完成整个实验的一个重要组成部分，也是感性认识发生飞跃上升到理性认识的必要步骤。实验报告除了前面提到的预习内容和实验记录，还包括实验结果和讨论。例如有机合成实验的结果包括产物的物理状态、产量、产率。在有机化学反应中，产率的高低和质量的好坏常常是评价一个实验的方法及考核实验者实验技能的重要指标。

实际产量是指实验中实际得到的纯粹产物的重量，简称产量。理论产量是假定反应物完全转化成产物，根据反应方程式（按投料比物质的量小的为基准物）计算得到的产物数量。有机反应中，常因为副反应、反应不完全以及分离提纯过程中引起的损失等原因，实际产量总是低于理论产量。产率是指实际产量和理论产量的比值：

$$产率 = \frac{实际产量}{理论产量} \times 100\%$$

以乙酰苯胺的合成实验为例：把 5mL（0.055mol）苯胺与 7.4mL（0.13mol）冰醋酸以及 0.1g 锌粉加热反应，经分离提纯得乙酰苯胺 5g，试计算其产率。

根据反应式：

$$\text{（苯胺）NH}_2 + CH_3-C\underset{OH}{\overset{O}{\big|}} \rightleftharpoons \text{（苯环）NHCOCH}_3 + H_2O$$

在反应中，按投料比，苯胺物质的量较小，因此在计算理论产量时以苯胺的物质的量为准，乙酰苯胺的相对分子质量为 135。

$$理论产量 = 135 \times 0.055 = 7.4\ (g)$$

$$产率 = \frac{5}{7.4} \times 100\% = 67.5\%$$

本书附录 1 提供了两个不同类型的实验报告范例。

1.4　实验室基本知识

1.4.1　实验室规则

为了确保化学实验安全、正确地进行，为了培养学生良好的实验习惯和严谨的科学态度，学生必须遵守以下规则：

① 学生从事化学实验，必须秉持"安全第一"的思想意识，遵守实验室安全守则，进入实验室必须穿着实验服，佩戴防护眼镜，取用化学试剂和进行相关操作时必须佩戴防护手套；

② 许多有机化学品沸点低，易挥发，具有刺激性气味以及对人体有毒有害，所以取用时必须在通风橱中进行；

③ 学生进实验室后首先要了解实验室内水、电、煤气开关的位置和放置灭火器材的地

点及使用方法；

④ 实验前必须认真预习实验内容，写好预习报告；

⑤ 在实验过程中应保持桌面清洁整齐，有条不紊，要认真操作，仔细观察，详细记录，不得擅自离开；

⑥ 实验中固体废物（如火柴、废纸等）和废液（如废酸、废碱及废有机溶剂）不得乱丢或乱倒，固体废物应放到废物箱中，废液要倒入指定的废液缸内，应养成良好的实验习惯；

⑦ 严格按照实验中规定的药品规格、用量和步骤进行实验，若要更改，须征得指导教师同意后才可实施，公用药品不得任意挪动，用后立即盖好，注意节约使用；

⑧ 爱护实验仪器，严格按照操作规程使用仪器，自管仪器用后必须洗净，妥善收藏，公用仪器用后放回原处，仪器若有损坏要及时办理登记、补领手续；

⑨ 尊重教师指导，实验结束后须经教师全面检查，待教师在实验本上签字后才能离开实验室；

⑩ 值日学生在实验结束后，负责打扫实验室，复原公用仪器的位置，关闭水、电、煤气开关总阀，由教师检查后方可离去。

1.4.2　实验室安全知识

（1）火灾的预防和灭火

在有机化学实验中，常用的有机溶剂大多数是易燃的，而且多数有机反应往往需要加热，因此在有机化学实验中防火显得十分重要，要预防火灾的发生，必须注意以下几点：

① 实验装置安装一定要正确，操作必须规范；

② 在使用和处理易挥发、易燃溶剂时不可存放在敞口容器内，要远离火源，加热时必须采用具有回流冷凝管的装置，且不能用明火直接加热；

③ 实验室内不得存放大量易燃物；

④ 要经常检查煤气开关、煤气橡皮管及煤气灯是否完好。

一旦发生火患，一定要沉着、冷静。首先要关闭煤气，切断电源，然后迅速移开周围易燃物质，再用石棉布或黄沙覆盖火源或用灭火器灭火。当衣服着火时，应立刻用石棉布覆盖着火处或赶快脱下衣服，火势大时，应一面呼救，一面卧地打滚。

（2）爆炸事故的预防

实验中发生爆炸其后果往往是严重的。为了防止爆炸事故的发生，一定要注意以下事项：

① 仪器装置应安装正确，常压或加热系统一定要与大气相通；

② 在减压系统中严禁使用不耐压的器皿，如锥形瓶、平底烧瓶等；

③ 在蒸馏醚类化合物，如乙醚、四氢呋喃等之前，一定要检查是否有过氧化物，若有，必须先除去，再进行蒸馏，且切勿蒸干；

④ 使用易燃易爆物如氢气、乙炔等或遇水会发生激烈反应的物质如钾、钠等，要特别小心，必须严格按照实验规定操作；

⑤ 对反应过于激烈的实验，应引起特别注意，有些化合物因受热分解，体系热量和气体体积突然猛增而发生爆炸，对这类反应，应严格控制加料速率，并采取有效的冷却措施，使反应缓慢进行。

（3）中毒事故的预防

① 反应中产生有毒或腐蚀性气体的实验，应放在通风柜内或应装有吸收装置，实验室要保持空气流通。

② 有些有毒物质易渗入皮肤，因此不能用手直接拿取或接触，更不准在实验室内吃东西。

③ 剧毒药品应有专人负责保管，不得乱放。使用者必须严格按照操作规程进行实验。实验中如有头晕、恶心等中毒症状，应立即到空气新鲜的地方休息，严重的应立即送医院。

（4）化学灼伤

强酸、强碱和溴等化学药品触及皮肤均可引起灼伤，因此在使用或转移这类药品时要十分小心。如果被酸、碱或溴灼伤，应立即用大量水冲洗，然后再用以下方法处理。

酸灼伤：皮肤灼伤可用5%碳酸氢钠溶液洗涤；眼睛灼伤可用1%碳酸氢钠溶液清洗。

碱灼伤：皮肤灼伤用1%～2%醋酸溶液洗涤；眼睛灼伤用1%硼酸清洗。

溴灼伤：应立即用酒精洗涤，然后涂上甘油或烫伤油膏。

灼伤严重的经急救后应速送医院治疗。

（5）割伤和烫伤

在玻璃工操作或使用玻璃仪器时，因操作或使用不当，常会发生割伤。要预防割伤，玻璃工操作一定要规范，玻璃仪器使用要正确。如果被割伤，应先取出玻璃碎片，用蒸馏水洗净伤口。小伤口，立即贴上创可贴；严重割伤，大量出血，应在伤口上方用纱布扎紧或按住动脉防止大量出血并立即送往医院医治。

在玻璃工操作中最容易发生烫伤，应注意，切勿用手去触摸刚加热过的玻璃管（棒）以及玻璃仪器。若发生烫伤，轻者涂烫伤膏，重者涂烫伤膏后立即送往医院。

1.4.3　常用玻璃仪器简介

使用玻璃仪器时必须了解：

① 玻璃仪器易碎，使用时要轻拿轻放；

② 玻璃仪器中除烧杯、烧瓶和试管外都不能用火直接加热；

③ 锥形瓶、平底烧瓶不耐压，不能用于减压系统；

④ 带活塞的玻璃器皿如分液漏斗等用过洗净后在活塞和磨口间垫上小纸片，以防止黏结；

⑤ 温度计测量的温度范围不得超出其刻度范围，也不能把温度计当搅拌棒使用，温度计用后应缓慢冷却，不能立即用冷水冲洗，以免炸裂或汞柱断线。

（1）有机化学实验常用玻璃仪器

实验常用玻璃仪器分为两类，一类为普通玻璃仪器，另一类为标准磨口玻璃仪器。

① 普通玻璃仪器　目前这类仪器大都已被标准磨口仪器所取代，但有时它还有一定用途，因此这里仍作简单介绍（图1-1）。

② 标准磨口玻璃仪器　标准磨口玻璃仪器（图1-2）是具有标准磨口或标准磨塞的玻璃仪器。这类仪器具有标准化、通用化和系列化的特点。

标准磨口玻璃仪器均按国际通用技术标准制造，常用的标准磨口规格为10、12、14、16、19、24、29、34、40等，这里的数字编号是指磨口最大端的直径毫米数。有的标准磨口玻璃仪器用两个数字表示，如10/30，10表示磨口大端的直径为10mm，30表示磨口的高度为30mm。相同规格的内外磨口仪器可以相互紧密连接，而不同规格则不能直接连接，但可以通过大小口接头，使它们彼此连接起来。

使用标准磨口玻璃仪器可免去配塞子、钻孔等手续，又可避免塞子给反应带进杂质的可能，而且磨砂塞、口可紧密配合，密封性好。

使用标准磨口玻璃仪器时应该注意：

a. 磨口表面必须保持清洁，若粘有固体物质，可导致接口处漏气，同时会损坏磨口；

b. 使用磨口仪器时一般不需涂润滑剂以免玷污产物，但在反应中若有强碱性物质时，则要涂润滑剂以防黏结，减压蒸馏时也要涂一些真空脂类的润滑剂；

c. 磨口仪器使用完毕后，应立即拆开洗净，以防磨口长期连续使用使磨口黏结而难以拆开，分液漏斗及滴液漏斗用毕洗净后，必须在活塞处放入小纸片以防黏结；

d. 安装仪器时要正确，磨口连接处要呈一直线，不能歪斜以免应力集中而造成仪器的破损。

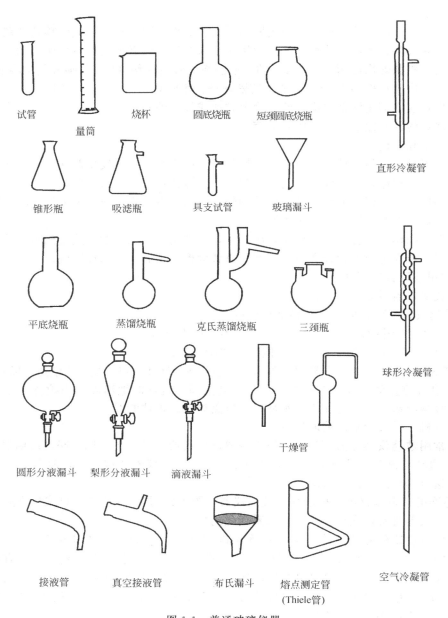

图 1-1　普通玻璃仪器

（2）玻璃仪器的清洗

仪器用毕后应养成立即清洗的习惯。清洗玻璃仪器的一般方法是把仪器和毛刷淋湿，蘸取肥皂粉或洗涤剂，刷洗仪器内外壁，除去污物后，用清水洗涤干净。若要求洁净度较高时，可依次用洗涤剂、去离子水清洗。

（3）玻璃仪器的干燥

在有机反应中，水的存在往往会影响反应的速度和产率，有些反应必须在无水条件下才能进行，因此仪器洗涤后常常要干燥。最简单的干燥是把仪器倒置，使水自然流下、晾干，也可将仪器放入烘箱或气流干燥器上烘干。若需要急用则倒尽仪器中的存水后，用少量95％乙醇或丙酮荡涤，把溶剂倒入回收瓶中后，用电吹风把仪器中残留的溶剂吹干。

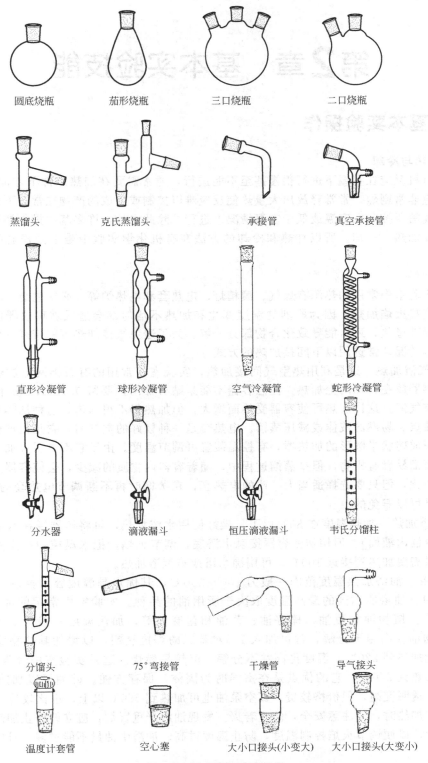

图 1-2　标准磨口玻璃仪器

第2章 基本实验技能

2.1 基本实验操作

2.1.1 加热与冷却

有些有机反应在室温下进行很慢甚至不能进行，通常需要在加热条件下才能加快反应；而有些反应非常剧烈，常常释放出大量热使反应难以控制或生成的产物在常温下易分解，因此反应温度需要控制在室温或低于室温情况下进行。除此之外，许多基本操作如蒸馏、重结晶等也都要加热、冷却。所以加热和冷却的方法在有机化学实验中是十分普遍而又非常重要的。

（1）加热

化学实验室中常用的热源有煤气、酒精灯、电热套和电热炉等。必须注意，玻璃仪器一般不能用直接火焰加热，因为剧烈的温度变化和加热不均匀都会造成玻璃仪器的破损。同时，由于局部过热，还可能导致化合物部分分解。为了避免直接加热可能带来的问题，根据反应的具体情况，常选用以下间接加热的方式。

① 空气浴加热　这是利用热空气间接加热，实验室中常用的有石棉网上加热和电热套加热。把容器放在石棉网上加热，注意容器不能紧贴石棉网，要留 0.5～1.0cm 间隙，使之形成一个空气浴，这样加热可使容器受热面增大，但加热仍不很均匀。这种加热方法不能用于回流低沸点、易燃的液体或减压蒸馏。电热套是一种较好的空气浴，它是由玻璃纤维包裹着电热丝织成碗状半圆形的加热器，有控温装置可调节温度。由于它不是明火加热，因此可以加热和蒸馏易燃有机物，但是蒸馏过程中，随着容器内物质的减少，会使容器过热而引起蒸馏物的炭化，但只要选择适当大一些的电热套，在蒸馏时再不断调节电热套的高低位置，炭化现象是可以避免的。

② 水浴加热　加热温度在 80℃ 以下，最好使用水浴加热，可将容器浸在水中（水的液面要高于容器内液面）。但切勿使容器接触水浴底，调节火焰，把水温控制在需要的温度范围内。如果需要加热到接近 100℃，可用沸水浴或蒸汽浴加热。

③ 油浴　油浴加热温度范围一般为 100～250℃，其优点是温度容易控制，容器内物质受热均匀。油浴所达到的最高温度取决于所用油的品种。实验室中常用的油有植物油、液体石蜡等。植物油如豆油、棉籽油、菜油和蓖麻油等，加热温度一般为 200～220℃。为防止植物油在高温下分解，常可加入 1% 对苯二酚等抗氧剂，以增加其热稳定性。药用液体石蜡能加热到 220℃，温度再高并不分解，但较易燃烧。这是实验室中最常用的油浴。石蜡也可加热到 220℃。它的优点是在室温时为固体，保存方便。硅油可以加热到 250℃，比较稳定、透明度高，但价格较贵。真空泵油也可加热到 250℃ 以上，也比较稳定，价格较高。油浴在加热时，要注意安全，防止着火。发现油浴严重冒烟，应立即停止加热。油浴中要放温度计，以便调节火焰控制温度，防止温度过高。油浴中油量不能过多，且应防止溅入水滴。

④ 砂浴　要求加热温度较高时，可采用砂浴。砂浴可加热到 350℃。一般将干燥的细砂平铺在铁盘中，把容器半埋入砂中（底部的砂层要薄些）。由于砂浴温度不易控制，故在实

验中较少使用。

（2）冷却

在有机化学实验中有些反应和分离提纯要求在低温下进行，通常根据不同要求，可选用合适的冷却方法。冷却的方法很多，最简单的方法是把盛有反应物的容器浸入冷水中冷却。若反应要求在室温以下进行，常可选用冰或冰水混合物，后者冷却效果较前者好。当水对反应无影响时，甚至可把冰块投入反应器中进行冷却。如果要把反应混合物冷至 0℃ 以下，可用碎冰和某些无机盐按一定比例混合作为冷却剂，见表 2-1。

表 2-1　冰盐冷却剂

盐类分子式	100 份碎冰中加入盐的质量/g	达到最低温度/℃	盐类分子式	100 份碎冰中加入盐的质量/g	达到最低温度/℃
NH_4Cl	25	−15	$CaCl_2 \cdot 6H_2O$	100	−29
$NaNO_3$	50	−18	$CaCl_2 \cdot 6H_2O$	143	−55
$NaCl$	33	−21			

干冰（固体二氧化碳）和丙酮、氯仿等溶剂以适当的比例混合，可冷却到 −78℃。为保持冷却效果，一般把干冰盛在广口瓶中，瓶口用布或铝箔覆盖，以降低其挥发速度。

液氮可冷却至 −188℃，一般在科研中应用。

值得注意的是当温度低于 −38℃ 时不能使用水银温度计，因为水银在该温度下要凝固，此时可用低温温度计（内装甲苯、正戊烷等液体）。

2.1.2　干燥和干燥剂

在有机化学实验中，有许多反应要求在无水条件下进行。如制备格氏试剂，在反应前要求卤代烃、乙醚绝对干燥；液体有机物在蒸馏前也要进行干燥，以防止水与有机物形成共沸物，或由于少量水与有机物在加热条件下可能发生反应而影响产品纯度；固体有机化合物在测定熔点及有机化合物进行波谱分析前也要进行干燥，否则会影响测试结果的准确性。因此干燥在有机化学实验中既非常普遍又十分重要。

干燥的方法大致有物理方法和化学方法两种。

物理方法有吸附、分馏和共沸蒸馏等。近年来也常用多孔性的离子交换树脂和分子筛脱水，这些脱水剂都是固体，利用晶体内部的孔穴吸附水分子，而一旦加热到一定温度时又释放出水分子，故可重复使用。

化学方法是用干燥剂去水。根据去水作用不同又可分为两类：

① 与水可逆地结合成水合物，如氯化钙、硫酸镁和硫酸钠等；

② 与水起化学反应，生成新的化合物，如金属钠、五氧化二磷和氧化钙等。

（1）液体有机化合物的干燥

① 形成共沸混合物去水　利用某些有机化合物与水能形成共沸混合物的特性，在待干燥的有机物中加入共沸组成中某一有机物，因共沸混合物的共沸点通常低于待干燥有机物的沸点，所以蒸馏时可将水带出，从而达到干燥的目的。

② 使用干燥剂干燥

a. 干燥剂的选择　液体有机化合物干燥，一般是把干燥剂直接放入有机物中，因此干燥剂的选择必须要考虑到：与被干燥有机物不能发生化学反应；不能溶解于该有机物中；吸水量大、干燥速度快、价格低廉。常用干燥剂的性能与应用范围见表 2-2。

干燥含水量较多而又不易干燥的有机物时，常先用吸水量较大的干燥剂干燥，以除去大部分水，然后用干燥性强的干燥剂除去微量水分。各类有机物常用干燥剂见表 2-3。

表 2-2　常用干燥剂的性能与应用范围

干燥剂	吸水作用	吸水容量/(g/g)	干燥效能	干燥速度	应 用 范 围
氯化钙	形成 $CaCl_2 \cdot nH_2O$ $n=1,2,4,6$	0.97,按 $CaCl_2 \cdot 6H_2O$ 计	中等	较快,但吸水后表面为薄层液体所盖,故放置时间要长些为宜	能与醇、酚、胺、酰胺及某些醛、酮形成络合物,因此不能用来干燥这些化合物。工业品中可能含氢氧化钙和碱或氧化钙,故不能用来干燥酸类
硫酸镁	形成 $MgSO_4 \cdot nH_2O$ $n=1,2,4,5,6,7$	1.05,按 $MgSO_4 \cdot 7H_2O$ 计	较弱	较快	中性,应用范围广,可代替 $CaCl_2$,并可用以干燥酯、醛、酮、腈、酰胺等不能用 $CaCl_2$ 干燥的化合物
硫酸钠	$Na_2SO_4 \cdot 10H_2O$	1.25	弱	缓慢	中性,一般用于有机液体的初步干燥
硫酸钙	$2CaSO_4 \cdot H_2O$	0.06	强	快	中性,常与硫酸镁（钠）配合,做最后干燥之用
碳酸钾	$K_2CO_3 \cdot \frac{1}{2}H_2O$	0.2	较弱	慢	弱碱性,用于干燥醇、酮、酯、胺及杂环等碱性化合物,不适于酸、酚及其他酸性化合物
氢氧化钾（钠）	溶于水	—	中等	快	强碱性,用于干燥胺、杂环等碱性化合物,不能用于干燥醇、酯、醛、酮、酸、酚等
金属钠	$Na+H_2O \longrightarrow$ $NaOH+\frac{1}{2}H_2$	—	强	快	限于干燥醚、烃类中痕量水分,用时切成小块或压成钠丝
氧化钙	$CaO+H_2O \longrightarrow$ $Ca(OH)_2$	—	强	较快	适于干燥低级醇类
五氧化二磷	$P_2O_5+3H_2O \longrightarrow$ $2H_3PO_4$	—	强	快,但吸水后表面为黏浆液覆盖,操作不便	适于干燥醚、烃、卤代烃、腈等中的痕量水分,不适用于醇、胺、酮等
分子筛	物理吸附	约 0.25	强	快	适用于各类有机化合物的干燥

表 2-3　各类有机物常用干燥剂

化合物类型	干 燥 剂	化合物类型	干 燥 剂
烃	$CaCl_2$、Na、P_2O_5	酮	K_2CO_3、$CaCl_2$、$MgSO_4$、Na_2SO_4
卤代烃	$CaCl_2$、$MgSO_4$、Na_2SO_4、P_2O_5	酸、酚	$MgSO_4$、Na_2SO_4
醇	K_2CO_3、$MgSO_4$、CaO、Na_2SO_4	酯	$MgSO_4$、Na_2SO_4、K_2CO_3
醚	$CaCl_2$、Na、P_2O_5	胺	KOH、$NaOH$、K_2CO_3、CaO
醛	$MgSO_4$、Na_2SO_4	硝基化合物	$CaCl_2$、$MgSO_4$、Na_2SO_4

　　b. 干燥剂的用量　干燥剂的用量可根据干燥剂的吸水量和水在有机物中的溶解度来估计,一般用量都要比理论量高。同时也要考虑分子的结构。极性有机物和含亲水性基团的化合物干燥剂用量需稍多。干燥剂的用量要适当,用量少干燥不完全,用量过多,因干燥剂表面吸附,将造成被干燥有机物的损失。一般用量为 10mL 液体加 0.5～1g 干燥剂。

　　c. 操作方法　干燥前要尽量把有机物中的水分除净,加入干燥剂后,振荡片刻,静置观察,若发现干燥剂黏结在瓶壁上,应补加干燥剂。有些有机物在干燥前呈浑浊,干燥后变为澄清,这可认为水分基本除去。干燥剂的颗粒大小要适当,颗粒太大表面积小,吸水缓慢;颗粒过细,吸附有机物较多,且难分离。

　　(2) 固体有机化合物的干燥

　　① 晾干　固体化合物在空气中自然晾干,这是最方便、最经济的干燥方法,该方法适

用于的干燥固体物质在空气中必须是稳定、不易分解和不吸潮的。干燥时，把待干燥的物质放在干燥洁净的表面皿或滤纸上，将其薄薄摊开，上面再用滤纸覆盖起来，放在空气中晾干。

② 烘干　适用于熔点高且遇热不易分解的固体。把待干燥的固体置于表面皿或蒸发皿中，放在水浴上烘干，也可用红外灯或恒温箱烘干。但必须注意加热温度一定要低于固体物质的熔点。

2.1.3　配塞打孔、玻工技术

使用普通玻璃仪器进行实验时，仪器与仪器之间一般需要通过塞子、玻璃管或橡皮管把它们彼此紧密连接起来。因此塞子的选择、打孔以及玻璃管切割、弯制和滴管等的制作都是有机化学实验中最基本的操作。

（1）塞子的选择

实验中常用的塞子有软木塞和橡皮塞两种。软木塞的优点是不易与有机化合物作用，但易漏气，易被酸碱腐蚀，而橡皮塞不漏气，不易被酸碱腐蚀，但易受有机溶剂侵蚀和溶胀，易老化。目前实验室中常用橡皮塞。选择塞子的大小应与仪器的口径相适应，一般要求塞子塞入仪器颈口部分为塞子本身高度的 1/2～2/3，见图 2-1。

（2）打孔

塞子打孔要与所插入孔内的玻璃管、温度计等的直径适宜，要紧密配合以免漏气。打孔用的工具称为打孔器，选择打孔器的大小应视软木塞、橡皮塞不同而异，软木塞打孔应选用打孔器的直径比被插入管子的直径略小些，橡皮塞打孔选用比被插入管的外径稍大些的打孔器，因橡皮塞有较大的弹性。

（3）切割玻璃管和玻璃棒

玻璃管在加工前应清洗和干燥，切割玻璃管（棒）选用小砂轮片或三角锉刀的边棱，在需要截断的地方垂直于玻璃管（棒），向一个方向锉一个稍深的凹痕（不要来回锉，否则锉痕多，切面不平整）。然后两手握住玻璃管（棒），用大拇指顶住锉痕背面的两边，轻轻向前推，同时两手向两边拉，玻璃管（棒）即可平整断开。见图 2-2。

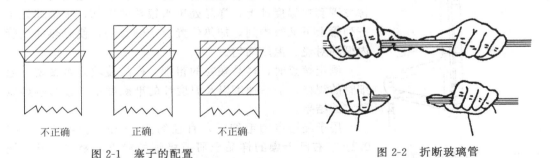

图 2-1　塞子的配置　　　　　　　　图 2-2　折断玻璃管

管子（棒）断裂处为快口，有时不平整，易划破橡皮管或割伤手，因此断口处必须要圆口，即把断口处放在煤气灯的氧化焰中旋转烧熔，使端面圆滑。

（4）弯玻璃管

先将玻璃管放在煤气灯的弱火焰中左、右移动并不断旋转，边赶走管内水分，边进行预热，然后把玻璃管倾斜一定角度放在强火焰上灼烧（以增大加热面），双手均匀等速地向一个方向转动，当加热部位呈黄红色开始软化时，立即将玻璃管移离火焰，顺着重力方向让其自然弯曲，同时双手轻轻向中心施力，弯至一定角度。如果玻璃管要弯成较小的角度，可分几次弯成。玻璃管弯好后，应检查角度是否准确，整个玻璃弯管是否在同一平面上，然后在小火上进行退火（消除应力），最后放在石棉网上冷却。

（5）滴管的拉制

将玻璃管在强火焰上边旋转边加热，待玻璃管软化后，移出火焰，双手慢慢向水平方向拉伸，同时双手同步来回转动，直至内径为 1.5～2mm。稍冷后，截取细端长度为 3～4cm 的粗制品，细端口用小火圆口，粗端口用强火焰烧软后在石棉网上按一下，使其边缘外翻，冷却后套上乳胶头。

2.2　物性测定

熔点（m.p.）、沸点（b.p.）、折射率（n_D^t）是有机化合物的重要物理性质，通过测定有机化合物的物理性质，可以鉴定有机化合物、确定化合物的纯度。

2.2.1　熔点测定

（1）熔点

熔点是固体有机化合物在大气压力下固-液两相达到平衡时的温度。纯净的固体有机化合物一般都有固定的熔点，自初熔至全熔（称为熔程），温度变化在 0.5～1℃。如该物质含有杂质则熔点下降，且熔程也较长。通过测定熔点，可以鉴别未知的固态有机物和判断有机化合物的纯度。

如果两种固体有机物具有相同或相近的熔点，可以采用混合熔点法来鉴别它们是否为同一化合物，若是两种不同化合物，通常会使熔点下降（也有例外），如果是相同化合物则熔点不变。

（2）熔点测定方法

测定熔点的方法较多，较常用的是齐列（Thiele）管法，该方法仪器简单、样品量少，操作方便。此外，还有各种熔点测定仪测定熔点。

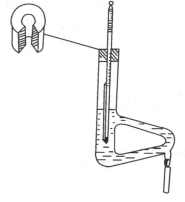

① 齐列管法　测定熔点最常用仪器是齐列管，又称 b 形管，见图 2-3。管内加入导热油，其液面的高度在齐列管的叉管处，管口安装插有温度计的开槽塞子。毛细熔点管用橡皮圈套在温度计上，样品处于水银球的中部，水银球处于齐列管上下叉管中间，加热位置位于侧管处，使导热油在管内循环对流、温度均匀。

测定熔点时，样品颗粒的粗细、样品装填是否紧密、毛细管的规格、加热速度以及温度计的准确度都直接影响熔点测定的结果。

用于测熔点的毛细管，直径约为 1mm，长约 5cm。把 0.1g 左右已干燥的样品压研成极细的粉末，聚成一堆，把熔点管开口一端垂直插入样品堆，使样品进入试管内，然

图 2-3　熔点测定装置

后，把熔点管垂直桌面轻轻上下振动，使样品进入管底，如此反复多次。将装有样品的熔点管，开口向上放入长约 50～60cm 垂直桌面的玻璃管中，使其自然掉下落在表面皿上，重复几次后，使样品装得均匀、结实，样品高度为 2～3mm，一种试样同时装好三根熔点管备用。装好样品的熔点管，固定在温度计上，装好温度计，开始用小火加热，若是已知样品，加热速度开始可以较快，为 5～6℃/min，当温度低于熔点 10～15℃时调整火焰，每分钟升温 1～2℃。在测未知样品时，可先较快地粗测其熔点范围，再根据所测数据进行精测，在测定过程中，要仔细观察样品变化情况，记录初熔和终熔的温度。在进行第二次测定时，需将浴温降至低于样品熔点 20～25℃以下再测。两次测得结果要平行，否则，需测第三次，

直至两次结果平行。

②显微熔点仪法（以 X-4 型为例，见图 2-4）

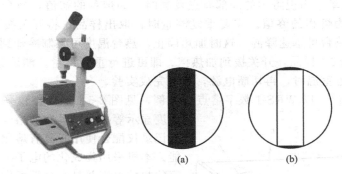

(a)　　　　　　(b)

图 2-4　X-4 型显微熔点仪

显微熔点仪采用热台控制系统和显微镜组合成一体的结构，简单可靠，使用方便。通过目视显微镜来观察物质在加热状态下的形变、色变及物质三态转化等物理变化过程。在显微熔点仪上采用毛细管法测熔点，尤其对深色样品，如医药中间体、颜料、橡胶促进剂等，能自始至终观察其熔化全过程。也可用载玻片法测定物质的熔点、形变、色变等。显微熔点仪采用 LED 数字显示熔点温度值，也可外接测温探头测试热台温度而显示熔点温度值。升温速率连续可调。建议采用 1℃/min 的升温速率测量熔点的温度值。在第一次使用时记录下 1℃/min 升温速率时的波段开关和电位器编号，则以后用此位置就能得到所要求的升温速率。请注意：a. 室温的影响，在同样波段开关和电位器编号下，室温越低，升温速率越慢；b. 电子元件的影响，因电子元件的老化，升温速率一定时，其电位器的编号会有所变化，只要进行微调即可。编号越大，升温速率越快。

仪器主要技术参数如下。

a. 显微镜采用 4 倍物镜，10 倍目镜。

b. 测量范围：室温～320℃。

c. 测量精密度：室温～200℃的误差±1℃，200～320℃的误差±2℃。

d. 电源：220V，50Hz，功率：80W。

操作方法：接通电源，开关打到加热位置，从显微镜中观察热台中心光孔是否处于视场中，若左右偏，可左右调节显微镜来解决。前后不居中，可以松动热台两旁的两只螺钉，注意不要拿下来，只要松动就可以了，然后前后推动热台上下居中即可，锁紧两只螺钉。在推动热台时，为了防止热台烫伤手指，把波段开关和电位器扳到编号最小位置，即逆时针旋到底。升温速率调整，可用秒表式手表来调整。在秒表某一值时，记录下此时的温度值，秒表转一圈（1min）时再记录下温度值。这样连续记录下来，直到达到要求测量的熔点值时，其升温速率为 1℃/min。太快或太慢可通过粗调和微调旋钮来调节。注意即使粗调和微调旋钮不动，但随着温度的升高，其升温速率也会变慢。将测温的传感器探头插入热台孔到底即可，若其位置不对，将影响测量的准确度。要得到准确的熔点值，先用熔点标准物质进行测量标定。求出修正值（修正值＝标准值－所测熔点值），作为测量时的修正依据。注意：标准样品的熔点值应和所要测量的样品熔点值越接近越好。这时，样品的熔点值＝样品实测值＋修正值。对待测样品要进行干燥处理，或放在干燥缸内进行干燥，粉末要进行研细。当采用载玻片测量时，建议将盖玻片（薄的一块）放在热台上，放上待测样品粉末，再放上载玻片测量。在数字温度显示最小一位（如 8 或 9 之间跳动时）时应读为 8.5℃。先将显微熔点仪控制面板上的开关打到加热状态，粗调旋钮设在 50，微调旋钮设在 4，进行快速升温。

调节显微镜锁紧旋钮和调焦旋钮，使视场中出现如上图所示的清晰画面（a）。当温度距理论值约 10℃时，将粗调和微调旋钮转到合适的档位（可按照前面试测样品时的升温速率情况），降低升温速率。当视野中的局部有点发亮时，为熔程的初值，当全部熔化发亮时，如上图中的（b），为熔程的终值。需要重复测量时，取出样品，将开关拨至下面散热挡，使散热风扇启动，热台可迅速降温。这时加热停止，热台温度可强制冷却到比所测样品熔点至少低 10℃时，再放入样品，开关拨到加热挡。即可进行重复测量。测试完毕，应启动风扇，当热台冷却到接近室温时，再切断电源，方可完成实验。

③ 数字熔点仪　以 WRS-1 数字熔点仪为例，见图 2-5。该熔点仪采用光电检测、数字温度显示等技术，具有初熔、终熔自动显示，可与记录仪配合使用，具有熔化曲线自动记录等功能。本机采用集成化的电子线路，能快速达到设定的起始温度并具有六挡可供选择的线性升、降温速率自动控制，初熔、终熔读数可自动储存，无需人监视。仪器采用与齐列管法相似的毛细管作为样品管。操作方法简便。开启电源开关，稳定 20min，通过拨盘设定起始温度，再按起始温度按钮，输入此温度，此时预置灯亮，选择升温速率把波段开关旋至所需位置。当预置灯熄灭时，可插入装有样品的毛细管（装填方法同齐列管法），此时初熔灯也熄灭，把电表调至零按升温钮，数分钟后，初熔灯先亮，然后出现终熔读

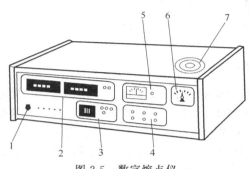

图 2-5　数字熔点仪

1—电源开关；2—温度显示单元；3—起始温度设定单元；4—调零单元；5—速率选择单元；6—线性升降温控制单元；7—毛细管端口

数显示，欲知初熔读数可按初熔钮。待记录好初熔、终熔温度后再按一下降温按钮，使降至室温，最后切断电源。

④ IA-9100 显微熔点仪　IA-9100 显微熔点仪见图 2-6。该熔点仪采用显微镜检测，数字温度显示等技术，具有观察初熔、终熔及数据存储等功能。本机采用集成化的电子线路，能快速达到设定的起始温度并线性温升速率自动控制（1℃/min），仪器采用齐列管法相似的毛细管作为样品管（装填方法同齐列管法）。

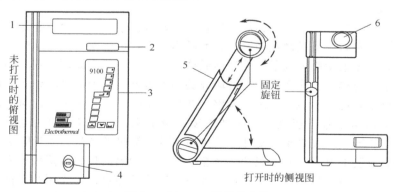

图 2-6　IA-9100 显微熔点仪

1—毛细管储藏室；2—显示窗；3—按钮面板；4—毛细管插入孔；5—可调支架；6—观察窗

此仪器的操作步骤如下。

A. 开机

a. 将电源控制器与主机用导线连接好。在电源控制器的后面将电压选择设在 240V 挡。

b. 将主机旋臂取出调节到适当高度，并通过旋紧固定旋钮，将旋臂固定好。

c. 将电源控制器与电源（220V）相连。

d. 打开电源控制器后面的开关（1 为开，0 为关）。

e. 为了达到最好的测量效果，开机后机器需稳定 30min。

B. 测量

a. 取一支 100mm×2.0mm 毛细管一分为二，装上粉末状的样品，样品不需要超过 1mm。

b. 将样品管插入旋臂上端的白色小缝中，测量时最好在三个孔中都有毛细管，如无样品可插入空管。

c. 预设温度。一般预设温度比待测物熔点低 2～5℃。假设待测物熔点 120℃，则预设温度 117℃。在按钮面板 3 下面一排，先按向上键 ☐ 12 次，设置温度为 120℃；再按向下键 ☐ 3 次，此时屏幕显示为 117℃；再按 ☐☐ 键，开始加热升温，快速达到预设温度。当到达预设温度 117℃时，☐☐ 键的左下角出现一个小红灯，显示为 ☐☐，并伴随有三次蜂鸣声。

d. 再按 ☐☐ 键一次，会在其右边亮一个小红灯 ☐☐，并蜂鸣一次。此时开始缓慢加热，升温速率为 1.0℃/min。

e. 记录熔点数据：IA-9100 显微熔点仪最多可储存 4 个熔点数据。当接近熔点时，从观察窗 6 观察到晶体熔化时按 ☐☐ 一次，这时最下面的 ☐ 会显示红灯信号，表示有一个数值被储存；初熔、终熔数据只能储存一个，另一个数据可自己记录，当第二、第三样品熔化时，同样操作，第二、第三个 ☐ 红灯显示并储存数据。此时再按一次 clear 键，三个数据都存在储存器里。

f. 再显储存数据：按 ☐☐ 键，最下边的 ☐ 灯亮，并在显示窗 2 中显示第一个样品的熔点数据。重复操作，分别显示第二、第三样品的熔点数据。第四次按 ☐☐ 键时最上面的 ☐ 灯亮，因为无数据，显示器出现 0000。

g. 清除记录：按 clear 键一次，清除所有记录数据。

h. 关闭加热：按 clear 键两次后，所有设定过程及加热都被关闭。

C. 关机

a. 实验结束，关闭电源开关。切断外接电源线。

b. 将主机中的样品管取出。注意切不可将样品管断在孔中。

c. 放松固定旋钮，使主机复位。

2.2.2 沸点测定

沸点是液体有机物的重要物理常数。通常用蒸馏法或分馏法来测定液体的沸点，但如果样品量较少（甚至少到几滴），则可采用微量法测定沸点。

（1）沸点管

用内径约 10mm 的玻璃管拉成内径为 3～4mm 的细管，截取长约 60～80mm 的一段，将其一端封闭，封口底要薄，作为外管。另取一根内径约 1mm、长约 200mm 的毛细管，在中间部位封闭，自封闭端截取约 4～5mm（为沸点管内管的下端），另一端约长度 80mm 作为内管。

用细吸管把液体装入外管，样品高度约 10mm，然后把内管插入外管里，再将沸点管用橡皮圈固定在温度计上（图 2-7），将温度计插入齐列熔点测定管中，温度计位置与测定熔点时要求相同。

（2）测定方法

将热浴慢慢加热，使温度均匀上升，当温度比沸点略高时，从内管中有一连串小气泡不断逸出。立即停止加热，热浴自行冷却。此时气泡逸出速度减慢，当

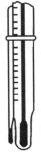

图 2-7 微量法沸点测定管

最后一个气泡出现而刚要缩入内管时的温度，即为液体的气压与外界大气压相等时的温度，就是液体样品的沸点，可重复测定几次，要求读数相差不超过 1～2℃。

2.2.3　折射率测定

（1）折射率

折射率是化合物的重要物理常数之一，固体、液体和气体都有折射率，尤其是液体有机化合物，文献记载更为普遍。通过测定折射率可以判断有机化合物的纯度、鉴定未知化合物以及在分馏时配合沸点，作为切割馏分的依据。

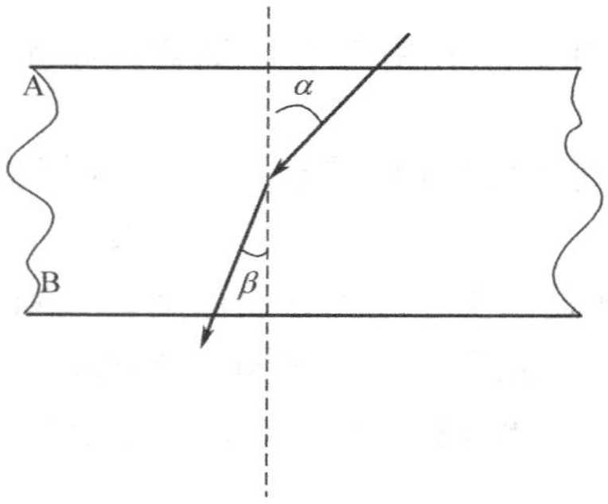

光在不同介质中传播的速度是不同的，所以光从一种介质射入另一种介质时，在分界面上发生折射现象。根据折射定律，光从介质 A（空气）射入另一个介质 B 时，见图 2-8，入射角 α 与折射角 β 的正弦之比称为折射率 n：

$$n = \frac{\sin\alpha}{\sin\beta}$$

图 2-8　光通过界面时的折射

化合物的折射率常常随光线的波长、物质的结构和温度等因素的变化而变化，所以表示折射率时，必须注明光线波长、测定时温度，如 n_D^t 上角 t 表示测定时的温度（℃）；右下角 D，表示钠光 D 线波长 589.3nm。整个表示了 t℃时，该介质对钠光 D 线的折射率。一般温度升高 1℃，液体化合物的折射率降低 3.5×10^{-4}～5.5×10^{-4}。为了便于不同温度下折射率的换算，一般采用 4×10^{-4} 为温度变化常数，以此进行粗略计算。

（2）阿贝折光仪及操作方法

① 阿贝折光仪　测定液体化合物折射率常用的仪器是阿贝（Abbe）折光仪。其结构见图 2-9。阿贝折光仪主要组成部分是两块直角棱镜，上面一块是磨砂的棱镜，下面一块是光滑的棱镜。两块棱镜可以开合。左面有一个镜筒，可观察刻度盘，上面标有 1.3000～1.7000 的格子即折射率读数。右面也有一个镜筒，是测量目镜，可观察折光情况。筒内安装有消色散棱镜即消色补偿器，因此可直接使用白光测定折射率，其测得的数值和用钠光

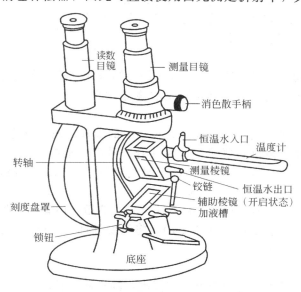

图 2-9　阿贝折光仪构造图

测得的结果相同。

②　操作方法　将折光仪与恒温槽相连接，装好温度计，控制恒温 20℃ 左右，打开棱镜，上下镜面分别用沾有少量丙酮、乙醇或乙醚的擦镜纸擦拭干净，晾干。

A. 读数的校正　为保证测定时仪器的准确性，对折光仪读数要进行校正。校正的方法是将 2～3 滴蒸馏水滴在光滑玻璃棱镜面上，合上两棱镜，调节反光镜使两镜筒内视场明亮，旋转棱镜转动手轮，使刻度盘读数与蒸馏水的折射率一致，再转动消色散棱镜手轮，使明暗界线清晰，再转动棱镜使界线恰好通过"＋"字交叉点（图 2-10），记下读数与温度，重复两次，将测得的蒸馏水平均折射率与纯水的标准值（n_D^{20}1.33299）比较，可求得仪器的校正值。

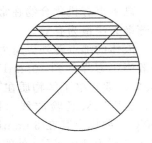

图 2-10　折光仪在临界角时目镜视野图

折射率读数还可用标准折光玻璃块校正。偏差较大时可请指导教师重新调整仪器。

B. 样品的测定

a. 将 2～3 滴待测定的液体滴在已洗净、晾干的光滑玻璃棱镜面上，关紧两棱镜使液体均匀无气泡，若测定易挥发样品，可用滴管从棱镜间小槽处滴入。

b. 调节反光镜和小反光镜，使两镜筒视场明亮。

c. 旋转棱镜转动手轮，使在目镜中观察到明暗分界线。若出现色散光带，可调节消色散棱镜手轮，使明暗清晰，然后再旋转棱镜转动手轮，使明暗分界线恰好通过目镜中"＋"字交叉点，记录从镜筒中读取的折射率，读至小数点后第四位，同时记下温度。重复测定 2～3 次，取其平均值为样品的折射率。仪器用毕后洗净两镜面，晾干后合紧两镜，用仪器罩盖好或放入木箱内。此基本操作在合成实验中经常用到。

2.3　有机物的分离、提纯技术

2.3.1　概述

从有机合成反应中得到的有机化合物，一般总是夹杂一些反应副产物、未作用的原料以及反应溶剂等。因此在有机制备中，常常需要将所需的物质从复杂的混合物中分离出来。特别是随着有机合成的发展，分离和提纯的技术显得日益重要。有机化合物的分离提纯方法有许多，根据原理和操作不同，可分为蒸馏法、萃取法、重结晶法、升华法和色谱法。

2.3.2　蒸馏法

蒸馏是分离、提纯液体有机化合物最重要、最常用的方法之一。应用蒸馏法不仅可以把挥发性物质与不挥发性物质分离，还可以把沸点不同的物质以及有色杂质等分离，通过蒸馏还可以测出化合物的沸点，所以它对鉴定纯液体有机物有一定的意义。

蒸馏法的基本原理都是利用液体混合物中各组分的沸点不同来分离各组分，液体在一定温度下具有一定的蒸气压，且随着温度的升高而增加，当液体蒸气压等于外界压力时，液体发生沸腾，这时的温度称为该物质的沸点。蒸馏就是将液体混合物加热至沸腾，使其汽化，然后将蒸气冷凝为液体的过程。在同一温度下，不同物质具有不同的蒸气压，低沸点物质蒸气压大，高沸点物质蒸气压小。当两种沸点不同的物质加热至沸时，低沸点物质在蒸气中的含量比混合液体中高，而高沸点组分则相反，因此，通过蒸馏，低沸点组分首先蒸出来，而高沸点组分后蒸出来，留在烧瓶中的为不挥发组分，从而达到分离的目的。

蒸馏法分常压蒸馏、减压蒸馏、水蒸气蒸馏和分馏，不同的蒸馏法适用于不同的分离要求。下面分别进行介绍。

（1）常压蒸馏

常压蒸馏是一种最常用的液体有机化合物的分离提纯方法，适用于分离沸点相差较大的液体混合物。常压蒸馏的原理、装置和操作在《大学基础化学实验（Ⅰ）》中已有详细介绍，在此不再重复。

（2）减压蒸馏

高沸点有机化合物在常压下蒸馏往往会发生分解、氧化或聚合。在这种情况下，采用减压蒸馏方法最为有效。

液体的沸点随外界压力变化而变化，若降低系统的压力，则液体的沸点也将随之降低。一般当压力降低到 20mmHg（1mmHg＝133.322Pa）时，其沸点比常压下的沸点低 100～200℃。要正确了解物质在不同压力下的沸点，可从有关文献中查阅压力-沸点关系图或计算表，也可以从经验曲线（图 2-11）中近似地推算。例如，某化合物在常压下的沸点为 200℃，欲找出其在 30mmHg 压力下的沸点，可在图 2-11 的 B 线上找出 200℃的点，将此点与 C 线上 30mmHg 处的点连成一直线，将直线延长与 A 线相交，交点即为该化合物在 30mmHg 时的沸点，即 100℃。

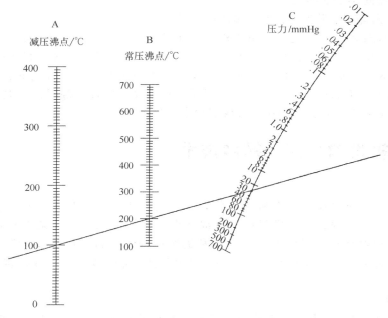

图 2-11　有机化合物的沸点-压力经验曲线图

减压蒸馏装置（图 2-12）包括蒸馏、抽气、测压和保护四部分。

蒸馏部分由圆底烧瓶、克氏蒸馏头、冷凝管、接引管和接收器组成。在克氏蒸馏头带有支管一侧的上口插温度计，另一口则插一根末端拉成毛细管的厚壁玻璃管。毛细管下端离瓶底约 1～2mm，在减压蒸馏中，毛细管主要起到沸腾中心和搅动作用，防止爆沸，保持沸腾平稳。在减压蒸馏装置中，接引管一定要带有支管，该支管与抽气系统连接。在蒸馏过程中若要收集不同馏分，则可用带支管的多头接引管。根据馏程范围可转动多头接引管集取不同馏分。接收器可用圆底烧瓶、吸滤瓶等耐压容器，但不可用锥形瓶。

实验室里常用的抽气减压设备是水泵或油泵。水泵常因其结构、水压和水温等因素，不易得到较高的真空度。油泵可获得较高的真空度，好的油泵可达到 13.3Pa 的真空度。油泵

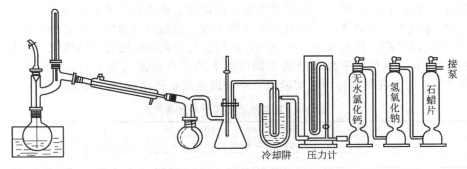

图 2-12 减压蒸馏装置

的结构较为精密，如果有挥发性有机溶剂、水或酸性蒸气进入，会损坏油泵的机械结构和降低真空泵油的质量。如果有机溶剂被真空泵油吸收，增加了蒸气压，会降低抽真空的效能；若水蒸气被吸入，能使油因乳化而品质变坏；酸性蒸气的吸入，能腐蚀机械部件，因此使用油泵时必须十分注意。

测量减压系统的压力，可用水银 U 形压力计（参见附录 4 压力的测量与控制）。

保护系统是由安全瓶（通常用吸滤瓶）、冷阱和两个（或两个以上）吸收塔组成。安全瓶的瓶口上装有两孔橡皮塞，一孔通过玻璃管和橡皮管依次与冷阱、水银压力计及吸收塔、油泵相连接，另一孔接二通活塞。安全瓶的支口与接引管上部的支管通过橡皮管连接。安全瓶的作用是使减压系统中的压力平稳，即起缓冲作用。二通活塞是用来调节系统压力和放空的。冷阱一般放在广口瓶中，用冰-盐冷却剂冷却，目的是把减压系统中低沸点有机溶剂充分冷凝下来。泵前装有两个或三个吸收塔，吸收塔内的吸收剂由蒸馏液性质而定，一般有无水氯化钙、固体氢氧化钠、钠石灰、粒状活性炭、石蜡片和分子筛等。其目的是吸收酸性气体、水蒸气和有机物蒸气，以保护油泵。若用水泵减压，则不需要吸收装置。

减压蒸馏实验实例

如果没有毛细玻璃管，也可采用带加热的磁力搅拌器作为蒸馏部分的加热仪器，配以普通蒸馏头代替克氏蒸馏头进行。按照减压蒸馏装置要求安装好减压装置，蒸馏部分磨口连接要紧密配合，也可在装置的各个磨口处适当地涂一点真空脂。检查系统气密性，慢慢关闭安全瓶二通旋塞，打开油泵电源开关，抽气，这时系统压力逐渐降低，真空度逐渐上升，通过切断蒸馏系统和后面的减压系统来检查装置的气密性，系统的真空度至少要达到 1.3kPa（10mmHg）。如果蒸馏系统和减压系统在接通和切断之间真空度基本不变，则可以认为系统气密性较好；反之，则说明系统漏气，需要重新检查装置的搭置情况。慢慢打开安全瓶上二通旋塞，使系统逐渐与大气接通，然后关闭机械真空泵电源开关，使蒸馏系统和外界大气压一致。检漏无误，方可进行下一步减压蒸馏操作。将 20mL 苯甲酸乙酯通过玻璃漏斗加入圆底烧瓶中，然后小心插入毛细管（或开启磁力搅拌器的转速开关，使搅拌子在烧瓶中保持稳定的转动，使溶液均匀）。慢慢关闭安全瓶上的二通旋塞，开泵抽气，调节毛细管上的螺旋夹，使液体中产生连续而平和的小气泡（或保持磁力搅拌速度一定）。观察烧瓶中液体鼓泡情况是否正常。开启冷凝水，加热，在系统达到稳定的真空度的情况下，系统基本维持一定的压力，这时烧瓶中的液体达到在此压力情况下的沸点时，液体开始沸腾，控制馏出液馏速为每秒 1～2 滴，记下此时的真空计和温度计读数。在蒸馏过程中，密切注意系统压力数据的变化和温度计的读数，如有变化及时记录。待烧瓶中液体还剩 1～2mL 时，停止蒸馏。蒸馏结束后，一定要先移去热源，旋开毛细管上端的螺旋夹子

（或关闭搅拌速度旋钮），再慢慢打开安全瓶上的旋塞，使水银压力计恢复原状，再关闭真空泵，切断冷凝水。等烧瓶冷却后再拆卸实验装置。用数字式真空压力计测压时，将压力计与蒸馏系统断开后，再开泵抽 1～3min，即用空气置换表中的有机物气氛，可使压力计的使用寿命延长。对照苯甲酸乙酯的不同压力下的沸点数据（表 2-4），作苯甲酸乙酯的压力-沸点关系图，在图上标示出实验点，并与理论沸点值比较相对误差的大小。

表 2-4　苯甲酸乙酯压力与沸点关系

压力	mmHg	1	5	10	20	40	60	100	200	400	760
	kPa	0.133	0.66	1.33	2.66	5.33	7.99	13.3	26.6	53.3	101.1
沸点		44.0	72.0	86.0	101.4	118.2	129.0	143.0	164.8	188.4	213.4

（3）水蒸气蒸馏

水蒸气蒸馏也是分离和提纯有机化合物的常用方法。在难溶或不溶于水的有机物中通入水蒸气或与水一起共热，使有机物随水蒸气一起蒸馏出来，这种操作称为水蒸气蒸馏。根据分压定律，这时化合物的蒸气压应该是各组分蒸气压之和，即

$$p_总 = p_{H_2O} + p_A$$

式中，$p_总$ 是混合物总蒸气压；p_{H_2O} 为水的蒸气压；p_A 是不溶或难溶于水的有机物的蒸气压。

当总蒸气压等于大气压时，该混合物开始沸腾。显然，混合物的沸点低于其中任何一个组分的沸点，即该有机物在比其正常沸点低得多的温度下可被蒸馏出来。馏出液中有机物的质量（m_A）与水的质量（m_{H_2O}）之比，应等于两者的分压（p_A、p_{H_2O}）与各自的摩尔质量（M_A 和 M_{H_2O}）乘积之比，即

$$\frac{m_A}{m_{H_2O}} = \frac{p_A M_A}{p_{H_2O} M_{H_2O}}$$

水蒸气蒸馏常用于下列几种情况：

① 在常压下蒸馏易发生分解的高沸点有机物；

② 含有较多固体的混合物，而用一般蒸馏、萃取或过滤等方法又难以分离；

③ 混合物中含有大量树脂状物质或不挥发杂质，采用一般蒸馏、萃取等方法也难以分离。

采用水蒸气蒸馏法时应注意，被提纯的物质必须具备以下条件：一是不溶或难溶于水；二是与水一起沸腾时不发生化学变化；三是在 100℃左右该物质的蒸气压至少在 1.33kPa 以上。

水蒸气蒸馏装置是由水蒸气发生器 1 和普通的蒸馏装置组合而成的（见图 2-13）。在水蒸气

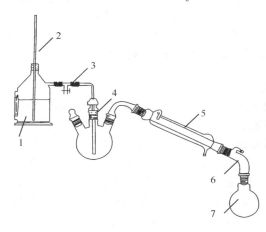

图 2-13　水蒸气蒸馏装置
1—水蒸气发生器；2—安全管；3—T 形管
及螺旋夹；4—三口烧瓶；5—直形冷凝管；
6—接收管；7—接收瓶（圆底烧瓶）

发生器 1 中加入约为容器体积 2/3 的水。三口烧瓶 4 中放入需蒸馏的液体。加热水蒸气发生器至水沸腾，水蒸气经 T 形管 3 导入三口烧瓶 4，加热其中的液体，混合蒸汽经冷凝管 5 冷凝流入接收瓶 7。

在进行水蒸气蒸馏时应注意以下几点：

① 安全管 2 的下端应接近容器底部，T 形管 3 的一端必须插入被蒸馏的液体中，整个装置的连接处不得漏气；

②开始加热水蒸气发生器之前，应先打开 T 形管 3 上的螺旋夹和冷凝水，待 T 形管的支管有水蒸气冲出时，再旋紧螺旋夹使水蒸气导入三口瓶中；

③停止蒸馏时，则应先打开螺旋夹再停止加热；

④蒸馏开始时，流出接收管的馏出液是浑浊的，待馏出液透明澄清时，可停止蒸馏。

水蒸气蒸馏实验实例

在水蒸气发生器中注入其容积 1/2 左右的水，加 10mL 粗苯甲酸乙酯于三口烧瓶中，按水蒸气装置示意图安装好实验装置。打开 T 形管上的夹子。加热水蒸气发生器使水沸腾。待 T 形管上有蒸汽冲出时，开启冷凝水，将 T 形管夹子关闭，让蒸汽通入三口烧瓶中，三口烧瓶中的苯甲酸乙酯溶液由于水蒸气的导入、搅拌开始变得浑浊，不久即有浑浊的苯甲酸乙酯和水混合液通过冷凝管流入接收器，调节馏出速度为 2～3 滴/s。三口烧瓶中的溶液随着蒸馏的进行，逐渐从浑浊变得澄清，待馏出液透明澄清时，可停止蒸馏。先打开 T 形管上的夹子，再停止加热。分液漏斗在使用前要检漏，旋塞处必须均匀涂抹一层凡士林，以保持旋转润滑，但切忌将旋塞口堵上。静置分层时需用铁圈固定在铁架台上。将馏出液转入分液漏斗中，静置分层，分出有机相，置于小锥形瓶中，加适量干燥剂无水氯化钙轻轻振荡至透明，用三角漏斗滤去干燥剂，用量筒量取体积。计算回收率后将馏出物倒入指定的回收瓶中。分液漏斗使用原理与方法可参见 2.3.3 萃取法有关内容。

（4）分馏

普通蒸馏主要用于分离沸点相差较大的液体混合物，对于沸点相差较小的液体混合物，从理论上讲只要对蒸馏的馏出液作反复多次的蒸馏也可以达到分离的目的。但这样的操作费时费力，十分烦琐又浪费能源，用分馏法（或称精馏法）则能克服这些缺点，提高分离效率。

分馏实际上是使沸腾的混合物蒸气通过分馏柱，在柱内蒸气中高沸点组分被柱外冷空气冷凝变成液体流回烧瓶中，使继续上升的蒸气中含低沸点组分相对增加，冷凝液在回流途中遇到上升的蒸气，两者之间进行热量和质量交换，上升的蒸气中高沸点组分又被冷凝下来，低沸点组分继续上升，在柱中如此反复地汽化、冷凝。当分馏柱效率足够高时，首先从柱顶端馏出的是纯度较高的低沸点组分，随着温度的升高，后蒸出来的主要是高沸点组分，留在烧瓶中的是一些不易挥发的物质。

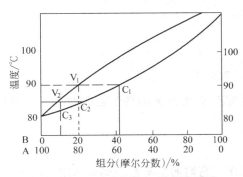

图 2-14　二元系统沸点-组成曲线图

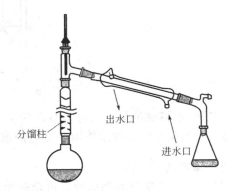

图 2-15　分馏装置

分馏原理也可通过二元系统沸点-组成图（图 2-14）来说明。图 2-14 下面一条曲线是 A、B 两个化合物不同组成时的液体混合物沸点，而上面一条曲线是指在同一温度下与沸腾液体相平衡时蒸气的组成。例如，某混合物在 90℃沸腾，其液体含化合物 A 58%（摩尔分数）、化合物 B 42％（摩尔分数）（图中 C_1），与其平衡的蒸气相（见图中 V_1）的组成为 A 82％（摩尔分数）、B 18％（摩尔分数）；V_1 冷凝后为 C_2，而与 C_2 平衡的蒸气相 V_2 的组成为 A 90％（摩尔分数）、B 10％（摩尔分数）。由此可见，在任何温度下气相总比与之平衡的沸腾液相有更多的已挥发组分。若经过多次汽化、多次冷凝，最后可将 A 和 B 分开。但必须指出，凡能形成共沸组成的混合物具有恒定的沸点，这样的混合物不能用分馏方法将它们分开。

　　分馏装置与普通蒸馏装置十分相似，只是多了一根分馏柱，如图 2-15 所示。分馏柱的长度和性能影响分馏效能。

分馏实验实例

　　将 100mL 60％的乙醇水溶液倒入 250mL 的圆底烧瓶中，加入 3 粒沸石，安装好分馏装置，加热方式采用加热套，分馏柱上包上石棉绳保温。打开冷凝水，用开启电热套电源开关，加热圆底烧瓶，至瓶内溶液沸腾，蒸气慢慢升入分馏柱，此时要严格控制加热温度，使蒸气缓慢上升到柱顶。蒸气温度为 78～80℃，此时有蒸气进入冷凝管，经过冷凝后成液体馏入接收容器，收集馏出液，并保持馏出液的速度为每秒 1～2 滴。在外界条件不变的条件下，当蒸气温度经过一个恒定的阶段后开始持续下降时，可停止加热，所得馏出液 50～60mL。用酒精密度计测定馏出液的质量百分含量。酒精密度计测定酒精溶液的浓度方法：将蒸馏出的乙醇溶液注入装有酒精比重计的干燥大试管中，加到酒精计在试管中自然浮起（溶液体积大约为 50mL），待静止后（见图 2-16），读取乙醇溶液浓度。记录馏出液的馏出温度范围、质量分数、馏出液体积。馏出液倒入回收瓶回收，烧瓶中残留液加水稀释冷却倒入废液桶。

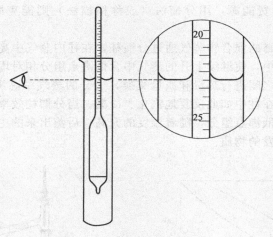

图 2-16　分馏法测乙醇浓度

　　乙醇-水溶液的体积百分含量和质量百分含量与乙醇-水溶液的密度之间的关系可参见附录 12 中的 20℃乙醇水溶液密度与浓度关系表。

2.3.3　萃取法

　　萃取和洗涤是分离和提纯有机化合物常用的操作。它们的基本原理都是利用物质在互不相溶（或微溶）的溶剂中的溶解度不同而实现分离。萃取是从液体或固体混合物中提取所需物质，洗涤是从混合物中提取出不需要的少量杂质，所以洗涤实际上也是一种萃取。

　　（1）液-液萃取

　　萃取是以分配定律为基础。在一定温度、一定压力下一种物质在两种互不相溶的溶剂

A、B 中的分配浓度之比是一个常数 K，即分配系数。

$$\frac{c_A}{c_B}=常数=K$$

c_A 和 c_B 分别为每毫升溶剂中所含溶质的质量（g）。应用分配定律可以计算出每次萃取后被萃取物质在原溶液中的剩余量。

假设，V 为原溶液的体积（mL）；m_1、m_2、m_3……m_n 分别为萃取一次、二次……n 次后溶质的剩余量（g）；S 为每次萃取溶剂的体积（mL）。

第一次萃取后：$\dfrac{\dfrac{m_1}{V}}{\dfrac{m_0-m_1}{S}}=K$，$m_1=m_0\left(\dfrac{KV}{KV+S}\right)$

第二次萃取后：$\dfrac{\dfrac{m_2}{V}}{\dfrac{m_1-m_2}{S}}=K$，$m_2=m_1\left(\dfrac{KV}{KV+S}\right)=m_0\left(\dfrac{KV}{KV+S}\right)^2$

经 n 次萃取后：$m_n=m_0\left(\dfrac{KV}{KV+S}\right)^n$

由上可见，用相同量的溶剂分 n 次萃取比一次萃取好，即少量多次萃取效率高。但并非萃取次数越多越好，从诸因素综合考虑一般以萃取三次为宜。此外，萃取效率还与萃取剂的性质有关。选择的萃取剂要求：与原溶剂不相混溶，对被提取物质溶解度大，纯度高，沸点低，毒性小，价格低。萃取方法用得多的是从水溶液中萃取有机物，用得较多的溶剂有：乙醚、苯、四氯化碳、氯仿、石油醚、二氯甲烷、二氯乙烷、正丁醇、醋酸酯等。洗涤常用于在有机物中除去少量酸、碱等杂质。这类萃取剂一般用 5% 氢氧化钠、5% 或 10% 碳酸钠或碳酸氢钠、稀盐酸、稀硫酸等。酸性萃取剂主要是除去有机溶剂中碱性杂质，而碱性萃取剂主要是除去混合物中酸性杂质，总之使一些杂质成为盐溶于水而被分离。

液-液萃取和洗涤常在分液漏斗中进行，选用分液漏斗的容积一般要比液体的体积大一倍以上。使用前检查分液漏斗塞子和活塞是否漏水，确认不漏水时，将漏斗放在固定于铁架上的铁圈中，关好活塞，把被萃取溶液倒入分液漏斗中，然后加入萃取剂（一般为溶液的 1/3）。塞紧塞子，取下漏斗，右手握住漏斗口颈，并用手掌顶住塞子，左手握在漏斗活塞处，用拇指压紧活塞，把漏斗放平、前后小心振荡。开始振荡时要慢，振荡几次后把漏斗倾斜。使下口向上倾斜（图 2-17），开启活塞排气，再重复上述操作直至放气压力很小为止。将漏斗置于铁架台的铁圈上，静置，待液体分层，打开漏斗上口塞子，下层液体由下口放出，上层液体由上口倒出。在实验结束前，不得把萃取后的溶剂倒掉，以防一旦搞错还可挽回。合并所有萃取液，加入略过量的干燥剂干燥。然后蒸去溶剂，根据所得有机物的性质可通过蒸馏、重结晶等方法进一步纯化。

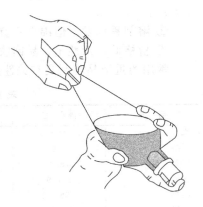

图 2-17　分液漏斗的排气

（2）液-固萃取

液-固萃取是从天然物如植物中提取固体天然产物常用的方法。利用溶剂对样品中被提取成分和杂质之间溶解度不同而达到分离提取的目的。通常是用回流装置或借助索氏（Soxhlet）

提取器进行液-固萃取。后者因为可以通过溶剂回流和虹吸现象，使固体有机物连续多次被纯溶剂萃取，所以萃取效果更好。

图 2-18　索氏
提取器

索氏提取器（或脂肪提取器）是一种实验室常用的连续固-液提取装置（图 2-18）。如图所示，将被提取的固体置于由滤纸做成的套筒中，低沸点的溶剂置于圆底烧瓶，被加热回流，溶剂蒸气通过左边的侧管上升到冷凝管并被冷凝液化，液滴滴入有固体的套筒，热溶剂充满套筒，把所需的化合物从固体中通过溶解而提取出来，当套筒被溶剂充满时，右边的侧管发生虹吸作用，含有被提取物的溶剂全部流回到烧瓶中。蒸发、冷凝、提取、虹吸的过程重复无数次后，被提取成分浓缩在蒸馏瓶中。由于被提取物的沸点比溶剂高，或者是固体，产物被集中在烧瓶中，而每一次提取过程中，都是纯溶剂对被提取物的溶解，因而使用的溶剂量较少，且提取效果好。

2.3.4　重结晶法

重结晶法是提纯固体有机物的常用方法。要提纯由有机合成得到的粗产品，最常用的有效方法是用合适的溶剂进行重结晶。固体有机化合物在溶剂中的溶解度随温度变化而改变，一般温度升高溶解度也增加，反之则溶解度降低。如果把固体有机物溶解在热的溶剂中制成饱和溶液，然后冷却到室温以下，则溶解度下降，原溶液变成过饱和溶液，这时就会有结晶固体析出。利用溶剂对被提纯物质和杂质的溶解度的不同，使杂质在热滤时被除去或冷却后被留在母液中，从而达到提纯的目的。重结晶提纯方法主要用于提纯杂质含量小于 5% 的固体有机物，杂质过多常会影响结晶速度或妨碍晶体的生长。

重结晶的关键是选择适宜的溶剂。合适的溶剂必须具备下列条件：

① 与被提纯的物质不起化学反应；

② 被提纯物质在热溶剂中溶解度大，冷却时溶解度小，而杂质在冷、热溶剂中溶解度都较大，杂质始终留在母液中，或者杂质在热溶剂中不溶解，这样在热过滤时也可把杂质除去；

③ 溶剂易挥发，但沸点不宜过低，便于与结晶分离；

④ 价格低，毒性小，易回收，操作安全。

常用的重结晶溶剂及有关性质见表 2-5。

表 2-5　常用的重结晶溶剂及有关性质

溶　剂	沸点/℃	冰点/℃	相对密度	与水的混溶性	易燃性
水	100	0	1.0	＋	0
甲醇	64.96	＜0	0.7914(20℃)	＋	＋
95% 乙醇	78.1	＜0	0.804	＋	＋＋
冰醋酸	117.9	16.7	1.05	＋	＋
丙酮	56.2	＜0	0.79	＋	＋＋＋
乙醚	34.51	＜0	0.71	—	＋＋＋＋
石油醚	30～60	＜0	0.64	—	＋＋＋＋
乙酸乙酯	77.06	＜0	0.90	—	＋＋
苯	80.1	5	0.88	—	＋＋＋＋
氯仿	61.7	＜0	1.48	—	0
四氯化碳	76.54	＜0	1.59	—	0

（1）选择溶剂具体试验方法

取 0.1g 固体于试管中，用滴管逐滴加入溶剂，并不断振荡试管，待加入溶剂约为 1mL

时，注意观察是否溶解，若完全溶解或间接加热至沸完全溶解，但冷却后无结晶析出，表明该溶剂是不适用的；若此物质完全溶于 1mL 沸腾的溶剂中，冷却后析出大量结晶，这种溶剂一般认为是合适的；如果试样不溶于或未完全溶于 1mL 沸腾的溶剂中，则可逐步添加溶剂，每次约加 0.5mL，并继续加热至沸，当溶剂总量达 4mL，加热后样品仍未全溶（注意未溶的是否是杂质），表明此溶剂也不适用。若该物质能溶于 4mL 以内热溶剂中，冷却后仍无结晶析出，必要时可用玻璃棒摩擦试管内壁或用冷水冷却，促使结晶析出，若晶体仍不能析出，则此溶剂也是不合适的。

按上述方法对几种溶剂逐一试验、比较可选出较为理想的重结晶溶剂。当难以选出一种合适溶剂时，常使用混合溶剂。混合溶剂一般由两种彼此可互溶的溶剂组成，其中一种较易溶解结晶，另一种较难或不能溶解，常用的混合溶剂有：乙醇-水、乙醇-乙醚、乙醇-丙酮、乙醚-石油醚、苯-石油醚等。

（2）重结晶的一般过程

① 待提纯的固体在溶剂的沸点或接近沸点的温度下，全部溶解在溶剂中，制成饱和溶液；

② 有有色杂质存在，可以加活性炭煮沸脱色；

③ 趁热过滤除去不溶性杂质及活性炭；

④ 滤液自然冷却，待提纯物以结晶析出，可溶性杂质留在母液中；

⑤ 抽滤将结晶与母液分离，结晶用少量溶剂洗涤后烘干。

用熔点法检验所得结晶纯度，若纯度不合要求，可重复上述操作直至熔点达到要求为止。

2.3.5　升华法

升华法是精制某些固体化合物的方法之一。其基本原理是具有较高蒸气压的固体物质，在其熔点温度以下加热，不经过液态直接变成蒸气，蒸气遇冷后又直接变成固体。只有具有相当高蒸气压的物质才可用升华法来提纯，升华法得到的产品纯度较高，但有时损失较大。升华可以在常压下进行，也可以减压升华。

2.3.6　薄层色谱和柱色谱

（1）薄层色谱

① 原理　薄层色谱(thin layer chromatography，TLC)，又称薄层层析。薄层色谱的特点是所需的样品少（几微克到几十微克），分离时间短，效率高，是一种微量、快速和简便的分离分析方法，可用于精制样品、鉴定化合物、跟踪反应进程和柱色谱最佳条件的摸索等方面。

薄层色谱是将吸附剂均匀地涂在玻璃板（或某些高分子薄膜）上作为固定相，经干燥、活化后点上待分离的样品，用适当极性的有机溶剂作为展开剂（即流动相）。当展开剂在吸附剂上展开时，由于样品中各组分的吸附能力不同，发生无数次吸附和解吸过程，吸附能力弱的组分（即极性较弱）随流动相迅速向前移动，吸附能力强的组分（即极性较强的）移动慢。利用各组分在展开剂中溶解能力和被吸附剂吸附能力的不同，最终将各组分彼此分开，薄层板上将显示出各种有色斑点（若本身无色则还需加显色剂显色，以确定斑点位置）。在薄板上混合物的每个组分上升的高度与展开剂上升的前沿之比称为该化合物的 R_f 值，又称比移值（图 2-19）。

$$R_f = \frac{溶质的最高浓度中心至原点的距离}{溶剂前沿至原点中心的距离} = \frac{d_{斑点}}{d_{溶剂}}$$

$$R_{f,2} = \frac{8.4cm}{12cm} = 0.70$$

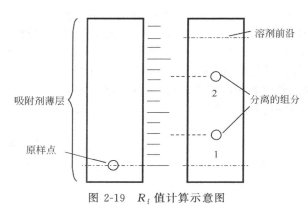

图 2-19　R_f 值计算示意图

$$R_{f,1}=\frac{3.4\mathrm{cm}}{12\mathrm{cm}}=0.28$$

比移值 R_f 在一定条件下和溶质的分子结构、性能有关，所以不同的溶质在色谱分离过程中比移值是不同的。但对同一溶质在相同条件下进行色谱分离时，比移值就是一个特有的常数，因而可作为定性分析的依据。

② 吸附剂　TLC 最常用的吸附剂是硅胶及氧化铝，硅胶是无定形多孔性物质，略带酸性，适合于中性或酸性物质的分离，薄层色谱常用的硅胶可分为：

硅胶 H ——不含黏合剂和其他添加剂；

硅胶 G ——含煅烧石膏（$CaSO_4 \cdot \frac{1}{2}H_2O$）、黏合剂；

硅胶 HF_{254} ——含荧光物质，可在波长 254nm 紫外光下观察荧光；

硅胶 GF_{254} ——含煅烧石膏及荧光物质。

与硅胶相似，氧化铝也因含黏合剂和荧光剂而分为氧化铝 G、氧化铝 GF_{254} 及氧化铝 HF_{254}，氧化铝的极性比硅胶大，比较适合于分离极性小的化合物。

常用的黏合剂除煅烧石膏外，还有淀粉、羧甲基纤维素钠（CMC）等。

化合物的吸附能力与它们的极性成正比，极性大则与吸附剂的作用强，随展开剂移动慢，R_f 值小；反之，极性小则 R_f 值大，因此利用硅胶或氧化铝薄层色谱可把不同极性的化合物分开，甚至结构相近的顺、反异构体也可分开，各类有机化合物与上述两类吸附剂的亲和力大小次序大致如下：

羧酸＞醇＞伯胺＞酯、醛、酮＞芳香族硝基化合物＞卤代烃＞醚＞烯＞烷

③ 薄层板的制备与活化　薄层板制备的好坏，直接影响到分离效果，吸附剂应尽可能涂得牢固、均匀，厚度约为 0.25～1mm。薄层板分为干板和湿板，干板一般用氧化铝做吸附剂、涂层时不加水。对湿板按铺层的方法可分为平铺法、倾注法及浸渍法三种。

制湿板前首先要制备浆料，称取 3g 硅胶 G，搅拌下慢慢加入盛有 6～7mL、0.5%～1%CMC 清液的烧杯中，调成糊状（3g 硅胶约可铺 10cm×3cm 载玻片约 2～3 块）。

平铺法：用薄层涂布器（图 2-20）进行制板，涂层既方便又均匀，是较常用的方法。

倾注法：将调好的浆料倒在玻璃板上，用手摇晃，使其表面均匀平整，然后放在水平的桌子上晾干。这种制板方法厚度不易控制。

浸渍法：将两块干净的载玻片对齐紧贴在一起，浸入浆料中，使玻片上涂上一层均匀的吸附剂，取出分开、晾干。

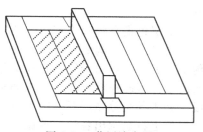

图 2-20　薄层涂布器

晾干后的薄层板需要活化，硅胶板活化一般在 105～110℃烘 30min。氧化铝板活化在 150～160℃烘 4h。活化后的薄层板放在干燥器内备用，以防止吸湿失活，影响分离效果。

④ 点样　在距薄层板一端 1cm 处用铅笔轻轻画一横线作为起始线，将样品溶于低沸点溶剂（如甲醇、乙醇、丙酮、氯仿、乙酸乙酯、乙醚及四氯化碳等）配成 1% 左右的溶液，

用内径为 1mm 管口平的毛细管点样，垂直轻轻地点在起点线上，注意毛细管口不要碰到吸附剂。若溶液太稀，一次点样不够，则可待前一次试样点干后，在原点样处再点，点样后的直径不要超过 2mm，点样斑点过大，往往会造成拖尾、扩散等现象影响分离效果。一块薄层板可以点多个样，但点样点之间距离不能小于 1～1.5cm。

⑤ 展开剂的选择和展开　展开剂的选择主要是由样品的极性，溶解度和吸附剂活性等因素决定的。溶剂的极性越大，对化合物解吸的能力越强（即样品对吸附剂的吸附能力就小），也就是 R_f 值也越大。如果样品中各组分的 R_f 值都较小，则可适量增加极性较大的溶剂。常用展开剂极性大小次序如下：

己烷、石油醚＜环己烷＜四氯化碳＜三氯乙烯＜二硫化碳＜甲苯＜苯＜二氯甲烷＜氯仿＜乙醚＜乙酸乙酯＜丙酮＜丙醇＜乙醇＜甲醇＜水＜吡啶＜乙酸

展开剂根据需要，也可选择混合溶剂，原则上只要使样品各组分分离。薄层色谱的展开需要在密闭容器内进行，将选择的展开剂倒入层析缸中（液层高度约为 0.5cm），待层析缸中充满溶剂蒸气后，再将点好样的薄层板放入缸中展开（含黏合剂的板可倾斜 45°～60°角），注意点样的位置必须要在展开剂的液面之上。当展开剂沿着薄层板展开至前沿距板顶端 0.5～1cm 处时，取出薄层板用铅笔划出前沿的位置，晾干。

⑥ 显色　晾干后若分离的化合物本身有色，在薄层板上可看到分开的各组分斑点。如果本身无色但有紫外吸收，可将板置于紫外灯下看到有色的斑点。若用含荧光剂的薄层板，样品无紫外吸收在紫外灯下一般呈暗色斑点；有时可用腐蚀性的显色剂，如浓硫酸、浓盐酸和浓磷酸等显色；也可待溶剂挥发后，将薄层板放入有几粒碘并充满碘蒸气的密闭容器中（简称碘缸），许多化合物都能与碘形成黄色斑点，但要注意当碘蒸气挥发后，斑点易消失。也可用显色剂喷雾显色，不同类型化合物可选用不同的显色剂，见表 2-6。用各种显色方法使斑点出现后，应立即用铅笔或小针划出斑点的位置，并计算 R_f 值。

表 2-6　一些常用的显色剂

显　色　剂	配 制 方 法	能被检出对象
浓硫酸	98％H_2SO_4	大多数有机化合物在加热后可显出黑色斑点
碘蒸气	将薄层板放入缸内被碘蒸气饱和数分钟	很多有机化合物显黄棕色
碘的氯仿溶液	0.5％碘的氯仿溶液	很多有机化合物显黄棕色
磷钼酸乙醇溶液	5％磷钼酸乙醇溶液喷后，120℃烘，还原性物质显蓝色，氨熏，背景变为无色	还原性物质显蓝色
铁氰化钾-三氯化铁试剂	1％铁氰化钾，2％三氯化铁使用前等量混合	还原性物质显蓝色，再喷 2mol/L 盐酸，蓝色加深，检出酚、胺、还原性物质
四氯邻苯二甲酸酐	2％溶液，溶剂：丙酮-氯仿(10∶1)	芳烃
硝酸铈铵	6％硝酸铈铵的 2mol/L 硝酸溶液	薄层板在 105℃烘 5min 之后，喷显色剂，多元醇在黄色底上有棕黄色斑点
香兰素-硫酸	3g 香兰素溶于 100mL 乙醇中，再加入 0.5mL 浓硫酸	高级醇及酮显绿色
茚三酮	0.3g 茚三酮溶于 100mL 乙醇，喷后，110℃加热至斑点出现	氨基酸、胺、氨基糖

(2) 柱色谱

① 原理　柱层析是通过色谱柱（图 2-21）来实现分离和提纯复杂有机化合物的。色谱柱内装有经活化的吸附剂（固定相），如硅胶、氧化铝等。从柱顶加入样品溶液，当溶液流经吸附柱时，各组分在柱的顶部被吸附剂吸附。然后从柱的顶部加入有机溶剂（作洗脱剂），由于各组分吸附能力不同，所以各组分随着洗脱剂向下将动的速度也不同，于是就形成了不

同的色带，继续用溶剂洗脱时（图 2-22），吸附能力最弱的组分首先随溶剂流出，极性强的后流出，分别收集溶剂。如各组分为有色物质，则可按色带分开，若为无色物质，可用紫外光照射后，以是否出现荧光来检查，也可通过薄层色谱逐个鉴定。

图 2-21　柱色谱装置

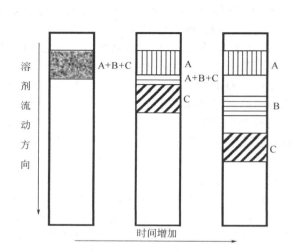

图 2-22　色层的展开

② 吸附剂　常用的吸附剂有氧化铝、硅胶、氧化镁、碳酸钙和活性炭等。选择的吸附剂绝不能与被分离的物质和展开剂发生化学作用，要求吸附剂颗粒大小均匀。颗粒太小，表面积大，吸附能力高，但溶剂流速太慢；若颗粒太粗，流速快，分离效果差，因此颗粒大小要适当。柱色谱中应用最广泛的是氧化铝，其颗粒大小以通过 100～150 目筛孔为宜。色谱用的氧化铝可分为酸性、中性和碱性三种。酸性氧化铝是用 1％盐酸浸泡后，用蒸馏水洗至悬浮液 pH 为 4～4.5，适用于分离酸性物质，如有机酸类的分离；中性氧化铝 pH 为 7.5，适用于分离中性物质，如醛、酮、醌和酯等类化合物；碱性氧化铝 pH 为 9～10，适用于分离生物碱、胺等化合物。吸附剂的活性与其含水量有关，氧化铝的活性分为五级，见表 2-7。

表 2-7　吸附剂活性和水量的关系

活性等级	一	二	三	四	五
氧化铝加水量/％	0	3	6	10	15
硅胶加水量/％	0	5	15	25	38

制备吸附剂的方法是将氧化铝放在高温炉（350～400℃）内烘 3h，得无水氧化铝，然后加入不同量的水即得不同活性的氧化铝。化合物的吸附性与分子的极性有关，分子极性越强，吸附能力越大。氧化铝对各类化合物的吸附性按以下次序递减：酸、碱＞醇、胺、硫醇＞酯、醛、酮＞芳香族化合物＞卤代物、醚＞烯＞饱和烃。

③ 溶剂　溶剂的选择通常是从被分离化合物中各组分的极性、溶解度和吸附剂的活性等因素来考虑，溶剂选择的好坏直接影响到柱色谱的分离效果。

先将样品溶解在非极性或极性较小的溶剂中，从柱顶加入，然后用稍有极性的溶剂，使各组分在柱中形成若干条谱带，再用极性较大的溶剂或混合溶剂洗脱被吸附的物质，常用洗脱剂的极性次序与薄层色谱的展开剂的极性大致一样。

④ 操作方法

a. 装柱　色谱柱的大小视处理样品量及吸附剂的性质而定，柱子长度与直径比一般为 7.5∶1。吸附剂的量一般为样品的 30～40 倍。将洁净干燥的色谱柱垂直固定在铁架上，柱底铺一层玻璃棉，再盖一层 0.5～1cm 厚的石英砂。装柱一般有湿法与干法两种：

湿法　先将溶剂倒入柱体积的 3/4，然后用一定量溶剂将吸附剂调成糊状，从柱上面倒入，同时打开柱下活塞，控制流速 1 滴/s，用木棒轻轻敲柱子，使吸附剂慢慢而均匀地下沉，装完后再覆盖 0.5～1cm 厚的砂子。注意，柱内液面始终要高出吸附剂。

干法　在柱子上套一个干燥的漏斗，使吸附剂均匀连续地倒入柱内，同时轻轻击打柱子，使装填均匀、结实。加完后，再加溶剂，使吸附剂全部润湿，并盖上 0.5～1cm 厚的砂子，并浸泡一段时间再用，一般湿法比干法装得结实均匀。

b. 加样及洗脱　当溶剂降至吸附剂表面时，把已配成适当浓度的样品，沿着壁加入柱内（可用滴管或长针头滴加），用少量溶剂洗涤柱壁几次，打开活塞，使液面慢慢流出，当溶液液面至吸附剂表面时，即可打开安置在柱上方的滴液漏斗，控制洗脱液流出速度，如洗脱速度太慢可用加压方法加速（即柱上方接两通，再与双联球相连，对柱施加一定的压力）。样品各组分有颜色时，可直接观察、收集各组分的洗脱液。若样品各组分为无色，则采用等分收集。然后用薄层色谱法分析各收集组分是哪个组分，一样的组分合并后蒸出溶剂，即可得纯组分。

第3章　天然产物的提取与分析

3.1　气相色谱分析的基本原理及方法

3.1.1　概述

色谱法（chromatography）是将分离技术应用于分析化学的一种分析方法。其分离原理是混合物中各组分在两相之间进行分配，其中一相是不动的，称为固定相，另一相是携带混合物流过此固定相的流体，称为流动相。当流动相中所含混合物流过固定相时，就会与固定相发生作用。由于各组分在性质和结构上的差异，与固定相发生作用的大小和强弱不同，因此在同一推动力作用下，不同组分在固定相中的滞留时间也有差异，从而可按先后次序从固定相中流出，这种根据两相间分配原理而使混合物中各组分分离的技术，称为色谱分离技术或色谱法（又称色层法、层析法）。色谱法可分为气相色谱法（流动相为气相）和液相色谱法（流动相为液体）。

气相色谱法（gas chromatography，GC）按固定相的物态不同可分为气固色谱法（固定相为固体吸附剂）和气液色谱法（固定相为涂在载体上或毛细管壁上的液体）。气相色谱法在分析过程中，作为流动相的气体（称作载气）是仅用于载送试样的惰性气体（例如氢气、氮气、氦气等）。

气相色谱仪的流程包括：Ⅰ载气系统、Ⅱ进样系统、Ⅲ色谱柱分离系统、Ⅳ检测系统和Ⅴ数据处理及记录系统五部分（见图 3-1）。载气由高压钢瓶输出，经减压阀、净化干燥管、针形阀、流量计、压力表、进样气化器，然后进入色谱柱。当进样后，载气携带气化组分进入色谱柱进行分离，并依次进入检测器被检测后放空。检测的信号由记录仪记录，若仪器带有色谱微处理机或色谱工作站，即可进行数据处理。记录仪记录的色谱图（又叫色谱流出曲线）是以检测器检测到的信号强度作为纵坐标，流出时间作横坐标所得的曲线。图中的峰代表了被分析试样中的各个组分。现以某一组分的流出曲线图（图 3-2）来说明基本的色谱术语。

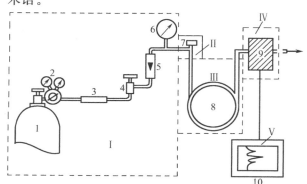

图 3-1　气相色谱流程图

1—高压钢瓶；2—减压阀；3—载气净化干燥管；

4—针形阀；5—流量计；6—压力表；7—进样气化器；

8—色谱柱；9—检测器；10—记录仪

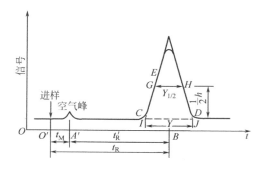

图 3-2　色谱图（色谱流出曲线图）

（1）基线（baseline）

当不含被测组分的流动相进入检测器时，在实验操作条件下，所得到的检测信号-时间曲线称为基线。稳定的基线是一条直线。

（2）峰（peak）

当样品随载气进入检测器时，检测器的输出信号随样品浓度而改变，此时得到的信号-时间曲线称为色谱峰，简称峰。

（3）保留值（retention value）

表示试样中各组分在色谱柱中滞留时间的数值，通常可用时间来表示。在一定的固定相和操作条件下，任何一种物质都有一个确定的保留值，可作为定性的参数。用时间表示的保留值一般有以下几种形式。

A. 死时间（dead time）t_M　指不被固定相吸附或溶解的气体（例如空气、甲烷）从进样开始到柱后出现信号最大值时所需的时间。

B. 保留时间（retention time）t_R　指被测组分从进样开始到柱后出现信号最大值时所需的时间。

C. 调整保留时间（adjusted retention time）t_R'　指扣除死时间后的保留时间。

D. 相对保留值（relative retention time）r_{21}　指某组分 2 的调整保留值与另一组分 1 的调整保留值之比。相对保留值的优点是，只要柱温、固定相不变，即使柱径、柱长、填充情况及流动相流速有所变化，r_{21} 值仍保持不变，因此它是色谱定性分析的重要参数。

（4）区域宽度（peak width）　色谱峰区域宽度是色谱流出曲线中一个重要参数。从色谱分离角度考虑，希望区域宽度越窄越好。区域宽度有几种不同的表示方式，其中半峰宽度 $Y_{1/2}$，即峰高为一半处的峰宽度，由于比较易于测量，使用方便，因此常用它表示区域宽度。

利用色谱流出曲线，可以解决如下几个问题：根据谱峰的位置（保留值）可以进行定性鉴定；根据色谱峰的面积或峰高，可以进行定量测定；根据色谱峰的位置及其宽度，可以对色谱柱的分离效率进行评价。

3.1.2　气相色谱仪

（1）气相色谱仪的主要部件

气相色谱仪的型号有许多种，现以 GC112A 型为例介绍其主要部件。

① 载气系统

A. 气源　为气相色谱提供洁净、稳定的连续气流。GC112A 气相色谱仪的气路由载气（氮气）、氢气和空气三种气路组成。后两种气路供氢火焰离子化检测器使用。气体由高压钢瓶提供，其压力为 $(10\sim15)\times10^3\,kPa$（约 $100\sim150\,kgf/cm^2$）。充灌不同气体的钢瓶涂有不同颜色的色带作为标记，以防意外事故的发生。

B. 气体净化干燥管　气相色谱仪所用的氮气纯度不应低于 99.99%，氢气纯度不应低于 99.9%，空气中不应含有水、油和污染性气体。所以三种气体在进入色谱仪前必须经过净化器处理。GC112A 的净化器由净化管和开关阀组成，连在气源和仪器之间。净化管中装有硅胶和 5A 分子筛，可吸附除去水分和其他有害气体。使用一段时间后，硅胶和分子筛应取出，并分别在 105℃和 400℃下烘烤 $2\sim3h$，冷却后再继续使用。

C. 针形阀、稳流阀和稳压阀　气相色谱分析要求载气流速稳定，其压力变化应小于 1%，为此使用针形阀、稳流阀和稳压阀。GC112A 采用机械刻度式稳流阀和针形阀来调节三种气体的流量。当上游稳压阀提供稳定的输入气压时，稳流阀上的每一个刻度与所代表的流量呈标准曲线关系。具体流量可从相应的刻度-流量曲线表查得（注意流量与气体种类有关）。刻度-流量曲线的精度约为 0.5%，高于通常的转子流量计，所以该仪器省去了转子流量计。

② 进样系统　GC112A 气相色谱仪的进样器结构如图 3-3 所示。气相色谱分析要求液体试样瞬间气化，因此需通过控制气化温度使进样器的加热金属块具有足够的热容量。气化管内径细、总容积小，气体样品进样后，如柱塞状密集并直接随同载气进入色谱柱。

③ 色谱柱分离系统　色谱柱是色谱仪的重要部件之一。色谱柱的分离效能涉及固定液和载体的选择、固定液和载体的配比、固定液的涂渍状况和固定相的填充状况等许多因素。应根据具体分析要求，选择合适的固定相装填于色谱柱中。色谱柱管的材质有不锈钢、玻璃等。其长度一般为 1～6m，内径 2～6mm。

④ 检测器　检测器是气相色谱仪中的另一个重要部件，最常用的有热导检测器（TCD）和氢火焰离子化检测器（FID），下面分别作一下介绍。

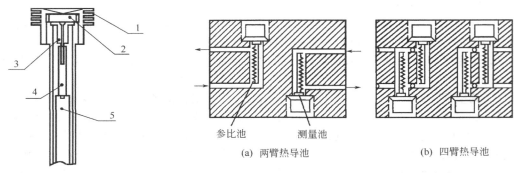

图 3-3　GC112A 色谱仪的进样器
1—散热片；2—密封硅橡胶垫；3—气化管；
4—色谱柱；5—柱接头

图 3-4　热导池结构示意图
(a) 两臂热导池　　(b) 四臂热导池
参比池　测量池

A. 热导检测器　利用各种物质具有不同的热传导性质，它们在热敏元件上传热过程的差异可产生电信号。在一定的组分浓度范围内，电信号的大小与组分的浓度呈线性关系，因此热导检测器是浓度型检测器。该检测器有两臂和四臂两种，其结构见图 3-4。池体一般采用不锈钢材料，在池体上有孔径相同的呈平行对称的两孔道或四孔道。将阻值相等的铼钨丝或其他金属丝热敏元件装入孔道，分别作参比臂和测量臂，构成两臂或四臂的热导检测器。后者比前者的灵敏度高一倍。热导检测器的电路以惠斯登电桥方式连接。图 3-5 是一个四臂型热导检测器的测量电路。以恒定的电流通过加热钨丝时，所产生的热量被流速稳定的载气带走，当钨丝上保持的热量达到平衡时，钨丝阻值保持不变，由于四臂阻值相同，所以

$$R_1 \cdot R_4 = R_2 \cdot R_3$$

即电桥处于平衡状态，无电信号输出，记录仪记录基线。进样后，当试样组分随载气进入测量臂（R_1、R_4）时，由于组分和载气的热导率不同，同样流速下从测量臂带走的热量不同，

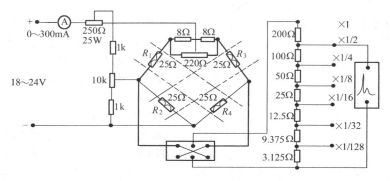

图 3-5　四臂型热导检测器的测量电路

从而使测量臂钨丝阻值发生变化，即
$$(R_1 + \Delta R_1)(R_4 + \Delta R_4) \neq R_2 R_3$$
电桥失去了平衡，有电信号输出。这些信号通过衰减器在记录仪上产生相应组分的色谱峰。热导检测器结构简单，稳定性比较好，而且对所有物质都有响应，因此应用比较广泛。

B. 氢火焰离子化检测器　简称氢焰检测器，是另一种常用的检测器。它对含碳有机化合物有很高的灵敏度，一般比热导检测器的灵敏度高几个数量级，但它对某些物质，如 H_2O、CO_2、CCl_4 等几乎没有响应。氢焰检测器的稳定性好，对载气流速波动、检测器温度变化等不敏感，而且它有较宽的线性范围，在 10^6 以上。同时它还具有结构简单、响应快、死体积小等优点，是一种较为理想的检测器。

在氢气和空气燃烧形成的火焰里，只有极少数的离子生成，如果在火焰之间安一对电极并加一定电压，就可以收集到大约 10^{-12}A 的微电流。若向燃烧的火焰中引入少量的有机物，由于有机物的电离，产生较多离子，此电流将急剧增加，增大的电流与引入有机物的速率成正比。因此，检测增大的电流就可以对引入的有机物进行检测和定量，这就是氢火焰离子化检测器的基本原理。关于有机物在氢焰检测器中的离子化机理，至今还不十分清楚。目前，被普遍接受的是化学电离的机理，即认为有机物在火焰中发生自由基反应而被电离。

GC112A 气相色谱仪的氢火焰检测器结构如图 3-6 所示，其主要部件是火焰喷嘴、发射极（或称极化极）和收集极。

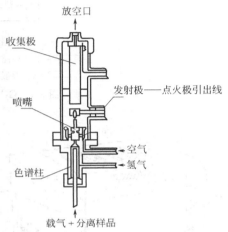

图 3-6　GC112A 气相色谱仪的氢火焰离子化检测器

⑤ 温度控制系统　除气态试样可在室温下直接进行气相色谱分析外，在所有液态试样的色谱分析中，对色谱柱、检测器、进样器以及程序升温等的温度都必须严格进行控制，因为这将直接影响到色谱柱的选择性和分离效率，检测器的灵敏度和稳定性，关系到实验的成败。因此每一台色谱仪中都有一套温度控制系统。

（2）气相色谱仪的操作步骤

以 GC112A 型气相色谱仪为例，介绍仪器的操作步骤。该仪器是国产通用型气相色谱仪，仪器的基型配有双氢火焰离子化检测器，具有双气路、双进样器系统，可进行填充柱或毛细管柱分析。图 3-7 和图 3-8 分别是该仪器的原理框图和外形图。

GC112A 气相色谱仪操作步骤如下。

① 开机前确认以下部位正常：

A. 载气（氮气）、氢气及空气的外气路无漏气；

B. 所使用的色谱柱已经安装好；

C. FID 检测器连接为双检测器方式。

② 打开载气（氮气）气源，调节低压阀螺杆至低压表指示 500kPa。调节气路面板上的两个载气稳流阀，将 A、B 两路载气流量调到合适值。

③ 打开主机电源，在仪器面板（见图 3-8）上设定柱箱、进样器和检测器的温度。设定方法如下：

A. 按【柱箱】→【初始温度】→按数字键（所设的温度值）→按【键入】；

B. 按【进样器】→按数字键（所设的进样温度值）→按【键入】；

C. 按【换挡】→【检测器】→按数字键（所设的 FID 检测器温度值）→按【键入】；

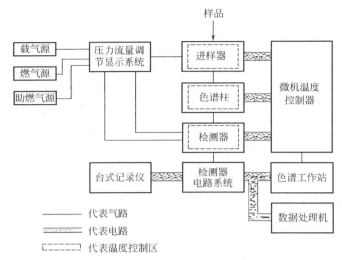

图 3-7　GC112A 气相色谱仪的原理框图

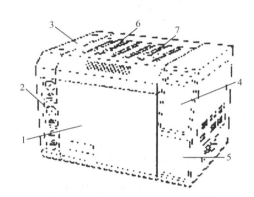

图 3-8　GC112A 气相色谱仪的外形
1—柱箱；2—载气控制面板；3—空气和
氢气控制面板；4—仪器面板；
5—FID 放大面板；6—离子室放空口；
7—进样口

D. 按【起始】，柱箱、进样器和检测器开始升温。当三者均达到设定值时，面板上的【准备】灯亮。

④ 在放大器面板上设定 FID 放大器状态。步骤如下：

A. 按【量程】→按数字"2"（量程为 10^8）（数字"0"代表量程 10^{10}；数字"1"代表量程为 10^9）；

B. 按【极性】→按数字"1"（输出设定为"＋"）（按数字"2"表示输出设定为"－"）。

⑤ 待进样器、检测器和柱箱温度达到设定值后，打开空气、氢气气源，使空气低压阀指示约 500kPa，氢气低压阀指示约 300kPa，并在仪器顶部的气路面板上调节两组针形阀旋钮，使 A、B 两路空气和氢气流量适当。

⑥ 打开计算机，进入 FJ-2000 色谱工作站的采样窗口。调节至基线监视状态。

⑦ 在 FID 放大器面板（见图 3-9）上分别按两个点火按钮（FID A 和 FID B）点火（按住几秒钟后放开）。检查点火是否成功。检查的方法有两种：一是观察点火时色谱工作站的采样窗口中基线是否出现一个向上或向下的大的抖动；二是用一个表面皿放在离子室的"放空口"，若表面皿上有水蒸气凝结，说明火已点燃。

⑧ 从 FJ-2000 色谱工作站"样品采集"窗口观察基线是否漂移。待基线平稳后即可进样分析。（有关色谱工作站的操作请看 3.1.3 FJ-2000 色谱工作站操作步骤）

⑨ 实验完毕后，首先关闭氢气和空气旋钮，待灭火后，在仪器面板上设定柱箱、进样器和检测器温度均为 50℃。当温度下降到 50℃后，依次关主机电源、气源等。

（3）进样操作要点

① 图 3-10 为用微量注射器进样的姿势，进样时要求注射器垂直于进样口。左手扶着针头，以防针头弯曲。右手拿注射器，食指卡在注射器芯子和注射器管的交界处，这样可避免当针插到气路中由于载气压力较高把芯子顶出，影响正常进样。

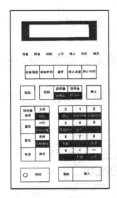

图 3-9 GC112A 仪器的面板

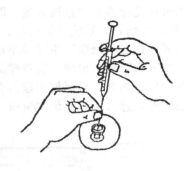

图 3-10 进样姿势

② 注射器取样时，应先用被测试液洗涤 5~6 次，然后缓慢抽取一定量试液。若有空气带入注射器，可将针头向上，待空气排除后，再排除多余的试液便可进样。实验完成后，应及时用乙醚或丙酮清洗注射器多次，以免注射器堵塞。

③ 进样时要求操作稳当、连贯、迅速，进样针位置及速度、针尖停留和拔出速度都会影响进样重现性。一般进样相对误差为 2%~5%。

④ 要经常注意更换进样器上的硅橡胶密封垫片，该垫片经 10~20 次穿刺进样后，气密性降低，容易漏气。

3.1.3 色谱工作站

（1）概述

色谱数据的记录和处理是色谱分析中最重要的一个环节，它直接影响到色谱分析结果的准确性。常用的数据记录和处理装置有记录仪、积分仪和色谱工作站。其中记录仪只具有记录色谱图的功能，色谱数据的测量需要手工进行，费时且测量误差大；积分仪具有数据记录及处理功能，但操作较复杂，功能也较少。随着计算机的普及与发展，色谱工作站得到了越来越广泛的应用，它正在取代数据处理机成为色谱分析的主流产品。

所谓色谱工作站就是以信号处理技术、微机技术为基础，用计算机软件实现的智能化色谱数据采集、处理装置。按照微机的功能，一般来讲工作站可分为两种：专用工作站和通用工作站。专用工作站一般是色谱仪制造厂商为色谱仪专门配置的微机（甚至专用操作系统），它的特点是专机专用，只运行工作站软件；机器成本高、利用率低但性能非常稳定、可靠，受其他软件（病毒等）干扰小。而通用工作站是指利用通用的微机（操作系统）运行工作站软件，这就具有成本低、利用率高的优点；但是性能不如专用机稳定，比较容易受其他软件干扰。

色谱工作站与积分仪相比，具有如下优点：一机多用；具有数据处理功能；菜单管理，不用记许多操作命令，使用简单方便；可进行多通道数据采集（同时连接多台色谱仪），并可同时显示多个采样谱图窗口；数据及分析结果可永久储存；可通过网络实现实验室间的数据通信等。

色谱工作站型号有多种，主要由一块模/数转换卡、一台微型计算机、一套工作站软件构成。下面以 FJ-2000 色谱工作站为例，对其使用方法做一简要说明。

（2）FJ-2000 色谱工作站操作步骤

① 数据采集方法

A. 打开微机电源开关，进入 Windows。

B. 把鼠标光标移至桌面上的"Workstation"图标处并双击鼠标左键，打开"Workstation"工作站。

C. 把鼠标光标移至"数据采集"图标并双击鼠标左键，出现提示后，按计算机键盘的"Enter"键，数据采集系统开始运行。

D. 选择"R运行操作"主菜单下的"R操作登录"子菜单，在对话框中输入使用者的姓名，按"Enter"键，出现"设置样品名"对话框。

E. 在"N样品名"对话框中输入存盘文件名（文件名以短于8位的数字或字母构成），按"Enter"键，进入采样系统主窗口（见图3-11）。

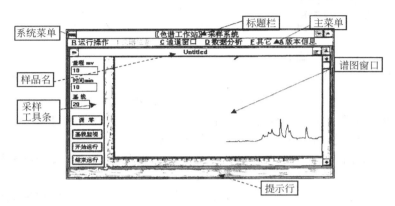

图 3-11　采样系统主窗口

F. 在"数据采集工具条"中输入"量程""时间""基线"值（一般可不用修改）。单击"数据采集工具条"中的"基线监视"按钮，此时基线在窗口内移动，必要时可单击"调零"，以调整基线的位置。

G. 待基线稳定后，单击"开始运行"，在"开始采样"对话框内选择开始方式，"同时进行"（色谱进样和计算机开始采样必须同步进行）。

H. 待色谱峰全部出完后，单击"数据采集工具条"中的"结束运行"按钮，并确认。此时谱图已自动存盘，即完成一次数据采集。

I. 重复步骤E～H，直至试样全部测完，选择"R运行操作"主菜单下的"退出"子菜单，确定后，退出数据采集系统。

② 数据处理方法

进入数据处理系统有两种方式，一种是从数据采集系统进入；另一种是直接进入。

A. 从数据采集系统进入

a. 结束数据采集后，不退出"数据采集"系统，直接选择"D数据分析"主菜单中的"D数据 & 谱图处理"子菜单，出现提示后，按"Enter"键，进入数据处理系统。

b. 选择"F数据"主菜单下的"L装入数据文件"子菜单。从"打开数据文件"对话框中选择并装入文件。

c. 选择"积分"主菜单下的"参数设定"子菜单，在"积分参数设定"对话框内设置各种积分参数，一般只需设定"最小半峰宽"和"噪声阀门"两个参数。设置方法为：单击积分参数项，在对话框内输入所设的数值，再单击"添加"按钮即可。设置完成后按"关闭"按钮。

d. 可从"窗口"下拉子菜单中"积分参数表"项，查看设置的积分参数，对不需要的积分参数可进行删除。

e. 选择"I积分"主菜单下的"I积分"子菜单，开始积分。

　　f. 可选择"I 积分"或"W 窗口"主菜单下的"积分结果"子菜单，查看积分结果。

　　g. 选择"Q 定量"主菜单下的各种定量方法（"归一化法"，"校正归一化法"，"内标法"，"外标法"），编辑定量文件，进行定量计算。

　　h. 打印报告。

　　i. 可在"P 谱图操作"主菜单中选择适当的项目对谱图作"坐标设置"，"谱图比较"，"谱图颜色"等操作。

　　B. 直接进入方式

　　a. 打开微机电源开关，进入 Windows。

　　b. 打开"Workstation"工作站。

　　c. 把鼠标光标移至"数据处理"图标处，并双击鼠标左键，出现提示后按"Enter"键，数据处理系统开始运行。

　　d. 重复方式"A"中的步骤 b.～h.。

3.2　有机物的波谱鉴定

3.2.1　波谱分析概述

（1）概述

　　无论是人工合成的还是从天然物中分离提取出来的有机化合物，都有一个结构鉴定的问题。在经典有机化学中，主要利用物质的化学性质，即通过被测化合物的一系列典型反应来推测其结构。例如，大家所熟悉的，利用溴的四氯化碳溶液或高锰酸钾溶液可以测定化合物中的双键。但是利用化学性质测定有机物分子的完整结构是一项困难的工作。因为某一种试剂只对分子的某一部分发生作用，因此要用不同的试剂去做实验。许多情况下，还必须把分子打成碎片，分别研究碎片的结构，然后再按一定的规律将碎片结合，还原成分子。可想而知，用化学方法测定有机物的结构不仅需要耗费大量的人力、物力和时间，需要较多的试样，而且还需要研究人员高度的智慧、丰富的经验、熟练的技巧以及极大的耐心。历史上，著名的吗啡，从制得纯品到确定其结构经历了将近 150 年，这个例子足以说明用化学方法测定有机物结构的困难程度。

　　约从 20 世纪 50 年代开始，仪器分析方法的迅速发展，为我们提供了经典的化学分析方法所不能比拟的有力工具。在有机物结构分析方面，目前技术最成熟、应用最广泛的是紫外吸收光谱、红外吸收光谱、核磁共振谱和质谱。它们从不同侧面提供了有机化合物的结构信息，例如，质谱能提供有机物的准确分子量，红外吸收光谱能指示有机物中所含的特殊官能团等，这些信息相互补充、相互印证，综合这些信息就能推测出有机物的结构。通常把这四种仪器分析技术统称作有机物的波谱鉴定法。这些方法的突出优点是分析速度快，所需样品少，得到的信息可靠。

　　（2）波谱分析的一般原理

　　仪器分析方法就其本质而言都是利用物理学的方法和手段来解决化学物质的结构和含量问题。物理方法中最重要的之一是利用不同波长的电磁波（光）与物质分子之间的相互作用。紫外吸收光谱、红外吸收光谱和核磁共振谱都是建立在这个基础上的。

　　电磁波有波粒二象性。它既有波长、频率等类似于机械波的波动特性，又是由具有一定能量高速运动的光子（微粒）组成。电磁波的波长、频率、能量之间有以下关系：

$$\nu\lambda = c \tag{3-1}$$

$$E = h\nu = hc/\lambda \tag{3-2}$$

式中，ν 为频率；λ 为波长；c 为光速，$3.0 \times 10^{10}\,cm \cdot s^{-1}$；$h$ 为普朗克常数，$6.62 \times 10^{-34}\,J \cdot s$。

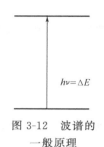

如果用电磁波照射物质分子，电磁波与物质内部的分子、电子或原子核的某些能级相互作用，物质吸收某些波长的电磁波，从低能级跃迁到较高的能级（图3-12），而被吸收的电磁波强度减弱，检测被吸收的电磁波波长和它的强度变化，可以得到被测物的波谱。由于物质对电磁波的吸收是有选择性的，只有那些能量与物质内部的能级差相等的电磁波才能被吸收，因此，所测得的波谱具有特征性。波谱中的波长信息反映了样品的能级（即结构）特征，常被用来做定性分析，波谱中的强度信息则与物质的含量有关，可以用做定量分析。

图 3-12　波谱的
一般原理

电磁波的波长范围很宽，从 $10^{-3}\,nm$ 到 $1000\,m$。为了便于研究，通常将电磁波按波长大小划分为不同区域，不同区域的电磁波对应物质内部不同层次的能级作用（表3-1）。例如 X 射线的波长很短、能量很大，用 X 射线照射物质时，能引起分子内层电子的跃迁。相比之下，紫外光和可见光的波长较长，能量较小，当它们与分子作用时，只能引起分子中价电子能级的跃迁。而红外光的波长更长，只能引起分子振动和转动能级的跃迁。

表 3-1　电磁波的分区

区　域	波　长	原子或分子的跃迁能级	区　域	波　长	原子或分子的跃迁能级
γ 射线	$10^{-3} \sim 0.1\,nm$	原子核	红外光	$0.76 \sim 50\,\mu m$	分子振动和转动
X 射线	$0.1 \sim 10\,nm$	内层电子	远红外	$50 \sim 1000\,\mu m$	分子振动和转动
远紫外	$10 \sim 200\,nm$	中层电子	微波	$0.1 \sim 100\,cm$	分子转动
紫外	$200 \sim 400\,nm$	外层(价)电子	无线电波	$1 \sim 1000\,m$	核磁共振
可见光	$400 \sim 760\,nm$	外层(价)电子			

3.2.2　紫外及可见吸收光谱

（1）紫外及可见吸收光谱的原理

紫外及可见吸收光谱（ultraviolet spectrophotometry，UV）又称电子光谱，因为紫外光和可见光的能量大致与分子内部的价电子能级差相当，用紫外或可见光照射分子时，能引起价电子能级跃迁。

在普通有机分子中有三种不同性质的价电子：形成单键的 σ 电子，形成双键、叁键的 π 电子以及未成键的 n 电子。它们的能级情况如图 3-13 所示。通常情况下，成键电子（σ 或 π 电子）处于基态（即在成键轨道 σ 或 π 上），当分子吸收了紫外或可见光的能量后，它们就跃迁到相应较高能级的反键轨道（σ^* 或 π^*）上，处于非键轨道上的 n 电子也能跃迁到反键轨道上。跃迁主要有四种方式：$\sigma \to \sigma^*$，$\pi \to \pi^*$，$n \to \sigma^*$，$n \to \pi^*$。从图3-13中可以看到，σ 和 σ^* 之间的能级差最大，即 $\sigma \to \sigma^*$ 跃迁所需要的能量最大，用于激发的电磁波波长最短；$n \to$

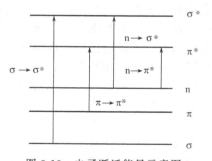

图 3-13　电子跃迁能量示意图

π^* 跃迁所需的能量最小，用于激发的电磁波波长最长。共轭双键中的 $\pi \to \pi^*$ 跃迁所需的能量低于孤立双键 $\pi \to \pi^*$，共轭体系越大，$\pi \to \pi^*$ 跃迁所需能量越低，吸收波长越长。图3-14给出了各种不同电子跃迁所需要的电磁波波长区域。由于一般用于检测有机物紫外及可见光谱的商品仪器检测范围大致在 $190 \sim 800\,nm$，所以实际上只能检测 $n \to \pi^*$、共轭的 $\pi \to \pi^*$ 以及部分 $n \to \sigma^*$ 跃迁的信号。

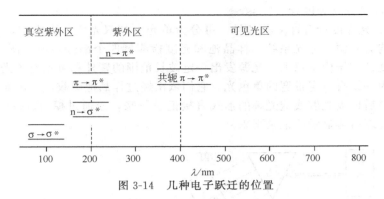

图 3-14　几种电子跃迁的位置

由此可见，只有分子中含有下述基团的化合物才能检测到紫外或可见光谱：①双键上有杂原子的基团，如 C＝O、C＝N、C＝S、NO₂ 等，这些基团都能发生 n→π* 跃迁；②共轭双键（或叁键），如 C＝C—C＝C、C＝C—C＝O 和苯环等，它们都能发生共轭的 π→π* 跃迁。这些在紫外和可见光区域能产生吸收带的基团叫作生色团。饱和烃与大部分饱和烃的简单衍生物，如醇、醚、胺、氯代烃等都检测不到紫外信号，也就是说不能用紫外光谱来研究。

通常把 n→π* 跃迁产生的吸收带叫作 R 带；把共轭的 π→π* 跃迁产生的吸收带叫作 K 带；把苯环或其他芳香环产生的吸收带叫 B 带和 E 带。R 带的特征是吸收波长较长，在 270～300nm，吸收强度弱，摩尔吸收系数 $\varepsilon < 100$；K 带的吸收波长比 R 带小，但吸收强度很大，$\varepsilon > 10^4$；B 带的吸收强度中等，$\varepsilon \geqslant 10^2$，在非极性溶液中会产生精细结构，苯环的 B 带在 270nm 左右。图 3-15 是萘的饱和水溶液的紫外吸收光谱。其横坐标为波长（λ/nm），纵坐标为吸收度 A。从图可以看到紫外吸收峰很宽，通常用最大吸收波长 λ_{max}，即一个吸收峰吸光度最大处的波长来表示该峰的位置。利用化合物是否有紫外光谱，紫外光谱中吸收带的位置和强度，能够判断化合物中是否有生色团，有什么样的生色团，进而确定化合物的类型。但必须注意，紫外光谱是某种特定结构的价电子跃迁产生的吸收光谱，两个不同的化合物只要它们引起紫外吸收光谱的结构单元（生色团及相连部分的基团）相同，就会产生十分相近的紫外吸收光谱。因此用紫外光谱进行定性分析有相当大的局限性。

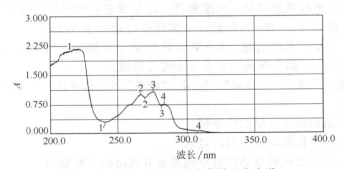

图 3-15　萘的饱和水溶液紫外吸收光谱

与可见光吸收光谱一样，在选定波长下，吸光度与物质的浓度符合朗伯-比耳定律，即

$$A = \lg \frac{I_0}{I} = \varepsilon c l \tag{3-3}$$

式中，A 为吸光度；I_0 为入射光强度；I 为透射光强度；ε 为摩尔吸收系数；c 为物质浓度；l 为样品厚度。利用上式可以进行紫外吸收光谱的定量分析。

（2）紫外-可见分光光度计

紫外-可见分光光度计有许多种型号，可分为单光束和双光束两大类型，它们的主要部件大体相同，均有光源、分光系统、样品池和光度检测器四个部分组成。图 3-16 是一个紫外可见分光光度计的结构示意图。光源发出一定波长范围的紫外和可见连续光，分光系统将连续光色散成为一组有一定带宽的单色光，它们依次经过样品池吸收后，由光度检测器检测相应的强度，最后以吸光度或透光率的形式直接记录下来，或通过模/数转换器将信号输入微机，经适当处理后再显示或记录下来。

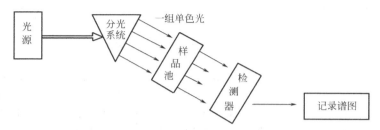

图 3-16　紫外可见分光光度计的结构示意图

① 光源　常用氢灯或氘灯（提供波长范围 200～360nm 的紫外光）和钨灯（提供波长范围 360～1000nm 的可见光）。

② 分光系统　主要由色散元件（光栅或棱镜）、狭缝、准直镜等组成。光栅或棱镜将光源发出的连续光色散成单色光；狭缝用于控制带宽。

③ 样品池　由石英制成（如果仅在可见光区域测定，也可用玻璃样品池），规格（指光程）有 0.5cm、1.0cm、5.0cm 等。

④ 光度检测器　常用的有光电倍增管、光电池、光电管等。它们都是利用光电效应把光信号转换成电信号以便记录或输入微机。

（3）TU-1800PC 仪器的性能和特点

TU-1800PC 型紫外可见分光光度计是一台由微机控制的单光束紫外可见分光光度计。它的检测波长范围为 200～1100nm，光谱带宽为 2nm，具有内置波长自动校正功能，测定波长准确度为 ±0.5nm，波长重复性为 0.2nm，光度测量的准确性在 ±(0.002～0.004)A 范围内。该仪器可以进行光谱测量、光度测量、定量测定和时间扫描四种方式的测定。其操作系统使用"紫外窗口（UVWin）"软件。该软件可运行于 Windows 95 等 Windows 软件环境，界面简洁、明了、操作方便。UVWin 软件结构如图 3-17 所示。它有主菜单、工具条、显示条、工作窗口、命令条和提示条 6 个部分组成。

① 主菜单　提供"文件""编辑""应用""配置""数据处理""视图""窗口""帮助"8 个功能。

② 工具条　常用功能的快捷操作按钮。

③ 显示条　当前波长和测量数据的显示。

④ 工作窗口　显示光谱测量等四种不同测量方式时的工作窗口。

⑤ 命令条　提供常用命令的快捷操作按钮。

⑥ 提示条　提供当前鼠标所在菜单、工作条等帮助提示。

（4）TU-1800PC 仪器的操作步骤

① 开机　首先打开辅助设备（如打印机等），然后打开光度计电源开关，最后打开计算机电源开关，进入 Windows 操作环境。确认样品室中无挡光物，在【开始】菜单下选择【程序】→【TU-1800】→【TU-1800 UVWin 窗口软件】启动 TU-1800 控制程序，光度计开始

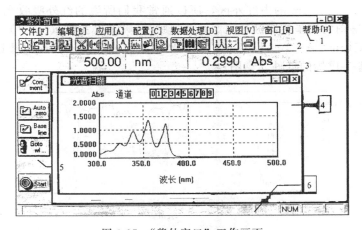

图 3-17　"紫外窗口"工作画面

1—主菜单；2—工具条；3—显示条；4—工作窗口；5—命令条；6—提示条

自检，出现初始化工作画面，整个自检过程约需 4min。仪器还需要预热 15～30min 后才能开始测量。

② 选择测量方式　本仪器共有 4 种测量方式可供选择：光谱测量——测量样品的光谱曲线；光度测量——测量样品相应波长的光度值；定量测定——测量并计算样品浓度；时间扫描——记录样品在相应波长的光度值随时间变化的曲线。单击工具条上相关的按钮或选择菜单【应用】→【××××】（指相关的测量方式）打开相应的工作窗口。

③ 设定参数　单击工具条上"参数设定"按钮或选择菜单【配置】→【参数】，在弹出的相应测量方法的参数设定对话框中设定参数，按"确认"键确认。

④ 测量　由于在测量样品之前必须对空白样品进行校正，整个测量过程有两步，一是对空白样品进行校正，二是对待测样品进行测定。

⑤ 数据编辑和处理　按需要对光谱图作放大、缩小、平滑、检出峰值等处理，可选择菜单【数据处理】→【××××】（指相应的处理方式）；如需要对测量数据编辑、删除等可选择菜单【编辑】→【××××】（指相应的编辑操作方式）。

⑥ 数据打印　单击工具条上"打印"按钮或选择菜单【文件】→【打印】功能即可打印测量结果。与 Windows 软件一样，可以通过选择菜单【文件】→【页面设置】以及【文件】→【打印机设置】等功能设置不同的打印效果。

图 3-18 是该仪器的操作流程图。

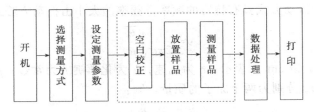

图 3-18　TU-1800PC 型仪器的操作流程图

3.2.3　红外吸收光谱

（1）红外吸收光谱的基本原理

用红外光照射分子时，能引起分子中振动能级的跃迁，因此，红外吸收光谱（infrared absorption spectroscopy，IR）又称作分子振动光谱。有机化合物大部分重要基团的振动频率出现在波长为 2.5～50μm 的中红外区，所以通常我们所说的红外吸收光谱是指中红外吸收光谱。红外光谱图的横坐标是波长（μm）或频率，频率以波数（cm^{-1}）表示，波数和波长互为倒数，即 $\bar{\nu}(cm^{-1}) = 10^4/[\lambda(\mu m)]$；纵坐标是吸收强度，一般用透过率（$T$）表示，图 3-19 是 2-甲基-1-戊烯的红外光谱图。

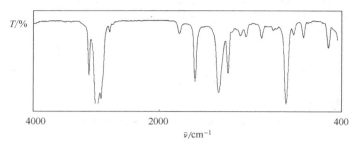

图 3-19　2-甲基-1-戊烯的红外光谱图

分子内原子在其平衡位置附近的振动有许多种方式，例如线形的 CO_2 分子有如下 4 种振动方式：

$$
\begin{array}{cccc}
O{=}C{=}O & O{=}C{=}O & O{=}C{=}O & O{=}C{=}O \\
\leftarrow\quad\rightarrow & \rightarrow\quad\rightarrow & \downarrow\quad\downarrow & \times\cdot\times\rightarrow \\
1388cm^{-1} & 2349cm^{-1} & 667cm^{-1} & 667cm^{-1} \\
(a) & (b) & (c) & (d)
\end{array}
$$

其中，原子沿着键轴方向来回运动，振动过程中键长发生变化的振动称为伸缩振动，如 (a)、(b)；原子在垂直于化学键的方向上运动，如 (c)、(d)，这种振动称为弯曲振动或变形振动。如果再细分的话，可分为对称伸缩振动 (a)、不对称伸缩振动 (b)、面内变形振动 (c)、面外变形振动 (d) 等。按统计学规律计算，一个由 N 个原子组成的线形分子有 $3N-5$ 种振动方式，非线性分子有 $3N-6$ 种振动方式。每一种振动有一定的频率，当红外线的频率与其相等时，分子就可能吸收红外线的能量，跃迁到较高能级上，而检测得到的红外谱图中，在相应频率处产生吸收峰。由于种种原因，实际红外谱图上的吸收峰与分子基团振动数目并不相等。例如，在上述 CO_2 分子中有 4 种振动方式，而其红外谱图中只有两个吸收峰。这是因为一是在振动 (a) 中的正、负电荷中心在振动过程中始终重叠，即没有偶极矩的变化。这种没有偶极矩变化的振动是非红外活性的；二是 (c) 和 (d) 两种振动方式实际上是相同的，它们具有相同的振动频率，故发生简并。

一个基团的某种振动方式具有特定的频率，频率的大小由振动方程式(3-4) 确定。

$$\nu = \frac{1}{2\pi c}\sqrt{\frac{k}{\mu}} \tag{3-4}$$

式中，ν 为频率，以 cm^{-1} 表示；c 为光速；k 为化学键的力常数；μ 为折合质量，若是双原子分子，m_1、m_2 分别为两个原子的质量，则：

$$\mu = \frac{m_1 m_2}{m_1 + m_2} \tag{3-5}$$

由振动方程可知，随着化学键强度的增加，振动频率向高波数方向移动，随着基团折合质量增大，振动频率向低波数方向移动。为了便于研究，将红外光谱区 4000～400cm^{-1} 划分为 4 个区域，4000～2500cm^{-1} 是含氢基团伸缩振动区，2500～2000cm^{-1} 是叁键和累积双键伸缩振动区，2000～1500cm^{-1} 是双键伸缩振动区，1500～1000cm^{-1} 是单键伸缩振动区。通常又将 4000～1500cm^{-1} 的区域叫作基团特征频率区，把 1500cm^{-1} 以下的区域叫作指纹区。基团特征频率区中的吸收峰具有很大的特征性，它能用于确定化合物中是否存在某些官能团。例如，在双键区 1700cm^{-1} 左右出现强吸收峰，说明被测物中含有羰基；如果在 2000～1500cm^{-1} 的双键区中没有吸收峰，则说明被测物中不含有羰基、苯环等。指纹区与基团特征频率区不同，其中的吸收峰特征性差，但对分子整体结构十分敏感，一般用于与标准红外谱图比较。如果两个化合物的红外谱图中，不仅基团特征频率区的吸收峰一一对应，而且指纹区的吸收峰位置、形状、强度也一致的话，一般可以判断两个化合物结构相同。与紫外吸收光谱不同，红外吸收光谱的特征性很强，组成分子的原子不同、化学键不同以及基团的空间位置不同都会在红外谱图上显示出来，所以红外吸收光谱是有机物结构鉴定的重要工具。

为了便于初学者解析红外谱图，图 3-20 列出了常见官能团在红外光谱中的位置。一些重要基团的红外特征吸收频率见附录 3，更详细的信息可以查阅各种介绍红外光谱的参考书或手册。

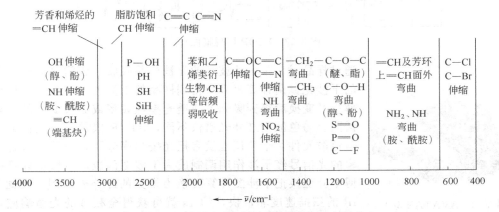

图 3-20　常见官能团在红外光谱中的大致分布

（2）红外光谱仪

红外光谱仪可分为色散型红外光谱仪（通常称为红外分光光度计）和傅里叶变换红外光谱仪两大类。色散型红外光谱仪的原理与紫外分光光度计相似，光源发出的红外连续光需由单色器（分光系统）色散为单色光。图 3-21 是常见的双光束红外分光光度计的原理图。由光源发出的红外连续光经过一组反射镜分成两束平行的、等强度的红外光。它们分别通过样品池和参比池，然后进入单色器。单色器中装有一个半圆镜，它以一定的速度转动，让测量光束和参比光束交替通过，并投射到光栅上进行色散，而后进入检测器检测。当测量光束中部分光被样品吸收时，两束光的强度不相等，检测器便检测到一个交变信号。该信号被解调、

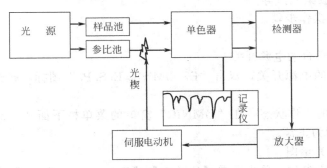

图 3-21　双光束红外分光光度计的原理图

放大后推动一个伺服电动机，带动光楔移动插入参比光束，遮挡住部分参比光束，使两束光强度重新平衡。光楔与记录笔同步移动，便记录下一个吸收峰。测量光束被吸收得越多，光楔插入参比光束越多，记录笔的移动距离越大，吸收峰就越强。同时，记录纸的移动与光栅转动同步，这样，就在记录纸上直接绘出纵坐标为透光率（$T/\%$），横坐标为波长或波数的红外吸收光谱。光栅转动一周，即绘制一张红外光谱图，大约需要几分钟至几十分钟。

傅里叶变换红外光谱仪（Fourier transform infrared spectrometer，FT-IR）是 20 世纪 70 年代出现的新一代红外光谱测量技术和仪器。它的结构和工作原理与色散型仪器完全不同。它由光源、迈克尔逊干涉仪、样品池、检测器和计算机组成（图 3-22），由光源发出的光经过干涉仪转变成干涉光，干涉光中包含了光源发出的所有波长光的信息。当上述干涉光

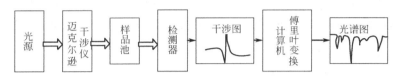

图 3-22　FT-IR 原理框图

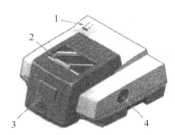

图 3-23　AVATAR 360
FT-IR 光学台

1—状态指示器；2—样品室
的滑门；3—样品室；4—外束口

通过样品时，某一些波长的光被样品吸收，成为含有样品信息的干涉光，由计算机采集得到样品的干涉图，经过计算机快速傅里叶变换后得到吸光度或透光率随频率或波长变化的红外光谱图。与色散型红外光谱仪不同，FT-IR 仪器没有光栅或棱镜等色散元件，干涉仪也没有把光按频率分开，而只是将各种频率的光信号经干涉作用调制成为干涉图函数，然后由计算机作傅里叶变换把干涉图计算转换为常见的红外光谱图。因此 FT-IR 的扫描速度非常快，约 1s 就可获得全频域的光谱响应。不仅如此，FT-IR 还具有灵敏度高、分辨率和波数精度高、光谱范围宽等许多优点，因此傅里叶变换红外光谱仪发展迅速，将逐步取代色散型红外光谱仪。

下面以 AVATAR 360 FT-IR 为例作一简单介绍。

① 仪器的基本结构　AVATAR 360 FT-IR 由光学台（图 3-23）和计算机两大部分构成。光学台中有光源、干涉仪、样品池架、检测器等组成，用于产生背景和样品的干涉图。光学台中还有一个激光光源用于校正仪器状态；计算机有三个方面的功能，一是将光学台产生的干涉图傅里叶变换成常见的红外光谱图；二是对所得的红外光谱图做各种处理，如基线校正、平滑、标峰以及红外标准谱库检索等；三是对仪器状态进行实时监测、调整和控制，并按所设定的参数收集光谱等。

② 仪器的基本操作步骤

A. 开机

a. 打开仪器光学台的电源开关。

b. 打开计算机的电源开关，双击"EZ OMNIC E. S. P."图标，打开"OMNIC"窗口（图 3-24）。

c. 检查光谱仪的工作状态：在"OMNIC"窗口的菜单栏下面"Bench Status"指示器显示绿色"√"，即为正常。

B. 收集样品的光谱图

a. 设定光谱收集参数：单击菜单【Collect】→【Experiment Setup】出现相应的对话框，在以下栏目中设定合适的参数后，选择"OK"。

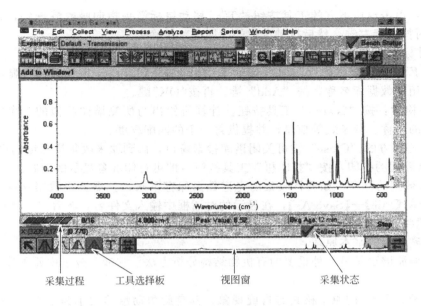

图 3-24　AVATAR 360 FT-IR 的 "OMNIC" 窗口

No. of scan（扫描次数）　8

Resolution（光谱分辨率）　4

Final format（收集数据的 Y 轴格式）　％Transmittance

Correction（校正方式）　None

在 "Background Handling" 中选择 "Collect background before every sample"

b. 收集样品光谱：单击菜单【Collect】→【Collect Sample】，然后按屏幕提示进行操作。

ⓐ 在出现 "Enter the spectrum title" 对话框时，输入待测物谱图的标题，按 "OK"。

ⓑ 在出现 "Background please prepare to collect the background spectrum" 提示时，检查光路中没有样品后，选择 "OK"。计算机收集背景的干涉图，并立即将其转换成单光束图，显示在窗口中。

ⓒ 在出现 "Sample please prepare to collect the sample spectrum" 提示时，将制好的样品插入样品支架上，然后选择 "OK"。计算机收集样品的干涉图，将其转换成单光束图，并作背景扣除处理。在窗口中显示的是扣除背景后的样品红外光谱图。

C. 光谱处理

a. 将收集的样品光谱图从透光率的形式转变为吸光度的形式：单击 "Abs"（Absorbance）工具按钮；

b. 作基线校正：单击 "Aut Bsln"（Automatic Baseline）工具按钮，窗口中出现两条谱线，其中红色为校正后的谱线（在谱图标题上有 "＊"）；

c. 清除原谱（即未经校正的谱图）：点击原始谱线，即变为红色，且标题上没有 "＊" 标记，按 "Clear" 工具按钮；

d. 将谱图从吸光度形式重新转变为透光率形式：单击 "％T"（％Transmittance）工具按钮；

e. 在谱图上标注吸收峰的位置。

方法一：单击 "Find Pks"（Find peaks），窗口出现一横线，可单击鼠标左键上下移动，以确定自动标峰的限度。

方法二：单击窗口下方的工具按钮"T"，移动鼠标箭头指向吸收峰峰尖，在按住键盘"Shift"同时按鼠标左键，然后按键盘上的"回车"键确定。

D. 红外标准谱库检索

a. 将谱库放入计算机内存：单击菜单【Analyze】→【Library Setup】，在显示的对话框中选择所要用的数据库名称，按"Add"键，再按"OK"键。

b. 谱库检索：按"Search"工具按钮。计算机给出与所测谱图相似的一个或几个标准谱图及它们的名称、分子式等信息，并提供每一个的匹配程度。

c. 按屏幕下方的"Close"键可关闭谱库检索窗口，回到原来收集样品谱的窗口。

E. 光谱数据的打印：按"打印机"工具按钮，即可打印屏幕显示的内容。

F. 光谱数据的存盘：如要将收集的光谱数据保存下来，就需要将数据存盘。操作方法为：单击菜单【File】→【Save As】，在显示的对话框中输入文件名，然后按"保存"键。

3.2.4　核磁共振氢谱

（1）核磁共振的基本原理

核磁共振波谱法是另一种重要的有机物结构分析方法。它涉及分子中原子核系统的磁能级跃迁。

自旋量子数 $I \neq 0$ 的原子核具有自旋现象，其自旋角动量的大小为 $|\vec{p}|$。由于原子核带正电荷，自旋时还产生磁矩，大小为 $|\vec{\mu}|$。把这样的核放到静磁场 H_0 中，静磁场和核磁矩之间有一个作用力，使原来简并的磁核能级分裂成 $2I+1$ 个磁能级。如果原子核的自旋量子数 $I=1/2$（如 ^1H、^{13}C），自旋核的磁能级将裂分为2，图示如右：

两个磁能级差　　　$$\Delta E = \frac{h\gamma}{2\pi} H_0$$

式中，γ 为旋磁比，$\gamma = |\vec{\mu}| / |\vec{P}|$；$h$ 为普朗克常数。

在垂直于静磁场的方向上，加一高频电磁波，作用到原子核上，当这个电磁波的能量正好等于原子核两个相邻的磁能级之间的能级差时，基态的原子核吸收能量跃迁到激发态，这就是核磁共振现象。核磁共振的条件是：

$$h\nu = \frac{h\gamma}{2\pi} H_0 \quad 即 \quad \nu = \frac{\gamma}{2\pi} H_0 \tag{3-6}$$

式中，ν 为电磁波频率；H_0 为静磁场强度；γ 为原子核的旋磁比。

以上所讨论的原子核都是裸核，实际上原子核并非裸核，其周围有电子云在运动。电子云对原子核起了屏蔽作用，如是抗磁性屏蔽就会抵消一部分静磁场对磁核的作用，这样共振条件就发生一些微小的变化，这时的共振条件为：

$$\nu = \frac{\gamma}{2\pi} (1-\sigma) H_0 \tag{3-7}$$

式中，σ 为原子核的屏蔽常数。

在有机化合物中，如果磁核在分子中所处的化学环境不同，例如处在 CH_3、OCH_3 或 OH 基团中的氢核，它们受到的电子云屏蔽作用大小不同，在相同的静磁场作用下，它们的共振频率就不一样（或者说为了使氢核在原有频率处发生共振，外加的静磁场强度有所不同），从而导致吸收信号的位移，这种吸收信号的位移称为化学位移。由于磁核所处的化学环境不同而引起的共振频率变化非常小，对于 ^1H 来说，只有静磁场的百万分之十几。想要准确测定如此小的差别很困难，所以在实际测量中所测得的化学位移是相对某个标准物质的相对化学位移值 δ，即

$$\delta = \frac{\nu_{样品} - \nu_{标准物}}{\nu_{标准物}} \times 10^6 \qquad\qquad (3\text{-}8)$$

δ 是一个量纲为 1 的量。常用的标准物质是四甲基硅烷（TMS），它的核磁共振信号是一个单峰，且屏蔽常数大，大多数有机化合物的核磁信号在谱图上都位于它的左边。1970 年国际纯粹与应用化学联合会（IUPAC）规定：TMS 的吸收信号为零，在左边的化学位移值为正值。图 3-25 是乙苯的核磁共振氢谱，δ 1.2 处是甲基的吸收峰，δ 2.5 处是亚甲基的吸收峰，δ 7 左右的是苯环上的吸收信号，0 的吸收峰是 TMS 产生的信号。表 3-2 给出各种不同化学环境中氢核的化学位移范围。

表 3-2　各种不同化学环境中氢核的化学位移

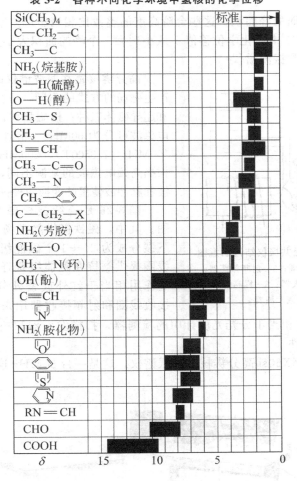

从图 3-25 可以看出乙苯的甲基和亚甲基信号分别是三重峰和四重峰。造成这种裂分现象的原因是自旋偶合。所谓自旋偶合是指邻近磁核之间所发生的磁相互作用。自旋偶合产生的裂分符合 $(2nI+1)$ 规则，对于氢核 $I=1/2$，该规则简化为 $(n+1)$ 规则，即当被测氢核邻近有 n 个其他氢核时，它的核磁吸收信号显示出 $(n+1)$ 重峰，这 $(n+1)$ 个峰的强度比符合二项式 $(a+b)^n$ 展开式的系数比。裂分峰之间的裂距称为偶合常数 (J)，偶合常数定量地表示磁核之间相互作用的程度，是一个重要结构参数。从图 3-25 还可以看出在吸收信号位置处的台阶形曲线，这是核磁共振氢谱图提供的第三个信息——积分曲线。每个台

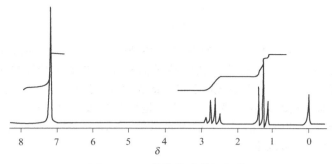

图 3-25　乙苯的核磁共振氢谱

阶的高度代表它们下面的峰面积，这些台阶高度的整数比相当于产生吸收峰的各个基团中氢核数目之比，在图 3-25 中，化学位移值 δ 从小到大三个峰的面积大小为 3：2：5。

（2）高分辨核磁共振波谱仪

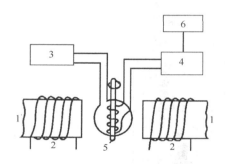

图 3-26　连续波核磁共振仪结构示意图

1—磁铁；2—扫场线圈；3—射频振荡器；

4—射频接收和放大器；5—样品管；

6—记录仪或示波器

高分辨核磁共振波谱仪的型号、种类很多。按产生磁场的方式的不同，可分为永久磁铁、电磁铁和超导磁体三种；按磁场强度不同，所需用的高频电磁波可分为 60MHz（相对于磁场强度 1.4092T）、100MHz（2.3500T），200MHz（4.700T）仪器等；根据高频电磁波的来源不同，又可将仪器分为连续波和脉冲波傅里叶变换两种仪器。

图 3-26 是连续波核磁共振谱仪的结构示意图。其中，磁铁提供静磁场 H_0。磁核在 H_0 作用下裂分成为 $2I+1$ 个磁能级。射频振荡器和射频线圈提供磁核在磁能级跃迁时所需的能量，它们的作用相当于红外或紫外分光光度计中的光源。接收线圈和射频接收器用来检测被样品吸收后的射频（高频电磁波），相当于分光光度计中的检测器。扫描发生器和扫场线圈相当于红外或紫外仪器中的分光元件。

下面具体介绍 PMX60si 高分辨核磁共振谱仪。这是一台 60MHz 连续波仪器，使用永久

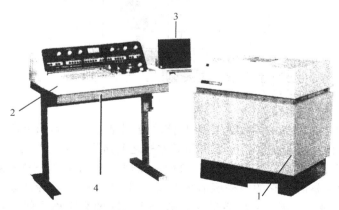

图 3-27　PMX60si 高分辨核磁共振谱仪

1—磁控台；2—谱仪；3—示波器；4—记录仪

磁铁。图 3-27 是该仪器主要部件的外形。磁控台 1 里有一个磁场强度为 1.4092T 的永久磁铁。为了使磁场保持稳定，永久磁铁放在恒温箱中，并采用隔热、隔磁措施。由于磁场的磁极面不平，使磁力线不均匀，造成谱线加宽、强度变小、分辨率不佳，仪器采用九个匀场线圈，从各个方向上补偿磁场的微小的不均匀性，仪器面板上的 RESOLUTION.C 和 Y 旋钮就是用细调匀场的。磁铁中央有探头。射频发射线圈和接收线圈都安装在探头内，探头中间是放置样品管的探头孔（图 3-28）。图 3-27 中磁控台 1 内部还有压缩空气的管路，空气泵提供的压缩空气吹动带有样品管的转子，做每秒约 30 转的旋转，使样品的氢核受到的磁场均匀。谱仪 2 中有高频振荡器提供 60MHz 的高频电磁波，还有各种控制元件，谱仪的平台上是记录仪 4。示波器 3 是在调试仪器状态时用于观察信号的。图 3-28 是样品管旋转控制面板，图 3-29 是谱仪操作面板。

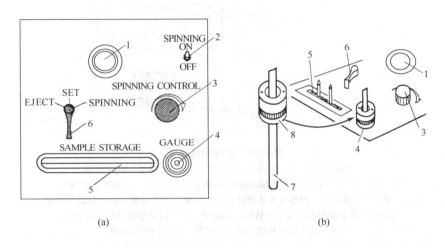

图 3-28　样品管旋转控制面板（a）和样品管定位示意（b）

1—探头孔；2—空气泵开关；3—转速控制旋钮；4—量规；
5—样品管储槽；6—探头孔调节开关；7—样品管；8—转子

下面对照图 3-28 和图 3-29 介绍 PMX60si 高分辨核磁共振谱仪的操作步骤，注意必须在磁场和谱仪已处在稳定状态时，才能进行以下操作。

① 打开空气泵开关 2（见图 3-28）；

② 放置标准样品管（以下操作若不指明，均见图 3-28）。

A. 从样品管储槽 5 中取出预热后的标准样品管 7 插入转子 8 中，放入量规 4 定位，取出后用绸布清洁。

B. 将探头孔调节开关 6 放置在 EJECT 位置，然后把样品管放入探头孔 1 内。样品管浮在孔的上部。

C. 将探头孔调节开关 6 转到 SET 位置（样品管进入孔中），再转到 SPINNING 位置，调节转速控制旋钮（SPINNING CONTROL）3，样品管旋转。

③ 寻找检查信号、调节分辨率（以下操作若不指明，均见图 3-29）

A. 打开示波器（CRT）电源开关（在示波器屏幕右下方）。

B. 在操作方式选择键（MODE）10 上，按 "CRT" 键。

C. 如果在 CRT 上没有信号出现，可用磁场粗调钮 6 和调零钮 7 寻找信号，具体方法为：先用磁场调零钮 7 慢慢转一圈，假如在 CRT 上仍没有信号出现，则将磁场粗调钮 6 调节一挡，再重新调节 7，反复操作，直至信号出现在 CRT。

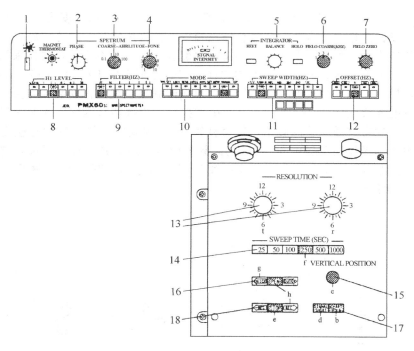

图 3-29　谱仪操作面板

1—谱仪电源开关；2—相位调节钮；3，4—幅度粗、细调节钮；

5—积分操作组件；6—磁场粗调钮；7—磁场调零钮；8—射频强度控制键；

9—滤波控制键；10—操作方式选择键；11—扫描宽度控制键；12—偏置控制键；

13—分辨率细调钮；14—扫描时间控制键；15—记录笔垂直位置调节钮；

16—记录笔控制键；17—吸纸键；18—扫描记录键

D. 调节磁场调零钮 7，使样品信号右侧的第一个峰（TMS 峰）处于 CRT 屏幕中央。

E. 在扫描宽度控制键 11 上，设置 0～240Hz 或 0～120Hz，慢慢调节分辨率细调钮 13 的 C 和 Y（交替进行），使 CRT 上显示的信号最佳。信号好、坏的判别可参考图 3-30。

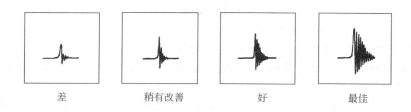

差　　　　　　稍有改善　　　　　　好　　　　　　最佳

图 3-30　核磁共振信号好坏的判别标准

F. 相位调节钮 2，使信号前后基线在同一水平线上，波形上下对称。

注意：一旦仪器调好并处于正常运行状态，则磁场（即 TMS 信号位置）和分辨率不会发生大的变化。通常只需要放入混合标样管，对仪器状态做一检查或在原有条件基础上稍做调整即可。

④ 记录谱图

A. 操作条件设置：$H_1 = 0.5$（8），滤波（FILTER）$= 20$（9），扫描宽度（SWEEP WIDTH）$= 600～0$（11），偏置（OFFSET）$= 0$（12）。

B. 放置记录纸：在记录仪上放好记录纸，按下吸纸键 17。

C. 将 TMS 峰设定为 0：关闭 MODE 键 10 中的 CRT，按下 TMS SET 键，将磁场调零钮 7 反时针旋转到底，然后顺时针慢慢旋转，调到记录笔刚好画出第一个峰时停止，此时出现的即为 TMS 峰。

D. 关闭 TMS SET，将扫描时间控制键 14 设定在 100 或 50。

E. 按住记录笔控制键 16 中的 quick，将笔快速移到 δ10 处，并用记录笔垂直位置调节钮 15 把笔调节到适当位置。

F. 按下扫描记录键（REC）18（注意此时记录笔处于抬起位置），预扫描一次，观察信号的位置和大小。信号大小不合适时，可用幅度粗、细调节钮 3 和 4 调节。

G. 用 quick 键重新将笔移到 δ10 处，按下记录笔控制键 16 中的 PEN 键，并按下扫描记录键（REC）18 记录谱图。

⑤ 记录积分曲线

A. 用 quick 键 16 将笔移到记录仪最左端。

B. 按下 MODE 10 中的 INTEG 键，将扫描时间控制键 14 设定在 50 或 25。

C. 按积分操作组件 5 中的 RESET 键，然后调节 BALANCE 旋钮，反复操作，直至笔不再上下漂移。

D. 在笔抬起的条件下，预扫描一次，用幅度细调节钮 4 调节积分线高度至合适。

E. 按 quick 键，重新将笔移到左边，用记录笔垂直位置控制钮 15，将笔略调上一些。

按 REC 18 和 PEN 16 即可记录积分曲线。此法为连续记录，也可交替使用 RESET（5）和 PEN 16 键进行分段积分。

F. 画完积分曲线后，将笔抬起，并按扫描记录键 18 中的 STOP 键。

⑥ 将探头孔调节开关（图 3-28）转到 SET，然后再转到 EJECT，取出样品管，换上下一个待测样品，重复操作步骤④、⑤，记录谱图和积分曲线。所有样品均测完后，换入标样。注意：样品孔中应保留一支样品管，以防止孔内被污染。

3.3　天然化合物的提取与分析

有机化学的发展是从研究天然化合物开始的，从天然化合物中分离提取各种有机化合物，并对它们的结构给以解析，在这个过程中大大丰富了人们对分子结构的了解，也发展了许多新颖的有普遍意义的有机反应。

天然化合物的提取方法有索氏提取法、回流法、水蒸气蒸馏法等。由于提取得到的天然产物绝大多数是混合物，所以还需做必要的分离，常用的分离方法是色谱法，包括经典柱色谱、气相色谱及高效液相色谱法等。

化合物的结构分析包括红外光谱、核磁共振、紫外光谱、质谱分析。

下面通过几个天然化合物的提取和分析实验，学习天然化合物的提取方法及结构测定的手段。

实验一　茶叶中咖啡因的提取及其红外光谱的测定

A　茶叶中咖啡因的提取

一、实验目的

1. 通过从茶叶中提取咖啡因学习固-液萃取的原理及方法。

2. 掌握索氏提取器的原理及作用。

3. 掌握升华原理及操作。

二、实验原理

茶叶中含有多种黄嘌呤衍生物的生物碱，其主要成分为含量约占 1％～5％ 的咖啡因（Caffeine，又名咖啡碱），并含有少量茶碱和可可豆碱，以及 11％～12％ 的丹宁酸（又称鞣酸），还有约 0.6％ 的色素、纤维素和蛋白质等。

咖啡因的化学名为 1,3,7-三甲基-2,6-二氧嘌呤。纯咖啡因为白色针状结晶体，无臭，味苦，置于空气中有风化性。易溶于水、乙醇、氯仿、丙酮，微溶于石油醚，难溶于苯和乙醚，它是弱碱性物质，水溶液对石蕊试纸呈中性反应。咖啡因在 100℃ 时失去结晶水并开始升华，120℃ 升华显著，178℃ 时很快升华。无水咖啡因的熔点为 238℃。

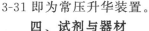

咖啡因　　　　　　　　　嘌呤

咖啡因具有刺激心脏、兴奋大脑神经和利尿等作用，因此可单独作为有关药物的配方。咖啡因可由人工合成法或提取法获得。本实验采用索氏提取法从茶叶中提取咖啡因。利用咖啡因易溶于乙醇、易升华等特点，以 95％ 乙醇作溶剂，通过索氏提取器（或回流）进行连续抽提，然后浓缩、焙炒而得粗制咖啡因，再通过升华提取得到纯的咖啡因。

三、实验装置

1. 索氏提取器：见图 2-18。

2. 回流提取装置：在无索氏提取器的情况下，可用恒压滴液漏斗替代，或采用回流冷凝装置（图 4-10）。但一般回流冷凝装置所用溶剂量较大，且提取效果较索氏提取器差。

3. 升华装置：具有较高蒸气压的固体物质，在加热到熔点以下，不经过熔融而直接变成蒸气，蒸气遇冷再凝结成固体的过程称为升华。用升华法可制得纯度较高的产品，但此法损失较大。

在蒸发皿中加入已充分干燥的待升华物质，蒸发皿上盖一张带有密集小孔的滤纸，再倒扣一个口径比蒸发皿略小的玻璃漏斗。为避免蒸气逸出，在漏斗颈部塞一小团棉花。图 3-31 即为常压升华装置。

四、试剂与器材

试剂：茶叶、95％ 乙醇、生石灰。

器材：60mL 索氏提取器一套、蒸发皿、玻璃漏斗、蒸馏头、接收管、50mL 锥形瓶、直形冷凝管。

五、实验步骤

称取 5g 茶叶末，将茶叶装入滤纸套筒中，把套筒小心地插入索氏提取器中，取 50mL 95％ 乙醇加入 60mL 平底烧瓶中，加入几粒沸石，按图 2-18 安装好装置。水浴加热，连续提取 2～2.5h 后，提取液颜色较淡，待溶液刚刚虹吸流回烧瓶时，立即停止加热。

安装好蒸馏装置（见图 4-2），水浴上进行蒸馏，蒸出大部分乙醇并回收。残液（约 5～10mL）倒入蒸发皿中，加入 2g 研细的生石灰粉，在玻棒不断搅拌下水蒸气浴上或将蒸发皿搁在电热套上小心将溶剂蒸干。再在石棉网上用小火或在电热套上用中挡加

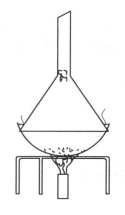

图 3-31　常压升华装置

热温度小心地将固体焙炒至干。

取一只合适的玻璃漏斗，罩在隔以刺有许多小孔的滤纸的蒸发皿上（图 3-31）。用小火小心加热升华，若漏斗上有水汽应用滤纸及时擦干，避免因咖啡因溶于水而在漏斗内壁形成较致密的膜状物质。当滤纸上出现白色针状物时，可暂停加热，稍冷后仔细收集滤纸正反面的咖啡因晶体。残渣经拌和后可用略大的火再次升华。合并产品后称重，测熔点。产量约 20～30mg。

六、注意事项

1. 加入生石灰起中和作用，以除去丹宁酸等酸性的物质。生石灰一定要研细。

2. 乙醇将要蒸干时，固体易溅出皿外，应注意防止着火。

3. 升华前，一定要将水分完全除去，否则在升华时漏斗内会出现水珠。遇此情况，则用滤纸迅速擦干水珠并继续焙烧片刻而后升华。

4. 升华过程中必须严格控制加热温度。

七、实验结果与讨论

纯咖啡因为白色针状晶体，实验结果可用电子天平称重。本实验如没有索氏提取器，也可用回流方法来提取咖啡因。

八、思考题

1. 索氏提取器的原理是什么？与直接用溶剂回流提取比较有何优点？

2. 升华前加入生石灰起什么作用？

3. 升华操作的原理是什么？

4. 为什么在升华操作中，加热温度一定要控制在被升华物熔点以下？

5. 为什么升华前要将水分除尽？

6. 除了升华还可以用何方法提纯咖啡因？

B　咖啡因的红外吸收光谱测定

一、实验目的

1. 了解傅里叶变换红外光谱仪的工作原理，学习 AVATAR 360 FT-IR 的使用方法。

2. 掌握常用的固态物质红外制样方法——溴化钾压片法。

3. 学习利用红外吸收光谱对有机化合物结构进行定性鉴定的方法。

二、实验原理

红外吸收光谱是有机化合物结构鉴定的重要方法之一，它主要能提供有机物中所含官能团等信息。有关红外吸收光谱的基本原理参阅 3.2.3 节。

测定红外光谱时，不同类型的样品须采用不同的制样方法。固态样品一般可采用压片法和糊状法制样。压片法是将样品与溴化钾粉末混合研磨细和匀后，压制成厚度约为 1mm 的透明薄片；糊状法是将样品研磨成足够细的粉末，然后用液体石蜡或四氯化碳调成糊状，再将糊状物薄薄地均匀涂布在溴化钾晶片上。由于石蜡或四氯化碳本身在红外光谱中有吸收，所以在解析谱图时要将它们产生的吸收峰扣除。图 3-32 是液体石蜡和四氯化碳的红外吸收光谱图。

测绘样品的红外光谱图仅仅是化合物结构鉴定工作的第一步，更重要的是对红外光谱图进行解析。红外光谱图中有很多吸收峰，含有丰富的结构信息，但其中有许多我们还不能准确地解释。对于初学者来说，主要应掌握 $4000\sim1500cm^{-1}$ 官能团特征频率区的吸收峰和 $1500cm^{-1}$ 以下一些重要吸收峰的归属，并学会红外标准谱图的查阅或标准谱库的计算机检索方法。

三、仪器和试剂

1. AVATAR 360 FT-IR 红外光谱仪或其他型号的红外光谱仪器。

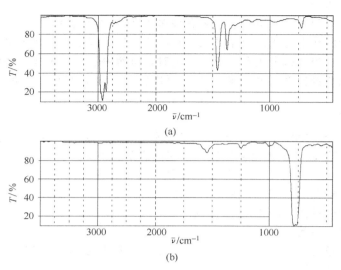

(a)

(b)

图 3-32　液体石蜡（a）和四氯化碳（b）的红外吸收光谱图

2. 红外干燥灯、不锈钢镊子和样品刮刀、玛瑙研钵、试样纸片、压模、压片机、磁性样品架、无水乙醇浸泡的脱脂棉等。

3. 样品和试剂：实验一 A 中提取的咖啡因、溴化钾粉末。

四、实验方法

1. 开启仪器，启动计算机并进入 OMNIC 窗口（见第 3.2.3 节相关内容）。

2. 压片法制样：取 1～2mg 干燥试样放入玛瑙研钵中，加入 100mg 左右的溴化钾粉末，磨细研匀。按照图 3-33 顺序放好压模的底座、底模片、试样纸片和压模体，然后，将研磨好的含试样的溴化钾粉末小心放入试样纸片中央的孔中，将压杆插入压模体，在插到底后，轻轻转动使加入的溴化钾粉末铺匀。把整个压模放到压片机的工作台垫板上（见图 3-34），旋转压力丝杆手轮压紧压模，顺时针旋转放油阀到底，然后，缓慢上下压动压把，观察压力

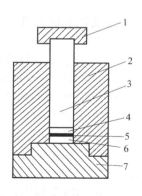

图 3-33　压模结构
1—压杆帽；2—压模体；3—压杆；4—顶模片；
5—试样纸片；6—底模片；7—底座

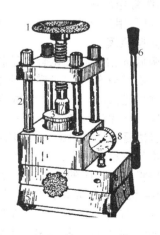

图 3-34　压片机
1—压力丝杆手轮；2—拉力螺栓；
3—工作台垫板；4—放油阀；5—机座；
6—压把；7—压模；8—压力表

表。当压力达到 $1\times10^5\sim1.2\times10^5\,kPa$（约 $100\sim120\,kgf/cm^2$）时，停止加压，维持 $2\sim$ 3min，反时针旋转放油阀，压力解除，压力表指针回到"0"，旋松压力丝杆手轮，取出压模，即可得到固定在试样纸片孔中的透明晶片。将试样纸片小心放在磁性样品架的正中间，压上磁性片。制好的试样供下一步收集样品图时用。

3. 绘制试样咖啡因的红外光谱图并进行标准谱库检索（详见第 3.2.3 节）。整个过程包括：①设定收集参数；②收集背景；③收集样品图；④对所得试样谱图进行基线校正，标峰等处理；⑤标准谱库检索；⑥打印谱图。

4. 收集样品图完成后，即可从样品室中取出样品架，并用浸有无水乙醇的脱脂棉将用过的研钵、镊子、刮刀、压模等清洗干净，置于红外干燥灯下烘干，以制备下一个试样。

五、谱图解析

1. 对照试样的结构，对红外谱图中的吸收峰进行归属。$4000\sim1500\,cm^{-1}$ 区域的每一个峰都应讨论，小于 $1500\,cm^{-1}$ 的吸收峰选择主要的进行归属。归属时可参考图 3-20 和附录 3。

2. 记录计算机谱库检索的结果，并对检索结果进行评价和讨论。

六、注意事项

1. 制样时，试样量必须合适。试样量过多，制得的试样晶片太"厚"，透光率差，导致收集到的谱图中强峰超出检测范围；试样量太少，制得的晶片太"薄"，收集到的谱图信噪比差。

2. 红外光谱实验应在干燥的环境中进行，因为红外光谱仪中的一些透光部件是由溴化钾等易溶于水的物质制成，在潮湿的环境中极易损坏。另外，水本身能吸收红外光产生强的吸收峰，干扰试样的谱图。

七、思考题

1. 化合物的红外光谱是怎样产生的？它能提供哪些重要的结构信息？

2. 为什么甲基的伸缩振动出现在高频区？

3. 单靠红外光谱解析能否得到未知物的准确结构，为什么？

4. 含水的样品是否能直接测定其红外光谱，为什么？

实验二　黄连中黄连素的提取及其紫外光谱分析

A　黄连中黄连素的提取

一、实验目的

1. 通过从黄连中提取黄连素，掌握回流提取的方法。

2. 比较索氏提取器法与回流提取的优缺点。

二、实验原理

黄连为我国名产药材之一，抗菌力很强，对急性结膜炎、口疮、急性细菌性痢疾、急性肠胃炎等均有很好疗效。黄连中含有多种生物碱，除黄连素（俗称小檗碱 Berberine）为主要有效成分外，尚含有黄连碱、甲基黄连碱、棕榈碱和非洲防己碱等。随野生和栽培及产地不同，黄连中黄连素的含量约 $4\%\sim10\%$。含黄连素的植物很多，黄柏、三颗针、伏牛花、白屈菜、南天竹等均可作为提取黄连素的原料，但以黄连和黄柏含量为高。

黄连素是黄色针状体，微溶于水和乙醇，较易溶于热水和热乙醇中，几乎不溶于乙醚。黄连素的结构式以较稳定的季铵碱为主，其结构为：

黄连素的季铵碱式

在自然界黄连素多以季铵盐的形式存在，其盐酸盐、氢碘酸盐、硫酸盐、硝酸盐均难溶于冷水，易溶于热水，且各种盐的纯化都比较容易。

三、实验装置

回流装置见图 4-10。

四、实验试剂与器材

试剂：黄连、乙醇、1％醋酸、浓盐酸。

器材：圆底烧瓶、球形冷凝管。

五、实验步骤

1. 黄连素的提取　称取 10g 中药黄连切碎、磨烂，放入 250mL 圆底烧瓶中，加入 100mL 乙醇，装上回流冷凝管，热水浴加热回流 0.5h，冷却，静置，抽滤。滤渣重复上述操作处理两次，合并三次所得滤液，在水泵减压下蒸出乙醇（回收），直到棕红色糖浆状。

2. 黄连素的纯化　加入 1％醋酸（约 30～40mL）于糖浆状物中。加热溶解，抽滤除去不溶物，然后于溶液中滴加浓盐酸，至溶液混浊为止（约需 10mL），放置冷却（最好用冰水冷却），即有黄色针状体的黄连素盐酸盐析出（如晶体不好，可用水重结晶一次），抽滤，结晶用冰水洗涤两次，再用丙酮洗涤一次，加速干燥，烘干称量。产品待鉴定。

六、注意事项

1. 黄连素的提取回流要充分。

2. 滴加浓盐酸前，不溶物要去除干净，否则影响产品的纯度。

七、实验结果与讨论

纯黄连素为黄色针状晶体。产品用电子天平称量。

八、思考题

黄连素为何种生物碱类的化合物？

B　黄连素的紫外光谱分析

一、实验目的

1. 学习掌握紫外吸收光谱的原理和应用范围。

2. 了解紫外可见分光光度计的工作原理，学习仪器的使用方法。

二、实验原理

紫外及可见吸收光谱用于有机化合物的结构鉴定，主要能提供有机物中电子结构方面的信息。在相同的测定条件下，指定波长处的吸光度值与物质的浓度成正比，因此紫外吸收光谱也能用于定量分析。有关紫外吸收光谱的基本原理请参阅 3.2.2 节。

检测和记录紫外及可见吸收光谱的仪器称作紫外可见光谱仪或紫外可见分光光度计（只能检测紫外光区域的仪器称作紫外光谱仪或紫外分光光度计）。一般的紫外可见分光光度计检测范围在 190～800nm。由于 $\sigma \rightarrow \sigma^*$、$n \rightarrow \sigma^*$ 两种电子跃迁所需的能量较大，只能吸收波长较短（小于 200nm）的远紫外线，不能为普通的紫外可见分光光度计所检测。所以紫外光谱有较大的局限性，绝大部分饱和化合物在紫外和可见光区域不产生吸收信号，但具有共轭双键的化合物或芳香族化合物能产生强吸收，是紫外光谱主要研究对象。黄连素的分子结构中含有取代的苯环和异喹啉环，所以能用紫外光谱法测定。

三、仪器和试剂

1. TU-1800PC 紫外可见分光光度计或其他型号的紫外光谱仪。

2. 1cm 石英吸收池，不锈钢样品刮刀，卷筒纸等。

3. 样品和试剂：实验二 A 中提取的黄连素样品、去离子水。

四、实验内容及步骤

1. 开启紫外光谱仪　按3.2.2有关章节开启仪器，并进入"WinUV"窗口。选择"光谱测量"方式，打开"光谱测量"工作窗口。

2. 设定参数　设定波长扫描范围为开始波长 600nm，结束波长 200nm；扫描速度：中速；测光方式：Abs（即吸光度）等。

3. 制样及采集样品谱图　以水为溶剂测定黄连素：将去离子水注入石英吸收池，用卷筒纸轻轻擦干吸收池的外壁，然后将其插入样品池架，单击命令条上的"base line"键，作基线校正。然后，取出吸收池，用样品刮刀蘸取少量黄连素样品加入，搅拌均匀。重新将吸收池插入样品池架。单击命令条上的"Start"键。采集样品的光谱图。

4. 谱图处理和打印　在所采集的紫外光谱图上标注最大吸收波长并设置打印格式。做法为选择菜单【数据处理】→【峰值检出】（或单击相应的工具按钮），弹出峰值检出对话框，同时显示当前通道的谱图及峰和谷的波长值。可在对话框的"坐标""页面设置"等栏目中设置想要的谱图格式。需要打印时，按对话框中的"打印"即可。

五、谱峰的归属

根据紫外光谱的基本原理和黄连素的分子结构，解释黄连素紫外光谱图中各个吸收带是由哪种电子跃迁产生的什么吸收带。

六、注意事项

1. 在测定样品的紫外吸收光谱之前，必须对空白样品（即纯溶剂）进行基线校正，以消除溶剂吸收紫外光的影响。用同一种溶剂连续测定若干个样品时，只需做一次基线校正。因为校正数据能自动保存在当前内存中，可供反复使用。

2. 紫外光谱的灵敏度很高，应在稀溶液中进行测定，因此测定时加样品应尽量少。

3. 取、放吸收池时，尽量不接触吸收池的透光面，以免将其磨毛；吸收池在插入样品池架前，需将其外壁的液体擦干，否则水或其他溶剂带入样品池室会使其腐蚀。

七、思考题

1. 紫外吸收光谱适合于分析哪些类型的化合物？你合成过的化合物中哪几个能用紫外光谱分析，哪几个不能用紫外光谱分析，为什么？

2. 在正己烷和环己烷的分析纯试剂中常常含有痕量的苯，请你设计一个用紫外光谱法验证的实验。

实验三　橙皮中柠檬烯的提取及气相色谱分析

A　橙皮中柠檬烯的提取

一、实验目的

1. 了解橙皮中提取柠檬烯的原理及方法。

2. 复习水蒸气蒸馏原理及应用。

二、实验原理

精油是植物组织经水蒸气蒸馏得到的挥发性成分的总称。大部分具有令人愉快的香味，主要组成为单萜及倍半萜类化合物。在工业上经常用水蒸气蒸馏的方法来收集精油，柠檬、橙子和柚子等水果果皮通过水蒸气蒸馏得到一种精油，其主要成分（90％以上）是柠檬烯。（有关水蒸气蒸馏的原理见 2.3.2 节）

柠檬烯属于萜烯类化合物。萜类化合物是指基本骨架可看作由两个或更多的异戊二烯以头尾相连而构成的一类化合物。根据分子中的碳原子数目可以分为单萜、倍半萜、二萜和多萜等。柠檬烯是一环状单萜类化合物，分子中有一手性碳原子，故存在光学异构体。存在于水果果皮中的天然柠檬烯是以（＋）或 d-的形式出现。通常称为 d-柠檬烯，它的绝对构型是 R 型。

本实验中，我们将从橙皮中提取柠檬烯，将橙皮进行水蒸气蒸馏，用二氯甲烷萃取馏出液，然后蒸去二氯甲烷，留下的残液为橙油，主要成分是柠檬烯。分离得到的产品可以通过折射率、旋光度和红外、核磁共振谱进行鉴定，同时用气相色谱分析分离产品的纯度。

d-柠檬烯

三、实验装置

见图 2-13 水蒸气蒸馏装置。

四、实验试剂及器材

试剂：新鲜橙子皮、二氯甲烷、无水硫酸钠。

器材：水蒸气发生器、直形冷凝管、接引管、圆底烧瓶、分液漏斗、蒸馏头、锥形瓶。

五、实验步骤

将 2～3 个新鲜橙子皮剪成极小碎片后，放入 500mL 圆底烧瓶中，加入 250mL 水，直接进行水蒸气蒸馏。待馏出液达 50～60mL 时即可停止。这时可观察到馏出液水面上浮着一层薄薄的油层。将馏出液倒入 125mL 分液漏斗中，每次用 10mL 二氯甲烷萃取，萃取三次。将萃取液合并，放在 50mL 锥形瓶中，用无水硫酸钠干燥。将干燥液滤入 50mL 圆底烧瓶中。配上蒸馏头，用普通蒸馏方法水浴蒸去二氯甲烷。待二氯甲烷基本蒸完后，再用水泵减压抽去残余的二氯甲烷，瓶中留下少量橙黄色液体即为橙油。

纯柠檬烯的沸点为 176℃，折射率 $n_D^{20}1.4727$，$[\alpha]_D^{20}+125.6°$。

六、注意事项

1. 橙子皮要新鲜，剪成小碎片。
2. 产品中二氯甲烷一定要抽干。否则会影响产品的纯度。

七、实验结果与讨论

得到的橙油用减量法称重（瓶子预先称重）。在实验 B 中进行纯度分析。

八、思考题

1. 保持柠檬烯的骨架不变，写出另外几个同分异构体。
2. 能进行水蒸气蒸馏的物质必须具备哪几个条件？

B　橙皮提取物的气相色谱分析

一、实验目的

1. 掌握气相色谱仪的基本结构和工作原理。
2. 学会使用 GC112A 气相色谱仪和 FJ-2000 色谱工作站。
3. 学会用色谱保留值对照定性和归一化定量的方法。

二、实验原理

气相色谱的基本原理参阅 3.1.1 节和 3.1.2 节。

1. 利用色谱保留值进行定性　各种物质在一定的色谱条件下有各自确定的保留值，因此，保留值可作为一种定性指标。对于组分不很复杂的试样，且其中待测组分均为已知的，这种方法简单易行。

2. 气相色谱归一化法定量　色谱定量分析是基于被测物质的量（m_i）与其峰面积（A_i）的正比关系。当试样中所有组分都能流出色谱柱，并在色谱图上显示完全分离的色谱峰时，可以使用归一化法定量。其中组分 i 的质量分数可由下式计算：

$$w_i = (m_i / \sum_{i=1}^{n} m_i) \times 100\% = (f_i A_i / \sum_{i=1}^{n} f_i A_i) \times 100\% \tag{3-9}$$

式中，w_i 是组分 i 的质量分数；f_i 是组分 i 的相对校正因子。

由于同一检测器对不同物质有不同的响应值，所以两个等量的物质，出峰面积往往不相等。因此，不能直接用峰面积来计算物质的含量，而需要对检测器的响应值进行校正，为此引入"定量校正因子"的概念。在一定的操作条件下，$m_i = f_i' A_i$，f_i' 为绝对质量校正因子，表示单位峰面积代表的物质质量。f_i' 与仪器灵敏度有关，不易准确测定。实际工作中常用相对校正因子 f，即某一物质与一标准物质的绝对校正因子之比值。相对校正因子可以通过实验测定，也可以通过查阅有关手册获得。

如果各组分的 f 值相同或相近，上式可以简化为：

$$w_i = (A_i / \sum_{i=1}^{n} A_i) \times 100\% \tag{3-10}$$

归一化法定量的优点是简便、准确，操作条件不需要严格控制，是一种常用的定量分析方法。此法的缺点是不管试样中某些组分是否需要测定，都必须全部分离流出，并获得测量信号，而且各组分的相对校正因子应是已知的。

三、仪器和试剂

GC112A 型或其他型号的气相色谱仪（配氢火焰离子化检测器或热导检测器）。填充色谱柱（固定相：SE-30；载体：硅烷化白色载体；柱内径 2mm 或 3mm；柱长：1m 或 2m）。

FJ-2000 色谱工作站，或其他型号的色谱工作站、积分仪或记录仪。1μL 微量进样器（若用热导检测器，则用 10μL 的微量进样器）。

氮气（载气）、氢气和空气。

样品和试剂：橙皮提取物，柠檬烯标样，乙醇、乙醚等分析纯的试剂。

四、实验步骤

1. 开启仪器，设定实验操作条件（详见第 3.1.2 节）。操作条件为：柱温 120℃，气化温度 200℃，检测器温度 200℃，载气流量 30～40mL·min^{-1}（ϕ3mm 柱）。

2. 开启色谱工作站（详见第 3.1.3 节），进入"样品采集"窗口。

3. 当色谱仪温度达到设定值后，氢火焰离子化检测器点火。待仪器的电路、气路系统达到平衡，工作站采样窗口显示的基线平直后即可进样。

4. 测定橙皮提取物：将本实验 A 得到的橙皮提取物用乙醇稀释数倍。用微量进样器吸取 0.1～0.3μL 样品进样，用色谱工作站采集记录数据并记录谱图文件名。重复进样两次。

5. 测定柠檬烯标样：在相同的条件下，吸取 0.3μL 柠檬烯标样（已稀释）进样测定。用色谱工作站采集色谱数据，并记录谱图文件名。重复进样两次。

6. 数据处理和记录：进入色谱工作站的数据处理系统，依次打开色谱图文件并对色谱图进行处理，同时记下各色谱峰的保留时间和峰面积。

7. 实验完毕，用乙醚抽洗微量进样器数次，并关闭仪器和计算机。

五、数据处理

1. 将橙皮提取物气相色谱图中各峰的保留时间与柠檬烯的保留时间相比较，确定橙皮提取物中哪一个峰代表柠檬烯。

2. 用归一化法计算橙皮提取物中柠檬烯的含量（计算时应不计溶剂峰）。

六、注意事项

1. 氢火焰离子化检测器的点火必须在色谱仪的柱温、检测器温度、进样温度达到设定值后方可进行。点火之后应检查点火是否成功。

2. 进样操作姿势是否正确、一致，将影响实验结果的重复性。

3. 橙皮提取物中还有柠檬醛、辛醛、芳樟醇、香叶醇等一些含氧化合物，它们在检测器上的响应值与柠檬烯不同。严格说该样品的归一化法定量时应采用校正因子，即用式(3-9)计算。但由于未对橙皮提取物做全面的定性分析，不知道每一个色谱峰所代表的物质，因此无法求得它们的校正因子。故本实验用公式(3-10)计算柠檬烯的含量。

4. 进样之前应用试样抽洗微量进样器数次，以保证进样器不受别的样品污染。进样之后，应用乙醚抽洗进样器数次，以防止其堵塞。

七、思考题

1. 为什么用水蒸气蒸馏法得到的橙皮提取物可以用色谱归一化法定量？如果是溶剂萃取法得到的橙皮提取物，用该法定量分析柠檬烯的含量可能会出现什么问题？

2. 从有关气相色谱的参考书或手册中查阅烯烃、醇和醛类化合物的定量校正因子，讨论本实验定量结果偏低还是偏高？

3. 你认为要做好本实验应注意哪些问题？

实验四 从植物叶片中分离色素

一、实验目的

了解从植物材料中提取色素的原理和方法，进一步熟悉柱色谱基础操作。

二、实验原理

基本原理见 2.3.6（2）。本实验是以色谱专用中性氧化铝为吸附剂，以石油醚为样品的溶剂，以 1∶9 与 1∶1（体积比）的丙酮-石油醚为洗脱剂分离植物叶片中的天然色素。根据各种色素与极性吸附剂作用强弱不同，在柱中可观察到不同的色带，见表 3-3。

表 3-3 色带颜色及对应的物质

色带颜色	对应的物质	色带颜色	对应的物质
黄绿	叶绿素 b	淡黄、黄	叶黄素
蓝绿	叶绿素 a	橙黄	类胡萝卜素

三、实验试剂与器材

试剂：中性氧化铝，植物叶片（菠菜或冬青叶），丙酮，石油醚（60～90℃），饱和氯化钠溶液，无水硫酸钠。

器材：微型色谱柱（直径 1cm，长 10cm），微型漏斗，20cm 烧杯，研钵，微型分液漏斗，微型抽滤装置。

四、实验步骤

1. 样品的处理

取 1g 洗净的菠菜叶或其他植物的叶片，切成碎片后于研钵中，加 4mL 丙酮捣烂（因丙酮易挥发，捣烂时间不宜过长，可适量补充丙酮）。抽滤除去滤渣，滤液移入微型分液漏斗中加 3mL 石油醚，静置（如分层不明显，可加 2mL 饱和氯化钠一起振摇，破坏乳浊液的形成）。分出水层后，用 10mL 水洗涤绿色溶液，静置 3min，然后分出有机层，用 0.3g 无水硫酸钠干燥备用。

2. 装柱

取一支干燥的微型色谱柱，加入中性氧化铝约 1～2g（操作方法详见 2.3.6）。

3. 上样

在石油醚的液面刚好流下至与柱上层覆盖的滤纸面一致时，关闭活塞。沿柱壁加入 1mL 已处理好的样品，打开活塞，当样品接近滤纸面时，即可用洗脱剂进行洗脱。

4. 洗脱

先用 5mL 1∶9 丙酮-石油醚缓慢滴入柱中洗脱。当有黄色谱带出现，待其移动到柱中间时，改用 1∶1 丙酮-石油醚洗脱。观察各色带的出现。并用 5mL 锥形瓶分别收集各色带的流出液。

五、注意事项

1. 色谱柱应装填均匀一致，松紧适当，不能有气泡，也不能出现松紧不均和断层现象，否则将影响洗脱速度和色带的齐整。

2. 要保持洗脱剂液面不能低于氧化铝，否则当柱中洗脱剂流干时，会使吸附剂干裂，出现断层现象。

六、思考题

1. 分离不同组分样品，选择洗脱剂的基本原则是什么？

2. 实验室中常用的吸附剂有哪些？

实验五　番茄素的提取

一、实验目的

1. 掌握柱色谱分离有机物的原理。

2. 掌握柱色谱的操作方法。

二、实验原理

番茄酱中主要含有红色的番茄素：

另外还有黄色的 β-胡萝卜素：

由于两化合物与吸附剂的吸附能力不同，故可采用柱色谱将两者分离。

三、实验装置

柱色谱装置如图 2-21 所示。

四、实验试剂与器材

试剂：番茄酱、丙酮、石油醚、碳酸钾、硫酸镁、中性三氧化二铝。

器材：色谱柱、二通、双连球、锥形瓶、布氏漏斗、吸滤瓶。

五、实验步骤

在小烧杯中称取 10g 番茄酱，用 1∶1（体积比）的丙酮-石油醚溶液萃取三次（3×

10mL），每萃取一次，抽滤一次，最后抽滤时，用少量溶剂将漏斗的残渣洗涤一次，合并萃取液，并依次用 15mL 饱和食盐水、15mL 10％碳酸钾溶液和 15mL 水洗涤。然后以无水硫酸镁或硫酸钠干燥，蒸除溶剂，直至残余物仅剩 2～3mL 为止，以备色谱分离用。

在柱径为 1.5cm 的色谱柱中，装填中性三氧化二铝吸附剂（参照第 2.3.6 中柱色谱相关内容），先用 1∶99（体积比）的丙酮-石油醚作洗脱剂，当有黄色的胡萝卜素开始流出，再用 1∶9（体积比）的丙酮-石油醚洗脱，收集橘红色的流出液（内含番茄素），收集液经分段浓缩，作光谱分析用。

六、注意事项

1. 番茄酱萃取处理要充分，否则影响实验结果。
2. 色谱柱要装结实，不要断层。

七、实验结果与讨论

收集不同的馏分，分别浓缩，可得不同的组分。

八、思考题

1. 在柱色谱洗脱过程中，色带不整齐而成斜带，对分离效果有何影响，应如何避免？
2. 色谱柱中有气泡会对色谱分离有何影响，怎样除去气泡？

实验六　从红辣椒中分离红色素

一、实验目的

1. 学习用薄层色谱和柱色谱方法分离和提取天然产物的原理。
2. 复习柱色谱的操作方法。

二、实验原理

红辣椒含有多种色泽鲜艳的天然色素，其中呈深红色的色素主要是由辣椒红脂肪酸酯和少量辣椒玉红素脂肪酸酯所组成，呈黄色的色素则是 β-胡萝卜素。

辣椒红脂肪酸酯

辣椒玉红素脂肪酸酯

这些色素可以通过色谱法加以分离。本实验以二氯甲烷作萃取剂，从红辣椒中提取出辣椒红色素。然后采用薄层色谱法分析，确定各组分的 R_f，再经柱色谱分离，分段接收并蒸除溶剂，即可获得各个单组分。

三、实验装置

图 4-10 回流装置，图 2-21 柱色谱装置，图 2-19 计算 R_f 值示意图。

四、实验试剂与器材

试剂：干燥红辣椒、二氯甲烷、硅胶 G（200～300 目）、沸石。

器材：圆底烧瓶、球形冷凝管、布氏漏斗、吸滤瓶、广口瓶、3cm×8cm 薄板、点样毛细管、色谱柱、锥形瓶等。

五、实验步骤

在 50mL 圆底烧瓶中，放入 1g 干燥并研碎的红辣椒和 2 粒沸石，加入 10mL 二氯甲烷，装上回流冷凝管，加热回流 20min。待提取液冷却至室温，过滤，除去不溶物，蒸发滤液，收集色素混合物。

以 200mL 广口瓶作薄板层析缸、二氯甲烷作展开剂。取极少量色素粗品置于小烧杯中，滴入 2～3 滴二氯甲烷使之溶解，并在一块硅胶 G 薄板上点样（铺板、活化、点样、色谱分离参见 2.3.6 一节），然后置入层析缸进行色谱分离。计算各种色素的 R_f 值。

在 1.5cm 的色谱柱中，装入硅胶 G 吸附剂（参见 2.3.6 一节），用二氯甲烷作洗脱剂，将色素粗品进行柱色谱分离，收集各组分流出液，浓缩各组分，得到各组分产品。

六、注意事项

1. 红辣椒要干且研细。
2. 硅胶 G 薄板要铺得均匀，使用前活化充分。
3. 色谱柱要装结实，不能有断层。

七、实验结果与讨论

通过薄层色谱可得到各组分的 R_f 值，再通过柱色谱，分段浓缩后可得不同的组分。

八、思考题

1. 硅胶 G 薄板失活对结果有什么影响？
2. 点样时应该注意什么？点样毛细管太粗会有什么后果？
3. 如果样品不带色，如何确定斑点的位置？举 1～2 个例子说明。

第4章 有机合成实验

4.1 有机合成原理与方法

一般来说，有机合成（organic synthesis）是指从原料（通常为单质、无机物或简单的有机物）经由一系列化学反应制备结构较为复杂的有机化合物的过程，应用于制备有机物的化学反应即称为有机合成反应。

在有机合成的发展初期，人们致力于在实验室中合成自然界中存在的物质，其后发展为合成在自然界中不存在的物质。今后的趋势不是盲目追求新的化合物，而是设计合成具有优异性质或重大理论意义的化合物。

在有机合成方法的研究中，经过反复的认证和实践，认为对于一个好的合成反应的评价标准是：①高的反应效率；②温和的反应条件；③优异的反应选择性，包括化学选择、区域选择和立体选择；④易于获得的反应起始原料；⑤尽可能使化学计量反应向催化循环反应发展；⑥对环境污染尽量小。从合成化学的观点出发，最重要的单元反应大致可分为氧化、还原、消除、卤化、硝化、胺化和酰胺化、重氮化和偶联、磺化、羧基化、烷基化、酰化和酯化、Grignard 反应、缩合、重排等。

本章选举了一些较典型的单元操作合成反应，意图通过这些实验的操作实践，使学生掌握一些基本反应的原理及操作方法，掌握一定的合成设计的方法。

4.2 有机合成实验

实验七 偶氮苯及其光学异构（TLC）

一、实验目的

1. 了解偶氮苯的制备及光学异构的原理。
2. 掌握薄层色谱分离异构体的方法。

二、实验原理

偶氮苯由硝基苯用金属镁为还原剂在甲醇溶液中还原而制得。反应为：

（反式）

偶氮苯有顺、反两种异构体，通常制得的是较为稳定的反式异构体。反式偶氮苯在光的照射下能吸收紫外光形成活化分子，活化分子失去过量的能量回到顺式或反式基态，得到顺式和反式异构体。

　　生成的混合物组成与所使用的光的波长有关。当用波长为 365nm 的紫外光照射偶氮苯的苯溶液时，生成 90% 以上的热力学不稳定的顺式异构体；若在日光照射下，则顺式异构体仅稍多于反式异构体。反式偶氮苯的偶极矩为 0，顺式偶氮苯的偶极矩为 3.0D。两者极性不同，可借薄层色谱把它们分离开，分别测定它们的 R_f 值。

三、实验装置

反应装置为回流装置，见图 4-10。

四、试剂与器材

试剂：硝基苯、镁条、甲醇、碘、冰醋酸、无水乙醇、苯、环己烷。

器材：100mL 圆底烧瓶、球形冷凝管、布氏漏斗、吸滤瓶、试管、载玻片、层析缸。

五、实验步骤

　　在干燥的 100mL 圆底烧瓶中，加入 1.9mL（0.018mol）硝基苯、46.5mL（1.1mol）甲醇和一小粒碘，装上球形冷凝管，振荡反应物。加入 1g 除去氧化膜的镁屑，反应立即开始，保持反应正常进行，注意反应不能太激烈，也绝不能停止反应。待大部分镁屑反应完全后，再加入 1g 镁屑，反应继续进行，反应液由淡黄色渐渐变成黄色，等镁屑完全反应后，加热回流 30min 左右，溶液呈淡黄色透明状。趁热将反应液在搅拌下倒入 70mL 冰水中，用冰醋酸小心中和至 pH 为 4～5，析出橙红色固体，过滤，用少量水洗涤固体，固体用 50% 乙醇重结晶。得到约 1g 产品，纯反式偶氮苯为橙红色片状晶体，熔点 68.5℃。

　　取 0.1g 偶氮苯，溶于 5mL 左右的苯中，将溶液分成两等份，分别装于两个试管中，其中一个试管用黑纸包好放在阴暗处，另一个则放在阳光下照射。

　　用毛细管各取上述两试管中的溶液分别点在薄层色谱板上。用 1∶3 的苯-环己烷或 1∶16 的环己烷-乙酸乙酯溶液作展开剂，在层析缸中展开，计算顺、反异构体的 R_f 值。

六、注意事项

1. 反应引发要好，反应要完全。
2. 冰醋酸的用量要略多一点，至有橙红色固体析出为宜。

七、实验结果与讨论

用薄层色谱来检验顺、反异构体的存在及两者性质的差别。

八、思考题

1. 简述由硝基苯还原制备偶氮苯的反应机理。
2. 粗制偶氮苯在提纯过程中有少量乙醇不溶物，它可能是什么杂质？是怎样产生的？
3. 简述薄层色谱的原理及在本实验中的应用。
4. R_f 值可以解释哪些问题？

实验八　环己烯

一、实验目的

1. 了解卤代烃的消除反应原理及烯烃的制备方法。
2. 掌握机械搅拌，分液漏斗，干燥及蒸馏的操作。
3. 掌握阿贝折光仪的使用方法。

二、实验原理

卤代烃在碱的醇溶液中，主要发生消除反应，同时也会伴有少量亲核取代反应发生。

主反应：

副反应：

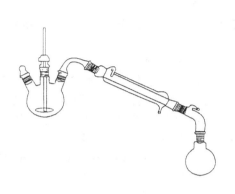

$$+H_2O \xrightarrow{NaOH} +HCl$$

三、实验装置

如图 4-1、图 4-2 所示。

四、试剂与器材

试剂：氯代环己烷、氢氧化钠、二缩三乙二醇、无水硫酸钠。

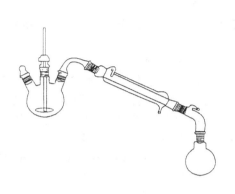

图 4-1 制备环己烯的装置

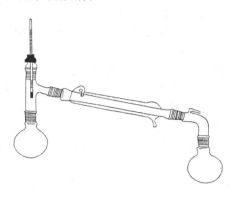

图 4-2 普通蒸馏装置

器材：机械搅拌装置，100mL 三口烧瓶，90°弯管，直形冷凝管，接液管，100mL 圆底烧瓶，空心塞，分液漏斗。

五、实验步骤

如图 4-1 所示连接装置，在干燥的三口烧瓶中加入 30mL 二缩三乙二醇和 5g 氢氧化钠，在搅拌下用油浴加热，控制油浴温度在 100℃，使氢氧化钠溶解。等溶液完全冷却后，加入 11.8mL（0.1mol）氯代环己烷，然后慢慢加热油浴，直至 90℃（油浴温度）消除产物被蒸馏出来，控制温度，直到无馏出液为止（三口烧瓶中残余碱液立即倒入指定的废液桶中）。

将馏出物倒入分液漏斗中分出水层（试剂中原有的水及反应中生成的水）。上层有机相用无水硫酸钠干燥。干燥后的油层倒入干燥的小圆底烧瓶中，通过普通蒸馏装置（如图 4-2 所示）进行蒸馏，收集 80～85℃的馏分。测其折射率。

产量约 5g，纯环己烯为无色透明液体，沸点 83℃，d_4^{20} 0.8102。

六、注意事项

1. 反应液是热的碱溶液，会严重腐蚀温度计的玻璃，故不采用内部温度计，而只能控制油浴温度。

2. 二缩三乙二醇作高沸点溶剂用。

七、实验结果与讨论

纯环己烯沸点为 83℃，测定其折射率，检验其纯度，计算产率。环己烯也可用环己醇脱水制得，试设计其反应步骤，比较二者的优缺点。

八、思考题

1. 用油浴加热的主要优点是什么？要注意哪些问题？应选用哪一种油？

2. 在所学过的知识中，环己烯还可以什么方法来制备？请设计一下实验方案。

实验九　三乙基苄基氯化铵（TEBA）

一、实验目的

1. 了解相转移催化、季铵盐等概念及季铵盐的制法。
2. 掌握回流、过滤等基本操作。

二、实验原理

三乙基苄基氯化铵（triethyl benzyl ammonium chloride，TEBA）是一种季铵盐，常用作多相反应中的相转移催化剂（PTC）。它具有盐类的特性，是结晶形的固体，能溶于水。在空气中极易吸湿分解。

TEBA 可由三乙胺和氯化苄直接作用制得。反应为：

$$\text{C}_6\text{H}_5\text{—CH}_2\text{Cl} + (\text{C}_2\text{H}_5)_3\text{N} \xrightarrow[83\sim84℃]{\text{ClCH}_2\text{CH}_2\text{Cl}} \text{C}_6\text{H}_5\text{—CH}_2\overset{+}{\text{N}}(\text{C}_2\text{H}_5)_3\overset{-}{\text{Cl}} \quad \text{(TEBA)}$$

一般反应可在二氯乙烷、苯、甲苯等溶剂中进行。生成的产物 TEBA 不溶于有机溶剂而以晶体析出，过滤即得产品。

原料苄氯对眼睛有强烈的刺激、催泪作用，取用时最好在通风柜中。

三、实验装置

见图 4-10。

四、试剂与器材

试剂：氯化苄、三乙胺、1,2-二氯乙烷。

器材：100mL 圆底烧瓶、球形冷凝管、布氏漏斗、吸滤瓶、培养皿。

五、实验步骤

将圆底烧瓶、球形冷凝管烘干。

在干燥的 100mL 圆底烧瓶中，依次加入 2.8mL（0.025mol）氯化苄、3.5mL（0.025mol）三乙胺和 10mL 1,2-二氯乙烷。按图 4-10 搭建好装置。在石棉网上用小火空气浴加热。回流 1.5h。期间间歇振荡反应瓶。反应毕，将反应液冷却，即析出白色结晶。抽滤，将固体滤饼压干。得到白色固体（产量约 5g）。滤液倒入指定的回收瓶中。

六、注意事项

1. 本实验若有条件用机械搅拌装置进行，则反应效果更好。
2. 久置的氯化苄常伴有苄醇和水，因此在使用前应当用新蒸馏过的氯化苄。
3. TEBA 为季铵盐类化合物，极易在空气中受潮分解，需隔绝空气保存。

七、实验结果与讨论

三乙基苄基氯化铵（TEBA）为白色固体。称重，计算产率。

八、思考题

1. 为什么季铵盐能作为相转移催化剂？
2. 反应器为什么要干燥？

实验十　7,7-二氯双环 [4.1.0] 庚烷

一、实验目的

1. 了解相转移催化、卡宾的生成及加成反应。
2. 进一步熟悉机械搅拌装置。
3. 掌握萃取、蒸馏、减压蒸馏等操作。

二、实验原理

碳烯（又称卡宾 Carbene）是一类活性中间体的总称，其通式为 $R_2C:$，最简单的卡宾是亚甲基 $:CH_2$。卡宾存在的时间很短，一般是在反应过程中产生，然后立即进行下一步反应。卡宾是缺电子的，可以与不饱和键发生亲电加成反应。

二氯卡宾（$:CCl_2$）是一种卤代卡宾。氯仿和叔丁醇钾作用，发生 α-消除反应即得二氯卡宾。

$$CHCl_3 + t\text{-}BuO^-K^+ \rightleftharpoons {}^{\ominus}:CCl_3 + t\text{-}BuOH + K^+$$

$$^{\ominus}:CCl_3 \longrightarrow :CCl_2 + Cl^-$$

二氯卡宾与环己烯作用，即生成 7,7-二氯双环[4.1.0]庚烷：

$$\text{（环己烯）} + :CCl_2 \longrightarrow \text{（7,7-二氯双环庚烷）}\begin{matrix}Cl\\Cl\end{matrix}$$

上述反应一般应在强碱而且高度无水的条件下进行。但若利用相转移催化技术则可使反应条件温和，在水相中进行，并提高产率。

相转移催化是近十年来发展起来的一项新实验技术，对提高互不相溶两相间的反应速度、简化操作、提高产率有很好效果。在相转移催化剂，如季铵盐、三乙基苄基氯化铵（TEBA）存在下，氯仿与浓氢氧化钠水溶液起反应，产生的 $:CCl_2$ 立即与环己烯作用，生成 7,7-二氯双环[4.1.0]庚烷。一般认为该反应的机理为：

$$(C_2H_5)_3\overset{+}{N}CH_2C_6H_5Cl^- \xrightarrow[\text{水相}]{OH^-} (C_2H_5)_3\overset{+}{N}CH_2C_6H_5OH^- + Cl^-$$

$$(C_2H_5)_3\overset{+}{N}CH_2C_6H_5OH^- + CHCl_3 \xrightarrow{\text{相界面}} (C_2H_5)_3\overset{+}{N}CH_2C_6H_5\overset{-}{C}Cl_3 + H_2O$$

$$(C_2H_5)_3\overset{+}{N}CH_2C_6H_5\overset{-}{C}Cl_3 \xrightarrow{\text{有机相}} :CCl_2 + (C_2H_5)_3\overset{+}{N}CH_2C_6H_5Cl^-$$

$$\text{（环己烯）} + :CCl_2 \longrightarrow \text{（7,7-二氯双环庚烷）}\begin{matrix}Cl\\Cl\end{matrix}$$

在相转移催化剂存在下，在有机相中原位产生的 $:CCl_2$ 立即和环己烯作用，生成 7,7-二氯双环[4.1.0]庚烷，产率可达 60%。为使相转移反应顺利进行，反应必须在强烈搅拌下进行。

三、实验装置

反应采用搅拌回流装置，如图 4-3 所示。减压蒸馏装置如图 2-12 所示。

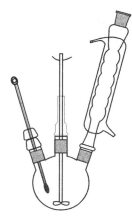

图 4-3 制备 7,7-二氯双环[4.1.0]庚烷装置

四、试剂与器材

试剂：环己烯、氯仿、TEBA、氢氧化钠、乙醇、浓盐酸、无水硫酸镁。

器材：100mL 三口烧瓶、球形冷凝管、温度计、烧杯、分液漏斗、50mL 锥形瓶、搅拌电动机、减压系统。

五、实验步骤

在 100mL 三口瓶上，依次装配好机械搅拌、回流冷凝管及温度计（图 4-3）。在三口瓶中加入 7.5mL（0.074mol）环己烯、20mL（0.25mol）氯仿和 0.4g TEBA。将 12g NaOH 溶于 12mL 水中得到 1:1 的氢氧化钠水溶液。开动搅拌电动机，将氢氧化钠溶液分 4 次从冷凝管上口加入。此时反应液温度慢慢上升至 60℃ 左右。反应液渐变成棕黄色并伴有固体析出，当温度开始下降时，可用热水浴维持反应温度在 55～60℃，回流 1h。将反应液冷至室温，加入 35mL 水，使固体尽量溶解。用分液漏斗将混合液分层，分出的有机层（下层），用 25mL、6%（2mol·L⁻¹）的盐酸溶液洗涤，再用 50mL 水分两次洗涤，加入无水硫酸镁干燥。安装蒸馏装置，水浴上常压蒸去氯仿，然后进行减压蒸馏（如图 2-12 所示）。收集 $80\sim82℃/16mmHg$（$1mmHg=133.322Pa$）馏分。产量约 $10g$。

六、注意事项

1. 本反应为非均相的相转移催化反应，必须在强烈的搅拌下进行。

2. 若天冷不能自然升温至 60℃，可用热水浴稍做加热。

3. 产品也可用空气冷凝管进行常压下蒸馏得到，沸程约为 190～200℃。

七、实验结果与讨论

纯 7,7-二氯双环[4.1.0]庚烷为无色液体，沸点为 198℃。称重，计算产率，测定折射率检验其纯度。

八、思考题

1. 简述相转移催化反应的原理。

2. 二氯卡宾是一种活性中间体，容易与水作用，本实验在有水存在下为什么二氯卡宾可以和烯烃发生加成反应？

实验十一 1-溴丁烷

一、实验目的

1. 掌握带气体吸收的回流冷凝装置。

2. 掌握卤代物的一般制备和分离提纯。

二、实验原理

1-溴丁烷是由正丁醇与卤代试剂（溴化钠和浓硫酸反应生成的氢溴酸）通过亲核取代反应而制得的，主反应如下：

$$NaBr+H_2SO_4 \longrightarrow HBr+NaHSO_4$$
$$CH_3CH_2CH_2CH_2OH+HBr \longrightarrow CH_3CH_2CH_2CH_2Br+H_2O$$

加入浓硫酸的作用一是作为反应物与溴化钠生成氢溴酸，二是由于浓硫酸作为一个强酸，能提供 H^+ 质子，使醇形成离子：

$$CH_3CH_2CH_2CH_2OH \xrightarrow{H^+} CH_3CH_2CH_2CH_2\overset{+}{O}H_2$$

使醇上的极弱离去基 OH^- 变成一个较强的离去基 H_2O，从而大大加快反应的速度。正丁醇是伯醇，上述反应是典型的酸催化 S_N2 反应，但也有部分是按 S_N1 机理进行的。在亲核取代反应的同时，常伴有消除脱水等副反应，如：

$$C_4H_9OH \xrightarrow[\triangle]{H_2SO_4} C_4H_8+H_2O$$

$$2C_4H_9OH \xrightarrow[\triangle]{H_2SO_4} C_4H_9OC_4H_9+H_2O$$

所以反应完毕，除得到主产物 1-溴丁烷外，还可能含有未反应的正丁醇和副产物正丁醚。另外还有无机产物硫酸氢钠，硫酸氢钠在水中溶解度较小，用通常的分液方法不易除去，故在反应完毕后再进行粗蒸馏，一方面使生成的 1-溴丁烷分离出来，另一方面粗蒸馏过程可进一步使醇与氢溴酸的反应趋于完全。

粗产物中含有的正丁醇、正丁醚等杂质，可用浓硫酸洗涤除去；如果产品中有正丁醇，蒸馏时会形成沸点较低的馏分（1-溴丁烷和正丁醇的共沸混合物沸点为 98.6℃，含正丁醇 13%）而导致精制品产率降低。

产物 1-溴丁烷的纯度可以通过气相色谱归一化法分析得到。

三、实验装置

见图 4-4。

四、试剂与器材

试剂：正丁醇 7.4g 9.3mL（0.1mol）、无水溴化钠 12.5g（0.12mol）（或无水溴化钾 14.3g 0.12mol）、浓 H_2SO_4（相对密度 1.84）27.6g、15mL（0.28mol）10%碳酸钠、无水氯化钙。

器材：圆底烧瓶、球形冷凝管、吸滤瓶、75°弯管、直形冷凝管、接收管、分液漏斗、锥形瓶、蒸馏头、温度计。

五、实验步骤

本实验分两步完成。

1. 按图 4-4 安装好反应装置。在装置中的 100mL 圆底烧瓶中加入 12.5g 研碎的溴化钠，用定量加料器加入 9.3mL 正丁醇，投入沸石摇匀。在一小锥形瓶中加入 15mL 水，在冷水浴中一边振荡一边加 15mL 的浓硫酸，得到 1∶1 的硫酸。将稀释后的硫酸从冷凝管上口分批加入反应瓶中并充分振荡，使反应物混合均匀，硫酸加完后连接好气体吸收装置。

图 4-4　气体吸收回流反应装置

反应瓶用电热套小火加热至沸腾，回流 30min，反应结束后，反应物冷却数分钟。卸去回流冷凝管，反应瓶中添加沸石，用 75°弯管连接直形冷凝管，换成蒸馏装置，进行蒸馏。馏出液用细口瓶接收，蒸馏至馏出液无油滴或澄清为止。在接收瓶中加入部分水封存，并塞好塞子，第二步实验待用。

2. 粗产品混合液倒入分液漏斗，将油层从下面放入干燥的小锥形瓶，然后在冷水浴冷却并振荡下，用 5mL 浓 H_2SO_4 分两次加入瓶中洗涤油层，再将混合物倒入分液漏斗，分去下层的浓硫酸。油层依次分别用 15mL 水、7.5mL 10%的碳酸钠水溶液和 15mL 水洗涤。最后一次洗涤完毕，将下层粗产品仔细放入干燥的小锥形瓶中，少量分批地加入无水氯化钙，并间歇振荡直至液体澄清。

安装好蒸馏装置（图 4-2），通过长颈漏斗加少量棉花，将液体滤入干燥圆底烧瓶，投入沸石，用电热套小火加热蒸馏。收集 99～102℃的馏分。产品称重，量体积，测定折射率，并用气相色谱法检查产品的纯度。

六、注意事项

1. 反应装置的密封性要好。吸收液用水即可，气体导管出口处要接近但不能接触吸收液面。

2. 实验中采用 1∶1 硫酸，一方面减少副反应，另一方面吸收未反应的溴化氢气体，因此，不能用浓硫酸。

3. 蒸出粗产品时，可以不加温度计。检验油滴的方法可用盛少量清水的小烧杯接收几滴馏出液，观察烧杯底部有无小油珠。

4. 蒸馏时所用的各仪器必须预先烘干，否则产品易浑浊。

5. 接收瓶应预先称重，采用减量法可测得产品的质量。

七、实验结果与讨论

纯 1-溴丁烷为无色透明液体，沸点为 101.6℃。测定产品的折射率，计算产率。检验产品的纯度除了测定折射率，还可用气相色谱法来检测。1-溴丁烷也可用正丁醇直接与氢溴酸反应来制备，试设计其反应方案，比较二者的优缺点。

八、思考题

1. 实验应根据哪种药品的用量计算理论产量？计算结果是多少？

2. 硫酸浓度太高或太低对实验有何影响？

3. 本实验在回流冷凝管上为何要采用吸收装置？吸收什么气体？还可用什么液体来吸收？

4. 在回流反应过程中，反应液逐渐分成两层，你估计产品处于哪一层中？为什么？

5. 产品用浓硫酸洗涤可除去哪些杂质？为什么能除去这些杂质？

实验十二　苯丁醚

一、实验目的

1. 了解醚类合成的原理及方法。

2. 掌握回流、蒸馏、分液、洗涤等操作。

二、实验原理

苯丁醚是芳香混醚。混醚通常用威廉森（Williamson）合成法制备。由于芳香卤代烃不活泼，一般由脂肪卤代烃和酚钠在乙醇液中反应制得：

$$ArONa + RX \xrightarrow{\text{乙醇}} ArOR + NaX$$

卤代烃以溴化物为适宜。酚钠可用酚和氢氧化钠作用制得。一般认为反应是酚氧离子与溴代烷进行的 S_N2 反应。

主反应：

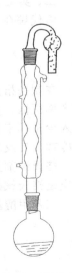

副反应：

$$C_4H_9Br + NaOH \xrightarrow{H_2O} C_4H_9OH + NaBr$$

$$C_4H_9Br \xrightarrow[\text{乙醇}]{NaOH} C_4H_8 + HBr$$

三、实验装置

实验所用仪器必须干燥。装置见图 4-5 和图 4-2。

四、试剂与器材

试剂：苯酚、1-溴丁烷、氢氧化钠、无水乙醇、无水氯化钙、5%氢氧化钠溶液。

器材：100mL 圆底烧瓶、球形冷凝管、干燥管、蒸馏头、接收管、直形冷凝管、50mL 锥形瓶、分液漏斗。

五、实验步骤

本实验分两步完成。

1. 在 100mL 圆底烧瓶中，加入 4.4g（0.1mol）氢氧化钠、30mL 无水乙醇和 9mL（0.1mol）苯酚（苯酚室温时为固体，可用热水浴温热使其熔化后量取），加入沸石。按图 4-5 安装好反应装置。热水浴或用电热套空气浴加热回流。当水浴温度达到 85℃ 左右时，反应物开始沸腾。回流开始后从冷凝管上口分批加入 14mL（0.128mol）1-溴丁烷。控制水浴温度在 90～95℃，回流 1～1.5h。固体氢氧化钠逐渐溶解，烧瓶内白色沉淀逐渐增加。期间不断振荡烧瓶。

反应结束，移去水浴。反应液稍冷，将回流装置改装成蒸馏装置（图 4-2），另加沸石，加热把反应混合物中的乙醇尽量蒸馏出来（约得 25～

图 4-5　制备苯丁醚的装置

29mL 回收）。在残留物中加入 10～20mL 水，使固体溴化钠溶解，塞紧瓶塞待第二步实验时处理。

2. 将混合液倒入分液漏斗中，分去水层，粗苯丁醚用 10mL 5％NaOH 溶液洗涤，再用无水氯化钙干燥后，滤去干燥剂，空气浴加热蒸馏，用空气冷凝管（或用直形冷凝管不通水来代替）收集 205～210℃的馏分。产物称重、测折射率。

产量约 10g，纯苯丁醚的沸点为 210℃，折射率 $n_D^{20}=1.4929$。

六、注意事项

1. 所用的仪器必须是干燥的。

2. 苯酚熔点为 43℃，量取时注意皮肤上不要沾染苯酚，因苯酚有较强的腐蚀性，如已不慎碰到，应立即用大量水冲洗，再用少许乙醇擦洗。

3. 实验中先回流生成苯酚钠，再加入溴丁烷与之反应，效果较好。

4. 加热回流中，如果因温度较高使溶剂挥发过多而发生液体分层现象，可补加少量无水乙醇。

七、实验结果与讨论

纯苯丁醚为无色液体，沸点为 210℃，测其折射率，计算产率。如果用金属钠代替氢氧化钠，是否可行？产量能否提高？

八、思考题

1. 在制备苯丁醚时，无水乙醇在其中起什么作用？为什么不用普通的 95％乙醇？

2. 反应完毕后，为什么要尽量将乙醇蒸出？

3. 粗苯丁醚为什么要用氢氧化钠溶液洗涤？

实验十三　三苯甲醇

一、实验目的

1. 了解格氏试剂的制备、应用和进行格氏反应的条件。

2. 学习和掌握搅拌、回流、萃取、重结晶等操作。

二、实验原理

卤代烷在干燥的乙醚中能和镁屑作用生成烃基卤化镁 RMgX，俗称格氏试剂。

$$R—X+Mg \xrightarrow{\text{干乙醚}} R—Mg—X$$
烃基卤化镁

在制备格氏试剂时需要注意整个体系必须保证绝对无水，不然将得不到烃基卤化镁，或者产率很低。在形成格氏试剂的过程中往往有一个诱导期，作用非常慢，甚至需要加温或者加入少量碘来使它发生反应，诱导期过后反应变得非常剧烈，需要用冰水或冷水在反应器外面冷却，使反应缓和下来。

格氏试剂是一种非常活泼的试剂，它能起很多反应，是重要的有机合成试剂。最常用的反应是格氏试剂与醛、酮、酯等羰基化合物发生亲核加成生成仲醇或叔醇。

三苯甲醇就是通过格氏试剂苯基溴化镁与苯甲酸乙酯反应制得。

$$\left(\text{苯}\right)_2 C=O \xrightarrow[\text{干醚}]{\text{苯}-MgBr} \xrightarrow{NH_4Cl+H_2O} \left(\text{苯}\right)_3 C-OH$$

三、实验装置（本微量实验）

由于反应要求无水操作，在反应装置中冷凝管和滴液漏斗口上需安装干燥管。见图 4-6。

四、试剂与器材

试剂：溴苯、镁条、苯甲酸乙酯、无水乙醚、碘、氯化铵、石油醚、95％乙醇、无水氯化钙。

器材：50mL 三口烧瓶、球形冷凝管、滴液漏斗、干燥管、直形冷凝管、分液漏斗、蒸馏头、接收管、50mL 锥形瓶。

图 4-6　制备三苯甲醇的装置

五、实验步骤

实验前所用仪器均要干燥，无水乙醚中加入 $CaCl_2$ 干燥过夜。按图 4-6 安装好反应装置，将镁条用砂纸打磨发亮，除去表面氧化膜，然后剪成屑状。称取 0.5g（0.02mol）镁屑加入三口烧瓶，加入 4mL 无水乙醚和一小粒碘。分别将 2.8mL（0.02mol）溴苯和 7mL 无水乙醚加入滴液漏斗中。先从滴液漏斗中放出数毫升溶液，轻轻振荡烧瓶引发反应，反应开始后碘的颜色逐渐消失（若不发生反应，可用温水加热），然后将剩余溶液慢慢地滴加，并保持反应物缓缓回流。溴苯溶液滴完后，用热水浴或电热套（禁止用明火）使反应液保持回流至镁全部反应完毕。然后将反应物冷却至室温。

在滴液漏斗中加入 1.3mL（0.013mol）苯甲酸乙酯和 2mL 乙醚，将此混合液缓慢滴加入反应瓶中，加热保持回流 1h，冷却至室温。通过滴液漏斗慢慢滴入含 2.5g 氯化铵的饱和水溶液，使产物分解。

将装置换成蒸馏装置，加热蒸去乙醚（回收）。切记，禁止用明火！然后加入 30～60℃ 的石油醚 25mL，即有固体产品析出，冷却过滤得黄白色固体。滤液用分液漏斗分层并回收石油醚。固体用水洗涤、抽干。粗产品可用 95％乙醇重结晶。产量约 1～1.5g。

纯三苯甲醇为白色片状晶体，m. p. 164.2℃

六、注意事项

1. 整个反应过程中仪器必须是干燥的，所用试剂也必须预先处理成无水的。
2. 镁条除去表面氧化膜并剪成屑状，是为了增加反应表面积。
3. 引发反应一定要充分：若不反应，可温热加以引发。
4. 溴苯不宜加入过快，否则会使反应过于激烈，且产生较多的副产物联苯。
5. 加入氯化铵分解产物，若有白色絮状物产生，可加入少量稀盐酸。

七、实验结果与讨论

测定所得产物的熔点，检验其纯度，计算产率。溴苯和联苯也可用水蒸气蒸馏方法加以除去。

八、思考题

1. 格氏反应的原理是什么？本实验的成败关键何在？
2. 为什么整个过程要无水干燥？
3. 为什么要在反应开始时加入碘？
4. 本实验中为什么要用饱和氯化铵溶液分解产物？除此之外还有什么试剂可代替？
5. 溴苯滴入太快或一次加入有什么不好？

实验十四　二苯乙烯基甲酮（双苄叉丙酮）

一、实验目的

1. 了解羟醛缩合反应原理。
2. 掌握并巩固机械搅拌器使用方法。
3. 巩固抽滤及重结晶操作技术。

二、实验原理

$$2 \; C_6H_5CHO \; + \; H_3C-\overset{O}{\underset{\|}{C}}-CH_3 \; \xrightarrow{\text{稀 NaOH}} \; C_6H_5-CH=CH-\overset{O}{\underset{\|}{C}}-CH=CH-C_6H_5$$

三、实验装置

见实验十中反应装置。

四、试剂与器材

试剂：苯甲醛 3g（3mL、0.028mol），丙酮 0.79g（1mL、0.014mol），95％乙醇 36mL，10％氢氧化钠溶液 28mL，冰醋酸，无水乙醇。

器材：100ml 圆底烧瓶、电动搅拌机、布氏漏斗、抽滤瓶、温度计、球形冷凝管。

五、实验步骤

在 100mL 圆底烧瓶中放入 3mL 苯甲醛、1mL 丙酮和 22mL 95％乙醇。开动电动搅拌机混合，再加入 28mL 10％氢氧化钠溶液[1]，至少搅拌 15min[2]。反应物起初是澄清均相的，几秒后变为乳状液体，不久有黄色固体颗粒产生。抽滤收集析出的固体产品，并用水洗涤（产品不溶于水），抽干水分。关闭抽滤，固体再用 15mL 混合液（由 1mL 冰醋酸和 14mL 95％乙醇配成）洗涤，让其在布氏漏斗内静置 30s，再次抽滤，最后再用水洗涤一次，得黄色粉状固体。

将固体移至 50mL 锥形瓶中，分批加入无水乙醇（共约 12mL），水浴加热回流进行重结晶，待饱和溶液制得后再多加 2mL 无水乙醇[3]，冷却至室温[4]，产品呈淡黄色漂亮的片状结晶。抽滤，产品放在表面皿上，在烘箱内（50～60℃）干燥[5]，称重，计算产率。实验所需时间：3h；产量：约 2g。

注：

[1] 氢氧化钠 10％是质量分数。碱性太大会造成苯甲醛的歧化反应。碱性太小会主要生成一缩合产物（C_6H_5—CH=CH—COCH₃ 苯乙烯基乙酮）。

[2] 缩合反应是一个放热反应，而丙酮沸点为 56.2℃。故不需加热并注意冷却，以免使缩合反应温度过高。

[3] 若溶液颜色不是呈淡黄色而呈棕红色，可加少许活性炭脱色。

[4] 结晶时的溶液一定要冷却到室温，否则产品有损失。

[5] 烘干时注意温度宜控制在 50～60℃，以免产品熔化或分解。

七、实验结果与讨论

纯二苯乙烯基甲酮为淡黄色片状结晶，熔点 113℃（分解）。称重，计算产率。

八、思考题

1. 本反应的原理是什么？如果用苯乙醛和丙酮进行反应，会产生什么？
2. 粗产品为什么要用含冰醋酸的溶液进行洗涤？
3. 重结晶所用的溶剂为什么不能太多？也不能太少？

实验十五 苯乙醇酸（扁桃酸）

一、实验目的

1. 学习相转移催化合成基本原理。
2. 掌握季铵盐在多相反应中的催化机理和应用技术。
3. 巩固萃取及重结晶操作技术。

二、实验原理

其中：CCl_2 称作二氯卡宾，反应活性很高，过去，有二氯卡宾参与的反应都是在严格无水的条件下进行的。现在，由于相转移催化剂的介入，在水相-有机相两相体系中产生二氯卡宾变得十分方便，其机理如下：

水相

$$Q^+Cl + NaOH \rightleftharpoons Q^+OH^- + Na^+Cl^-$$

$$Q^+OH^- + CHCl_3$$

有机相

$$Q^+Cl^- + :CCl_2 \longrightarrow Q^+CCl_3^-$$

反应式：

注：用此化学方法合成的苯乙醇酸是外消旋体。

三、实验装置

搅拌装置如图 4-3 所示（其中烧瓶一个口加上一个 Y 管外接冷凝管和滴液漏斗，也可直接选用四口烧瓶）。

四、试剂与器材

试剂：苯甲醛、TEBA、氯仿、30％氢氧化钠溶液、乙醚、无水硫酸镁、甲苯。

器材：圆底烧瓶、球形冷凝管、三口烧瓶、滴液漏斗、温度计、布氏漏斗、吸滤瓶。

五、实验步骤

按图 3-13 连接，在 250mL 三口烧瓶中依次加入 10.1mL（10.6g，0.1mol）苯甲醛，16mL（24g，0.2mol）氯仿和 1g TEBA，水浴加热并搅拌（两相反应，应激烈搅拌，以利于反应）。当反应温度升至 56℃，开始自滴液漏斗慢慢滴加 35mL 30％氢氧化钠溶液。滴加碱液过程中，保持反应温度在 60～65℃，大约 20min 滴毕，继续搅拌 40min，反应温度维持在 65～70℃。

用 200mL 水将反应液稀释，然后用乙醚萃取两次（2×30mL），合并醚层（留待回收乙醚）。用 50％硫酸酸化水相至 pH＝2～3，再用乙醚萃取两次（2×40mL）。合并醚层，用无水硫酸镁干燥，热水浴蒸除乙醚（严禁明火），即得到外消旋苯乙醇酸粗品。

将苯乙醇酸粗品置入 100mL 烧瓶，配置回流冷凝管。先加入少许甲苯于烧瓶中，加热后再补加甲苯，直至溶剂微微沸腾时粗产物恰好溶解为止（每克粗产品约需 1.5mL 甲苯）。趁热过滤，母液于室温静置，使结晶慢慢析出。过滤得到晶体，产品经干燥后称重，测熔点。

六、注意事项

1. TEBA 的制备及性质见实验九。

2. 氢氧化钠的溶液配制好后稍冷却马上就滴加，否则会结块，因为此碱液黏度较大。

七、实验结果与讨论

纯苯乙醇酸为白色斜方片状结晶，熔点 118～119℃。称重，计算产率，测定熔点。

八、思考题

1. 以季铵盐为相转移催化剂的催化反应原理是什么？

2. 本实验中，如果不加入季铵盐会产生什么后果？

3. 反应结束后为什么要用水稀释？而后用乙醚萃取，目的是什么？

4. 反应液经酸化后，为什么再次用乙醚萃取？

实验十六　对硝基苯甲酸

一、实验目的

1. 掌握搅拌装置的安装及使用。

2. 了解氧化反应的原理。

3. 掌握碱溶酸析、重结晶等固体提纯方法。

二、实验原理

对硝基苯甲酸由对硝基甲苯的侧链氧化而得到：

$$\text{（对硝基甲苯）} + Na_2Cr_2O_7 + 4H_2SO_4 \longrightarrow \text{（对硝基苯甲酸）} + Cr_2(SO_4)_3 + Na_2SO_4 + 5H_2O$$

上述氧化反应是强放热反应，而且是一个多相反应，所以必须采用搅拌装置和试剂（浓 H_2SO_4）滴加方法，以免反应温度过高。另外还可采取先在反应器中加入少许水的办法，使固体反应物润湿以增加反应接触面，并可使反应缓和一些，防止局部反应过于剧烈。

在粗产品的后处理中，由于对硝基苯甲酸的粗产品中含有未反应的对硝基甲苯和铬盐等杂质，先加 NaOH 可使产品对硝基苯甲酸转变为钠盐而进入溶液中，用过滤法将杂质分离，然后酸化得到产品。

三、实验装置

见图 4-7。

四、试剂与器材

试剂：对硝基甲苯 3g（0.022mol），重铬酸钠（$Na_2Cr_2O_7 \cdot 2H_2O$）9g（0.03mol）或重铬酸钾 10g（0.03mol），浓 H_2SO_4（相对密度 1.84）27.6g 15mL（0.2mol），5% 氢氧化钠 38mL，15% 硫酸 30mL，50% 乙醇。

器材：机械搅拌装置、三口烧瓶、滴液漏斗、回流冷凝管、广口瓶、烧杯、温度计。

五、实验步骤

本实验分两步完成。

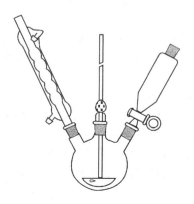

图 4-7　搅拌滴加回流反应装置

1. 按图 4-7 安装好实验装置。向该装置中的 100mL 三口烧瓶中加入 3g 研碎的对硝基甲苯、9g 重铬酸钠和 11mL 水，开启搅拌器。滴液漏斗中加入 15mL 浓硫酸，开启滴液漏斗，慢慢滴加浓硫酸，注意严格控制浓硫酸的滴加速度，以防反应混合物温度高于沸腾温度（时间约 $20\sim30\text{min}$）。硫酸加毕，用空心塞或橡皮塞代替滴液漏斗，反应液稍冷后，小火加热，使反应物微微沸腾 30min。停止加热，冷却后反应液慢慢加入 38mL 冷水，关闭搅拌器。将混合物抽滤，粗产物固体置于小广口瓶中放置。

2. 将粗产品固体置于 100mL 烧杯中，加入 38mL 5%氢氧化钠溶液，在石棉网上小火加热（不超过 60℃），使粗产品溶解。冷却后抽滤，滤渣弃去。将滤液慢慢倒入盛有 30 mL 15% H_2SO_4 的另一烧杯中，边倒边用玻璃棒搅拌，即有浅黄色固体析出。用试纸检验滤液是否呈酸性，呈酸性后即抽滤，滤饼用少量水洗至中性，抽干，粗品用 50%乙醇重结晶，可得到浅黄色针状晶体。

六、注意事项

1. 本氧化反应十分激烈。采用机械搅拌和滴加硫酸的方法可使反应较平稳。装置安装完毕后应经教师检查无误后再加料使用。

2. 若滴加硫酸时烧瓶内有较多白色烟雾或火花出现，则应迅速减慢或暂停滴加。必要时用冷水浴冷却烧瓶。

3. 若反应温度过高，一部分对硝基苯甲酸会挥发，凝结在冷凝管内壁上，此时可适当关小冷凝水，让其熔融滴下。

4. 反应保持微微起泡（即沸腾）即可。

5. 因 $Cr_2(SO_4)_3$ 遇 NaOH 生成的 $Cr(OH)_3$ 是两性物质，在温度较高时又会溶解于碱中，因此，在粗产物除去铬盐时，温度不宜超过 60℃。

七、实验结果与讨论

纯的对硝基苯甲酸为浅黄色单斜叶片状晶体，熔点 242℃。称重，计算产率；测定其熔点，检验其纯度。本产品也可用升华法精制。

八、思考题

1. 何种情况下要采用机械搅拌装置？

2. 投料时为何要加入 11mL 水？若多加有何不妥？

3. 粗产品为什么可用酸碱处理的办法加以精制？

4. 粗产品加碱溶解时为何温度不能太高？

实验十七　苯佐卡因的合成及其核磁共振谱分析

A　苯佐卡因的合成

一、实验目的

1. 学习多步有机合成实验路线的选择和最终产率的计算。

2. 掌握回流、过滤等操作。

二、实验原理

苯佐卡因（Benzocaine）是对氨基苯甲酸乙酯的通用名称，可作为局部麻醉药物。以对硝基甲苯为原料，可以有三种不同的合成路线制苯佐卡因。

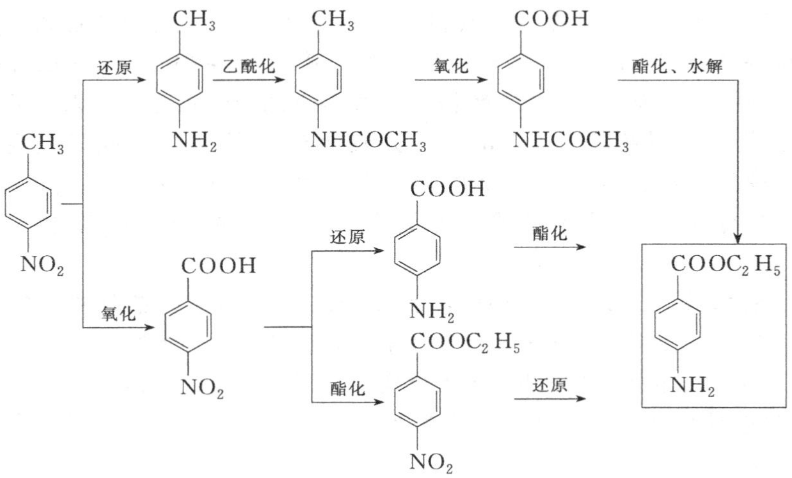

　　第一条合成路线步骤多，得率较低。第二、第三条路线则步骤较少、产率高，尤以第二条路线效果最佳，具有实验步骤少、操作方便、产率高的优点。并可利用前面一般合成中的产品（对硝基苯甲酸）作为原料，既可节约药品，又能提高学生的兴趣。采用第二条路线，以对硝基苯甲酸为原料，通过先还原后酯化制得苯佐卡因。反应分为两步，第一步是还原反应，以对硝基苯甲酸为原料，锡粉为还原剂，在酸性介质中，苯环上的硝基还原成氨基，产物为对氨基苯甲酸。这是一个既含有羧基又有氨基的两性化合物，故可通过调节反应液的酸碱性将产物分离出来。

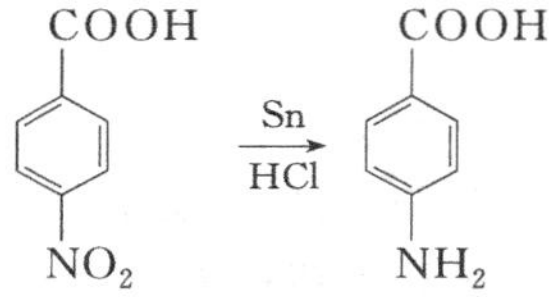

　　还原反应是在酸性介质中进行的，产物对氨基苯甲酸形成盐酸盐而溶于水中：

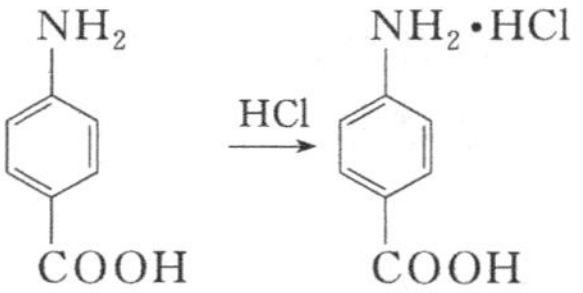

还原剂锡反应后生成四氯化锡也溶于水中，反应完毕加入浓氨水至碱性，四氯化锡变成氢氧化锡沉淀可被滤去，而对氨基苯甲酸在碱性条件下生成羧酸铵盐仍溶于其中。

$$SnCl_4 + 4NH_3 \cdot H_2O \longrightarrow Sn(OH)_4 \downarrow + 4NH_4Cl$$

　　然后再用冰乙酸中和滤液，对氨基苯甲酸固体析出。对氨基苯甲酸为两性物质，酸化或碱化时都须小心控制酸碱用量，否则严重影响产量与质量，有时甚至生成内盐而得不到产物。第二步是酯化反应。

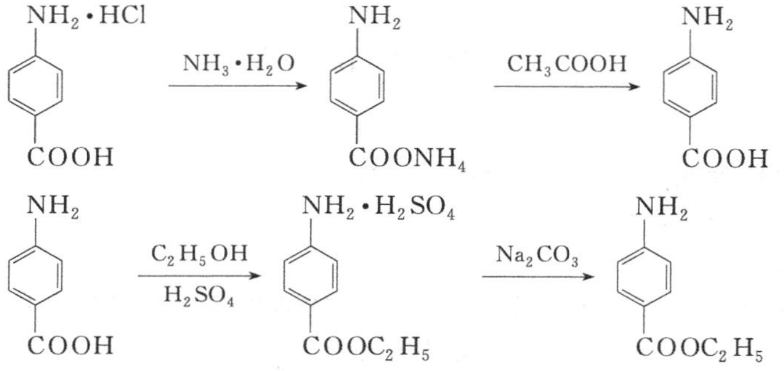

由于酯化反应有水生成，且为可逆反应，故使用无水乙醇和过量的硫酸。酯化产物与过量的硫酸形成盐而溶于溶液中，反应完毕加入碳酸钠中和，即得苯佐卡因固体。

三、实验装置

还原作用和酯化作用两步反应装置均采用回流冷凝装置。见图 4-10。

四、试剂与器材

试剂：对硝基苯甲酸、锡粉、浓盐酸、浓氨水 20mL、无水乙醇、冰醋酸、碳酸钠（固体）、浓硫酸、10％碳酸钠溶液。

器材：圆底烧瓶（100mL，19×1）、球形冷凝管（200mm，19×2）、烧杯（250mL）、布氏漏斗（60mm）、吸滤瓶（250mL）、培养皿、循环水多用真空泵。

五、实验步骤

1. 还原反应

称取 4g（0.02mol）对硝基苯甲酸、9g（0.08mol）锡粉加入 100mL 圆底烧瓶中，装上回流冷凝管，从冷凝管上口分批加入 20mL（0.25mol）浓盐酸，边加边振荡反应瓶，反应立即开始（如有必要可用小火加热至反应发生）。必要时可再微热片刻以保持反应正常进行，反应液中锡粉逐渐减少，当反应接近终点时（约 20～30min），反应液呈透明状。稍冷，将反应液倾泻倒入 250mL 烧杯中，用少量水洗涤留存的锡块固体。反应液冷至室温，慢慢滴加浓氨水，边滴加边搅拌，使溶液刚呈碱性。过滤除去析出的氢氧化锡沉淀，用少许水洗涤沉淀，合并滤液和洗液。注意总体积不要超过 55mL，若超过 55mL，可在水浴上浓缩。向滤液中小心滴加冰醋酸，有白色晶体析出，再滴加少量冰醋酸，有更多固体析出。用蓝色石蕊试纸检验呈酸性为止。在冷水浴中冷却，过滤得白色固体，晾干后称重，产量约 2g。

2. 酯化反应

将制得的 2g（0.015mol）对氨基苯甲酸，放入 100mL 圆底烧瓶中，加入 20mL（0.34mol）无水乙醇和 2.5mL（0.045mol）浓硫酸（乙醇和浓硫酸的用量可根据每人得到的对氨基苯甲酸的多少而做相应调整）。将混合物充分摇匀，投入沸石，水浴上加热回流 1h，反应液呈无色透明状。趁热将反应液倒入盛有 85mL 水的 250mL 烧杯中。溶液稍冷后，慢慢加入碳酸钠固体粉末，边加边搅拌，使碳酸钠粉末充分溶解，当液面有少许白色沉淀出现时，慢慢加入 10％碳酸钠溶液，将溶液调至呈中性，过滤得固体产品。用少量水洗涤固体，抽干，晾干后称重。产量 1～2g。

六、注意事项

1. 还原反应中加料次序不要颠倒，加热时用小火。

2. 还原反应中，浓盐酸的量切不可过量，否则浓氨水用量将增加，最后导致溶液体积过大，造成产品损失。

3. 如果溶液体积过大，则需要浓缩。浓缩时，氨基可能发生氧化而导入有色杂质。

4. 对氨基苯甲酸是两性物质，碱化或酸化时都要小心控制酸、碱用量。特别是在滴加冰醋酸时，须小心慢慢滴加。避免过量或形成内盐。

5. 酯化反应中，仪器需干燥。

6. 浓硫酸的用量较多，一是作催化剂，二是作脱水剂。加浓硫酸时要慢慢滴加并不断振荡，以免加热引起碳化。

7. 酯化反应结束时，反应液要趁热倒出，冷却后可能有苯佐卡因硫酸盐析出。

8. 碳酸钠的用量要适宜，太少产品不析出，太多则可能使酯水解。

七、实验结果与讨论

将得到的苯佐卡因进行核磁共振分析。

八、思考题

1. 如何判断还原反应已经结束？为什么？

2. 酯化反应中为何先用固体碳酸钠中和，再用 10% 碳酸钠溶液中和反应液？

B　苯佐卡因的 ^{1}H NMR 谱测定

一、实验目的

1. 了解核磁共振谱仪的基本结构和工作原理。

2. 学习连续波谱仪器的使用方法，掌握有机化合物 ^{1}H NMR 谱图的测绘。

3. 掌握核磁共振波谱的基本原理和 ^{1}H NMR 谱图的解析。

二、实验原理

^{1}H 核磁共振波谱法是有机化合物结构鉴定的重要方法之一，它能提供化学位移、耦合常数和裂分峰个数以及积分曲线高度比三方面的信息。通过对这些信息的综合解析，可以推测被测化合物有何种含氢基团、基团的个数、基团所处的环境、基团之间的连接次序等，进而推测出被测物的结构。有关核磁共振波谱的基本原理以及核磁共振谱仪的基本结构和工作原理请参阅 3.2.4 节。

有机化合物中的—OH、—NH$_2$ 等是常见的活泼氢基团，在溶液中能发生氢的交换反应。如果在一个含有 OH 基团的样品溶液中加一滴重水（D$_2$O），那么就会发生下列交换反应

$$ROH + D_2O \Longrightarrow ROD + DOH$$

使原来 OH 产生的信号消失。利用这一性质，我们很容易将活泼氢与一般碳氢基团产生的核磁共振信号区别开来。另外，—OH、—NH$_2$ 等基团还能形成氢键，随着测定条件，如温度、浓度等的不同，—OH、—NH$_2$ 等基团的化学位移在一个比较大的范围内变动。

三、仪器与试剂

1. PMX60si 高分辨核磁共振谱仪或其他型号的核磁共振仪器。

2. ϕ5mm 核磁共振样品管、滴管、不锈钢样品勺、小试管刷等。

3. 样品和试剂：实验十七 A 中合成的苯佐卡因、氘代氯仿（含 1% 四甲基硅烷，TMS）（或四氯化碳和浓度约为 10% TMS 的四氯化碳溶液）、重水、混合标样管（内含 TMS、环己烷、丙酮、二氧六环、二氯甲烷、三氯甲烷 6 个组分）。

四、实验方法

1. 样品配制　将 10mg 左右的苯佐卡因样品小心装入 ϕ5mm 核磁共振样品管中，然后加入 0.5mL 氘代氯仿溶液（或加 0.5mL 四氯化碳，再加 1 滴 TMS 溶液），盖好盖子，振荡使样品完全溶解。然后将样品管插入磁控台的样品管储槽（见图 3-28）。

2. 仪器状态检查　按所用仪器的操作说明将混合标样管放入探头内，检查仪器状态。如果在 CRT 出现 6 个吸收信号，且信号较好（信号好坏的判别标准见图 3-30）或用记录仪能记录到 6 个尖锐的吸收峰，说明仪器状态良好。否则需按第 3.2.4 节调试仪器的状态。

3. 苯佐卡因样品的 ^{1}H NMR 测绘　将样品管放入探头，按操作说明依次测绘样品的核磁共振吸收曲线和积分曲线。在谱图上标明样品名称、实验条件、日期、操作者姓名等。

4. 在上述样品中加 1 滴重水，剧烈振荡后再记录一张 ^{1}H NMR 谱图。

五、谱图处理和解析

1. 根据谱图将各峰组的化学位移值、峰裂分情况以及积分曲线高度列入下表，并将积分曲线高度转换成质子数。

苯佐卡因的核磁共振氢谱的信息及归属

峰号	化学位移 δ	积分线高度	质子数	峰裂分状况	归　属
1					
2					
3					
4					
5					

2. 根据苯佐卡因的结构，对上述吸收峰进行指认（即将各组峰与被测化合物结构中的相关基团一一对应起来），将指认结果填入表中"归属"一栏。

3. 比较两张^{1}H NMR 实验谱图，说明产生变化的原因。

六、注意事项

1. 核磁共振谱仪是大型精密仪器，使用时必须严格遵照操作说明。出现异常情况，及时报告指导教师，切勿擅自处理，以防损坏仪器。

2. 核磁共振仪器状态的调试是测得高质量谱图的关键，通常核磁共振仪器总是处于较好的工作状态。但因环境（如实验室的温度）的变化或样品所用的溶剂不同等原因，仪器会偏离最佳工作状态，此时只需在原有基础上对仪器做一些微调。

3. 温度变化会引起磁场漂移，所以每测一个样品都必须检查 TMS 零点。

4. 测定完毕，样品溶液倒入废液瓶。用乙醇少量多次洗涤样品管，直至残留样品完全除去，然后用小试管刷蘸洗涤液清洗，再依次用自来水、蒸馏水各洗三次，放入烘箱内烘干，样品管盖子集中放入小烧杯内，用乙醇浸泡洗涤后，晾干。

5. 样品管十分脆弱，配样、洗涤时应轻拿轻放，小心谨慎。

七、思考题

1. 核磁共振谱仪中磁铁起什么作用？

2. 自旋裂分是什么原因引起的？它在结构解析中有什么作用？

3. 请具体讨论从积分曲线高度转换成质子数时应注意哪些问题？

实验十八　乙酸正丁酯及含量的气相色谱测定

一、实验目的

1. 掌握共沸蒸馏分水法的原理和油水分离器的使用。

2. 掌握液体化合物的分离提纯方法。

3. 学习固体超强酸催化剂的制备（见本实验注）。

4. 掌握固体超强酸催化反应的原理。

5. 实验时可以分几组使用不同的催化剂，了解固体超强酸催化的优点。

二、实验原理

1. 制备酯类最常用的方法是由羧酸和醇直接酯化合成。合成乙酸正丁酯的反应如下：

$$CH_3-\overset{\overset{\displaystyle O}{\|}}{C}-OH + CH_3CH_2CH_2CH_2OH \underset{}{\overset{H_2SO_4}{\rightleftharpoons}} CH_3-\overset{\overset{\displaystyle O}{\|}}{C}-OCH_2CH_2CH_2CH_3 + H_2O$$

酯化反应是一个可逆反应，而且在室温下反应速率很慢。加热、加酸（H_2SO_4）作催化剂，可使酯化反应速率大大加快。同时为了使平衡向生成物方向移动，可以采用增加反应物浓度（冰醋酸）和将生成物除去的方法，使酯化反应趋于完全。

为了将反应中生成物的水除去，利用酯、酸和水形成二元或三元恒沸物，采取共沸蒸馏分水法，使生成的酯和水以共沸物形式蒸出来，冷凝后通过分水器分出水，油层则回到反应器中。

2. 固体超强酸替代浓 H_2SO_4 作催化剂，对于设备和环境的保护有着非常重要的意义，是提倡绿色化学的一个实验。

三、实验装置

如图 4-8 所示。

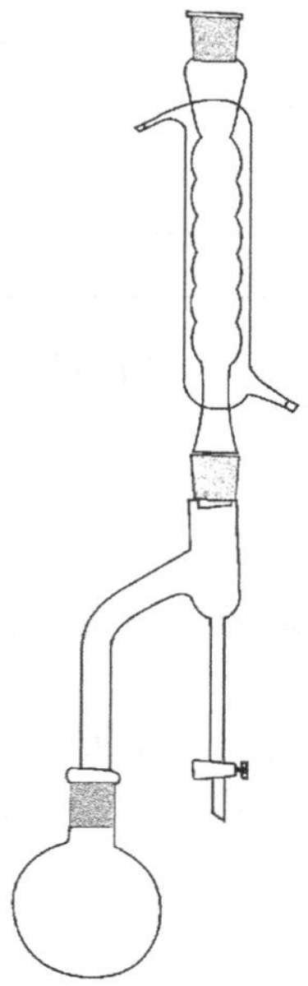

四、试剂与器材

试剂：正丁醇 9.3g（11.5mL 0.125mol），冰醋酸 9.4g（9mL 0.15mol），浓硫酸，10％碳酸钠，无水硫酸镁。

器材：圆底烧瓶、分水器、球形冷凝管、直形冷凝管、蒸馏头、温度计、接收管。

五、实验步骤

实验方法一

1. 按图 4-8 装配好反应装置。

2. 用定量加料器在 100mL 圆底烧瓶中加入 11.5mL 正丁醇，用量筒加入 9mL 冰醋酸，从滴瓶加入 3～4 滴浓 H_2SO_4，摇匀，投入 1～2 粒沸石。

3. 在分水器中加入计量过的水（如分水器侧管与下部旋管相距较近，也可不加水），使水面稍低于分水器回流支管的下沿。

4. 打开冷凝水，小火加热回流。

图 4-8　制备
乙酸正丁酯装置

5. 反应过程中不断有水分出，并进入分水器的下部，通过分水器下部的开关将水分出，要注意水层与油层的界面，不要将油层放掉。

6. 反应约 40min 后，分水器中的水层不再增加时，即为反应的终点。

7. 将分水器中液体倒入分液漏斗，分出水层，量取水的体积，减去预加入的水量，即为反应生成的水量。上层的油层与反应液合并。

8. 分别用 10mL 水、10mL 10％碳酸钠、10mL 水洗涤反应液，将分离出来的上层油层倒入一干燥的小锥形瓶中，加入无水硫酸镁干燥，直至液体澄清。

9. 干燥后的液体，用少量棉花通过三角漏斗过滤至干燥的 100mL 蒸馏烧瓶中，加入沸石，安装蒸馏装置，加热常压蒸馏，收集 124～127℃的馏分。

10. 产品称重后测定折射率，并用气相色谱检查产品的纯度。

以天美 GC-7890T 型气相色谱仪为例介绍具体的操作步骤。

（1）开机：首先打开气路系统，即逆时针打开载气（氮气）钢瓶阀门，再顺时针旋转低压阀螺杆至低压压力表指示约 0.5MPa；打开气体净化干燥管截止阀，旋转气相色谱仪气路控制系统面板上的载气稳流阀，调节刻度旋钮至合适的圈数（圈数与载气流量的对应关系可查阅气体流量输出曲线表），使载气流量达到所需值，记录载气压力表显示的压力。开启主机电源开关，微机控制面板的液晶显示屏上显示提示信息，打开计算机电源。

（2）仪器参数设置：根据需要设置柱温、检测器温度和进样器温度。按微机控制面板上的"柱温"键，用数字键输入所需柱温，再按"输入"键，即完成了柱温的设定。按照这样的方法，可设置检测器温度和进样器温度。设定完成后，液晶显示屏左方显示的是各部件的设定温度，右方显示的是实际温度。当载气流量、柱箱及热导池检测器温度、试样汽化温度达到设定值后，按微机控制面板上的"量程"键，根据需要输入热导桥电流值，再按"输入"键完成桥电流的设定。

（3）数据采集：开启计算机，双击工作站图标，进入工作站数据采集系统。在菜单中新建一个文件或项目，此时试样文件名可自动生成并存储在以该项目命名的文件夹中。观察色谱基线，调节量程（或衰减）、窗口时间等至合适的数值，便于出峰情况的观察。当色谱工作站上基线平直时即可进样，同时按工作站中的"开始"图标进行数据采集。待样品出峰完毕，按"结束"图标，完成该样品的数据采集。

（4）数据处理：从菜单中进入数据处理系统，调入需要处理的样品文件，调节积分参数并对色谱峰进行积分等操作。查看积分结果表，记录保留时间、峰面积、半峰宽等数据，或者打印色谱图及积分结果表。

（5）关机：实验结束后，将热导检测器桥电流设置为 0.0，将柱温、检测器温度和进样器温度设定到 40℃以下，待各部件温度达到设定值后，关仪器主机电源开关，退出色谱工作站，关闭计算机。最后关闭载气高压钢瓶阀门、减压阀、气体净化干燥管截止阀及主机上载气稳流阀。

实验方法二

1. 按图 4-8 装配好反应装置。

2. 用定量加料器在 100mL 圆底烧瓶中加入 11.5mL 正丁醇，用量筒加入 9mL 冰醋酸，加入 0.5g 固体超强酸 SO_4^{2-}/ZrO_2。

3. 在分水器中加入计量过的水，使水面稍低于分水器回流支管的下沿。

4. 打开冷凝水，反应瓶用小火加热回流（如用磁力搅拌加热最好）。

5. 反应过程中，不断有水分出，并进入分水器的下部，通过分水器下部的开关将水分出，要注意水层与油层的界面，不要将油层放掉。

6. 反应约 40min 后，分水器中的水层不再增加时，即为反应的终点。

7. 倾泻法倒出反应液，用 10mL 水洗涤，加入无水硫酸镁干燥，直至液体澄清。

8. 干燥后的液体，用少量棉花通过三角漏斗过滤至干燥的 100mL 蒸馏烧瓶中，加入沸石，安装蒸馏装置，加热蒸馏，收集 124～127℃的馏分。

9. 产品称重后测定折射率，并用气相色谱检查产品的纯度。

六、注意事项

1. 高浓度醋酸在低温时凝结成冰状固体（熔点 16.6℃）。取用时可用温水浴温热使其熔化后量取。注意不要碰到皮肤，防止烫伤。

2. 浓硫酸起催化剂作用，只需少量即可。也可用固体超强酸作催化剂。

3. 当酯化反应进行到一定程度时，可连续蒸出乙酸正丁酯、正丁醇和水的三元共沸物（恒沸点 90.7℃），其回流液组成为：上层三者分别为 86％、11％、3％，下层为 1％、2％、97％。故分水时也不要分去太多的水，而以能让上层液溢流回圆底烧瓶继续反应为宜。

4. 碱洗时注意分液漏斗要放气，否则二氧化碳的压力增大会使溶液冲出来。

5. 本实验不能用无水氯化钙为干燥剂，因为它能与产品形成配合物而影响产率。

七、实验结果与讨论

纯乙酸正丁酯是无色液体，有水果香味。沸点 126.5℃，$n_D^{20} = 1.3941$。称量，计算产率。测其折射率，检验其纯度。

八、思考题

1. 酯化反应有哪些特点？本实验中如何提高产品收率？又如何加快反应速度？

2. 计算反应完全时应分出多少水？

3. 在提纯粗产品的过程中，用碳酸钠溶液洗涤主要除去哪些杂质？若改用氢氧化钠溶液是否可以？为什么？

注：固体超强酸 SO_4^{2-}/ZrO_2 催化剂的制备

用 HCl 溶解 $ZrO_2 \cdot xH_2O$ 制得氯化锆溶液，于其中慢慢加入氨水，得到氢氧化锆沉淀，将其放置一夜，抽滤，洗涤，洗到滤液用 $AgNO_3$ 检查不出 Cl^- 为止。在 100℃ 下，把沉淀烘干一夜，将干燥的 $Zr(OH)_4$ 磨成 100 目以下的粉末，把它倒入足量的 $0.25mol \cdot L^{-1}$ 硫酸液中，浸泡 5h，每隔半小时搅拌一次，抽滤，将负载 SO_4^{2-} 的沉淀在 100℃ 下烘干一夜后，继续在马福炉中焙烧 4h，焙烧温度分别为 350℃、500℃、575℃、650℃、800℃，制得 A、B、C、D、E 五种 SO_4^{2-}/ZrO_2 型固体超强酸，为防止催化剂吸水，装有催化剂的磨口瓶中充入干燥的 N_2，并保存在干燥器中。

实验十九　乙酰水杨酸（阿司匹林）

一、实验目的

1. 学习以酚类化合物作原料制备酯的原理和实验方法。
2. 巩固重结晶操作方法。

二、实验原理

三、实验装置

无特殊装置。

四、试剂与器材

试剂：水杨酸、乙酸酐、浓硫酸、10％碳酸氢钠溶液，20％盐酸，1％氯化铁溶液。

器材：锥形瓶、烧杯。

五、实验步骤

在 100mL 锥形瓶中依次加入 1.38g 水杨酸（0.01mol）、4mL 乙酸酐（0.04mol）和 4 滴浓硫酸摇匀，使水杨酸溶解。将锥形瓶置于 60～70℃ 的热水浴中，加热 10min，并不时地振摇。然后，停止加热，待反应混合物冷却至室温后，缓缓加入 15mL 水，边加水边振摇（注意，反应放热，操作应小心）。将锥形瓶放在冷水浴中冷却，有晶体析出、抽滤，并用少量冷水洗涤，抽干，得乙酰水杨酸粗产品。

将粗产品转入到 100mL 烧杯中，加入 10％碳酸氢钠水溶液，边加边搅拌，直到不再有二氧化碳产生为止。抽滤，除去不溶性聚合物（水杨酸自身聚合）。再将滤液倒入 100mL 烧杯中，缓缓加入 10mL 20％盐酸，边加边搅拌，这时会有晶体逐渐析出。将此反应混合物置于冰水浴中，使晶体尽量析出。抽滤，用少量冷水洗涤 2～3 次，然后抽干，取少量乙酰水杨酸，溶入几滴乙醇中，并滴加 1～2 滴 1％氯化铁溶液，如果发生显色反应，说明仍有水杨酸存在，产物可用乙醇-水混合溶剂重结晶：即先将粗产品溶于少量沸乙醇中，再向乙醇溶液中添加热水直至溶液中出现混浊，再加热至溶液澄清透明（注意：加热不能太久，以防乙酰水杨酸分解），静置慢慢冷却、过滤、干燥、称重、测定熔点并计算产率。

乙酰水杨酸受热易分解，熔点不明显，测定时，可先加热至 110℃ 左右，再将待测样品置入其中测定。

六、注意事项

1. 乙酸酐和浓硫酸均具有腐蚀性，量取时应小心。

2. 反应结束后，多余的乙酸酐发生水解，这是放热反应，操作应小心。

3. 在重结晶时，其溶液不宜加热过久，也不宜用高沸点溶剂，因为在高温下乙酰水杨酸易发生分解。

七、实验结果与讨论

乙酰水杨酸为白色针状晶体，熔点 132～135℃，称量，计算产率，测定熔点。

八、思考题

1. 水杨酸与乙酸酐的反应过程中浓硫酸起什么作用？

2. 纯的乙酰水杨酸不会与氯化铁溶液发生显色反应。然而，在乙醇-水混合溶剂中经重结晶的乙酰水杨酸，有时反而会与氯化铁溶液发生显色反应，这是什么缘故？

3. 水杨酸与乙酸酐反应结束后，如果不采用碳酸氢钠成盐、盐酸酸化的方法分离聚合物杂质，你可否另拟定一个分离的方案。

实验二十　乙酰苯胺及红外光谱的测定

A　乙酰苯胺的制备

一、实验目的

1. 以乙酸和苯胺为原料合成乙酰苯胺。

2. 乙酰苯胺粗品用水重结晶法得到纯品。

3. 掌握分馏柱除水的原理及方法。

二、实验原理

乙酰苯胺为无色晶体，具有退热镇痛作用，是较早使用的解热镇痛药，有"退热冰"之称。乙酰苯胺可由苯胺与乙酰化试剂，如乙酰氯、乙酐或乙酸等直接作用来制备。反应活性是乙酰氯＞乙酐＞乙酸。由于乙酰氯和乙酐的价格较高，本实验选用乙酸作为乙酰化试剂。反应如下：

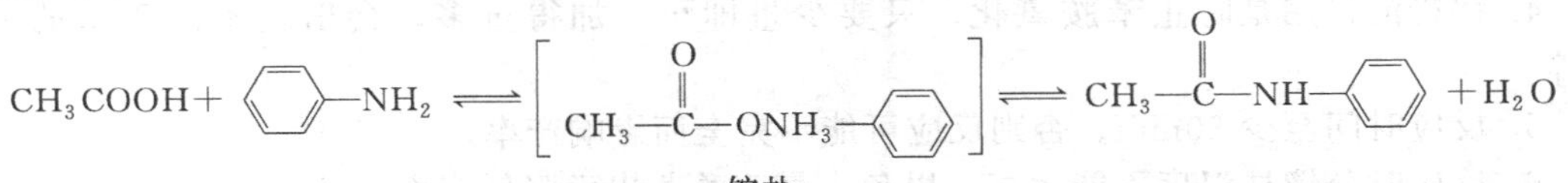

铵盐

乙酸与苯胺的反应速率较慢，且反应是可逆的，为了提高乙酰苯胺的产率，一般采用冰醋酸过量的方法，同时利用分馏柱将反应中生成的水从平衡中移去。

由于苯胺易氧化，加入少量锌粉，以防止苯胺在反应过程中氧化。

乙酰苯胺本身是重要的药物，而且是磺胺类药物合成中重要的中间体。本实验除了在合成上的意义外，还有保护芳环上氨基的作用。由于芳环上的氨基易氧化，通常先将其乙酰化，然后再在芳环上接上所需基团，再利用酰胺能水解成胺的性质，恢复氨基。如：

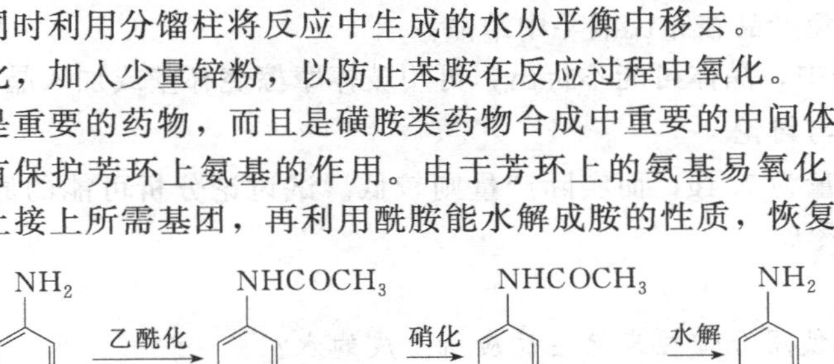

三、实验装置

如图 4-9 所示。

图 4-9　合成乙酰苯胺装置

四、试剂与器材

试剂：苯胺 5.1g（5mL 0.055mol），冰醋酸 8.9g（8.5mL 0.15mol），锌粉，活性炭。

器材：锥形瓶（50mL 或 100mL，19×1），维氏分馏柱（200mm，19×3），接收管（19×1），锥形瓶（50mL），温度计（360℃），烧杯（250mL 或 400mL），布氏漏斗（60mm），吸滤瓶（250mL），气流烘干器。

五、实验步骤

在 50mL 锥形瓶（磨口）中，加入 5mL 苯胺和 8.5mL 冰醋酸，再用牛角匙加约 0.2g 锌粉。按图 4-9 安装好实验装置。用小火加热至反应物沸腾。调节温度，使分馏柱温度控制在 105℃左右。反应进行约 40min 后，反应所生成的水基本蒸出。当温度计的读数不断下降或上、下波动时（或反应器中出现白雾），则反应达到终点，即可停止加热。

在烧杯中加入 100mL 冷水（也可用乙醇，见本实验 B），将反应液趁热以细流倒入水中，边倒边不断搅拌，此时有细粒状固体析出。冷却后抽滤，并用少量冷水洗涤固体，得到白色或带黄色的乙酰苯胺粗品。

粗产品加入 100mL 水，加热至沸腾。观察是否有未溶解的油状物，如有则补加水，直到油珠全溶。稍冷后，加入少量活性炭，并煮沸 10min。同时将布氏漏斗和吸滤瓶在水浴中加热。趁热过滤除去活性炭。滤液倒入一热的烧杯。自然冷却至室温，抽滤、洗涤、烘干，得白色片状结晶，产量约 4g，熔点 114.3℃。

六、注意事项

1. 反应所用玻璃仪器必须干燥。

2. 久置的苯胺因为氧化而颜色较深，最好使用新蒸馏过的苯胺。

3. 冰醋酸在室温较低时凝结成冰状固体（凝固点 16.6℃），可将试剂瓶置于热水浴中加热熔化后量取。

4. 锌粉的作用是防止苯胺氧化，只要少量即可。加得过多，会出现不溶于水的氢氧化锌。

5. 反应时间至少 30min。否则反应可能不完全而影响产率。

6. 反应时分馏柱温度不能太高，以免大量乙酸蒸出而降低产率。

7. 重结晶时，热过滤是关键一步。布氏漏斗和吸滤瓶一定要预热。滤纸大小要合适，抽滤过程要快，避免产品在布氏漏斗中结晶。

8. 重结晶过程中，晶体可能不析出，可用玻棒摩擦烧杯壁或加入晶种使晶体析出。

七、实验结果与讨论

本实验理论产量为 7.4g，而实际产量则较低。试讨论分析可能的原因，有哪些方法能提高乙酰苯胺的产率？

八、思考题

1. 为什么可以使用分馏柱来除去反应所生成的水？

2. 反应温度为什么控制在 105℃？过高过低有何不妥？

3. 反应终点时，温度计的温度为何会出现波动？

4. 近终点时，反应瓶中可能出现的"白雾"是什么？

5. 除了用水作溶剂重结晶提纯乙酸苯胺外，还可以选用其他什么溶剂？

B　乙酰苯胺的提纯

一、实验目的

以乙醇水溶液为溶剂，通过重结晶提纯乙酰苯胺。

二、实验原理

重结晶是提纯固体有机化合物的常用方法之一。通过有机合成或从天然有机化合物中得到纯的固体有机物往往需要重结晶。有关重结晶的原理、溶剂选择的原则和方法见第 2.3.4 节。

三、实验装置

如图 4-10 所示。

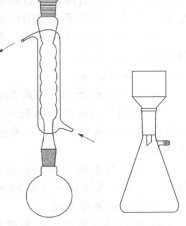

四、试剂与器材

试剂：粗乙酰苯胺 5g，15％乙醇-水　50mL，活性炭。

器材：圆底烧瓶（100mL，19×1），球形冷凝管（200mm，19×2），布氏漏斗（60mm），吸滤瓶（250mL），循环水多用真空泵。

五、实验步骤

称取 5g 乙酰苯胺粗品，加入 100mL 圆底烧瓶中，加入 15％的乙醇-水约 30mL，投入 1～2 粒沸石，安装上回流冷凝管，用水浴加热至溶剂沸腾，并保持回流数分钟，观察固体是否完全溶解。若有不溶固体或油状物，从冷凝管上口补

图 4-10　回流冷凝及抽滤装置

加 5mL 溶剂，再加热回流数分钟，逐次补加溶剂，直至固体或油状物恰好完全溶解，制得热的饱和溶液。再过量 5～10mL 溶剂。移去水浴，溶液稍冷后，加入半匙活性炭，继续水浴加热，回流煮沸 10～15min。同时将布氏漏斗和吸滤瓶在热水浴中煮沸预热。安装好预热的抽滤装置，将热溶液趁热过滤，并尽快将滤液倒入一只洁净的热烧杯中。让滤液慢慢冷却至室温，晶体析出，再进行抽滤，用少量水洗涤晶体，抽干得白色片状结晶。产品晾干、称重，计算重结晶收率。通过红外吸收光谱测定产品的特征吸收峰对产品进行表征。具体操作如下。

以 Nicolet FT-IR 380 傅里叶变换红外光谱仪为例：

（1）开机：打开仪器主机电源开关预热 20min 左右，开启计算机，打开 EZ OMINIC 软件，软件界面右上角有光学台状态标识，绿色"√"表示仪器状态正常，可以进行实验，如为红色"×"，则表示状态不正常，应检查不正常原因。

（2）实验设置：点击［采集］下拉菜单，打开"实验设置"选项，设置采集红外图谱的相关参数，如扫描次数、分辨率、数据 Y 轴格式、背景光谱管理等，根据需要进行设置，完成后点击确定。

（3）采集红外光谱图：以实验设置中"背景光谱管理"选择"采集样品前采集背景"为例，采集样品的红外光谱图。点击［采集］下拉菜单中的"采集样品"选项，输入谱图标题，根据提示检查样品室的光路中无样品后，点击确定获得背景的单光束信号，再将样品置于样品室进行信号采集，完成后所得谱图为已扣除背景信号的样品红外光谱图。

（4）数据处理：完成谱图采集后，可对所得红外谱图进行适当的数据处理。点击［数据处理］菜单，选择"吸光度"将纵坐标为透射率的谱图转化成吸收谱图（一般谱图纵坐标会选择透射率），点击"自动基线校正"对谱图进行基线校正处理。如果谱图不甚光滑则需进行平滑处理，可点击"自动平滑"，或根据需要在"平滑"选项中选择不同平滑点数对谱图进行处理。最后再将谱图纵坐标转换成为透射率即可。

（5）谱图分析：单击［谱图分析］下拉菜单，选择"标峰"，设定标峰的阈值，即自动对谱图中各峰进行波数的标注，对于未自动标注的峰可用软件界面下方工具栏中的图标"T"功能键进行手动标注。根据实验需要可选择检索设置和谱图检索选项对谱图进行检索，以确定样品化合物可能的结构，如果软件中无谱库，则不需此操作。

（6）谱图的存储及打印：对采集的原始谱图或数据处理后的谱图可进行存储，格式有谱图文件 ＊.SPA、数据文件 ＊.CSV、图片文件 ＊.TIF 等，根据需要选择即可。所得谱图还可进行打印，根据需要，打印前可点击［显示］菜单中"显示参数"，将采样信息、标注、X 轴、Y 轴、网格等在谱图中显示出来，再进行谱图打印。

（7）关机：完成测定后，将样品从仪器中取出，退出 EZ OMINIC 软件，关闭计算机和仪器主机电源即可。

六、注意事项

1. 以沸点较低的有机溶剂进行重结晶，选择水浴加热。

2. 制饱和溶液时，溶剂不可一下子加得太多，以免过量。造成被提纯物的损失。由于抽滤时有部分溶剂挥发，一般饱和溶液制成后，再过量 15%～20% 溶剂。补加溶剂时应移去热源。

3. 加活性炭脱色时，要注意先让溶液稍冷后才加活性炭，不可趁热加入以免暴沸冲料。加完活性炭，需煮沸一段时间才能达到脱色效果。活性炭用量为粗品的 1%～5%。不宜多加，以免吸附部分产品。

4. 热过滤是重结晶的关键步骤。布氏漏斗和吸滤瓶要先预热好。滤纸大小要合适，并先用少量溶剂润湿滤纸，使其紧贴后再抽滤，过滤要迅速，避免热溶液冷却而有结晶在漏斗内析出。

5. 滤液要慢慢冷却，这样得到的结晶晶形好、纯度高。如果没有晶体析出，可用玻棒摩擦产生静电，加强分子间引力，同时使分子相互碰撞吸力增大，使晶体加速析出。此外，蒸发溶剂、深度冷冻或加晶种都可使晶体加速析出。

6. 停止抽滤前，应先将吸滤瓶上的橡皮管拨去，以防水泵的水发生倒吸。

7. 洗涤时，应先拨开吸滤瓶上的橡皮管，加少量溶剂在滤饼上，溶剂用量以使晶体刚好湿润为宜，再接上橡皮管将溶剂抽干。

七、实验结果与讨论

纯乙酰苯胺为无色鳞片状晶体，熔点 114.3℃，可得到 4g 纯品。通过测熔点鉴定产品的纯度。本实验结果一般收率较低，产品熔点偏低，试分析原因。

八、思考题

1. 重结晶法提纯固体有机化合物，有哪些主要步骤？简单说明每步的目的。

2. 重结晶所用的溶剂为什么不能太多，也不能太少？如何正确控制溶剂量？

3. 活性炭为什么要在固体物质全溶后加入？又为什么不能在溶液沸腾时加入？

4. 在活性炭脱色热抽滤时，若发现母液中有少量活性炭，试分析可能由哪些原因引起的？应如何处理？

5. 停止抽滤后，发现水倒流入吸滤瓶中去，这是什么原因所引起的？

实验二十一　己内酰胺

一、实验目的

1. 由环己酮与羟胺反应合成环己酮肟。

2. 环己酮肟在酸性条件发生 Beckmann 重排，生成己内酰胺。

3. 用减压蒸馏提纯己内酰胺粗产品。

二、实验原理

醛、酮类化合物能与羟胺反应生成肟，肟是一类具有一定熔点的结晶形化合物，易于分离和提纯，常常利用所生成的肟来鉴别醛、酮。

肟在酸（如硫酸、五氯化磷）作用下，发生分子内重排生成酰胺的反应称为 Beckmann 重排。其机理为：

在上面的反应中，不对称酮（R≠R′）所生成的肟，重排后的结果是处于羟基反位的 R 基迁移到氮原子上。

环己酮与羟胺反应生成环己酮肟，在浓硫酸作用下重排得到己内酰胺。

己内酰胺是合成高分子材料聚己内酰胺（尼龙-6）的基本原料。

三、实验装置

蒸馏装置见图 4-2，减压蒸馏装置见图 2-12。

四、试剂与器材

试剂：环己酮 7g（0.07mol），羟胺盐酸盐 7g（0.1mol），无水醋酸钠 10g，浓硫酸 8mL，浓氨水 25mL，氯仿 30mL，无水硫酸钠。

器材：锥形瓶（250mL）、烧杯（100mL，250mL）、滴液漏斗（50mL）、温度计（300℃）、分液漏斗（125mL）、圆底烧瓶（100mL）、克氏蒸馏头（19×4）、直形冷凝管（19×2）、真空接收管（19×2）、布氏漏斗（60mm）、吸滤瓶（250mL）、减压设备一套。

五、实验步骤

1. 环己酮肟的制备

在 250mL 锥形瓶中，加入 7g 羟胺盐酸盐和 10g 无水醋酸钠，用 30mL 水将固体溶解，小火温热至 35～40℃。分批慢慢加入 7g 环己酮，边加边摇动反应瓶，很快有固体析出。加毕用橡皮塞塞住瓶口，并不断激烈振荡瓶子 5～10min。环己酮肟呈白色粉状固体析出。冷却后抽滤，粉状固体用少量水洗涤、抽干后置于培养皿中干燥，或在 50～60℃下烘干。

2. 环己酮肟重排制备己内酰胺

在小烧杯中加入 6mL 冷水，在冷水浴冷却下小心地慢慢加入 8mL 浓硫酸，配得 70%的硫酸溶液。在另一小烧杯中加入 7g 干燥的环己酮肟，用 7mL 70%硫酸溶解后，转入滴液漏斗，烧杯用 1.5mL 70%硫酸洗涤后并入滴液漏斗。在 250mL 烧杯中加入 4.5mL 70%硫酸，用木夹夹住烧杯，用小火加热至 130～135℃，缓缓搅拌，保持 130～135℃，边搅拌边滴加环己酮肟溶液，滴完后继续搅拌 5～10min。反应液冷却至 80℃以下，再用冰盐水冷却至 0～5℃。在冷却下，边搅拌边小心地通过滴液漏斗滴加浓氨水（约需 25mL）至 pH＝8。滴加过程中控制温度不超过 20℃。用少量水（不超过 10mL）溶解固体。反应液倒入分液漏斗，用氯仿萃取三次，每次 10mL。合并氯仿层用无水 Na_2SO_4 干燥后，常压蒸馏除去氯仿。残液进行减压蒸馏，收集 127～133℃/7mmHg（0.9kPa）馏分。馏出物很快固化成无色晶体。

六、注意事项

1. 环己酮与羟胺反应时温度不宜过高。加完环己酮以后，充分摇荡反应瓶使反应完全，若环己酮肟呈白色小球状，则表示反应未完全，需继续振摇。

2. 配制 70％硫酸溶液时是将酸倒入水中，绝不可搞错。因放热强烈，必须水浴冷却。

3. 重排反应很剧烈，并要保持温度在 130～135℃，滴加过程中必须一直加热。温度均不可太高，以免副反应增加。

4. 用氨水中和时会大量放热，故开始滴加氨水尤其要放慢滴加速度。否则温度太高，将导致酰胺水解。

5. 己内酰胺为低熔点固体，减压蒸馏过程中极易固化析出，堵塞管道，可采用空气冷凝管，并用电吹风在外壁加热等方法，防止固体析出。

七、实验结果与讨论

环己酮肟为白色固体，熔点为 89～90℃，产量为 7～7.5g。

己内酰胺为无色或白色晶体，熔点 69～70℃，产量为 4～5g。

讨论：还有什么方法能提纯产品。

八、思考题

1. 在制备环己酮肟时，为什么要加入醋酸钠？

2. 如果用氨水中和时，反应温度过高，将发生什么反应？

3. 某肟经 Beckmann 重排后得到 $CH_3CONHC_2H_5$，推测该肟的结构。

实验二十二　8-羟基喹啉

一、实验目的

1. 学习斯克劳普反应原理及实验方法。

2. 掌握水蒸气蒸馏及重结晶技术。

二、实验原理

三、实验装置

见图 4-10。

四、试剂与器材

试剂：无水甘油 9.5g，邻硝基苯酚 1.8g，邻氨基苯酚 2.8g，浓硫酸 4.5mL，氢氧化钠 6g，饱和碳酸钠溶液，乙醇-水混合溶剂。

器材：圆底烧瓶。

五、实验步骤

在圆底烧瓶中称取 9.5g 无水甘油[1]　　　　（约 0.1mol），并加入 1.8g 邻硝基苯酚

（0.013mol），2.8g 邻氨基苯酚（约 0.025mol），使混合均匀。然后缓缓加入 4.5mL 浓硫酸[2]（约 8g）。装上回流冷凝管，在石棉网上用小火加热。当溶液微沸时，立即移去火源[3]。反应大量放热，待作用缓和后，继续加热，保持反应物微沸 2h。

稍冷后，进行水蒸气蒸馏（图 2-13），除去未作用的邻硝基苯酚。瓶内液体冷却后，加入 6g 氢氧化钠溶于 6mL 水的溶液。再小心滴入饱和碳酸钠溶液，使呈中性[4]。再进行水蒸气蒸馏，蒸出 8-羟基喹啉（约收集馏液 200～300mL）[5]。馏出液充分冷却后，抽滤收集析出物，洗涤干燥后得粗产物 3g 左右。粗产物用乙醇-水混合溶剂重结晶，得 8-羟基喹啉 2.5g 左右（产率 69%）[6]。

纯粹 8-羟基喹啉的熔点为 75～76℃。

本实验约需 10h。

注：

[1] 无水甘油的制备：所用甘油的含水量不应超过 0.5%（$d = 1.26$）。可将普通甘油在通风橱内置于瓷蒸发皿中加热至 180℃，冷至 100℃ 左右，放入盛有硫酸的干燥器中备用。

[2] 浓硫酸缓缓加入，否则反应很剧烈，不易控制。

[3] 此系放热反应，溶液呈微沸，表示反应已经开始。若继续加热，则反应过于激烈，会使溶液冲出容器。

[4] 8-羟基喹啉既溶于酸又溶于碱而成盐，成盐后不被水蒸气蒸馏蒸出，故必须小心中和，控制 pH 在 7～8，中和恰当时，瓶内析出沉淀最多。

[5] 为确保产物蒸出，在水蒸气蒸馏后，对残液 pH 值再进行一次检查，必要时再进行水蒸气蒸馏。

[6] 产率以邻氨基苯酚计算，不考虑邻硝基苯酚部分转化后参与反应的量。

六、思考题

1. 为什么第一次水蒸气蒸馏在酸性条件下进行，而第二次又要在中性下进行？

2. 为什么在第二次水蒸气蒸馏前，一定要很好地控制 pH 范围？碱性过强时有何不利？若已发现碱性过强时，应如何补救？

3. 具备什么条件的固体有机化合物才能用升华法进行提纯？在进行升华操作时，为什么只能用小火缓缓加热？

4. 如果在 Skraup 合成中用 β-萘胺或邻苯二胺作原料与甘油反应，应得到什么产物？

第5章 综合性实验

5.1 多步有机合成及其结构分析

对于一个复杂物质的合成，有时要经过数十步的反应，要掌握很多反应机理的知识，熟悉很多合成反应的特点，要有周到和细致的计划，多步合成的实现是对有机化学的科研人员一个很好的考验。

在每一步合成反应后均应用适当的方法鉴定是否获得预期的结果，最终产物应用核磁共振、质谱、红外及紫外光谱等进行鉴定，以确定多步合成所得到的产物结构。

实验二十三　肉桂酸及肉桂酸乙酯

一、实验目的

1. 了解肉桂酸的制备原理及方法。
2. 掌握回流、热过滤、重结晶等操作。
3. 进一步掌握水蒸气蒸馏的原理及应用。
4. 了解酯化反应的其他脱水方法。

二、实验原理

肉桂酸又名 β-苯丙烯酸，有顺式和反式两种异构体。通常以反式形式存在，为无色晶体，熔点 133℃。肉桂酸是香料、化妆品、医药、塑料和感光树脂等的重要原料。肉桂酸的合成方法有多种，实验室里常用珀金反应来合成肉桂酸。以苯甲醛和醋酐为原料，在无水醋酸钾（钠）存在下，发生缩合反应，即得肉桂酸。

反应时，酸酐受醋酸钾（钠）的作用，生成酸酐负离子；负离子和醛发生亲核加成，生成 β-羟基酸酐；然后再发生失水和水解作用得到不饱和酸。

珀金法制肉桂酸具有原料易得、反应条件温和、分离简单、产率高、副反应少等优点，工业上也多采用此法。

由于乙酐遇水易水解，催化剂乙酸钾易吸水，故要求反应器是干燥的。有条件的话乙酐和苯甲醛最好用新蒸馏的，催化剂可进行熔融处理。

本实验中，反应物苯甲醛和乙酐的反应活性都较小，反应速度慢，必须提高反应温度来加快反应速度。但反应温度又不宜太高，一方面由于乙酐和苯甲醛的沸点分别为 140℃和 178℃，温度太高导致反应物的挥发；另外温度太高，易引起脱羧、聚合等副反应，故反应温度一般控制在 150～170℃左右。

合成得到的粗产品通过水蒸气蒸馏、重结晶等方法提纯精制。

$$\text{C}_6\text{H}_5\text{—CH=CH—COOH} + \text{C}_2\text{H}_5\text{OH} \underset{}{\overset{\text{H}_2\text{SO}_4}{\rightleftharpoons}} \text{C}_6\text{H}_5\text{—CH=CH—COOC}_2\text{H}_5 + \text{H}_2\text{O}$$

三、实验装置

为了有效地控制反应过程中的温度，温度计必须插入反应液中。装置见图 5-1。由于蒸气温度高于 130℃，用不通水的球形冷凝管或冷凝效果更好的蛇形冷凝管代替空气冷凝管。

后处理中，水蒸气蒸馏是为了除少量的油状物杂质，故采用在反应瓶中加入水，直接蒸馏方式。装置见图 5-2。

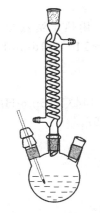
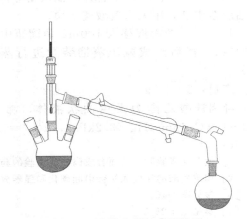

图 5-1　制备肉桂酸的装置　　　　　　图 5-2　直接水蒸气蒸馏装置

四、试剂与器材

试剂：苯甲醛、乙酐、乙酸钾（或碳酸钾）、碳酸钠、浓盐酸、活性炭、无水乙醇、浓硫酸、乙酸乙酯、无水硫酸镁。

器材：100mL 三口烧瓶、球形冷凝管、直形冷凝管、温度计、蒸馏头、接收管、50mL 锥形瓶、布氏漏斗、吸滤瓶、培养皿、圆底烧瓶、分液漏斗、克氏蒸馏头。

五、实验步骤

A　肉桂酸的制备

1. 常量法

首先将三口烧瓶、球形冷凝管烘干，按图 5-1 搭好装置。

在干燥的 100mL 三口烧瓶中依次加入 4.2g（0.03mol）研细的无水碳酸钾（使用前最好在烘箱中烘干）、3mL（0.03mol）苯甲醛和 5.5mL（0.06mol）乙酐，将混合物稍做振荡，安装好反应装置，在空气浴上小火加热，使反应物保持微微沸腾，反应液温度始终保持在 150～170℃，维持 1h。

反应液稍做冷却后，加入 50mL 热水，边搅拌边加入碳酸钠固体（5～6g），调节反应液的 pH 值在 8 左右，加入一匙活性炭粉末，将反应装置改成直接水蒸气蒸馏装置（图5-2）。加热进行水蒸气蒸馏并同时进行脱色，直至无油状物馏出（馏出液回收）。残液如有固体析出或体积较少可以补加少量热水。反应液趁热过滤，滤液冷却后，用浓盐酸中和（约5mL 浓 HCl）至 pH＝2～3。用冷水浴冷却后，抽滤，用少量水洗涤滤饼，抽干。固体在低于 100℃时烘干，称重。也可用水或乙醇作重结晶。

产量约为 2.5g。

2. 半微量法

用 14# 标准磨口仪器，改用 50mL 三口烧瓶，反应物用量为上述常量的 1/2～2/3，操作步骤与常量法相似。

B 肉桂酸乙酯的制备[1]

在干燥的 100mL 圆底烧瓶中依次加入 5g 肉桂酸、20mL 无水乙醇，在充分振荡下慢慢加入 10 滴浓硫酸[2]，放入沸石，装配好回流装置[3]，水浴加热回流 1～1.5h。稍冷，改装成蒸馏装置[4]，补加沸石，用水浴加热蒸出约 2/3 体积的乙醇[5]，冷却，残液中加入 30mL水，稍做振荡，将混合液转移至分液漏斗中，静置，分出油层，水层用 20mL 乙酸乙酯分两次萃取，将萃取液与油层合并，依次用等体积的水、10mL 10％碳酸钠溶液和等体积的水洗涤油层至中性，用无水硫酸镁干燥。

将干燥后的溶液移入 100mL 蒸馏瓶中，装好蒸馏装置，用热水浴蒸尽乙酸乙酯（指定回收），然后改成减压蒸馏装置进行蒸馏[6]，收集 142～144℃/15mmHg（2.00kPa）馏分。

产量：2～2.5g。

纯肉桂酸乙酯为无色油状液体，沸点 271℃ 或 142～144℃/15mmHg（2.00kPa），158～159℃/15mmHg（3.2kPa），$d_4^{16.8}＝1.0519$，$d_4^{25}＝1.0457$。

注：

[1] 做酯化实验时，前面合成肉桂酸实验的药品用量均需加倍。

[2] 加浓硫酸的速度太快会引起碳化和强烈放热。

[3] 参见图 4-10。

[4] 参见图 4-2。

[5] 约 13mL 左右，指定回收，蒸乙醇约需 45min～1h。

[6] 参见图 2-12。

六、注意事项

1. 催化剂无水碳酸钾预先要烘干，活化。

2. 苯甲醛放久后易氧化生成苯甲酸，所以在使用前一定要预先蒸馏。

3. 保温过程中要注意观察反应混合物的状况，若发现未变色或无固体析出时，可补加少量醋酸。

七、实验结果与讨论

纯肉桂酸（反式）为无色晶体，熔点 135～136℃。称量，计算产率，测定熔点。

八、思考题

1. 为什么乙酐和苯甲醛要在实验前重新蒸馏才能使用？

2. 简述此反应的机理并说明此反应中醛的结构特点。

3. 是否能用氢氧化钠代替碳酸钠中和反应混合物？为什么？

4. 水蒸气蒸馏除去什么物质？

5. 简述酯化反应中浓硫酸的作用。

6. 酯化反应结束后为何要将部分乙醇蒸出？

7. 乙酸乙酯萃取液为何不能用氢氧化钠溶液进行中和？

实验二十四　苯甲醇和苯甲酸及核磁共振谱分析

一、实验目的

1. 学习由苯甲醛制备苯甲醇和苯甲酸的原理和方法。

2. 进一步熟悉磁力搅拌器的使用。

3. 进一步掌握萃取、洗涤、蒸馏、干燥和重结晶等基本操作。

二、实验原理

无 α-H 的醛在浓碱溶液作用下发生歧化反应，一分子醛被氧化成羧酸，另一分子醛则被还原成醇，此反应称 Cannizzaro 反应。本实验采用苯甲醛在浓氢氧化钠溶液中发生 Cannizzaro 反应，制备苯甲醇和苯甲酸，反应式如下：

$$2 \, C_6H_5CHO + NaOH \longrightarrow C_6H_5CH_2OH + C_6H_5COONa$$

$$C_6H_5COONa + HCl \longrightarrow C_6H_5COOH + NaCl$$

三、试剂与器材

试剂：苯甲醛 10 mL（0.10 mol），氢氧化钠 8g（0.2mol），浓盐酸，乙醚，饱和亚硫酸氢钠溶液，10%碳酸钠溶液，无水硫酸镁。

器材：100mL 三口圆底烧瓶，球形冷凝管，分液漏斗，温度计（300℃），支管接引管，锥形瓶，空心塞，量筒，烧杯，布氏漏斗，吸滤瓶，磁力搅拌器，普通蒸馏装置。

四、实验装置

本实验制备苯甲醇和苯甲酸，采用机械搅拌下的加热回流装置，如图 5-3 所示。乙醚的沸点低，要注意安全，蒸馏低沸点液体的装置如图 5-4 所示。

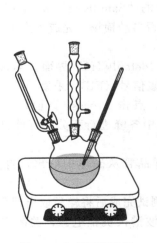 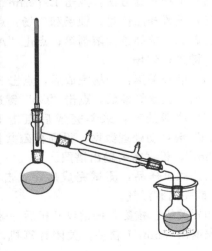

图 5-3　加热回流装置　　　　　　　图 5-4　蒸馏低沸点液体的装置

五、实验步骤

在 100mL 三口烧瓶上安装回流冷凝管、恒压滴液漏斗和温度计，下置带可水浴的磁力搅拌器。加入 8g 氢氧化钠和 8mL 水，搅拌溶解。稍冷。通过恒压滴液漏斗在 10～15min 内加入 10mL 新蒸过的苯甲醛，维持一定的搅拌速度，使反应搅拌平稳进行。加热回流约 40min。停止加热，从球形冷凝管上口缓缓加入冷水 20mL，摇动均匀，冷却至室温。

反应物冷却至室温后，倒入分液漏斗，用乙醚萃取三次，每次 10mL。水层保留待用。合并三次乙醚萃取液，依次用 5mL 饱和亚硫酸氢钠、10mL 10%碳酸钠溶液、10mL 水洗涤。分出醚层，倒入干燥的锥形瓶，加无水硫酸镁干燥，过滤至干净干燥的圆底烧瓶中，安装妥当普通蒸馏装置，加入沸石。先加热蒸出乙醚，控制温度至乙醚馏出速度在 1～2 滴/s。逐步升高温度，至无乙醚蒸出（蒸出的乙醚回收）。换接收容器，继续升高温度蒸馏，当温度升到 140℃时改用空气冷凝管，收集 198～204℃的馏分，即为苯甲醇，回收，计算产率。

将前面保留的经乙醚萃取过的水层慢慢地加入盛有 30mL 浓盐酸和 30mL 水的混合物中（外面用冰水浴冷却），同时用玻璃棒搅拌，析出白色固体。冷却，抽滤，得到粗苯甲酸。粗苯甲酸用水作溶剂重结晶，产品经干燥后称重，回收，计算产率。条件许可的话，可用核磁共振法测苯甲醇和苯甲酸的核磁共振谱图并对其进行解析。

以 Agilent400M 超导核磁共振谱仪为例介绍具体的操作步骤。

（1）开机：打开空气压缩机电源、核磁共振波谱仪机柜电源和计算机电源，启动 Vnmr J 操作软件。

（2）进样：点击 Vnmr J 操作软件中 Start 页面，点击"Eject"键开启载气，将装有转子的样品管放置在进样口上，点击"Insert"键将样品放入磁体中。

（3）调谐：点击 Tool 下拉菜单，点击 Manual tune probe 选项，在调谐菜单中选择调谐通道（如通道1），选择调谐原子核（通道1可选 H1 或 F19），点击"Start probe tune"键进行调谐，再点击"auto scale"键自动定标，手动调节仪器探头下方的调谐杆，使得软件界面上出现的"V"形调谐曲线在垂直基准线上，且"V"越深越好，完成后点击"Stop probe tune"键停止调谐，点击 quit 键退出调谐界面。

（4）选择实验方法：点击 Experiments 菜单，选择所需实验，如氢谱等。

（5）设置样品信息、锁场和匀场：点击 Start 页面中的"Sample information"模块，输入样品名称，选择氘代溶剂等；点击"Auto lock"键进行自动锁场，完成后点击"Gradient shim"键进行匀场。

（6）信号采集：匀场完成后，点击 Acquire 页面中"default H1"界面，输入信号采集范围、扫描次数等参数，点击"Go"键进行自由感应衰减信号（FID）采集。

（7）数据处理：采集完成后点击 Save 保存数据，点击 Process 页面，点击"Auto process"键自动处理数据，得到核磁共振谱图，对谱图中各峰进行积分和标峰处理后，点击"Plot"，根据需要输出谱图。

（8）取出样品：测试完成后，点击"Eject"键将样品管从磁体中取出，再点击"Insert"键关闭载浮气。

（9）关机：核磁共振谱仪开机后一般不关机，每次测试完成后将样品取出即可。如需关机，先退出 Vnmr J 软件，关闭计算机，关闭核磁共振波谱仪机柜电源，关闭空气压缩机电源。

六、注意事项

1. 本实验需要用乙醚作萃取剂，而乙醚极易燃烧，必须严格防止明火。蒸馏乙醚时为降低乙醚的挥发度，可在接收器用冰水浴冷却。也可用沸点稍高的甲基叔丁基醚（55.2℃）代替。

2. 结晶提纯苯甲酸可用水作溶剂，苯甲酸在水中的溶解度为：80℃时，每 100 mL 水中可溶解苯甲酸 2.2g。

七、思考题

1. 试比较 Cannizzaro 反应与羟醛缩合反应在醛的结构以及碱的浓度上有何不同。

2. 本实验中两种产物是根据什么原理分离提纯的？用饱和亚硫酸氢钠及 10％碳酸钠溶液洗涤的目的是什么？

3. 乙醚萃取后剩余的水溶液，用浓盐酸酸化到中性是否最恰当？为什么？

4. 为什么要用新蒸过的苯甲醛？长期放置的苯甲醛含有什么杂质？如不除去，对本实验有何影响？

实验二十五　对位红及棉布的染色

一、实验目的

1. 掌握硝化、水解、重氮化、偶合等有机反应的一般实验方法。
2. 了解官能团保护在有机合成中的实际应用。
3. 学习根据产物的不同性质分离邻、对位异构体的基本方法。
4. 通过多步合成，培养综合运用所学知识的能力。

二、实验原理

对位红是最早的不溶性偶氮染料，在染料索引中归入有机颜料中，其编号为 CI pigment Red 1#。因此合成对位红有其特殊的意义。本实验以乙酰苯胺为原料，经过硝化、水解分离后得到对硝基苯胺，再经重氮化与 β-萘酚偶合生成对位红。

1. 硝化和水解

由于苯胺很容易被氧化，中间体对硝基苯胺不能由苯胺直接硝化，需以乙酰苯胺为原料，先硝化再水解而制得。硝化反应除生成主产物对硝基乙酰苯胺外，还生成副产物邻硝基乙酰苯胺。

为了减少邻位产物，选用乙酸为反应溶剂，并控制反应温度在 5℃以下。为了除去邻位副产物，利用邻硝基乙酰苯胺在碱性条件下易水解而对硝基乙酰苯胺不水解，将邻位产物除去。

得到的对硝基乙酰苯胺，再在强酸性条件下水解得到对硝基苯胺。

2. 重氮化和偶合

对硝基苯胺与亚硝酸钠在酸性条件下，生成相应的重氮盐，由于重氮盐极不稳定，一般反应在 0～5℃ 进行。生成的重氮盐立即与 β-萘酚在碱性介质中偶合生成对位红。

三、实验装置

对硝基乙酰苯胺的水解反应在回流冷凝装置（图 4-10）中进行。

四、试剂与器材

试剂：乙酰苯胺、冰乙酸、浓硝酸、浓硫酸 23.4mL、碳酸钠 1g、氢氧化钠 20g、β-萘酚、亚硝酸钠 0.6g、浓盐酸 30mL、碘化钾-淀粉试纸。

器材：圆底烧瓶（100mL，19×1）、球形冷凝管（200 mL，19×2）、锥形瓶（50mL、250mL）、烧杯（250 mL）、布氏漏斗（60 mL）、吸滤瓶（250mL）、温度计（300℃）。

五、实验步骤

1. 硝化和水解

在干燥的 50mL 锥形瓶中，加入 5g（0.037mol）乙酰苯胺和 5mL 冰乙酸，振荡使混合均匀，边摇动锥形瓶，边分批慢慢加入 10mL 浓硫酸，将得到的透明溶液放于冰水浴中冷却到 0～2℃。

在冰浴中，将 2.2mL（0.032mol）浓硝酸和 1.4mL 浓硫酸配制成混酸，并置于冰水浴中冷却。用吸管慢慢将混酸滴加到乙酰苯胺的酸溶液中，其间保持反应温度不超过 5℃，得淡黄色黏稠液体。滴加完毕，取出锥形瓶于室温下放置 20～30min，并间歇振荡，得到橙黄色液体。在 250mL 烧杯中加入 20mL 水和 20g 碎冰，将反应液以细流慢慢倒入冰水中，边倒边搅拌，有固体析出，冷却后抽滤。用 10mL 水重复洗涤固体三次，抽干得黄色固体。

粗产品加到盛有 20mL 水的 250mL 锥形瓶中，在不断搅拌下慢慢加入碳酸钠粉末至混合物呈碱性（约 0.5g 碳酸钠）。混合物于石棉网上加热至沸腾数分钟后，冷却至 50℃，迅速抽滤，固体用少量水洗涤抽干，放置晾干，得到淡黄色固体。产量约 4g。

将制得的粗对硝基乙酰苯胺放入 100mL 圆底烧瓶中。另取一锥形瓶，在振荡和冷却下，把 12mL 浓硫酸小心地以细流加到 9mL 冷水中，得到 20mL 70% 硫酸，将此硫酸溶液加到上述烧瓶中，投入沸石，装上回流冷凝管，在石棉网上加热回流 15min，得一透明溶液。将反应液倒入盛有 100mL 冷水的烧杯中，分批慢慢加入氢氧化钠固体至溶液呈碱性，有沉淀析出。冷却后抽滤，固体滤饼用少量水洗涤三次，抽干放置晾干，得到黄色针状晶体，约 2.5g。

2. 重氮化和偶合

将 1g（0.007mol）制得的对硝基苯胺和 6mL 1∶1 稀盐酸加入一烧杯中，水浴加热使之溶解，冷却后加入 7g 碎冰，所得溶液置于冰水浴中，保持温度 0～5℃。取 10% 亚硝酸钠溶液 6mL，冷至 0～5℃，在不断搅拌下，将冷却好的亚硝酸钠溶液迅速地一次倒入对硝基苯胺的稀盐酸溶液中，用 pH 试纸检验溶液是否呈酸性，再用淀粉-碘化钾试纸检验是否显色，若不显色，须酌情补加少量亚硝酸钠溶液，并充分搅拌至试纸显色。将反应物在冰水浴中放置 15min 后，抽滤以除去沉淀物。将滤液用冰水稀释至 70mL，所得淡黄色透明的重氮盐溶液保存在冰水浴中。

将 1g（0.007mol）研细的 β-萘酚、6mL 10％氢氧化钠溶液加入 100mL 烧杯中，充分振荡使之溶解，把一小条洁净的白棉布浸入此溶液中，并用玻棒搅动使之浸渍充分均匀，10min 后取出棉布，并沥去大部分溶液，再把棉布放在前面制得的对硝基氯化重氮苯溶液中，棉布立即染成鲜红色，继续保持在 0～5℃10min，并不断翻动棉布使染色完全，取出棉布，用水冲洗后晾干。

如要进一步制得对位红产品，可将其余 β-萘酚溶液以细流全部倒入重氮盐溶液中，在5℃以下搅拌 15min，得到深红色固体，抽滤，固体用水洗涤至中性，抽干晾置。得到约1.5～2g 对位红产品。

六、注意事项

1. 硝化反应中所用的玻璃仪器要干燥且洁净，以免原料水解或产生有色杂质。
2. 硝化反应应控制在 5℃以下，产物以对位为主。如果温度过高，邻位副产物和多取代产物将增加。
3. 在碱性水解过程中，反应液的 pH 值不可调得过高，水解时间也不能太长，否则对硝基乙酰苯胺也会部分水解。
4. 如果第一步硝化产物较少，以后各步的试剂用量均需相应减少。
5. 重氮化和偶合反应均需在 0～5℃的低温下进行，各试剂的浓度和用量必须准确。
6. 对硝基苯胺在盐酸中形成其盐酸盐，如温度较低可能会有沉淀析出。
7. 重氮化反应中反应液应呈酸性，亚硝酸钠不得过量，以减少副反应。
8. 用淀粉-碘化钾试纸检验时，若在 15～20s 内试纸变蓝，说明亚硝酸钠用量已够。

七、实验结果与讨论

中间体对硝基苯胺是黄色针状晶体。熔点 148～149℃。计算对硝基苯胺的产率。取部分中间体进行下一步的重氮化和偶合反应。白色棉布经染色，都可变成鲜红色。但有时可能会出现颜色较暗或带有黄色等现象，试讨论分析可能的原因。

八、思考题

1. 为了避免苯胺被氧化，除乙酰化方法外，还有其他什么方法？
2. 除了用乙酸外，还可用哪些物质作酰基化试剂？
3. 本实验是如何除去对硝基乙酰苯胺粗产物中的邻硝基乙酰苯胺的？此外，还有什么方法可以除去邻位异构体？
4. 在对硝基乙酰苯胺的酸性水解过程中，加热回流后的溶液为什么是透明的？又根据什么原理使产品析出？
5. 重氮化反应和偶合反应为何都必须在低温下进行？
6. 本实验中的偶合反应为何要在碱性介质中进行？
7. 如果在重氮化反应中，亚硝酸钠过量了怎么办？

实验二十六　乙酰乙酸乙酯的合成及其波谱分析

A　乙酰乙酸乙酯的合成

一、实验目的

1. 了解酯缩合反应制备 β-酮酸酯的原理及方法。

2. 掌握无水反应的操作要点。

3. 掌握蒸馏、减压蒸馏等基本操作。

二、实验原理（半微量实验）

含有 α-氢的酯在碱性催化剂存在下，能与另一分子的酯发生克莱森酯缩合反应，生成 β-酮酸酯，乙酰乙酸乙酯就是通过这个反应来制备的。

本实验是用无水乙酸乙酯和金属钠为原料，以过量的乙酸乙酯为溶剂，通过酯缩合反应制得乙酰乙酸乙酯。

$$2CH_3COOC_2H_5 \xrightarrow{NaOC_2H_5} CH_3-\overset{\overset{O}{\|}}{C}-CH_2-\overset{\overset{O}{\|}}{C}-OC_2H_5 + CH_3CH_2OH$$

反应机理为，利用乙酸乙酯中含有的少量乙醇与钠作用生成乙醇钠。

$$2C_2H_5OH + 2Na \longrightarrow 2C_2H_5ONa + H_2\uparrow$$

随着反应的进行不断地生成乙醇，反应就不断地进行，直至钠消耗完。在乙醇钠作用下，具有 α-氢原子的乙酸乙酯自身缩合，生成烯醇型钠盐，再经醋酸酸化即得乙酰乙酸乙酯。金属钠极易与水反应，并放出氢气和大量热，易导致燃烧和爆炸，故反应所用仪器必须是干燥的，试剂必须是无水的。

$$2CH_3COOC_2H_5 + C_2H_5ONa \longrightarrow CH_3\underset{\underset{ONa}{|}}{C}=CHOOC_2H_5 + 2C_2H_5OH$$

$$\downarrow CH_3COOH$$

$$CH_3-\overset{\overset{O}{\|}}{C}-CH_2-\overset{\overset{O}{\|}}{C}-OC_2H_5 \underset{互变}{\rightleftharpoons} CH_3\underset{\underset{OH}{|}}{C}=CHCOOC_2H_5 + CH_3COONa$$

三、实验装置

反应装置回流冷凝管上须加干燥管，见图 4-5。减压蒸馏见图 2-12。

四、试剂与器材

试剂：乙酸乙酯、金属钠、乙酸、碳酸钠、无水碳酸钾、氯化钠、氯化钙、无水硫酸镁。

器材：圆底烧瓶（50mL）、球形冷凝管、干燥管、分液漏斗、克氏蒸馏烧瓶（50mL）、温度计、真空接收管、直形冷凝管、减压系统装置。

五、实验步骤

将所用的玻璃仪器烘干，乙酸乙酯加入无水碳酸钾固体干燥。

在 50mL 圆底烧瓶中，加入 9.8mL（0.1mol）干燥过的乙酸乙酯，小心地称取 1g（0.044mol）金属钠块，快速地切成小的钠丝后立即加入烧瓶中，按图 4-5 安装好反应装置。水浴加热，反应开始反应液呈黄色。若反应太剧烈可暂时移去热水浴，以保持反应液缓缓回流为宜。反应 1.5～2h 后，金属钠全部作用完毕，停止加热。此时反应混合物变为橘红色并有黄白色固体生成。反应液冷至室温，边振荡烧瓶，边小心地滴加入 30%乙酸，使呈弱酸性（约 10mL 30%的乙酸），此时固体溶解，反应液分层。用分液漏斗分出酯层，水层用 3mL 乙酸乙酯萃取两次，萃取液与酯层合并。有机层用 5mL 5%的碳酸钠溶液洗涤至中性（洗涤 2～3次）。再用无水硫酸镁干燥酯层。

干燥后的液体倒入 50mL 克氏蒸馏烧瓶中，安装好减压蒸馏装置，先在常压下水浴加热蒸去乙酸乙酯（回收），用水泵将残留的乙酸乙酯抽尽。再用油泵减压蒸出乙酰乙酸乙酯。真空度在 15mmHg（2.0kPa）以下则可用水浴加热蒸馏。产量约 1.5～2.5g。

乙酰乙酸乙酯的沸点与压力的关系如下：

压力/mmHg	8	12.5	14	18	29	55	80
沸点/℃	66	71	74	79	88	94	100

注：1mmHg＝133.322Pa。

乙酰乙酸乙酯常压的沸点为 180.4℃，折射率 n_D^{20} 1.4194，d_4^{20} 1.028。

六、注意事项

1. 称取金属钠时要小心，不要碰到水，擦干煤油，切除氧化膜后快速地切成小的钠丝，立即加入烧瓶。

2. 反应不要太激烈，保持平稳回流。

七、实验结果与讨论

用波谱法测定乙酰乙酸乙酯互变异构体的存在。

八、思考题

1. 所用仪器未经干燥处理，对反应有什么影响？为什么？

2. 为什么最后一步要用减压蒸馏？

3. 用 30％醋酸中和时要注意什么问题？醋酸浓度过高、用量过多对结果有何影响？

B　波谱法测定乙酰乙酸乙酯互变异构体

一、实验目的

1. 掌握紫外吸收光谱的原理，了解溶剂对紫外光谱的影响。

2. 进一步熟悉紫外分光光度计的使用方法。

3. 进一步熟悉核磁共振谱仪的操作和谱图解析。学习核磁共振氢谱定量方法。

二、实验原理

乙酰乙酸乙酯有酮式和烯醇式两种互变异构体：

$$\underset{\text{酮式}}{CH_3-\overset{O}{\underset{d}{C}}-\underset{c}{CH_2}-\overset{O}{\underset{b}{C}}-\underset{a}{OCH_2CH_3}} \rightleftharpoons \underset{\text{烯醇式}}{CH_3-\overset{OH}{\underset{d}{C}}=\underset{c}{CH}-\overset{O}{\underset{b}{C}}-\underset{a}{OCH_2CH_3}} \tag{5-1}$$

一般情况下两者共存，但温度、溶剂等条件不同的体系中两种互变异构体的相对比例有很大差别。表 5-1 是 18℃时在不同溶剂中烯醇式的含量。

表 5-1　不同溶剂中乙酰乙酸乙酯的烯醇式含量（18℃）

溶　剂	烯醇式含量/%	溶　剂	烯醇式含量/%
水	0.4	乙酸乙酯	12.9
50%甲醇	1.25	苯	16.2
乙醇	10.52	乙醚	27.1
戊醇	15.33	二硫化碳	32.4
氯仿	8.2	己烷	46.4

由表 5-1 可见，当溶剂为水时，体系中几乎不含烯醇式。这是因为水分子中的 OH 基团能与酮式中的 C═O 形成氢键，使其稳定性大大增加，式(5-1)中的平衡向左移动。在非极性溶剂中，烯醇式因能形成分子内氢键而稳定，相对含量较高。

由于乙酰乙酸乙酯的酮式和烯醇式的结构不同，它们的紫外、红外吸收光谱和核磁共振谱均有差异，因此可用波谱方法测定它们。关于谱图分析的原理请参阅 3.2 中的有关部分。本实验用紫外吸收光谱和核磁共振氢谱测定乙酰乙酸乙酯。

① 乙酰乙酸乙酯的紫外吸收光谱　酮式结构中是两个孤立的 C═O，它们的 n→π* 跃迁能产生两个 R 吸收带；而烯醇式结构中 C═C 和 C═O 处于共轭状态，有共轭的 π→π*

和 $n \rightarrow \pi^*$ 跃迁，能产生 K 带和 R 带。分别用水和正己烷作溶剂测定乙酰乙酸乙酯，得到两张不同的紫外光谱，前者是酮式的紫外光谱，而后者基本上是烯醇式的紫外光谱。

② 乙酰乙酸乙酯的 ^{1}H NMR　酮式和烯醇式的结构中部分 ^{1}H 的化学环境完全不同，因此相应 ^{1}H 的化学位移也不同，表 5-2 是酮式和烯醇式中对应 ^{1}H 的化学位移值。

表 5-2　乙酰乙酸乙酯 NMR 中各种 ^{1}H 的化学位移

峰　号	a(δ)	b(δ)	c(δ)	d(δ)	e(δ)
酮　式	1.3	4.2	3.3	2.2	无
烯醇式	1.3	4.2	4.9	2.0	12.2

注：a～e 分别表示不同化学环境的 ^{1}H，见式（5-1）中的标注。

若分别选择代表酮式和烯醇式的 ^{1}H，利用它们的积分曲线高度比（即峰面积）还可以计算出一个确定体系中两种互变异构体的相对含量。例如，选择 c 氢的面积来定量。酮式中 c 氢的化学位移 $\delta_c = 3.3$，氢核的个数为 2，烯醇式中 $\delta_c = 4.9$，氢核个数为 1，则：

$$烯醇式（\%）= (A_{4.9}/1)/[(A_{3.3}/2) + (A_{4.9}/1)] \tag{5-2}$$

式中，$A_{3.3}$ 和 $A_{4.9}$ 分别表示化学位移 3.3 和 4.9 处的积分曲线高度。

这种方法还可以用于二元或多元组分的定量分析，方法的关键是要找到分开的代表各个组分的吸收峰，并准确测量它们的积分曲线高度比。

三、仪器与试剂

1. TU-1800PC 紫外及可见分光光度计或其他型号的紫外光谱仪。

2. PMX60si 型核磁共振谱仪或其他核磁共振谱仪。

3. 样品和试剂：乙酰乙酸乙酯样品、去离子水、分析纯的正己烷；分别由四氯化碳和重水为溶剂配制好的乙酰乙酸乙酯样品（核磁共振测定用 ϕ5mm 样品管），混合标样管等。

四、实验方法

1. 乙酰乙酸乙酯的紫外光谱测定（仪器使用方法参照 3.2.2）

① 按 3.2.2 有关章节开启仪器，并进入"WinUV"窗口。选择"光谱测量"方式，打开"光谱测量"工作窗口。

② 设定波长扫描范围为开始波长 400nm，结束波长 200nm；扫描速度：中速；测光方式：A（即吸光度）等。

③ 以正己烷为溶剂测定乙酰乙酸乙酯：将装有正己烷的石英比色皿插入样品池架，单击命令条上的"base line"键，作基线校正。然后，取出比色皿，用样品勺蘸取少量乙酰乙酸乙酯样品加入，搅拌均匀。重新将比色皿插入样品池架。单击命令条上的"Start"键。采集样品的光谱图。

④ 以水为溶剂测定乙酰乙酸乙酯：按照③中的步骤，以去离子水为溶剂进行测定。

⑤ 谱图处理和打印：在所采集的两张紫外光谱图上标注最大吸收波长并设置打印格式。做法为选择菜单【数据处理】→【峰值检出】（或单击相应的工具按钮），弹出峰值检出对话框，同时显示当前通道的谱图及峰和谷的波长值。可在对话框的"坐标""页面设置"等栏目中设置想要的谱图格式。需要打印时，按对话框中的"打印"即可。

2. 乙酰乙酸乙酯的 ^{1}H NMR 测定（仪器操作使用方法见 3.2.4）

① 用混合标样管检查仪器状态（见实验十七 B 中"四、实验方法"）。

② 设定扫描范围为 0～1200 Hz，依次测定以四氯化碳和重水为溶剂的两个乙酰乙酸乙酯样品。需绘制核磁共振谱峰的曲线和积分曲线。

五、数据处理

1. 乙酰乙酸乙酯的紫外吸收光谱

分别列出以水和正己烷为溶剂时吸收峰的最大吸收波长（λ_{max}）。根据紫外光谱的基本原理，推测它们是何种电子跃迁产生的吸收带。

2. 乙酰乙酸乙酯的 ^{1}H NMR 数据处理

① 根据化学位移、峰裂分情况对所测得的核磁共振氢谱中的各吸收峰进行归属，按酮式和烯醇式分别进行。

② 分别测量酮式和烯醇式各峰的积分曲线高度，并转换成整数比，与理论值进行比较，讨论其误差情况。

③ 按式(5-2)计算烯醇式的百分含量。

六、注意事项

1. 在测定样品的紫外吸收光谱之前，必须对空白样品（即纯溶剂）进行基线校正，以消除溶剂吸收紫外线的影响。用同一种溶剂连续测定若干个样品时，只需作一次基线校正。若改变溶剂进行测定时，必须用该溶剂重新作基线校正。

2. 紫外光谱的灵敏度很高，应在稀溶液中进行测定，因此测定时加样品应尽量少。

3. ^{1}H NMR 定量分析的依据是吸收峰的面积（即积分曲线高度）与对应的 ^{1}H 数目成正比。因此，积分曲线绘制质量是 ^{1}H NMR 定量分析的关键。对于分离很好的吸收峰，影响积分曲线绘制质量的因素主要有两个，一是相位的调节。通过调节相位使吸收峰的峰形对称，信号前后的基线在同一水平线上。通常溶剂改变或样品浓度有较大变化时，相位都会发生变化，需要重新调节；二是绘制积分曲线时的平衡调节（用"BALANCE"旋钮）要耐心仔细，调节到记录笔不再上下漂移。

七、思考与讨论

1. 如果样品的摩尔吸光系数 $\varepsilon \approx 10^4$，欲使测得的紫外光谱吸光度 A 落在 0.5～1 范围内，样品溶液的浓度约为多少？

2. 测定乙酰乙酸乙酯的 ^{1}H NMR 时，为什么要将扫描范围设定为 0～1200 Hz？

3. 试比较用四氯化碳和重水为溶剂测得的两张核磁共振谱图，指出它们的差别，并说明原因。

4. 根据核磁共振定量分析的原理，自己设计一个定量分析乙酰乙酸乙酯中烯醇式含量的方法（须列出计算公式）。

实验二十七 邻硝基苯酚和对硝基苯酚的合成及其红外光谱分析

A 邻硝基苯酚和对硝基苯酚的合成

一、实验目的

1. 学习芳烃硝化反应的基本理论和硝化方法，加深对芳烃亲电取代反应的理解。

2. 掌握水蒸气蒸馏技术。

二、实验原理

苯酚的一元硝化产物为邻硝基苯酚和对硝基苯酚的混合物。由于对硝基苯酚存在分子间的氢键而邻硝基苯酚易形成分子内氢键。因而前者的沸点比后者要高得多，利用这一差异可以采用水蒸气蒸馏的方法将邻硝基苯酚先蒸出，从而达到分离的目的。

对硝基苯酚（bp 279℃）　　　　　邻硝基苯酚（bp 214.5℃）

$$\text{（苯酚 OH）} + NaNO_3 + H_2SO_4 \longrightarrow \text{（邻硝基苯酚 OH, NO_2）} + \text{（对硝基苯酚 OH, NO_2）} + NaHSO_4 + H_2O$$

三、实验装置

合成装置如图 5-5 所示，水蒸气蒸馏装置如图 2-13 所示。

四、试剂与器材

试剂：硝酸钠、苯酚、浓硫酸、95％乙醇、浓盐酸。

器材：90℃弯管、直形冷凝管、接引管、圆底烧瓶、烧杯、三口烧瓶、温度计、滴液漏斗、布氏漏斗、吸滤瓶、水蒸汽发生器。

五、实验步骤

图 5-5　制备硝基苯酚装置

1. 邻硝基苯酚的制备　在 50mL 三口烧瓶上，装上温度计和滴液漏斗（见图 5-5）。从剩余一口加入 15mL 水，在振荡和冷水浴冷却下慢慢加入 5.3mL（0.095mol）浓硫酸，再加入 5.8g（0.068mol）硝酸钠，加完摇匀后将烧瓶置于冰水浴中冷却。在小烧杯中加入 3.4mL（0.038mol）苯酚，并加入 1mL 水，温热搅拌使溶解，冷却后放入滴液漏斗中。在振荡下自滴液漏斗往烧瓶中滴加苯酚水溶液，其间保持反应温度在 15～20℃。滴加完毕，放置半小时并间歇振荡烧瓶。将得到的黑色焦油状物质用冰水冷却，使油状物凝成黑色固体，并有黄色针状结晶析出。仔细倾倒去酸液，固体用水以倾滗法洗涤数次，尽量洗去残余的酸液。

在上述留有固体的三口烧瓶上，安装好水蒸气蒸馏装置（见图 2-13），进行水蒸气蒸馏，直到冷凝管无黄色油状液滴馏出为止；馏出液冷却后邻硝基苯酚迅速凝成黄色固体，抽滤收集后晾干。用乙醇-水混合溶剂重结晶，将粗邻硝基苯酚溶于热的乙醇（40～45℃）中，过滤后滴入温水至出现浑浊，再滴入少量乙醇至浑浊变清，冷却后即析出亮黄色针状的邻硝基苯酚。

产量约 1g，纯的邻硝基苯酚为亮黄色针状晶体，熔点 45～46℃。

2. 对硝基苯酚的制备

在水蒸气蒸馏后的残液中，加水至总体积约 37.5mL，再加入 2.5mL 浓盐酸，将此热溶液在搅拌下慢慢倒入浸在冰水浴内的另一烧杯中，淡黄色对硝基苯酚即析出，抽滤收集后晾干。粗对硝基苯酚可用稀盐酸（2％或 3％）重结晶。

产量约 0.5g，纯对硝基苯酚为淡黄色单斜棱柱状晶体，熔点 114～116℃。

六、注意事项

1. 酚与酸不互溶，故须不断振荡使接触反应，并防止局部过热。反应温度低于 15℃，邻硝基苯酚的比例减少；若高于 20℃，硝基苯酚将继续硝化或氧化。

2. 在水蒸气蒸馏前，必须将余酸去除干净，否则由于温度的升高，会使硝基苯酚进一步硝化或氧化。

3. 水蒸气蒸馏时，可能有邻硝基苯酚的晶体析出而堵塞冷凝管，这时必须注意调节冷凝水的大小，让热的蒸气熔化晶体成液体流下。

七、实验结果与讨论

纯的邻硝基苯酚和对硝基苯酚均可通过重结晶得到。称重，计算产率，测定熔点。邻硝基苯酚和对硝基苯酚还可以通过直接用稀硝酸硝化得到。比较二者的优缺点。

八、思考题

1. 本实验可能有哪些副反应？如何减少？
2. 对硝基苯酚为什么可用水蒸气蒸馏来分离？

B　邻位和对位硝基苯酚的红外光谱分析

一、实验目的

1. 掌握芳香化合物红外吸收光谱的特征。
2. 学习用红外光谱鉴定有机化合物同分异构体的方法。
3. 学习不同物性试样的制样方法。
4. 进一步熟悉红外光谱的原理和仪器使用。

二、实验原理

红外吸收光谱是有机化合物结构鉴定的重要方法之一，有关红外吸收光谱的基本原理请参阅 3.2.3。

1. 红外光谱图中，基团特征频率区（$4000 \sim 1500 cm^{-1}$）的吸收峰可用于确定化合物中所含的官能团，其中，从高频到低频依次为氢键区（$4000 \sim 2500 cm^{-1}$）、叁键区（$2500 \sim 2000 cm^{-1}$）和双键区（$2000 \sim 1500 cm^{-1}$）。例如—OH、—NH_2、饱和及不饱和的碳氢等含氢基团的吸收峰总是出现在氢键区的某一特定频率范围内；—C≡C—、—C≡N 和 \C=C/、\C=O、苯环等分别出现在叁键和双键区内（详见图 3-20）。其中苯环在这一区域中有两个特征吸收：一是苯环上的碳氢键（=C—H）伸缩振动产生的吸收峰出现在氢键区的 $3100 \sim 3000 cm^{-1}$；二是苯环骨架振动的吸收峰出现在双键区的 $1600 \sim 1450 cm^{-1}$，通常有 2～4 个峰。根据这两个特征吸收峰可以确定苯环的存在。

2. 指纹区（$1500 \sim 400 cm^{-1}$）的图形比较复杂，主要用于与标准谱图对照，以确定被测物与标准物的结构是否完全相同。虽然指纹区的大部分吸收峰特征性较差，但其中一些对确定有机物的同分异构体十分有用。例如，苯环上的碳氢键面外弯曲振动产生的吸收峰出现在 $650 \sim 950 cm^{-1}$，不同类型的取代苯产生的吸收峰个数和位置（即频率）不同。大量研究表明，吸收峰频率与取代基的种类无关，而与苯环上相邻的氢原子个数有关，随着相邻氢原子数目的增多，吸收峰向低频移动，且吸收强度增加。单取代苯的苯环上有 5 个相邻的氢，在 $770 \sim 730 cm^{-1}$，$710 \sim 680 cm^{-1}$ 各出现一个吸收峰；而对位二取代苯环上只有 2 个相邻的氢，其面外弯曲振动吸收峰出现在 $860 \sim 780 cm^{-1}$ 的较高频率处。表 5-3 列出了不同取代苯环的特征吸收峰的频率范围。

表 5-3　不同取代类型的苯环在 $950 \sim 650 cm^{-1}$ 的特征吸收峰

取代类型	苯环上相连的 H 个数	=C—H 面外弯曲振动频率(强度)/cm^{-1}	
苯	6	670（s）	710～690（s）[①]
单取代	5	770～730（s）	710～690（s）[①]
1,2-二取代	4	770～735（s）	
1,3-二取代	3	810～750（s）	710～690（s）[①]
	1	900～860（m）	
1,4-二取代	2	860～800（s）	
1,2,3-三取代	3	800～770（s）	
1,2,4-三取代	2	860～800（s）	
	1	900～860（m）	
1,3,5-三取代		900～860（m）	

① 环的弯曲振动产生的吸收峰。

由于 $950\sim650cm^{-1}$ 处于指纹区，其他一些基团的振动吸收峰也可能出现在这一区域中，干扰对苯环取代类型的判断。为了提高解析的准确程度，还可以利用苯环碳氢键面外弯曲振动的倍频吸收峰。苯环碳氢面外弯曲振动的倍频吸收峰出现在 $2000\sim1600cm^{-1}$ 处，是一些很弱的吸收峰，它们的峰形与苯环取代类型有关，有时可以作为苯环取代类型的辅助证据。倍频峰的强度一般很弱，为了比较清楚地显示它们，制样时须加大试样的厚度。

三、仪器与试剂

1. AVATAR 360 型 FT-IR 红外光谱仪或其他型号的红外光谱仪器。

2. 红外干燥灯、不锈钢镊子和样品刮刀、玛瑙研钵、试样纸片、压模、压片机、样品架、无水乙醇浸泡的脱脂棉等。

3. 样品和试剂：实验二十八 A 中合成的邻硝基苯酚和对硝基苯酚、溴化钾单晶片和粉末。

四、实验方法

1. 开启仪器。

2. 制样　对硝基苯酚用压片法制样（见实验一 B 中"四、实验方法"）；邻硝基苯酚的熔点仅 $45\sim46℃$，在红外灯的烘烤下易熔化，较难用压片法制样，可以改用"液膜法"或"糊状法"。液膜法的具体做法是：将少量的邻硝基苯酚和抛光清洁后的 KBr 晶片同时放在红外灯下烘烤，待邻硝基苯酚熔融后，用样品刮刀将其均匀地涂布在 KBr 晶片的中央，然后将晶片移到旁边冷却后插入样品架中固定。

3. 试样红外光谱图的绘制、谱图处理等详见第 3.2.3 节。整个过程包括：①设定收集参数；②收集背景；③收集样品图；④对所得的样品图进行基线校正、标峰等处理（见实验一 B 中"四、实验方法"）；⑤将收集到的邻位和对位硝基苯酚两张红外光谱图编辑到同一显示窗口，然后打印在一张纸上以便比较。具体做法如下：

a. 在已打开的窗口（假如是 2 号窗口）中选择（即点击）谱线（假如是邻硝基苯酚），然后单击"Copy"工具按钮；

b. 单击主菜单中的"窗口"，选择打开存放对硝基苯酚的窗口（假如是 1 号窗口），此时显示对硝基苯酚的红外图；

c. 单击"Past"按钮，邻硝基苯酚的红外图便粘贴在 1 号窗口中；

d. 单击主菜单"显示"选择"Overlay"点击转化为"Stack"，邻、对位硝基苯酚的红外图即按上下两张图分别列出；

e. 单击主菜单"Edit"，选择"Group"或在按住"Shift"键，同时选择 2 条谱线，然后打印。

五、谱图解析

在查阅有关红外光谱的参考书籍后，根据样品的结构，对红外谱图中的吸收峰进行归属，找出苯环、羟基、硝基的特征吸收峰，并指出区别邻位和对位取代苯的特征吸收峰。

六、注意事项

$950\sim650cm^{-1}$ 属于红外光谱的指纹区，有一些单键的伸缩振动或含氢基团的弯曲振动也可能出现在此区域，因此在利用该区域的吸收峰确定苯环取代类型时，须格外小心。必要时还需参考 $2000\sim1600cm^{-1}$ 处苯环碳氢面外弯曲振动的倍频吸收峰的图形。

七、思考题

1. 邻硝基苯酚的红外制样方法与对硝基苯酚有什么不同，为什么？

2. 预测间位取代的硝基苯酚红外吸收光谱中的主要吸收峰及它们的位置。

3. 在查阅《有机化学》教材或有关红外光谱解析的参考书的基础上，回答下列问题：

（1）苯环上的碳氢伸缩振动和 CH_3、CH_2 等饱和碳氢伸缩振动的吸收频率有什么差别？

（2）苯环和硝基的伸缩振动为什么出现在双键区的低频端？

实验二十八 安息香的辅酶合成及氧化

安息香是两分子的苯甲醛在催化剂存在下缩合而成的，最初的催化剂为氰化物——有剧毒，许多生化过程进行类似的缩合反应，可以不使用氰化物，而是用辅酶硫胺素焦磷酸盐（维生素 B_1）催化的，这样反应就"绿色"得多。

硫胺素焦磷酸盐

A 安息香的辅酶合成

一、实验目的

1. 掌握缩合反应的原理，尤其是绿色催化剂维生素 B_1 的催化原理。

2. 复习、掌握重结晶的操作。

二、实验原理

三、实验装置

见图 4-10。

四、试剂与器材

试剂：苯甲醛（新蒸）10mL（10.4g，0.1mol）、维生素 B_1 1.75g、95％乙醇、10％氢氧化钠。

器材：圆底烧瓶、球形冷凝管、布氏漏斗、吸滤瓶、锥形瓶。

五、实验步骤

在 50mL 圆底烧瓶上装有回流冷凝管，加入 1.75g（0.005mol）维生素 B_1 和 4mL 水，使其溶解，再加入 15mL 95％乙醇。在冰浴冷却下，自冷凝管顶端，边摇动边逐滴加入 5mL 3mol/L 氢氧化钠，约需 10min。当碱液加入一半时溶液呈淡黄色，随着碱液的加入溶液的颜色也变深（pH 值 9～10）。

量取 10mL（10.4g，0.1mol）苯甲醛，倒入反应混合物中，加入沸石后于 60～76℃ 水浴上加热 90min，此时溶液的 pH 值应在 8～9。将反应混合液冰水冷却即有白色晶体析出。抽滤，用少量冷水洗涤固体，干燥得粗产品约 7～8g。用 95％乙醇重结晶，得白色晶体，熔点 134～136℃。

六、思考题

1. 为什么要在维生素 B_1 的溶液中加入氢氧化钠？试用化学反应式说明。

2. 加氢氧化钠溶液为何需用冰浴冷却？

3. 加苯甲醛后，为何溶液的 pH 值保持在 9～10？溶液的 pH 值太低有什么不好？

B 安息香的氧化

一、实验目的

1. 了解醇氧化原理。

2. 掌握 TLC 跟踪反应的原理及方法。

二、实验原理

三、实验装置

见图 5-1。

四、试剂与器材

试剂：安息香 3.0g、浓硝酸 7.5mL、冰醋酸 15mL、二氯甲烷。

器材：三口烧瓶、球形冷凝管、温度计、点样毛细管、高效薄层板、层析缸、吸滤瓶、布氏漏斗、烧杯等。

五、实验步骤

在 100mL 三颈瓶上的两个口装有回流冷凝器和温度计，另一口上用标准磨口塞塞紧。将 3.0g 粗晶安息香和 15mL 冰醋酸及 7.5mL 浓硝酸（70％，相对密度 1.42）混合均匀。将此反应混合物在水浴上加热至液体温度为 85～95℃，此后每隔 15～20min 用点样毛细管取出少量的反应液在 7.5cm×2.0cm 薄层板上点样 2～3 次，每次约数微升，并将薄层板放置使醋酸和硝酸挥发，然后用二氯甲烷展开，用碘蒸气显色。如此不断地观察安息香是否已全部转化为二苯基乙二酮。

当安息香已全部（或接近全部）转化为二苯基乙二酮，将反应液冷却并加入 60mL 水和 60g 冰的混合物。此时有黄色的二苯基乙二酮结晶出现。抽滤，并用少量冰水洗涤结晶固体。干燥后，用甲醇进行复结晶，计算产率。纯二苯基乙二酮的熔点为 95℃。

六、思考题

产物二苯基乙二酮为黄色结晶固体，原料安息香为白色固体。试从原料与产物的特点出发说明这种颜色的变化。

C　二苯基乙醇酸

一、实验目的

1. 了解二苯基乙二酮重排的原理。

2. 掌握酸碱中和纯化原理。

二、实验原理

三、实验装置

见图 4-10。

四、试剂与器材

试剂：95％乙醇 8.5mL、二苯基乙二酮 2.75g、氢氧化钾 2.75g。

器材：圆底烧瓶、锥形瓶、球形冷凝管、烧杯、表面皿、吸滤瓶、布氏漏斗。

五、实验步骤

在 50mL 圆底烧瓶中加入 8.5mL 95％乙醇和 2.75g 二苯基乙二酮，不断摇动使固体物完全溶解。同时在另一锥形瓶中将 2.75g 氢氧化钾溶于 6mL 水中，在振摇下将此氢氧化钾水溶液加入圆底烧瓶中。装上球形冷凝管，在水浴上回流 15min，此期间反应液由最初的黑色转化为棕色，最后将反应液转移到烧杯中，盖上表面皿放置过夜。下次实验时可见有二苯基乙醇酸钾盐结晶，抽滤，并用 2mL 95％乙醇洗涤所得固体。

将所得到的二苯基乙醇酸钾盐溶于尽量少的热水中，加活性炭脱色并趁热过滤。滤液用浓盐酸酸化至 pH＝2。当此反应混合物冷至室温后，用冰浴冷却。抽滤所得固体结晶，并用冷水充分洗涤，通过抽气将大部分水分除尽。然后在空气中干燥，得产物。称重、测定熔点，计算产率。纯品二苯基乙醇酸的熔点为 150℃。

六、思考题

1. 如果二苯基乙酮用叔丁醇钾处理时，在酸化后得一产物，具有 $C_{10}H_{20}O_3$ 的分子式。试写出此反应的结构式和产生此产物的反应机理。

2. 如何从相应的原料合成下列化合物？

a　　　　　　　　　　　　　　b

实验二十九　微波法合成邻甲基苯甲酸

一、实验目的

1. 氰化物是有机合成中非常有用的中间体，在合成中常常需要二十几个小时回流，有时还得到没有完全反应的产物，改用微波加热在相同的条件下进行氰基化反应，只需 30min～2h，就能得到完全反应的结果；本实验中用 $K_4[Fe(CN)_6] \cdot 3H_2O$ 代替传统的 CuCN，使反应的毒性大大降低，氰基化反应绿色化。

2. 了解微波原理，掌握微波合成的技术和方法。

3. 掌握柱色谱的应用。

4. 掌握 TLC 点板跟踪原理及技术和方法。

5. 掌握水解反应和重结晶方法。

二、实验原理

三、实验装置

见图 5-1、图 4-3。

四、试剂与器材

试剂：邻溴甲苯、CuI、N,N'-二甲基乙二胺、N-异丙基咪唑、$K_4[Fe(CN)_6] \cdot 3H_2O$、$N$-甲基-2-吡咯烷酮（NMP）、TLC 薄板、无水硫酸钠、冰、石油醚、乙酸乙酯、浓硫酸、甲苯。

器材：微波炉、反应瓶支架、三口烧瓶、球形冷凝管、层析柱、温度计。

五、实验步骤

取邻溴甲苯 342mg（2mmol），CuI 76.2mg（0.4mmol），N,N'-二甲基乙二胺 352mg

（4mmol），N-异丙基咪唑 440mg（4mmol），$K_4[Fe(CN)_6]\cdot3H_2O$ 272mg（0.66mmol）与 N-甲基-2-吡咯烷酮（NMP）5mL，微波（150W）反应 2h，冷却至室温，过滤，残液加入 15mL 水后，用乙酸乙酯萃取（10mL×3），合并有机相，无水硫酸钠干燥，过滤，浓缩后柱色谱分离，用 200mL 石油醚：乙酸乙酯（6：1）洗脱剂洗脱收集产物，蒸除溶剂，产品为液态。

安装好回流搅拌装置，加入 3mL 75％浓硫酸于上步粗产品的烧瓶中，160℃反应 3h，后升温到 190℃反应 1h，自然冷却到室温，有晶体析出，倒入 20mL 冰水中搅拌 5min，析出固体（含黑色固体），抽滤，固体用约 12mL 甲苯重结晶，热过滤，滤液置冰箱中冷却析晶，烘干，所得产品 200mg（淡褐色或白色固体），产率为 72.5％。

六、注意事项

1. 甲苯重结晶中，冷却若无固体析出，可能是由于溶剂过量，可直接抽除溶剂，烘干，得到产物。

2. 该产率为两步反应的总产率。

3. 最终产物邻甲基苯甲酸易升华。

七、实验结果与讨论

产品邻甲基苯甲酸为淡褐色或白色固体，熔点 102～103℃。称量，计算产率，测量熔点。

八、思考题

查阅文献，列出常规氰基化反应的条件，比较本反应，指出此绿色反应的特点。

实验三十　介孔分子筛制备及其比表面积测定

一、实验目的

1. 掌握介孔分子筛 M41S 的一般特征及其典型介孔氧化硅材料 MCM-41 的制造原理和方法。

2. 以氮气为吸附质，用 BET 容量法测定或利用 JW-004 型比表面积测试仪测量 MCM-41 的比表面积。

二、实验原理

有序介孔氧化硅材料 M41S 系列是一种新型的介孔材料，其显著特点是具有规则排列、大小均匀的纳米孔道及高的比表面积和大的吸附容量，它们将沸石分子筛的规则孔径从微孔范围拓展到介孔领域，在沸石分子筛难以完成的大分子催化、吸附、分离等过程中，以及纳米材料组装及生物化学等众多领域中无疑展示了广阔的前景，在小尺寸效应、表面效应及量子效应等方面也提供了物质基础。其中 MCM-41 分子筛是介孔氧化硅材料 M41S 系统中最具代表性的一种，它具有六方规则排列的一维孔道结构，孔径大小均匀，在一定范围（1.5～10nm）内可连续调节，具有较高的热稳定性。介孔结构的合成通常是利用表面活性剂分子与无机前驱体分子通过自组织的方法得到的固体物质，表面活性剂含有亲水基和不同长度的憎水链，在水溶液中憎水链自组装在一起，而亲水基暴露在水中，以便达到能量最小排布，因此形成的胶束与溶液中的表面活性剂处于动力学平衡态，在水溶液中表面活性剂能形成球状、柱状胶束等高度有序相。目前有多种机理解释介孔材料的形成过程，这些模型大多认为在溶液中表面活性剂指导无机前驱体进行自组装。其中液晶模板机理（图 5-6）是最早提出、并在后来普遍使用于硅基介孔材料的合成，该机理认为有序介孔材料的结构取决于表面活性剂的结构、不同表面活性剂浓度、有机膨胀剂等因素，并提出两种可能的合成途径：①当表面活性剂浓度较大时，先形成六方有序排列的液晶结构，然后无机源以液晶为模板填充于其中；②无机离子加入后先与表面活性剂相互作用，按照自组装方式排列成六方有

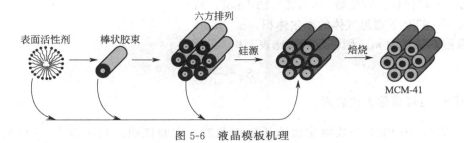

图 5-6 液晶模板机理

序的液晶结构。介孔分子筛的合成示意图如图 5-7 所示。

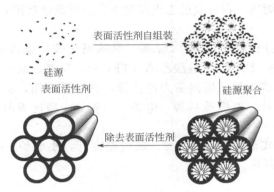

图 5-7 介孔分子筛的合成示意图

描述等温下气体在固体表面的物理吸附的 BET（Brunauer-Emmett-Teller）理论，认为在物理吸附中，作为吸附质的气体与作为吸附剂的固体之间是依靠分子间的吸引力，而吸附质气体中也存在着分子间的吸引力。因此在固体表面吸附的第一吸附层之上还可以发生第二层、第三层……的吸附，即所谓多分子层吸附。在此前提下，可推得 BET 两常数的吸附等温式：

$$\frac{p_i}{V_i(p^*-p_i)}=\frac{1}{V_m C}+\frac{C-1}{V_m C}\times\frac{p_i}{p^*} \tag{5-3}$$

式中　p_i——吸附平衡时吸附质气体的压力；

　　p^*——吸附温度下吸附质的饱和蒸气压；

　　V_i——吸附平衡时吸附质被吸附的体积（STP，即标准状况下）；

　　V_m——在固体吸附剂表面形成一个单分子吸附层所需的吸附质体积（STP）；

　　C——与温度、吸附热、吸附质汽化热有关的常数。

对于一定量的某吸附剂来说，V_m 是常数。所以，以 $\dfrac{p_i}{V_i(p^*-p_i)}$ 对 $\dfrac{p_i}{p^*}$ 作图，将得一直

线，其斜率为 $\dfrac{C-1}{V_m C}$，截距为 $\dfrac{1}{V_m C}$，则：

$$V_m=\frac{1}{斜率+截距} \tag{5-4}$$

因为 V_m 是已换算到标准状况下的体积，若令 A_m 为一个吸附质分子所占据的面积，则吸附剂总表面积：

$$S=\frac{A_m L V_m}{0.0224} \tag{5-5}$$

式中　L——阿伏伽德罗常数（$6.022×10^{23}\,mol^{-1}$）；

　0.0224——STP 下理想气体的摩尔体积，m^3/mol。

设吸附剂质量为 m，则吸附剂的比表面积

$$S_0 = \frac{S}{m} \qquad\qquad\qquad (5-6)$$

比表面积 S_0 也可简称为比表面。

应该指出，用 BET 公式测定固体比表面积时，实践证明，相对压力 $\dfrac{p_i}{p^*}$ 应取 0.05～0.35 之间为宜。在此范围内按式(5-3)作图有较好的线性关系。

本实验用氮气作吸附质，在液氮的沸点温度下进行低温氮吸附，测定比表面积。

三、试剂与器材

1. 试剂：表面活性剂 CTAB（十六烷基三甲基溴化铵）或自制的表面活性剂 Gemini（16-6-16，$2Br^-$），乙胺（EA），正硅酸乙酯（TEOS），氢气，氮气，液氮。

2. 器材：锥形瓶，滴加器，恒温磁力搅拌器，真空干燥箱，循环水多用真空泵，气相层析仪（恒温箱），pH 计，温度控制器（电炉），JW-004 型比表面积测试仪，聚四氟乙烯自压反应釜。

容量法测定比表面实验装置见图 5-8。氧气温度计，小电炉，0～360℃温度计，保温杯，球胆，高频火花检漏仪。

四、实验步骤

1. 样品制备（以制备介孔材料 MCM-41 为例）

分子筛材料的合成方法很多，如合成高有序度、具有大孔径的三维新型介孔材料有 5 种制备方法：表面活性剂模板法、共溶剂法、加无机盐法、"酸碱对"法以及硬模板法。目前 MCM-41 一般采用水热合成、室温合成、焙烧合成、微波合成、蒸气相合成、干粉法合成等方法。本实验采用最常用的水热合成法。水热合成是指在密闭体系中，以水为溶剂，在一

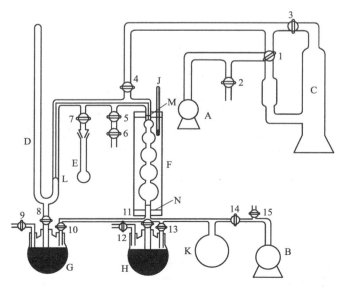

图 5-8　BET 容量法实验装置

A，B—机械真空泵；C—油扩散泵；D—U 形汞压力计；E—样品管；F—量气球组；

G，H—汞储槽；J—温度计；K—缓冲瓶；L，M，N—刻度线；1～15—真空活塞

定温度下，在水的自生压力下，原始混合物在自压反应釜内进行的反应。使用的表面活性剂有 $C_nH_{2n+1}(CH_3)_3NX$（$n=8\sim22$，$X=OH$，Cl，Br）和非离子的聚氧乙烯醚，或者是几种表面活性剂混合使用。本实验以合成 MCM-41 分子筛为例介绍具体合成方法。

按一定比例称取 CTAB 于锥形瓶中，加入水配成溶液。在 Kcrafft 点附近水浴且搅拌使其溶解，完全溶解后把温度降低至室温时滴加乙胺（或 NaOH 溶液调节 pH 值），搅拌 0.5h（测 pH）让溶液均匀，然后在快搅拌速度下慢慢滴加 TEOS，数分钟后产生白色沉淀，滴加完毕合，把搅拌速度减慢。继续在室温下搅拌 3h 后停止搅拌，将反应液转移至自压反应釜中，并置于恒温箱中水热，控制一定温度，升温速率 10℃/min。样品在 100℃水热 48h 后，把溶液取出冷却至室温，测定溶液 pH 值，将其抽滤洗涤得到产品。在 80℃下将产品烘干，然后再进行焙烧，升温速度 2℃/min，550℃焙烧 5h，便得到目标产物。

2. 比表面积测定

(1) 容量法测定比表面积

① 测定自由体积 如图 5-8 所示系统中刻度线 L、M 与活塞 5、7 以上，活塞 4 以下部分的管路体积称为自由体积。当吸附剂在样品管中吸附气体时，必然有一部分气体还留在自由体积中，因此它的体积必须测定（量气球组 F 的 5 个球体积均为已知的）。测定方法如下。

关闭活塞 2、6、7、9、12、15，启动机械真空泵 A 和 B，将系统抽空。当系统压力降至 1.3Pa（相当于 10^{-2}mmHg）时，用火花检漏仪检查火花应呈淡蓝色。加热油扩散泵 C，使之工作并将系统抽至 0.13～0.013Pa（相当于 $10^{-3}\sim10^{-4}$mmHg），此时火花检漏仪的火花应呈白色或基本无色。然后，打开活塞 12，使汞面上升到刻度线 N，关闭活塞 11，打开活塞 9，使汞面上升到标志玻璃管与毛细管分界的刻度线 L，关闭活塞 8。关闭活塞 4，在活塞 6 下按氮气球胆，调节活塞 6 和 5，将氮气放入系统 5.3kPa（相当于 40mmHg）左右，关闭活塞 5。调节活塞 8、9、10，使 U 形汞压力计右管中汞面在 L 处，然后读得压力差。再用调节活塞 11 和 12 的方法使汞逐个充满量气球，每充满一个球就调节一次 U 形汞压力计中的汞面，并记下压力差 p。

设读得压力差为 p 时量气球中未被汞充满的球体积为 V_{TB}（这是已知的），并设自由体积为 V_f。因为这一测定可视为在恒温下进行，所以 $pV=K$（K 为常数），这里 $V=V_f+V_{TB}$。即 $pV_f+pV_{TB}=K$。所以

$$pV_{TB}=-pV_f+K \tag{5-7}$$

可见，以 pV_{TB} 对 p 作图将得一直线，由其斜率即可求得自由体积 V_f。

② 样品脱气 因为样品在室温下对一些物质有较强的物理吸附能力，因此在测定其表面积前必须先在一定温度下进行脱气操作，使样品表面净化。

用分析天平准确称取质量为 m 的待测样品，放在样品管 E（图 5-8）中。将 E 接上系统后，如步骤①所述将系统抽空。然后用小电炉套在样品管外，一般控制在 200℃左右维持半小时，可认为脱气完成。

③ 测量死空间 活塞 7 以下样品管 E 中除了样品以外的空间称为死空间（包括样品内部的空隙）。在吸附质气体进入样品管被样品吸附时，必然有一部分吸附质充入死空间，所以需要测量其体积。为此，要用低温下不被样品吸附且能进入吸附剂的微小空隙的气体来进行测定。最好用氦气，本实验用氢气代替。

样品脱气结束后，移去小电炉，冷却后的样品管浸入用保温杯盛放的液氮中。关闭活塞 4、7，在活塞 6 以下套上氢气球胆。调节活塞 5 与 6，缓缓通入 27kPa（相当于 200mmHg）的氢气（此时 G、H 中的汞面应分别调节在刻度 L、N 处）。测出此时 H_2 的温度和压力分别为 T_H 和 p_H（所测压力应为当压力计右管汞面在零点 L 时读出的，下同）。由此可算出

在自由体积及量气球组内氢气的量为

$$n_H = \frac{p_H(V_{TB}+V_f)}{RT_H} \tag{5-8}$$

然后打开活塞 7，H_2 进入样品管 E，测得压力为 p'_H，温度为 T'_H，此时仍保留在自由体积及量气球组内氢气的量为

$$n'_H = \frac{p'_H(V_{TB}+V_f)}{RT'_H} \tag{5-9}$$

因此，进入样品管中死空间的氢气的量为 $n_A = n_H - n'_H$。

假定死空间的体积为 V_x，所处的温度为 T_x，则 $n_A = \frac{p'_H V_x}{RT_x}$。显然，当 T_x、V_x 不变时，进入死空间的气体的量 n_A 与此时的压力 p'_H 成正比。令此比例常数 f_A 为死空间因子，即

$$f_A = \frac{n_A}{p'_H} = \frac{n_H - n'_H}{p'_H} = \frac{V_x}{RT_x} \tag{5-10}$$

这样，在求得死空间因子后，只要测出系统的压力，乘以 f_A，即可求出此压力下进入死空间的气体的量 n_A。

④ 吸附量的测定　将测定死空间用的氢气抽去，使系统压力重新降到 $0.13 \sim 0.013$ Pa。关闭活塞 4、7，关掉油扩散泵下的电炉，使扩散泵冷却。在活塞 6 以下套氮气球胆，调节活塞 5、6，缓缓通入约 53kPa（相当于 400mmHg）压力的吸附质氮气。设读得压力为 p_N，气体温度为 T_N（由量气球组处的温度计读得，下同）。因此，通入量气球和自由体积的氮气的量为

$$n_N = \frac{p_N(V_{TB}+V_f)}{RT_N} \tag{5-11}$$

将样品管 E 浸入液氮中，打开活塞 7。由于氮气扩散到死空间和被样品吸附，压力逐渐下降。待稳定后可认为已达到吸附平衡，记下此时的压力 p_1 和温度 T_1，就完成了一个点的测量。

因为进入死空间的氮气的量为

$$n_{A1} = f_A p_1 \tag{5-12}$$

而此时保留在量气球及自由体积中的氮气的量为

$$n_{N1} = \frac{p_1(V_{TB}+V_f)}{RT_1} \tag{5-13}$$

所以被样品吸附的氮气的量为

$$n_{吸1} = n_N - (n_{A1} + n_{N1}) \tag{5-14}$$

显然，相应的体积为

$$V_1 = 0.0224 n_{吸1} \tag{5-15}$$

打开活塞 11，调节活塞 12、13，使汞逐个充满量气球。每充满一个量气球，就按上述步骤测定一次 p_i、T_i，并求得 V_i。直到所有的球全部被汞充满为止。

⑤ 结束实验　打开活塞 4、7，将系统抽空，取下液氮。调节活塞 11、12 与 13，使量气球中的汞回到汞储槽 H 中。调节活塞 8、9 与 10，使压力计中的汞回到汞储槽 G 中。关闭所有活塞。打开活塞 2，停机械真空泵 A。打开活塞 15，停机械真空泵 B。如油扩散泵已冷却，即关冷却水。

⑥ 测定液氮温度　用氧饱和蒸气温度计测定液氮温度，并测出此温度下液氮的饱和蒸气压 p^*。

（2）JW-004 型比表面测试仪测定比表面积

该比表面积测试仪通常有两种测定方法：固体标样法和气体标样法。固体标样法也就是氮吸附直接对比法，可以快速测出样品的比表面积。气体标样法也就是多点 BET 法，把一定体积的氮气作为标准峰，被测样品的脱附峰与标准峰对比得到被测样品吸附氮气的量。

JW-004 型比表面测试仪的使用说明见附录 6 的 6.5。

五、数据处理

1. 计算自由体积 V_f

将所测数据 p 和 V_{TB} 列表记录，以 pV_{TB} 对 p 作图得一直线，其斜率为 $-V_f$，求得 V_f。

2. 计算死空间因子 f_A

由测得的 p_H 和 T_H 按式（5-8）计算 n_H；由 p'_H 和 T'_H 按式（5-9）计算 n'_H；然后由式（5-10）求得 f_A。

3. 吸附量计算

将所测得的 p_i、T_i 值列表，并按式（5-12）～式（5-15）计算 n_{Ai}、n_{Ni}、$n_{吸i}$ 及 V_i。

4. 计算比表面积 S_0

已知不同温度下液氮饱和蒸气压如下：

T/K	74	76	77.85	78	80
p^*/kPa	66.98	86.19	101.325	109.36	136.99

以 $\dfrac{p_i}{V_i(p^*-p_i)}$ 对 $\dfrac{p_i}{p^*}$ 作图，得一直线，从其斜率和截距求得 $V_m = \dfrac{1}{斜率+截距}$，按式（5-6）计算比表面积 S_0（已知一个氮分子占据的横截面积 $A_m = 16.2 \times 10^{-20} \mathrm{m}^2$）。

JW-004 型比表面测试仪测定时，软件可直接计算出比表面积。

六、实验结果与讨论

1. 在容量法测定固体比表面积的实验中，样品必须有一定的吸附量才能保证测量精度。因此，应该备有几种不同容积的样品管。对于比表面积比较小的样品，可以用大容积的样品管，多装一些样品以保证足够的吸附量。容量法可用于测定比表面积小到 $10^{-3} \mathrm{m}^2/kg$ 的样品，这是其他方法不易做到的。

2. 自由体积和死空间的存在均会带来测量误差，应该尽量减小。为此，一般在压力计与量气球之间的管路采用毛细管，而样品管装好样品后应在管路中插以玻璃棒，这样虽然会减慢抽真空的速度、延长吸附到达平衡的时间，但减小了容量法的测量误差。

3. 测定固体比表面积的方法很多，常用的还有重量法、色谱法等。重量法通过测定样品吸附后增重的量而求得吸附量，色谱法则通过测定吸附质被吸附后使相应的色谱峰面积改变而求得吸附量，再进而计算比表面积。

实验三十一 离子液体的合成及性质的测定

一、实验目的

1. 用微波法合成离子液体 [bmim]PF$_6$。

2. 测定不同温度下离子液体 [bmim]PF$_6$ 的密度、黏度、电导率和表面张力，计算有关的热力学函数。

二、实验原理

室温离子液体作为一类新型的物质，是绿色化学和清洁工艺中最有发展前途的溶剂，在许多领域得到广泛应用并迅速发展成为研究热点。这主要是由于离子液体独特的物理化学性质，如没有可测量的蒸气压、不可燃、热容大、离子电导率高、电化学窗口宽。离子液体是在室温或近于室温下呈液态，完全由离子构成的室温熔融盐，并且阴、阳离子数目相等，整体上显电中性。而离子液体理化性质的研究是其应用于反应、分离和电化学等工业过程的前提，是工业设计和开发的基础。同时，离子液体物理化学性质的研究也为离子液体结构的研究以及新型功能性离子液体的设计和合成提供了基础。

离子液体的合成方法主要取决于目标离子液体的结构和组成，常规离子液体的合成主要由两步组成：第一步为卤代烷 RX 与烷基咪唑通过季铵化反应制备出含目标阳离子的卤化物。如 N-甲基咪唑与 1-溴丁烷反应制得［bmim］Br：

$$\begin{array}{c}\text{N}\diagdown\diagup\text{N}-\text{CH}_3 \quad +n\text{-}C_4H_9Br \longrightarrow \quad C_4H_9-\overset{\oplus}{\text{N}}\diagdown\diagup\text{N}-\text{CH}_3 \quad \text{Br}^-\end{array}$$

卤代烷的反应活性顺序为：RI＞RBr＞RCl。绝大多数卤化物离子液体具有很强的吸水性，为了避免空气中的氧和水汽对产物的影响，烷基化反应在惰性气体保护下进行能提高产品质量和纯度。

第二步为目标 Y-阴离子置换出 X-阴离子。反应机理如下：

$$C_4H_9-\overset{\oplus}{\text{N}}\diagdown\diagup\text{N}-\text{CH}_3 \quad \text{Br}^- +KPF_6 \longrightarrow \quad C_4H_9-\overset{\oplus}{\text{N}}\diagdown\diagup\text{N}-\text{CH}_3 \quad \text{PF}_6^- +KBr$$

N-甲基咪唑与溴代烷烃反应一般是放热反应。如果反应温度过高，将导致原料氧化或产物分解，一般控制在 70℃ 左右。由于反应放热很快，温度难以控制，初始温度设定为 45℃。当温度升高至 45℃ 左右时反应液出现浑浊，然后体系温度迅速升高超过 70℃。为了使放出的热量能很快散出，防止局部过热，本实验采用间歇设定温度的方式加热。

在合成离子液体过程中的杂质一般为有机物、卤素离子以及水。其中原料 N-甲基咪唑的沸点为 198℃，因而反应时一般是卤代烃过量以使其完全反应。对于残留的卤代烷烃以及有机物来说，可以先用与离子液体不互溶的低沸点溶剂洗涤，然后利用旋转蒸发的方法除去溶剂。若第二步离子交换反应以水做溶剂，而生成的卤化物是水溶性的，再加之产物的黏度较大，卤素离子的含量就会很高。本实验加入少量的水，使绝大部分卤化物沉淀析出，最后再反复过滤，然后再用水洗多次，真空下干燥除去水，产品在分子筛中保存。在检验卤素离子时，采用次氯酸钠氧化法，颜色变化比硝酸银滴定法明显。

本实验采用比重瓶法测量离子液体的密度。在温度一定的条件下，比重瓶的容积是一定的。如将液体注入比重瓶中，将毛玻璃塞由上而下自由塞上，多余的液体将从毛玻璃塞的中心毛细管中溢出，瓶中液体的体积将保持一定。

比重瓶的体积可通过注入蒸馏水，由天平称其质量算出，称量得空比重瓶的质量为 m_1，充满蒸馏水时的质量为 m_2，则 $m_2 = m_1 + \rho V$，因此，可以推得

$$V = (m_2 - m_1)/\rho \tag{5-16}$$

如果再将待测密度为 ρ' 的液体（如酒精）注入比重瓶，再称量得出被测液体和比重瓶的质量为 m_3，则 $\rho' = (m_3 - m_1)/V$。将公式(5-16) 代入此公式得

$$\rho' = \rho \frac{m_3 - m_1}{m_2 - m_1} \tag{5-17}$$

从密度数据可以计算离子液体正负离子的体积和 V_m：

$$V_m = M/(N \times \rho) \tag{5-18}$$

式中　 M——纯离子液体的摩尔质量；

　　 N——阿伏伽德罗常数。

离子液体中的正离子具有与有机物类似性，同时离子液体又是由离子组成，与离子固体有类似性。为此，将 Glasser 等的利用分子体积计算离子固体和有机物液体标准熵 $S^{\ominus}$ (298K) 公式系数取平均，得到计算离子液体标准熵的公式：

$$S^{\ominus}(298K)=1246.5 \times V_m(\mathrm{nm}^3 \times 单位式量^{-1})+29.5 \qquad (5\text{-}19)$$

用乌氏黏度计测定离子液体的黏度。运动黏度 $v=Kt$，动力黏度 $\eta=v\rho$，其中 K 为黏度计常数，t 为测得的平均流出时间，ρ 为待测液体在相同温度下的密度。

温度对离子液体的黏度有很大的影响。离子液体的黏度随着温度的升高迅速降低，继续升高温度时黏度的降低幅度越来越小，但是实验证明黏度-温度关系一般不服从阿仑尼乌斯方程，而服从 Vogel-Tammann-Fulchers 方程［式(5-20)］

$$\eta=A\exp\left[\frac{-E_a}{k_B(T-T_g)}\right] \qquad (5\text{-}20)$$

式中　E_a——活化能；

$\quad\quad k_B$——Boltzmann 因子；

$\quad\quad T_g$——玻璃化温度；

$\quad\quad A$——参数。

以 $\ln\eta$ 对 $\dfrac{1}{T-T_g}$ 作图，由直线的斜率和截距分别求得方程式(5-20)中的参数 A 以及活化能 E_a。

用电导率仪测定不同温度下离子液体的电导率。可以发现，电导率随温度变化而变化，温度每升高 1℃，电导率增加约 2%，通常规定 25℃ 为测定电导率的标准温度。

用阿仑尼乌斯方程式(5-21) 表示电导率-温度的关系

$$k=k_0\exp\left(-\frac{E_a}{RT}\right) \qquad (5\text{-}21)$$

式中　k_0——特征参数，([bmim]PF_6 的 $k_0=0.103\times10^{-5}\,\mathrm{mS/cm}$)；

$\quad\quad E_a$——活化能；

$\quad\quad R$——气体常数。

本实验采用 Wilhelmy 吊片法测量离子液体的表面张力，如图 5-9 所示。

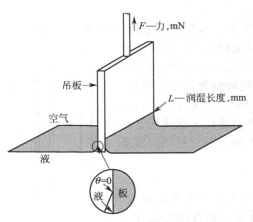

图 5-9　吊片法测量离子液体的
表面张力示意图

将测量的表面张力对 T 做线性拟合得到线性关系式

$$\gamma(T)=a-bT \qquad (5\text{-}22)$$

且此线性关系式可以从经典热力学（表面热力学）导出，再加以线性近似而得。式(5-22)中斜率 $b=-(\partial\sigma/\partial T)_p$ 为离子液体的表面熵 S_s，其表面能 $E_s=(\partial U/\partial A)_p=a=\gamma-T(\partial\gamma/\partial T)_p$。液体的表面张力随温度的升高而降低，然后在临界点处消失，可以用经验方程描述表面张力与温度的关系

$$\gamma=\gamma_0(1-T/T_C)^{1+r} \qquad (5\text{-}23)$$

式中　r——常数，一般 $r=2/9$，可以得到方程

$$\gamma=\gamma_0(1-T/T_C)^{11/9} \qquad (5\text{-}24)$$

将不同温度下对应的表面张力代入方程式(5-24) 可以得到方程参数 γ_0 和临界温度 T_C。

三、仪器与试剂

1. 仪器：化学实验控温微波仪（YL8023A），真空干燥箱（DZF），恒温槽，低温冷却液循环泵（DLSB-5/25），比重瓶，Ubbelohde 黏度计，电导率仪（DDS-307），表面张力测定仪（WinDCA）。

2. 试剂：N-甲基咪唑（工业纯，减压蒸馏后使用）、溴代正丁烷（CP，常压蒸馏后使用）、六氟磷酸钾（≥99.95%）、二氯甲烷（AR）、乙醚（AR）、次氯酸钠溶液（CP）、苯（AR）、2mol/L 硫酸（AR）。

四、实验步骤

1. [bmim]PF$_6$ 的合成

在 250mL 三口烧瓶中加入 24.6g（0.3mol）N-甲基咪唑和 45.21g（0.33mol）溴代正丁烷，将烧瓶放入微波反应器内，安装回流冷凝管。设定初始温度为 40℃，反应过程中会放热，温度迅速上升。温度开始下降时，反应基本完成，下层为淡黄色黏稠液体，上层仍有少量原料，设定温度为 70℃ 继续反应 20min，反应结束。

将合成的 [bmim]Br 加入 55.2g（0.3mol）六氟磷酸钾和 30mL 水，搅拌使之混合均匀，即可看到下层产生有机相，设定微波温度 30℃，反应 0.5h。

2. 产物纯化

将得到的产物减压抽滤 2~3 次，滤去反应生成的溴化钾（回收），分出离子液体相，同时加入水和乙醚，静置，乙醚相呈现淡黄色，反复洗涤 3~4 次。然后将离子液体相溶于等体积的二氯甲烷，加入约 1/6 体积的水洗涤，取水相，用次氯酸钠法检验残留的溴离子。静置一段时间后，若上层溶液呈淡黄色，则说明溶液中仍有溴离子存在，继续加水洗涤至检验没有溴离子。最后在 70℃ 下真空干燥 24h 即得到干燥、纯净的目标离子液体。

3. 密度测定

设定恒温槽温度。在电子天平上称得洗净、干燥的空比重瓶质量 m_1。用针筒往比重瓶内充入去离子水，直至完全充满为止。置于恒温槽中恒温 15min，用滤纸吸去毛细管孔塞上溢出的水后，取出擦干瓶外壁，称得质量为 m_2。倒掉瓶中水，用热风吹干。同上，在比重瓶内充入待测密度的离子液体，恒温后，称得质量为 m_3。倒出瓶中离子液体，洗净比重瓶，以备后用。依法重复测定 3 次，记录数据，求平均值。改变恒温槽温度，测定不同温度下离子液体的密度。

4. 黏度测定

先用洗液将黏度计（图 5-10）洗净，再用自来水、蒸馏水分别冲洗几次，每次都要注意反复流洗毛细管部分，洗好后烘干备用。调节恒温槽温度，在黏度计的 B 管和 C 管上都套上橡皮管，从管 A 注入待测样品，然后将其垂直放入恒温槽，使水面完全浸没球 1。恒温 15min。用橡胶管封闭 C 管口，用洗耳球从 B 管吸溶剂使溶剂上升至球 1。然后同时松开 C 管和 B 管，使 B 管溶剂在重力作用下流经毛细管。记录溶剂液面通过 a 标线到 b 标线所用时间，重复三次，任意两次时间相差小于 0.3s。测定不同温度下液体流出的时间。记录数据。

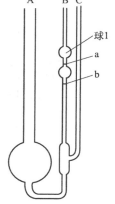

图 5-10　乌氏黏度计

5. 电导率测定

用 0.01mol/L KCl 标准溶液在 25℃ 时标定电导电极的电导池常数。测定不同温度下离子液体的电导率。测试完毕，将电导电极用纯水冲洗干净，电导电极在 0.1mol/L 的 KCl 中保存。

6. 表面张力测定

设定恒温槽温度，打开表面张力测定仪，调整机器。将约 17mL 的离子液体盛于 20mL 的小烧杯里，恒温 15min。打开电脑软件测定表面张力。将吊片取下，洗净，烧干，重复测三次，取平均值。重复以上步骤测定不同温度下离子液体的表面张力。

五、注意事项

1. N-甲基咪唑和溴代正丁烷的反应有诱导期，诱导期过后反应加速，体系大量放热。

当反应温度高于 70℃时，初期反应过于剧烈，可能导致部分产物分解，使最终产物颜色加深。因此，最佳反应温度应选择为 70℃，间歇设定温度。

2. 将产物放入真空干燥箱前要保证二氯甲烷基本完全挥发，而且减压时要逐渐降压，以免压力太低导致液体溅出。

3. 离子液体容易吸水，因此合成的离子液体要在干燥器里保存。

4. 测定密度时，装样品后比重瓶内不能有气泡。

5. 室内温度与被测温度不能相差较大，否则比重瓶中的样品会严重缺失，影响测量结果。

6. 实验过程中，恒温槽的温度要保持恒定。加入样品后待恒温才能进行测定。

7. 黏度计要垂直浸入恒温槽中，实验中不要振动黏度计。

8. 由于离子液体在空气中具有较强的吸水性，水含量对其电导率影响很大。为了减少离子液体受空气的影响，在测量过程中，将电导电极插入大试管中，然后用聚四氟乙烯密封。

9. 吊片法虽然操作比较简单，但在拉脱过程中吊片容易发生倾斜。为了保证吊片完全被待测液体湿润，一定将其处理得非常干净。拉力大一点有利于提高测量精确度，这也是影响测量精确度的重要影响因素。

六、数据记录与处理

（1）列表记录实验条件与测得的数据。

实验室温度：_____℃　　　　　　　　　大气压：_____Pa

T/K	$\rho/(kg/m^3)$	V_m/mL	$\eta/Pa \cdot s$	$K/(S/cm)$	$\gamma/(N/m)$	$E_a/(kJ/mol)$
288.15						
293.15						
298.15						
303.15						
308.15						
313.15						
318.15						
323.15						

（2）计算不同温度下离子液体的密度、黏度并与标准值比较，分别绘出 ρ-T 图、$\lg\eta$-$\dfrac{1}{T-T_g}$ 图和 $\gamma(T)$-T 图。

（3）求不同温度下离子液体正负离子的体积和 V_m、标准熵 $S^{\ominus}$(298K)、参数 η_∞、活化能 E_a、表面熵 S_s、表面能 E_s 和临界温度 T_C。

七、思考题

1. 投料时为什么溴代正丁烷要过量？若按计量比加入有何不妥？

2. 为什么本次试验要采用间歇设定温度的方式加热，若直接将温度设为 70℃，会出现什么情况？

3. 计算本次实验的产率。讨论其成败关键何在？

4. 离子液体 [bmim]PF$_6$ 也可以用一步反应法来制备，试设计其反应方案，比较两者的优缺点。

5. 测定密度时为什么要用恒温水浴？为什么要用参比液体？

6. 乌氏黏度计中支管 C 有何作用？除去支管 C 是否可测定黏度？

八、进一步讨论

1. 在用次氯酸钠氧化法检验残留的溴离子时，先滴加 2 滴 2mol/L 硫酸，4～5 滴苯，振荡，再滴加次氯酸钠溶液，加入检验剂后要经一段时间看颜色是否变化。次氯酸钠氧化法颜色变化比硝酸银滴定法明显。溴离子的氧化电位不高，极易被氧化，在酸性条件下，溴离子被次氯酸钠氧化成游离态的溴单质，溶于苯呈现棕红色。通常情况下，滴定时加入的次氯酸钠过量，则生成的游离态溴单质被进一步氧化成氯化溴，由棕红色变为淡黄色，可检测的最低浓度为 50×10^{-6}，反应原理如下：

$$2Br^- + ClO^- + 2H^+ \Longrightarrow Br_2 + Cl^- + H_2O$$
$$Br_2 + ClO^- + 2H^+ + Cl^- \Longrightarrow 2BrCl + H_2O$$

2. 测定液体密度的方法很多，常用的还有比重天平法、比重计法等。比重天平又称韦氏天平，当测锤的浮力平衡，由砝码的重量和所在的位置即可直接读出液体对水的相对密度，并可计算得到该液体在当时温度下的密度。比重计是一个有刻度的测锤，将比重计浸入待测液体，让其浮在液体中，由液面处比重计的刻度即可读出该液体的密度。这两种方法测定速度较快，但精度低（尤其是比重计法）。

3. 测定液体密度的更现代化的方法是由密度计完成的。联有计算机的密度计可以同时测定多个液体样品的密度，并自动显示和打印。这一方法精确、快速，但仪器价格较昂贵。

4. 离子液体的表面张力比有机溶剂的高，而比水低，介于两种物质之间。实验值与文献比较会有不同，这与样品中杂质的含量有关。

5. 测定液体表面张力的方法除了吊板法外，常用的还有毛细管上升法、滴重法、最大泡压法、吊环法等。

毛细管上升法：将半径为 R 的毛细管垂直插入可润湿的液体中，由于表面张力的作用，使毛细管内液面上升。平衡时，上升液柱的重力与液体由于表面张力的作用所受到向上的拉力相等，即：

$$2\pi R\sigma\cos\theta = \pi R^2 \rho g h$$

若毛细管玻璃被液体完全润湿，即 $\theta = 0°$，则得：

$$\sigma = \frac{\rho g h R}{2}$$

滴重法：使液体受重力作用从垂直安放的毛细管口向下滴落，当液滴最大时，其半径即为毛细管半径 R。此时，重力与表面张力相平衡，即：

$$mg = 2\pi R\sigma$$

由于液滴形状的变化及不完全滴落，故重力项还需要乘以校正系数 F。F 是毛细管半径 R 与液滴体积的函数，可从有关手册中查得。整理上式得：

$$\sigma = F\frac{mg}{R}$$

式中，每滴液体的质量 m 可由称量而得。

若将液滴滴于另一液体之中，滴重法测得的即为液体之间的界面张力。

5.2　综合性设计实验

综合设计实验是在选定特定课题，在有关教师的指导下，按照题目要求，查阅文献资料，进行相应的文献归纳总结，写出文献综述。然后设计实验具体方案，确定所需使用的化学试剂、仪器设备等，然后在实验室进行一般实验教材内容外的实验，并对实验结果进行鉴定和表征。其目的是为了使学生能在学习并掌握了化学实验基本操作技术和化合物合成技术的基础上，培养学生对没有具体实验方案的实验能够通过查阅资料并归纳总结前人工作的基础上，自行设计并实施实验方案的独立工作能力，为培养学生创新能力以及使学生初步具备从化合物结构式开始，借助文献资料的查阅，了解化合物的性质和制备方法并完成目标化合物的制备、鉴定和表征的一系列工作程序的能力，同时可以促进学生对科学研究方法和过程的初步了解，为进一步的专业学习打下更好的基础。

1. 确定课题

由教师自行确定研究课题（也可选择下面的指定课题）、对本班学生进行分组（可 2 人/组），指导学生按照如下程序进行查阅文献资料，写出文献综述，确定实验方案，实施实验，并对所得实验结果进行分析、总结，最后写出实验报告或以小论文形式递交。建议教师预先确定一个简单可行的实验方案，供学生进行实验，避免方案太多，浪费实验药品和器材。其他实验方法可让学生进行讨论，分析优劣。研究项目请选择成熟的，能够实现并获得结果的对象，不建议教师选择探索性的课题让学生做。

2. 查阅文献

学生在前两年的专业基础课程的学习中，已经具备了一定的逻辑思维能力，化学文献检索课程一般也在大二上半学年进行，所以对于综合设计实验来说，正好是学生"练手"的好机会。由于指导教师已经指定了课题的内容，所以相对来说，文献检索的针对性更强，同时也是检验学生对于文献检索课程学习效果的直接体现。大学图书馆为了便于教师和学生检索和查阅文献资料的便利性，已经形成了基于网络形式的文献查阅方式。网络化学化工文献资源的特点体现在网络文献信息量大、变化快，而且分布广、形式复杂。所以充分利用网络文献检索手段十分必要。网络文献检索途径多，快捷、高效，所以利用大学图书馆所拥有的更多教学资源数据库，按照自己所掌握的文献检索方法，有选择性地进行检索，可查阅对自己有用的文献资料。目前，图书馆常用的资源有中文版的万方数据资源、维普中文科技期刊、中国知网（CNKI）等，西文版的有 ScienceDirect、Scifinder、Engineering Village、Scopus、IEEE/IET、SpringerLink、ACS、JCR、Web of Science、EBSCO、RSC、Wiley 等。指导教师可以根据自己的专业领域，适当介绍几种文献检索的方法，并为学生在检索查阅过程中提供一定的支持。

3. 文献综述

文献综述是在确定了选题后，在对选题所涉及的研究领域的文献进行广泛阅读和理解的基础上，对该研究领域的研究现状（包括主要学术观点、前人研究成果和研究水平、争论焦点、存在的问题及可能的原因等）、新水平、新动态、新技术和新发现、发展前景等内容进行综合分析、归纳整理和评论，并提出自己的见解和研究思路而写成的一种不同于论文的文体。检索和阅读文献是撰写综述的重要前提工作。一篇综述的质量如何，很大程度上取决于作者对本题相关的最新文献的掌握程度。如果没有做好文献检索和阅读工作，就去撰写综述，是绝不会写出高水平的综述的。好的文献综述，不但可以为下一步的论文写作奠定一个坚实的理论基础和提供某种延伸的契机，而且能表明写本综述的作者对既有研究文献的归纳分析和梳理整合的综合能力，有助于提高对论文水平的总体评价。文献综述根据研究的目的不同，可分为基本文献综述和高级文献综述两种。基本文献综述是对有关研究课题的现有知识进行总结和评价，以陈述现有知识的状况；高级文献综述则是在选择研究兴趣和主题之后，对相关文献进行回顾，确立研究论题，再提出进一步的研究，从而建立一个研究项目。综合设计实验的文献综述任务主要是基本文献综述。所以在确定了课题后，指导教师让学生先进行一定量文献查阅后，进行文献综述的写作，写作的重点在于课题所涉及的目标对象的化学原理、实验方法的异同等，便于学生快速了解前人所在课题领域所做的工作情况。

4. 确定实验方案

实验方案的制定必须遵循三个原则：

（1）科学合理　方案应该是符合科学基本原理，同时是比较成熟的，是经过教师们的科研成果转化而来，学生通过一定的实验工作后是能够得到较好的结果的，建议不要采用以前没有做过的、属于探索性的实验方案。

（2）常规适用　因为综合设计实验所面对的学生是大二学生，在经历了无机化学、分析化学和有机化学的理论和实验课程的学习和训练基础上，能够利用已学的实验原理、技术和方法进行各种目标任务，暂时不要采用复杂的科研方法和手段，要循序渐进。如果确实需要一些学生没有掌握的实验技术和方法，则建议首先和实验室管理人员沟通，具体视情况而定。

（3）绿色安全　实验中所需要用到的化学试剂，尽量采用无毒、无害的化学药品，同时药品的用量要合理控制，以免造成不必要的浪费和造成一定的污染。如果确实需要使用到某些特殊药品（如毒害品、易爆品、易制毒等），药品的使用、用量和后处理必须有专人负责，及时做好记录和相应的回收工作。

5. 实验与表征

按照制定的实验方案，在指定的实验室进行反应制备、提纯等相应的实验工作。因为学生在进行实验工作时，可能被分配在不同的实验室（如无机化学实验室、有机化学实验室等）进行，因此尽可能利用学生在前期无机化学实验和有机化学实验教学基础上，学过的实验技术和方法，需要使用到新的实验技术或其他实验条件，必须事先询问各自实验室是否有这方面的能力或条件。实验所需要用到的化学试剂以及实验器材，必须在开始前，及时和各自实验室管理人员进行沟通，以便进行相应的申购工作和准备（一般至少需要 1～2 周时间）。为保证综合设计实验的顺利开展和进行，指导教师和学生都应遵守各自所在实验室的规章制度和作息时间，进入实验室必须穿好实验服，戴好防护眼镜，取用化学试剂和进行各种相关操作时，必须戴好防护手套，贯彻"安全第一"的原则，掌握使用的化学试剂的MSDS 数据，做好事故应急预案工作。

实验中需要对相关化合物合成后的表征工作，一般此工作由相应的仪器分析实验室承担。仪器分析实验室具有一定基础的科研测试条件，拥有核磁、红外吸收光谱、原子吸收光谱、气相色谱、高效液相色谱-质谱、紫外吸收光谱等中大型分析测试仪器，足以满足本科生进行对于综合设计实验所需的有关化合物测试表征工作的要求。产品的测试表征工作程序如下：

① 学生通过实验制备出合格样品；

② 样品汇集到综合设计实验进行的各自实验室预备室，由专人保管、送样；

③ 由实验室和仪器分析实验室沟通，预约样品测试时间并通知学生；

④ 学生按照预约时间准时到仪器分析实验室，由测试教师进行测试方法的讲解，指导学生进行相关样品测试的工作；

⑤ 学生对测试结果进行解析，并将表征结果或相关谱图添加入实验报告或小论文中；

⑥ 测试样品由各自实验室统一回收并处理。

6. 小论文的写作与提交

综合设计实验的实验报告最好以小论文的形式提交，引文不同于学生以前学习并做的验证型实验，虽然实验方案可能比较成熟，但是也让学生尝试了一定的探索和创新内容，所以为了后续专业课程的学习和学生学术水平的提高，让学生掌握基本的科学学术论文的写作要求和技巧很重要，教师可以在这方面结合自己的工作经验，向学生适当介绍科研论文的写作方法。如果时间许可，还可以组织学生进行交流，教师进行点评，以提高学生学术交流的能力。

实验三十二　从黑胡椒中提取胡椒碱

一、实验目的

通过查阅文献和根据自己所学的知识来设计提取方案，并通过实验独立地完成产品的提取、提纯和样品的红外光谱分析。要求以黑胡椒投入量计收率≥50%，产品量≥0.8g，熔点为 129～131℃，红外光谱与标准红外光谱图一致。

二、性质介绍

黑胡椒具有香味和辛辣味，是菜肴调料中的佳品。黑胡椒中含有大约 10% 的胡椒碱和少量胡椒碱的几何异构体佳味碱（chavicine）。黑胡椒的其他成分为淀粉（20%～40%）、挥发油（1%～3%）、水（8%～13%）。经测定，胡椒碱为具有特殊双键几何结构的 1,4-二取代丁烯衍生物。

三、实验步骤

写出开题报告，其内容包括相关文献、实验方法、实验所需的仪器与药品数量和品种，经实验教师同意后领取药品与仪器，在规定的时间内完成所有的实验任务并提交报告。

实验三十三　2-乙基丙二酸二乙酯的合成

一、实验目的

2-乙基丙二酸二乙酯是有机合成、药物合成的一个常用中间体，后续可以合成取代乙酸等多种有用的化工产品。通过丙二酸二乙酯乙基化常常会得到一取代、二取代的混合物，且分离比较困难。通过查阅文献和根据以前所学知识来确定合理的合成方案，并通过实验独立完成产品的合成、提纯和气相色谱分析或核磁共振谱进行结构表征。原料采用丙二酸二乙酯和溴乙烷，要求主要得到一取代产物。

本实验也可采用 1-溴丁烷为原料，目标产物为 2-丁基丙二酸二乙酯。

二、试剂与器材

试剂：16mL（0.1mol）丙二酸二乙酯，13mL（0.12mol）正溴丁烷，18g（0.13mol）无水 K_2CO_3，1.376g（0.003mol）季铵盐 A-1，36% 盐酸，饱和食盐水，无水硫酸镁，pH 试纸。滤纸。

器材：100mL 三口烧瓶，100mL 圆底烧瓶，分液漏斗，抽滤瓶，锥形瓶，烧杯，20mL 量筒，冷凝管，温度计，常压蒸馏仪器，减压蒸馏装置。折射率测试仪。

三、实验方案

产品纯度测定可采用高压液相色谱。以安捷伦 1200 高效液相色谱仪的操作步骤为例进行介绍。

（1）开机　打开高效液相色谱仪在线真空脱气泵、高压泵、检测器等模块的电源，打开计算机电源。

（2）仪器控制　双击计算机桌面上的"Online Instrumental 1"图标，打开化学工作站软件。点击"Instrument and Method"模块，在"Method"菜单中选择"Edit entire method"选项，根据提示向导设置实验参数，如泵流速、数据采集时间及梯度洗提程序、检测器检测波长等，保存方法文件。点击工作站中各模块上的绿色圆形启动图标，仪器开始运行。此外，根据需要，可以打开色谱仪泵面板前的冲洗阀，修改泵流速可对泵前管路进行冲洗。

（3）设置数据文件名　从"Run control"菜单中选择"Sample info"选项，在"Data file"中选择"Manual"，输入样品名。

（4）进样　待基线平直后即可进样，达到采集时间后数据采集会自动停止，此时色谱数据已存入设定的样品名中。

（5）数据处理　双击"Offline Instrumental 1"图标进入数据处理模块，调入数据文件。设定积分参数并进行色谱峰的积分，记录保留时间、峰面积等色谱数据。

（6）关机　冲洗好色谱柱后，在"Instrument and Method"模块中关闭泵及检测器；关闭仪器的在线真空脱气泵、高压泵、检测器等模块电源；退出化学工作站软件并关闭计算机。

实验三十四　增塑剂邻苯二甲酸二丁酯的合成

增塑剂是一类能增强塑料和橡胶柔韧性和可塑性的有机化合物，没有增塑剂，塑料产品就会发硬变脆。邻苯二甲酸二丁酯是广泛用于乙烯型塑料制品中的一种增塑剂，可以通过邻苯二甲酸酐（俗称苯酐）与过量的正丁醇在无机酸催化下发生反应得到。要求得到产物并分析酯化反应中需要控制的条件以及用红外或核磁共振谱进行结构表征。

本实验方案也可采用绿色环保的新型增塑剂柠檬酸酯系列增塑剂的合成来代替，如柠檬酸三丁酯的合成，通过资料查阅，了解柠檬酸三丁酯及相关原料的特点、物理化学性质等，理解柠檬酸三丁酯作为绿色环保增塑剂的优势。

实验三十五　显色剂 N-苯甲酰-N-苯基羟胺的合成

化合物 N-苯甲酰-N-苯基羟胺是一种常用的显色剂，用于钒的光度测定，钽和铌的分离，钪、锆、钼、铍、铁、铝及铜的重量测定，铈、钴、钛及钒的比色测定。要求查阅制备 N-苯甲酰-N-苯基羟胺的方法，选择合适的合成路线，设计实验方案，通过实验制备目标化合物，并进行结构表征。

N-苯甲酰-N-苯基羟胺

实验三十六　冠醚的合成

冠醚是一种大环聚醚，具有亲水性的空穴，包括ⅠA和ⅡA族金属的阳离子都可进入其中，金属阳离子和冠醚结合形成络合物，这种阳离子络合物的憎水表面，使它们可以溶于非极性溶剂中，这就提供了一种能使ⅠA和ⅡA族金属的盐类溶解于非极性溶剂的方法。同时冠醚还是一种很好的相转移催化剂，提供了一种直接将无机盐固体转移至非极性有机液体中，给出了一种高产率的氧化方法，如高锰酸钾-冠醚络合物的苯溶液把环己烯氧化成己二酸（合成涤纶纤维的原料）。本实验可以由呋喃和丙酮为原料合成下列冠醚化合物，也可由教师指定一种冠醚文献查阅和实验方案的制定并进行合成。

实验三十七　从橄榄油中提取油酸

橄榄油中含有油酸、亚油酸、亚麻酸、硬脂酸和软脂酸。利用橄榄油的皂化、酸化后得到含量不同的此五种羧酸，油酸和亚油酸与其他三种油相比有更低的熔点，且更易溶于有机溶剂中。利用低温结晶的方式分离出硬脂酸和软脂酸。结晶态尿素有一个筒状螺旋体，内有一个宽度约 0.5nm 的空腔通道，利用尿素分子定向形成的螺旋形通道和脂肪酸形成包合物的特点分离母液中的油酸和亚油酸。此实验的一个目的是分离得到纯的油酸，另一个目的是测定每个脂肪酸分子包合物中尿素分子的数目。此实验可让学生对于分子识别和超分子化学有个基本的认识。

第6章　物质性质测定

6.1　基本物理量的测量原理与方法

6.1.1　温度和压力的测量与控制

作为两个互为热平衡系统的特征参数——温度，都是用某一物理量作为测温参数来表征的。原则上，只要求该物理量随冷热的变化会发生单调的明显变化，而且能够复现，都可以用于表征温度。例如，水银温度计用等截面的汞柱高度、镍铬-镍硅热电偶用两种金属的温差热电势、铂电阻温度计用铂的电阻、饱和蒸气温度计用液体的饱和蒸气压等物理量，进行测温。实验证明，不同的测温参数与温度值之间不存在同样的线性关系，而且温度本身又没有一个自然的起点，因此，实际上只能人为规定一个参考点的温度值，从而建立一套标准——温标，规定温度的零点及其分度的方法以统一温度的测量。

最科学的温标是由开尔文（Lord Kelvin）用可逆热机效率作为测温参数而建立的热力学温标。它与测温物质的性质无关。此温标下的温度即热力学温度 T，单位为开尔文，用 K 表示。由于可逆热机无法成功制造，所以热力学温标不能在实际中应用。

理想气体的 pV 值随温度变化而不同，且与热力学温度呈严格的线性关系，据此建立了理想气体温标，用理想气体温度计可以复现热力学温标下的温度值。理想气体温度计是国际第一基准温度计。例如，按照 $T=f(p)$，用气体压力来表征温度的恒容气体温度计。

鉴于理想气体温度计结构复杂，操作麻烦，不能得到普遍使用，因此人们致力于建立一个易于使用且能精确复现，又能十分接近热力学温标的实用性温标，用它来统一世界各国的温度测量。这就是以热力学温标为基础，依靠理想气体温度计为桥梁的协议性的国际实用温标（ITS）。其主要内容如下：

① 用理想气体温度计确定一系列易于复现的高纯度物质相平衡温度作为定义固定点温度，并给予最佳的热力学温度值；

② 在不同温度范围内，规定统一使用不同的基准温度计，并按指定的固定点分度；

③ 在不同的定义固定点之间的温度，规定用统一的内插公式求取。

目前，贯彻的是 1990 年第 18 届国际计量大会通过的 1990 年国际实用温标，即 ITS—90。它选取了如氧三相点（54.3584K）、水三相点（273.16K）、锌凝固点（692.677K）、金凝固点（1337.33K）等 14 个固定点。对于基准温度计的使用，规定在 13.8033～1234.93K 之间用铂电阻温度计，1234.93K 以上用辐射温度计。在不同温度区间也都规定了各自特定的内插公式及其求算方法。据此所测得的温度值与热力学温度极为接近，其差值在现代测温技术的误差之内。

应该指出，在 SI 中，热力学温度单位为 K（开尔文）（1K 等于水三相点温度的 $\dfrac{1}{273.16}$），但在其专有名词导出单位中仍有摄氏温度 t 的名称，t 的单位符号为℃。这里的℃已不是历史上所定的 1 大气压下水的冰点为 0℃、沸点为 100℃进行分度的摄氏度，而是用热力学温度 T 按下式定义：

$$t/℃ = T/K - 273.15 \tag{6-1}$$

所以，SI 中的摄氏温度仅是热力学温度坐标零点移动的结果，它反映了以 273.15K 为基点的热力学温度间隔。

常见的玻璃液体温度计主要有水银温度计与酒精温度计，其典型结构如图 6-1 所示。

其中毛细管顶部的安全泡，用于防止温度超过温度计使用范围时可能引起温度计的破裂。毛细管底部的扩大泡是用于代替毛细管贮藏液体之用，以满足在测温范围内温度示值精度的要求。玻璃液体温度计利用液体的热胀冷缩性质来表征温度。当感温泡的温度变化时，内部液体体积随之变化，表现为毛细管中液柱弯月面的升高或降低。应该指出，人们所观察到的毛细管中液柱高度的变化，实质上是液体本身体积变化与玻璃（感温泡、毛细管）体积变化之差。所以，在有关校正计算中，常用到液体视膨胀系数 a 的概念，即

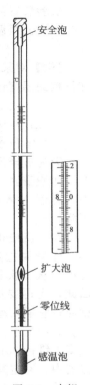

$$a = a_1 - a_g \qquad (6\text{-}2)$$

式中，a_1、a_g 分别为液体与玻璃的平均膨胀系数。对水银温度计而言，$a_1 = 0.00018℃$，$a_g = 0.00002℃$，则汞的视膨胀系数 $a = 0.00016℃^{-1}$。在玻璃液体温度计中，水银温度计使用最广泛。其优点如下：

① 汞体积随温度变化线性关系很好（尤其是在 100℃ 以下），便于温度计示值等分刻度；

② 液相稳定的范围宽（常压下汞凝固点为 -38.9℃，若配成汞铊齐，凝固点可降到 -60℃，常压下汞沸点为 356.9℃，若在毛细管中充以一定的惰性气体，沸点可升到 500℃ 以上）；

③ 汞对玻璃表面不润湿，黏附少，所以可用内径很小的毛细管，有利于提高示值精度。

图 6-1　水银温度计

水银温度计按精度等级可分为一等标准温度计、二等标准温度计与实验温度计。实验温度计分度有 1℃、1/5℃、1/10℃ 等几种。按温度计在分度时的条件不同，可分为全浸式与局浸式两种。全浸式温度计使用时必须将温度计上的示值部分全浸入测温系统（为了读数方便，水银柱的弯月面可露出系统，但不超过 1cm）；而局浸式温度计使用时只需浸到温度计下端某一规定的位置。一般来说，分度为 1/10℃ 的精密温度计都是全浸式温度计。

酒精温度计也是常用的玻璃液体温度计。测温液体用酒精代替水银的优点如下：

① 膨胀系数大，所以在温度变化相同时，液柱高度的变化更显著；

② 凝固点低，利于低温测量。

不过酒精温度计具有以下四个缺点：

① 体积随温度变化的线性关系较差，所以温度计示值等分刻度的误差较大；

② 平均比热容比水银大将近 20 倍。显然，酒精温度计热惰性大，测温灵敏度差；

③ 传热系数小，故测温滞后现象明显；

④ 酒精对玻璃润湿性好，易产生黏附现象，所以玻璃毛细管内径不宜太小，否则示值精度较差。

即使如此，由于酒精毒性比汞小，制作方便，故在一般测温中（尤其在低温测量中），酒精温度计仍被普遍使用。

水银温度计的读数误差主要来源于：玻璃毛细管内径不均匀、温度计的感温泡受热后体积发生变化、全浸式温度计局浸使用。

基于上述原因，测温时对温度计的读数要进行如下相应的校正。

（1）示值校正

由于毛细管直径不均匀和水银不纯引起温度计的示值偏差。此项偏差可用比较法校正。即将二等标准温度计与待校的温度计同置于恒温槽中，比较两者的示值，以求出校正值。

实验装置如图 6-2 所示。对用于示值校正的恒温槽，要求其控温精度较高，误差不超过 ±0.03℃。恒温浴的介质：−30℃～室温用酒精，室温～80℃用水，80～300℃用变压器油或菜油。

【例】对某一 1/10℃ 分度的水银温度计进行示值校正。当标准温度计指示为 42.00℃ 时，在待校的温度计上读得 42.05℃，则示值校正值为

$$\Delta t_{示} = 标准值 - 测量值$$

$$\Delta t_{示} = 42.00℃ - 42.05℃ = -0.05℃$$

（2）零位校正

因为玻璃属于过冷液体，当温度计在高温使用时，体积膨胀，但冷却后玻璃结构仍冻结在高温状态，感温泡体积不会立即复原，因而导致了零位下降。

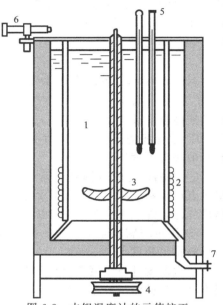

图 6-2   水银温度计的示值校正
1—浴槽；2—电热丝；3—搅拌器；4—接电机转轮；5—标准温度计和待测温度计；
6—放大镜；7—出液口

在示值校正中作为基准的二等标准温度计虽每年经计量局检定，但若该温度计经常在高温使用，有可能从上次检定以来感温泡体积已发生了变化。因此，当再要用它对待校温度计进行示值校正时，就应将它插入冰点器中（见图 6-3）对其零位进行检查。方法如下：将二等标准温度计处在其示值最高温度下维持 30min，取出并冷却到室温后马上浸入冰点器中，测定其零位值与原检定单上的零位值之差。一般认为，零位位置的改变使温度计上所有示值产生相同的改变。如某标准温度计检定单上零位值为 −0.02℃，观测得为 0.03℃，即升高 0.05℃，因此该温度计所有示值均应比检定单上的检定值高 0.050℃。零位校正值 $\Delta t_{零}$ 不仅与温度计的玻璃成分有关，而且与其受冷热变化的使用经历有关。所以，标准温度计应定期检定零位值。

（3）露茎校正

全浸式温度计使用时往往受到测温系统的各种限制，只能局浸使用。这时露在环境中的那部分毛细管和汞柱未处在待测的温度下，而是处在环境温度之中，因此需进行露茎校正。设 n 为露出的汞柱高度（以℃表示）；$t_{观}$ 是观察到的温度值；$t_{环}$ 是用辅助温度计测得露在环境中那部分汞柱（露茎）的温度值。如图 6-4 所示，则露茎校正值 $\Delta t_{露}$ 表示为

$$\Delta t_{露} = 0.00016n(t_{观} - t_{环}) \tag{6-3}$$

【例】将一支 1/10 分度的全浸式温度计局浸使用，在液面处待校温度计刻度为 60.50℃，在温度计上观察到 $t_{观}$ 为 80.35℃，则露出汞柱高度为

$$n = 80.35℃ - 60.50℃ = 19.85℃$$

辅助温度计测得露茎环境温度值为 30.10℃，按式（6-3）可求得露茎校正值：

$$\Delta t_{露} = 0.00016 \times 19.85℃ \times 80.35℃ - 30.10℃ = 0.16℃$$

综上所述，标准温度计的读数值 $t_{观}$ 应进行如下校正，即实际温度值

$$t = t_{观} + \Delta t_{示} + \Delta t_{零} \tag{6-4}$$

而全浸式温度计局浸使用时，读得的温度值 $t_观$ 应进行如下校正，即

$$t = t_观 + \Delta t_示 + \Delta t_露 \qquad (6-5)$$

常用的控温装置主要有液浴恒温槽和超级恒温槽两种。

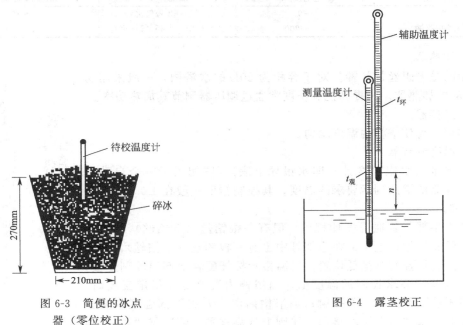

图 6-3 简便的冰点
器（零位校正）

图 6-4 露茎校正

6.1.1.1 液浴恒温槽

液浴恒温槽是实验室中控制恒温最常用的设备，全套装置见图 6-5。它的主要构件及其作用分述如下。

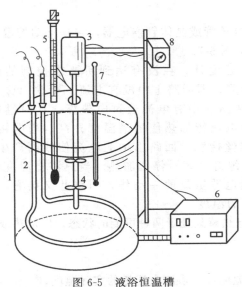

图 6-5 液浴恒温槽

1—浴槽；2—电加热棒；3—电机；4—搅拌器；5—电接点
水银温度计；6—继电器；7—精密温度计；8—调速变压器

（1）浴槽

最常用的是水浴槽，在较高温度时采用油浴，见表 6-1。浴槽的作用是为浸在其中的研

究系统提供一个恒温的环境。

表 6-1 不同液浴的恒温范围

恒温介质	恒温范围/℃	恒温介质	恒温范围/℃
水	5～95	52 号～62 号气缸油	200～300
棉籽油、菜油	100～200	55%KNO$_3$+45%NaNO$_3$	300～500

（2）加热器

常用的是电阻丝加热棒。对于容积为 20L 的水浴槽，一般采用功率约 1kW 的加热器。为提高控温精度常通过调压器调节其加热功率。

（3）搅拌器

其作用是促使浴槽内温度均匀。

（4）温度调节器

常用电接点水银温度计（即水银导电表）。它相当于一个自动开关，用于控制浴槽达到所要求的温度。其控制精度一般在±0.1℃，结构见图 6-6。

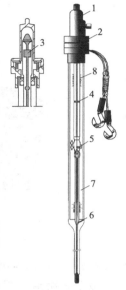

它的下半部与普通温度计相仿，但有一根铂丝（下铂丝）与毛细管中的水银相接触；上半部在毛细管中也有一根铂丝（上铂丝），借助顶部磁钢旋转可控制其高低位置。定温指示标杆配合上部温度刻度板，用于粗略调节所要求控制的温度值。当浴槽内温度低于指定温度时，上铂丝与汞柱（下铂丝）不接触；当浴槽内温度升到下部温度刻度板指定温度时，汞柱与上铂丝接通。原则上依靠这种"断"与"通"，即可直接用于控制电加热器的加热与否。但由于电接点水银温度计只允许约 1mA 电流通过（以防止铂丝与汞接触面处产生火花），而通过电热棒的电流却较大，所以两者之间应配继电器以过渡。

图 6-6　电接点温度计

1—调节帽；2—磁钢；3—调温转动铁芯；4—定温指示标杆；5—上铂丝引出线；7—下部温度刻度线；6—汞柱；8—上部温度刻度线

（5）继电器

常用的是各种形式的电子管或晶体管继电器，它是自动控温的关键设备。其简明工作原理见图 6-7。

插在浴槽中的电接点温度计，在没有达到所要求控制的温度时，汞柱与上铂丝之间断路，即回路Ⅰ中没有电流。衔铁由弹簧拉住与 A 点接触，从而在回路Ⅱ中有电流通过电热棒，这时继电器上红灯亮表示加热。随着电热棒加热使浴槽温度升高，当电接点温度计中汞柱上升到所要求的温度时就与上铂丝接触，回路Ⅰ中的电流使线圈产生磁性将衔铁吸起，回路Ⅱ断路。此时，继电器上绿灯亮表示停止加热。当热浴槽温度由于向周围散热而下降，汞柱又与上铂丝脱开，继电器重复前一动作，回路Ⅱ又接通。如此不断进行，使浴槽内的介质控制在某一要求的温度。

在上述控温过程中，电热棒只处于两种可能的状态，即加热或停止加热。所以，这种控温属于二位控制作用。

（6）水银温度计

常用分度为 1/10℃的温度计，供测定浴槽的实际温度。

应该指出，恒温槽控制的某一恒定温度，实际上只能在一定范围内波动。因为控温精度与加热器的功率、所用介质的热容、环境温度、温度调节器及继电器的灵敏度、搅拌的快慢等都有关系。此外，在同样的条件下，浴槽中位置的不同，恒温的精度也不同。图 6-8 表示了因加热功率不同而导致恒温精度的变化情况。

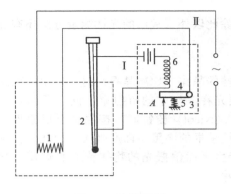

图 6-7　控温原理
1—电热棒；2—电接点温度计；
3—固定点；4—衔铁；5—弹簧；6—线圈

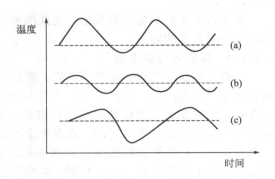

图 6-8　温度波动曲线
(a) 加热功率过高；(b) 加热功率适当；
(c) 加热功率过低

6.1.1.2　超级恒温槽

基本结构和工作原理与上述恒温槽相同，见图 6-9。特点是内有水泵，可将浴槽内恒温水对外输出并进行循环。同时，浴槽外壳有保温层，浴槽内设有恒温筒，筒内可作液体恒温（或空气恒温）之用。若要控制较低的温度，可在冷凝管中通以冷水予以调节。部分超级恒温槽还具备低温功能，其降温原理与电冰箱类似。

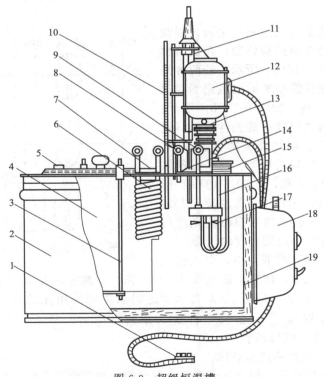

图 6-9　超级恒温槽

1—电源插头；2—外壳；3—恒温筒支架；4—恒温筒；5—恒温筒加水口；6—冷凝管；7—恒温筒盖子；
8—水泵进水口；9—水泵出水口；10—温度计；11—电接点温度计；12—发动机；13—水泵；14—加水口；
15—加热元件盒；16—两组加热元件；17—搅拌叶；18—电子继电器；19—保温层

压力的测量与控制详见本书附录 4。

6.1.2 光性测量

前述折射率的测量就是典型的光性测量方法，除此以外，常用的光性测量方法还有旋光角测定和吸光度测定等。

6.1.2.1 偏振光与旋光角

一束可在各个方向振动的单色光，通过各向异性的晶体（如冰晶石）时，产生两束振动面相互垂直的偏振光，见图 6-10。由于这两束偏振光在晶体中的折射率不同，所以当单色光投射到用加拿大树胶粘贴的冰晶石组成的尼科尔（Nicol）棱镜时，按照全反射原理，此两束偏振光中，垂直于纸面的一束发生全反射而被棱镜框的涂黑表面所吸收。因此只得到另一束与纸面平行的平面偏振光，见图 6-11。这种产生平面偏振光的物体称为起偏镜。常用的起偏镜除尼科尔棱镜外，还有聚乙烯醇人造起偏片。

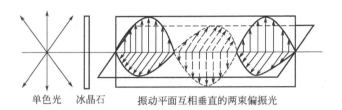

图 6-10　偏振光的产生

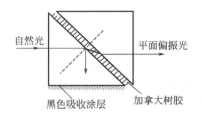

图 6-11　尼科尔起偏镜

要测定起偏镜出来的偏振光在空间的振动平面，还需要一块检偏镜与之配合使用。如图 6-12 所示。

若起偏镜与检偏镜的光路相互平行，则起偏镜出来的偏振光全部通过检偏镜，在检偏镜后得到亮视场，如图 6-12(a) 所示；若两者光路相互垂直，则从起偏镜出来的偏振光不能通过检偏镜，得到暗视场，如图 6-12(b) 所示。此时，若在两偏振镜之间放一旋光性物质，它使起偏镜出来的偏振光振动面旋转过了 α 角，为了在检偏镜后依然得到暗视场，那么必须将检偏镜也相应地旋转 α 角，如图 6-12(c) 所示。这里检偏镜旋转的角度 α（有左旋、右旋之分），即为该物质的旋光角（旧称旋光度）。旋光仪就是测定旋光性物质旋光度的仪器。

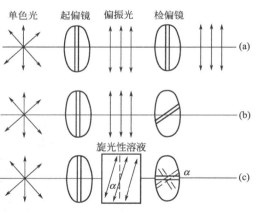

图 6-12　偏振光的产生振动面的测定

为了比较各物质旋光度的大小，引入比旋光度作为标准。比旋光度，即当偏振光通过 10cm 长，每毫升含有 10^{-3} kg 旋光性物质的溶液的旋光度，用 $[\alpha]_\lambda^t$ 表示。角标 t、λ 表示测定时温度和所用光的波长。如蔗糖 $[\alpha]_D^{20} = 66.00°$（右旋）、葡萄糖 $[\alpha]_D^{20} = 52.50°$（右旋）、果糖 $[\alpha]_D^{20} = -91.9°$（左旋）等。

6.1.2.2　旋光仪光路系统与调节

图 6-13 是旋光仪光路系统示意图。

为了提高测量的准确性，旋光仪采用三分视场的方法来确定读数。在起偏镜后安置一块占视场宽度约 1/3 的石英片，使起偏镜出来的偏振光透过石英片的那部分光旋转某一角度，再经检偏镜后即出现三分视场。转动检偏镜于不同位置，在三分视场中可见到三种不同的情况。

若起偏镜出来的光，通过石英片的部分不能通过检偏镜，而其余均能通过，则出现中间

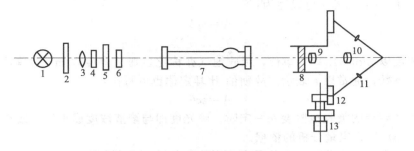

图 6-13　旋光仪光路系统

1—光源；2—毛玻璃；3—聚光镜；4—滤色镜；5—起偏镜；6—石英片；

7—样品管；8—检偏镜；9—物镜；10—目镜；11—读数放大镜；

12—度盘及游标；13—读数盘转动手轮

黑、两旁亮的视场，如图 6-14(a) 所示。

若通过石英片的光能通过检偏镜而其余部分却不能通过，则出现中间亮、两旁暗的视场，如图 6-14(b) 所示。若起偏镜出来的光，包括通过石英片的光都以同样的分量通过检偏镜，则出现整视场亮度均匀，三分视场的界线消失，此谓零度视场，如图 6-14(c) 所示。

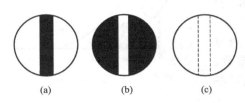

图 6-14　三分视场的不同情况

测量时，以试样管中不放溶液（即空管）或装入去离子水后的零度视场，定为旋光仪的零点。然后，当试样管中装有含旋光性物质的溶液后，旋转检偏镜位置，待出现零度视场时，此旋转角即为该物质旋光度。利用调节三分视场中亮与暗的变化进行读数要比视场中仅有亮与暗的两分视场灵敏得多。

影响旋光度的因素有：光的波长、温度和溶液浓度。通常用钠光灯作光源。温度升高 1℃ 旋光度约降低 0.3%，因此对要求高的测量应配以恒温装置。溶液浓度增加，旋光度增大。对旋光性小的物质应选择较长的试样管。为了消除读数盘的偏心差，旋光仪中采用双向读数（游标上可直接读到 0.05°），再取其平均值。

6.1.2.3　分光光度计基本原理

分光光度计是一种利用物质分子对不同波长的光具有吸收特性而进行定性或定量分析的光学仪器。根据选择光源的波长不同，有可见光分光光度计（波长 380～780nm）、近紫外分光光度计（波长 185～385nm）、红外分光光度计（波长 780nm～300μm）等。

当一束平行光通过均匀、不散射的溶液时，一部分被溶液吸收，另一部分透过溶液。能被溶液吸收的光的波长取决于溶液中分子发生能级跃迁时所需的能量。所以，利用物质对某波长的特定吸收光谱可作为定性分析的依据。

朗伯-比耳（Lambert-Beer）定律指出：溶液对某一单色光吸收的强度与溶液的浓度 c、液层的厚度 b 有如下的关系：

$$\lg \frac{I_0}{I} = kcb \tag{6-6}$$

或

$$\frac{I_0}{I} = 10^{-kcb} \tag{6-7}$$

式中，I_0 与 I 分别为某波长单色光的入射光强度和通过溶液的透射光强度，$\lg \frac{I_0}{I}$ 为吸光度。常以 A 表示。k 是为决定于入射光波长、溶液组成及其温度的常数。$\frac{I_0}{I}$ 为透光度，

常以 T 表示。所以上二式又可以写为：

$$A = kcb \tag{6-8a}$$
$$T = 10^{-kcb} \tag{6-9}$$

当溶液浓度以 $mol \cdot L^{-1}$ 为单位，吸收池（亦称比色皿）厚度以 cm 为单位时，常数 k 称为摩尔吸光系数，通常以 ε 表示。故朗伯-比耳定律也可写作：

$$A = \varepsilon cb \tag{6-8b}$$

显然，当装溶液的吸收池厚度 b 一定时，吸光度即与溶液浓度成正比，故在实际应用中多采用式（6-8b）作为定量分析的依据。

当溶液中含有多种组分时，总的吸光度则等于各组分吸光度的加和，即

$$A = b \sum_i k_i c_i \tag{6-10}$$

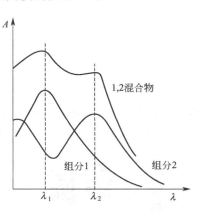

图 6-15 吸光度的加和性

某浓度的两组分溶液在一定波长下，它们的吸光度的加和关系如图 6-15 所示。若溶液中含有浓度分别为 c_1、c_2 的两组分，设 A_{λ_1} 与 A_{λ_2} 分别在 λ_1 与 λ_2 波长下实验测得的总吸光度，已知吸收池厚度 b 为 1cm，则有：

$$A_{\lambda_1} = k'_{\lambda_1} c_1 + k''_{\lambda_1} c_2 \tag{6-11}$$
$$A_{\lambda_2} = k'_{\lambda_2} c_1 + k''_{\lambda_2} c_2 \tag{6-12}$$

联立此两方程求解，即得 c_1、c_2。

使用分光光度计除了可测定组分浓度外，还可通过测量吸光度，对有色弱酸（或有色弱碱）的解离常数、配合物的配位数进行测定，其原理和具体的解析式可阅有关的分析化学教材。

6.1.2.4　可见光区分光光度计的光路简介

图 6-16 是 721 型分光光度计（适用波长为 420～700nm）的结构示意图。光源（钨丝灯）发出白光，经单色器（棱镜）色散成不同波长的单色光，由狭缝（图中未画出）射出某一选定波长的单色光，入射到吸收池盛放的溶液中，一部分光被溶液吸收后，透射光照射到光电管上，经过光电转换，微弱的光电信号通过微电流放大器放大后，由微安表显示吸光度 A（或透光率 T）的数值。

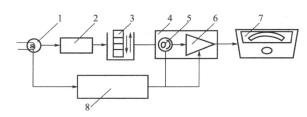

图 6-16　721 型分光光度计结构示意

1—光源；2—单色器；3—吸收池；4—光电管暗盒；
5—光电管；6—放大器；7—微安表；8—稳压栅

紫外分光光度计的光路，其光源→单色器分光→吸收光检测系统原则上与上述一样。主要区别在于因需要的波长不同，所以采用的光源也不同。在紫外分光区中，一般用重氢灯（波长为 200～365nm）作光源。分光的单色器不用玻璃棱镜，而用不易被湿气侵蚀的玻璃光栅（如在玻璃片的 1mm 内刻 1200 条刻痕，在两刻痕之间通过的光线，形成光栅的衍射光谱，起分光作用）。吸收光转换为电信号后，也可采用自动记录。

6.1.2.5　721 型分光光度计的使用

① 接通电源前，将各旋钮调节至起始位置，微安表的指针应在"0"位，否则旋转校正螺丝加以调节。

② 接通电源，打开吸收池暗箱盖，选择适当的测量波长和相应的灵敏度挡，调节"0"

电位器，使微安表指"0"。

放大器的灵敏度共有 5 挡，"1"挡最低，以后渐增大，在能使参比溶液调到 100％的情况下，应尽量使用灵敏度较低的挡，以提高仪器的稳定性。在改变灵敏度挡后，应重新校正"0"和"100％"。

③ 将参比溶液和待测溶液分别倒入两吸收池中，合上吸收池暗箱盖，此时选定的单色光透过参比溶液照射到光电管上，旋转"100％"电位器，使微安表指针在满刻度附近，并预热仪器 20 min，然后反复校正"0"和"100％"。

④ 将吸收池拉杆拉出一格，使待测溶液进入光路，微安表的读数即为该溶液的吸光度（或透光率），读取读数后，立即打开吸收池暗箱盖。

⑤ 重复操作，校核读数，再依次测量其他溶液的吸光度。

⑥ 测量完毕，取出吸收池，洗净擦干，将各旋钮回复到起始位置，开关置于"关"处，拔下电源插头，罩好仪器罩。

6.1.2.6　测量条件的选择

为了保证光度测定的准确度和灵敏度，在测量吸光度时还需注意选择适当的测量条件，包括入射光波长、参比溶液和读数范围三方面的选择。

（1）入射光波长的选择

由于溶液对不同波长的光吸收程度不同，即进行选择性的吸收，因此应选择最大吸收时的波长 λ_{max} 为入射光波长，这时摩尔吸光系数 ε 数值最大，测量的灵敏度较高。有时共存的干扰物质在待测物质的最大吸收波长 λ_{max} 处也有强烈吸收，或者最大吸收波长不在仪器的可测波长范围内，这时可选用 ε 值随波长改变而变化不太大的范围内的某一波长作为入射光波长。

（2）参比溶液的选择

入射光照射装有待测溶液的吸收池时，将发生反射、吸收和透射等情况，而反射以及试剂、共存组分等对光的吸收也会造成透射光强度的减弱，为使光强度减弱，仅与溶液中待测物质的浓度有关，必须通过参比溶液对上述影响进行校正，选择参比溶液的原则如下：

① 若共存组分、试剂在所选入射光波长 $\lambda_{测量}$ 处均不吸收入射光，则选用蒸馏水或纯溶剂作参比溶液；

② 若试剂在所选入射光波长 $\lambda_{测量}$ 处吸收入射光，则以试剂空白作参比溶液；

③ 若共存组分在 $\lambda_{测量}$ 处吸收入射光，而试剂不吸收入射光，则以原试液作参比溶液；

④ 若共存组分和试剂在 $\lambda_{测量}$ 处都吸收入射光，则取原试液，掩蔽被测组分，再加入试剂后作为参比溶液。

除采用参比溶液进行校正外，还应使用光学性质相同、厚度相同的吸收池盛放待测溶液和参比溶液。

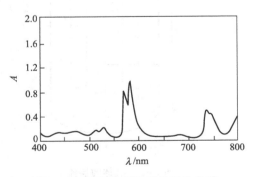

图 6-17　镨钕玻璃滤光片吸收光谱

（3）吸光度读数范围的选择

由计算可知，浓度测定时的相对误差和透光度读数范围有关，当透光度在 10％～70％范围内，浓度测定的相对误差在±2％之内（设透光度读数的绝对误差为 0.5％），超出上述范围，浓度测定的相对误差将大为增加，因此在光度测量时，应调节透光度读数范围在 10％～70％，或吸光度读数范围在 0.1～0.65 之间。一般地，依据仪器类型、结构等不同，上述读数范围可能稍有变动。

6.1.2.7 　分光光度计的校正

主要是波长刻度读数和吸光度刻度读数的校正。波长读数可通过测量已知标准特征峰的物质（如镨钕玻璃或苯蒸气）的吸收光谱与其标准吸收光谱图相比较而进行校正（见图 6-17）。吸光度刻度读数校正值是利用与标准溶液（如铬酸钾溶液）的吸光度相比较而得。一般在 25℃ 下，取 0.0400g 铬酸钾溶于 1L 0.05mol/L 的 KOH 溶液中，在不同波长下测量其吸光度。现将其部分标准吸光度数据列于表 6-2 中。

表 6-2　标准铬酸钾溶液的吸光度

波长/nm	500	450	400	350	300	250	200
吸光度	0.0000	0.00325	0.3872	0.5528	0.1518	0.4962	0.4559

其他测量方法如电化学测量以及部分实验仪器设备使用简介详见本书附录 5 和附录 6。

6.2　物性测定实验

实验三十八　液体黏度的测定

一、实验目的

掌握正确使用水浴恒温槽的操作，了解其控温原理，同时掌握用奥氏（Ostwald）黏度计测定乙醇水溶液黏度的方法。

二、实验原理

当液体以层流形式在管道中流动时，可以看作是一系列不同半径的同心圆筒以不同速度向前移动。越靠中心的流层速度越快，越靠管壁的流层速度越慢，如图 6-18 所示。取面积为 A，相距为 dr，相对速度为 dv 的相邻液层进行分析，见图 6-19。

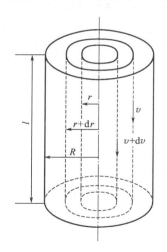

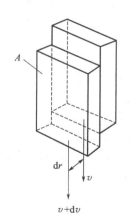

图 6-18　液体的层流　　　　　　　　图 6-19　两液层相对速度差

由于两液层速度不同，液层之间表现出内摩擦现象，慢层以一定的阻力拖着快层。显然内摩擦力 f 既与两液层间接触面积 A 成正比，也与两液层间的速度梯度 $\dfrac{dv}{dr}$ 成正比，即

$$f = \eta A \times \frac{dv}{dr} \tag{6-13}$$

式中，比例系数 η 称为黏度系数（或黏度）。可见，液体的黏度是液体内摩擦力的度量。

在国际单位制中，黏度的单位为 $N \cdot m^{-2} \cdot s$，即 $Pa \cdot s$（帕·秒），但习惯上常用 P（泊）或 cP（厘泊）来表示。两者的关系：$1P = 10^{-1} Pa \cdot s$。

黏度测定可在毛细管黏度计中进行。设液体在一定的压力差 p 推动下，以层流的形式流过半径为 R、长度为 l 的毛细管，见图 6-18，对于其中半径为 r 的圆柱形液体，促使流动的推动力 $F = \pi r^2 p$，它与相邻的外层液体之间的内摩擦力 $f = \eta A \dfrac{dv}{dr} = 2\pi r l \eta \dfrac{dv}{dr}$，所以当液体稳定流动时，$F + f = 0$，即

$$\pi r^2 p + 2\pi r l \eta \frac{dv}{dr} = 0 \tag{6-14}$$

对于厚度为 dr 的圆筒形流层，t 时间内流过液体的体积为 $2\pi r v t \, dr$，由上式可以推出，在 t 时间内流过这一段毛细管的液体总体积为

$$V = \frac{\pi R^4 p t}{8 \eta l} \tag{6-15}$$

由此可得

$$\eta = \frac{\pi R^4 p t}{8 V l} \tag{6-16}$$

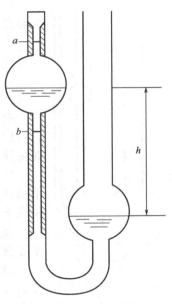

图 6-20　奥氏黏度计

上式称为波华须尔（Poiseuille）公式，由于式中 R、p 等数值不易测准，所以 η 值一般用相对法求得，方法如下：

取相同体积的两种液体（一为被测液体 "i"，一为参比液体 "0"，如水、甘油等），在自身重力作用下，分别流过同一支毛细管黏度计，如图 6-20 所示的奥氏黏度计。若测得流过相同体积 $V_{a\text{-}b}$ 所需的时间为 t_i 与 t_0，则

$$\eta_i = \frac{\pi R^4 p_i t_i}{8 l V_{a\text{-}b}}$$

$$\eta_0 = \frac{\pi R^4 p_0 t_0}{8 l V_{a\text{-}b}}$$

由于用同一支黏度计，所以 R、l、$V_{a\text{-}b}$ 均相同。联立上述两式，可得

$$\frac{\eta_i}{\eta_0} = \frac{p_i t_i}{p_0 t_0} \tag{6-17}$$

又由于两种液体的体积相同，则液面高度差 h 也相同，而 $p = h\rho g$，所以 $\dfrac{p_i}{p_0} = \dfrac{\rho_i}{\rho_0}$（这里，$\rho_i$、$\rho_0$ 为两种液体的密度）。因此

$$\frac{\eta_i}{\eta_0} = \frac{\rho_i t_i}{\rho_0 t_0} \tag{6-18}$$

若已知某温度下参比液体的 η_0，并测得 t_i、t_0、ρ_i、ρ_0，即可求得该温度下的 η_i。

三、试剂与仪器

试剂：乙醇溶液（20%）。

仪器：水浴恒温槽，奥氏黏度计，计时器，移液管（10mL），洗耳球。

四、实验步骤

1. 调节水浴恒温槽至 (25.0±0.1)℃。

2. 在洗净、烘干的奥氏黏度计中用移液管移入 10mL 20% 乙醇溶液，在毛细管端装上

橡皮管，然后垂直浸入恒温槽中（黏度计上两刻度线应浸没在水浴中）。

3. 恒温后，用洗耳球通过橡皮管将液体吸到高于刻度线 a，再让液体由于自身重力下落，用秒表记录液面从 a 流到 b 的时间 t_i。重复 3 次，偏差应小于 0.3s，取其平均值。

4. 洗净此黏度计并烘干，冷却后用移液管移入 10mL 去离子水，用与步骤 3 相同的方法再测得去离子水从 a 流到 b 的时间 t_0 的平均值。

不同温度下 20%乙醇溶液的密度见表 6-3。

表 6-3　不同温度下 20%乙醇溶液的密度

温度 $t/℃$	20.0	25.0	30.0	35.0
20%乙醇密度 $\rho/(kg/m^3)$	968.6	966.4	964.0	961.4

五、数据记录与处理

1. 列表表示 20%乙醇溶液和去离子水流过毛细管的时间及其密度值。

2. 由式（6-18）计算 20%乙醇溶液黏度。

六、思考题

1. 恒温槽由哪些部件组成？它们各起什么作用？如何调节恒温槽到指定温度？

2. 奥氏黏度计在使用时为何必须烘干？是否可用两支黏度计分别测得待测液体和参比液体的流经时间？

3. 为什么在奥氏黏度计中加入被测液体与参比液体的体积必须相同？

七、进一步讨论

1. 实验室中还常用另一种毛细管黏度计，称为乌氏（Ubbelode）黏度计，结构如图 6-21。它的特点如下。

（1）由于第三支管（C管）的作用，使毛细管出口通大气。这样，毛细管内的液体形成一个悬空液柱，液体流出毛细管下端时即沿着管壁流下，避免出口处产生涡流。

（2）液柱高 h 与 A 管内液面高度无关，因此每次加入试样的体积不必恒定。

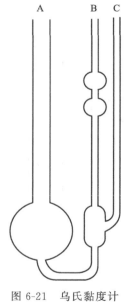

图 6-21　乌氏黏度计

（3）对于 A 管体积较大的稀释型乌氏黏度计，可在实验过程中直接加入一定量的溶剂而配制成不同浓度的溶液。故乌氏黏度计较多地应用于高分子溶液性质方面的研究。

2. 测定较黏稠的液体的黏度，可用落球法。即利用金属圆球在液体中下落的速度不同来表征黏度；或用转动法，即液体在同轴圆柱体间转动时，利用作用于液体的内切力形成的摩擦力矩的大小来表征其浓度。

3. 温度对液体黏度的影响十分敏感，因为随着温度升高，分子间距逐渐增大，相互作用力相应减小，黏度就下降。这种变化的定量关系可用下列方程描述：

$$\eta = A\exp\left(\frac{E_{vis}}{RT}\right)$$

或
$$\ln\eta = \ln A + \frac{E_{vis}}{RT} \tag{6-19}$$

式中，E_{vis} 为流体流动的表观活化能，可从 $\ln\eta$-$\frac{1}{T}$ 的直线斜率求得。式中 A 为经验常数，可由直线的截距求得。

实验三十九 溶液表面张力测定

一、实验目的

1. 掌握气泡的最大压力法测定乙醇溶液表面张力与单位表面吸附量的原理和方法。
2. 利用测定的不同浓度乙醇水溶液的表面张力，利用作图法计算其表面吸附量。

二、实验原理

界面可看作是一张绷紧的弹性薄膜，其中存在着使薄膜面积减小的收缩张力。它在界面中处处存在，在边缘处则可以明确表示：此力沿着界面的切线方向作用于边缘上，并垂直于边缘。单位长度的收缩张力，对于液-气或固-气界面，又称表面张力 σ，单位 N/m。

气泡的最大压力法是测定液体表面张力的方法之一。它的基本原理如下：

当玻璃毛细管一端与液体接触，并往毛细管内加压时，可以在液面的毛细管口处形成气泡。气泡的半径在形成过程中先由大变小，然后再由小变大，见图 6-22 所示。设气泡在形成过程中始终保持球形，则气泡内外的压力差 Δp（即施加于气泡的附加压力）与气泡的半径 r、液体表面张力 σ 之间的关系可由拉普拉斯（Laplace）公式表示，即

$$\Delta p = \frac{2\sigma}{r} \tag{6-20}$$

显然，在气泡形成过程中，气泡半径由大变小，再由小变大 [如图中（a）、（b）、（c）所示]，同时压力差 Δp 则由小变大，然后再由大变小。当气泡半径 r 等于毛细管半径 R 时，压力差达到最大值 $\Delta p_{\max}$。因此

$$\Delta p_{\max} = \frac{2\sigma}{R} \tag{6-21}$$

由此可见，通过测定 R 和 $\Delta p_{\max}$，即可求得液体的表面张力。

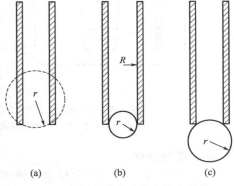

图 6-22 气泡形成过程中其半径的变化情况示意

由于毛细管的半径较小，直接测量 R 误差较大。通常用一已知表面张力为 σ_0 的液体（如水、甘油等）作为参考液体，在相同的实验条件下测得其相应的最大压力差为 $\Delta p_{0,\max}$，则毛细管半径 $R = \dfrac{2\sigma_0}{\Delta p_{0,\max}}$。代入上式，可求得被测液体的表面张力

$$\sigma = \frac{\Delta p_{\max}}{\Delta p_{0,\max}} \sigma_0 \tag{6-22}$$

压力差 Δp 可用 U 形水压力计测量，本实验中用 DMP-2B 型数字式微压差测量仪测量，该仪器可直接显示以 Pa 为单位的压力差。

在同一温度下，若测定不同浓度 c 的溶液表面张力，按吉布斯（Gibbs）吸附等温式可计算溶质在单位界面过剩量，即吸附量 $\Gamma_2^{(1)}$：

$$\Gamma_2^{(1)} = -\frac{c}{RT} \times \frac{\mathrm{d}\sigma}{\mathrm{d}c} \tag{6-23}$$

若 $\Gamma_2^{(1)} > 0$，则溶质加入使表面张力降低，即 $\dfrac{\mathrm{d}\sigma}{\mathrm{d}c} < 0$，这时表面溶质的浓度大于在其溶液内部的浓度，该吸附称为正吸附，这类溶质称为表面活性物质。反之，则称为负吸附，溶质则称为非表面活性物质。

三、仪器与试剂

仪器：超级恒温槽，表面张力测定实验装置，见图 6-23。

试剂：乙醇溶液（0.20mol/L、0.40mol/L、0.60mol/L、0.80mol/L）。

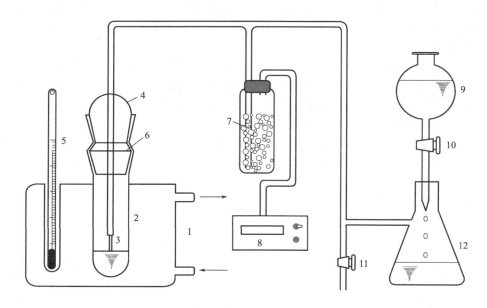

图 6-23　表面张力测定装置

1—恒温水浴；2—表面张力测定管；3—毛细管；4—磨口塞；5—温度计；6—出气口；

7—干燥管；8—数字式微压差测量仪；9—储水瓶；10，11—活塞；12—增压瓶

四、实验步骤

1. 在测定管中装入一定量参考液体（去离子水），按图 6-23 接好管路，调节毛细管在液体中的高度，使毛细管管口处于刚好接触液面的位置，以后的不同溶液测定时尽可能保持一致。将超级恒温槽调节至（25.0±0.1）℃或（30.0±0.1）℃。

2. 待溶液恒温 10min 后，通过活塞 10 来调节水滴入增压瓶 12 中的速度，使气泡从毛细管口 3 出，冒出气泡速度控制在每分钟 5～15 个。记录微压差仪最大和最小读数，计算 Δp_{max}（要求至少测定三次，然后取平均值）。

3. 同上，测定 0.20mol/L、0.40mol/L、0.60mol/L 与 0.80mol/L 乙醇溶液的 Δp_{max}。

注意：在每次调换溶液时，测定管和毛细管均需用待测液淋洗。毛细管管口应保持干净，一旦污染，则得不到均匀而间歇的气泡。

五、数据记录与处理

1. 计算不同浓度的乙醇水溶液的表面张力。

2. 绘出 $\sigma\text{-}c$ 曲线图，在 $\sigma\text{-}c$ 曲线图上求出各浓度值的相应斜率，即 $\dfrac{\mathrm{d}\sigma}{\mathrm{d}c}$。

3. 计算溶液各浓度所对应的单位表面吸附量 $\Gamma_2^{(1)}$。

六、思考题

1. 实验时，为什么毛细管口应处于刚好接触溶液表面的位置？如插入一定深度对实验将带来什么影响？

2. 在毛细管口所形成的气泡什么时候其半径最小？毛细管半径太大或太小对实验有什么影响？

3. 实验中为什么要测定水的 $\Delta p_{0,\max}$？

4. 为什么要求从毛细管中逸出的气泡必须均匀而间断？如何控制出泡速度？

七、进一步讨论

1. 由溶液的单位表面吸附量可求得每一个溶质分子在溶液表面占据的面积 S。方法如下：

若溶质在溶液表面是单分子层吸附，按朗格缪尔（Langmuir）吸附等温式

$$\frac{c_2}{\Gamma_2}=\frac{c_2}{\Gamma_\infty}+\frac{1}{b\Gamma_\infty} \tag{6-24}$$

式中，Γ_∞ 为单位溶液表面被溶质单分子层吸附的饱和吸附量；b 为常数。以 $\dfrac{c_2}{\Gamma_2}$ 对 c_2 作图，其直线斜率为 $1/\Gamma_\infty$。设 L 为阿伏伽德罗常数，则每个溶质分子在溶液表面占据的面积为：

$$S=\frac{1}{\Gamma_\infty L} \tag{6-25}$$

2. 测定液体表面张力除气泡的最大压力法外，常用的还有毛细管上升法、滴重法、吊环法、吊板法等。

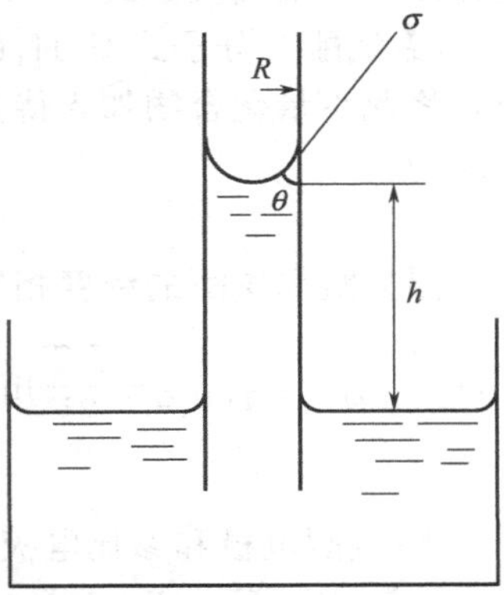

a. 毛细管上升法　如图 6-24 所示。将半径为 R 的毛细管垂直插入可润湿的液体中，由于表面张力的作用，使毛细管内液面上升。平衡时，上升液柱的重力与液体由于表面张力的作用所受到向上的拉力相等，即：

图 6-24　毛细管上升原理

$$2\pi R\sigma\cos\theta=\pi R^2\rho gh$$

若毛细管玻璃被液体完全润湿，即 $\theta=0°$，则得

$$\sigma=\frac{\rho ghR}{2} \tag{6-26}$$

b. 滴重法　使液体受重力作用从垂直安放的毛细管口向下滴落，当液滴最大时，其半径即为毛细管半径 R。此时，重力与表面张力相平衡，即

$$mg=2\pi R\sigma$$

由于液滴形状的变化及不完全滴落，故重力项还需乘以校正系数 F。F 是毛细管半径 R 与液滴体积的函数，可在有关手册中查得。整理上式则得

$$\sigma=F\frac{mg}{R} \tag{6-27}$$

式中，每滴液体的质量 m 可由称量而得。

若将液滴下落于另一液体之中，滴重法测得的即为液体之间的界面张力。

实验四十　原电池反应电动势及其溶液 pH 值的测定

一、实验目的

1. 掌握电位差计的使用和抵消法测定原电池反应电动势的原理。

2. 测定溶液的 pH 值。

二、实验原理

1. 抵消法测定原电池反应电动势的原理

详见本书附录 5。

2. 测定溶液 pH 值

把氢离子指示电极（对氢离子可逆的电极）与参比电极（一般是用饱和甘汞电极做参比电极）组成电池，由于参比电极的电极电势在一定条件下是不变的，那么原电池的电动势就会随着被测溶液中氢离子的活度而变化，因此，可以通过测量原电池的电动势，进而计算出溶液的 pH 值。

醌-氢醌电极构造和操作都很简单，反应较快，不易中毒，不易损坏。对溶有气体的溶液、氧化还原性不强的溶液、含有盐类及氢电位系以上金属的溶液和未饱和的有机酸都可以进行测定，准确度达到 0.01pH。

醌-氢醌 [分子式 $C_6H_4O_2 \cdot C_6H_4(OH)_2$，简写 $Q \cdot H_2Q$] 在酸性水溶液中的溶解度很小，将此少量化合物加入待测溶液中，并插入一光亮铂电极构成一个醌-氢醌电极，其电极反应为：

$$Q \cdot H_2Q \Longleftrightarrow 2Q + 2H^+ + 2e^-　　　　　　　(6\text{-}28)$$

因为醌和氢醌的浓度相等，稀溶液情况下活度系数均近于 1，或者活度相等，因此：

$$\varphi_{Q \cdot H_2Q} = \varphi_{Q \cdot H_2Q}^{\ominus} + \frac{RT}{2F}\ln\frac{a_Q \cdot a_{H^+}^2}{a_{H_2Q}} = \varphi_{Q \cdot H_2Q}^{\ominus} + \frac{RT}{2F}\ln(a_{H^+})^2 = \varphi_{Q \cdot H_2Q}^{\ominus} - 2.303\frac{RT}{F}pH$$

$$(6\text{-}29)$$

醌-氢醌电极和参比电极构成的原电池的表达式如下：

Hg (l)，Hg_2Cl_2 (s) │ KCl（饱和）│待测液（为 $Q \cdot H_2Q$ 所饱和）│ Pt

此电池的电动势为：

$$E_{池} = \varphi_{Q \cdot H_2Q} - \varphi_{甘汞} = \varphi_{Q \cdot H_2Q}^{\ominus} - 2.303\frac{RT}{F}pH - \varphi_{甘汞}　　　(6\text{-}30)$$

注意事项：在 25℃下待测液 pH=7.7 时，醌-氢醌电极电位与饱和甘汞电极电位相等；pH<7.7 时，醌-氢醌电极为正极，用下面的式(6-31a) 算出 pH 值；7.7<pH<8.5 时，醌-氢醌电极作负极而饱和甘汞电极作正极，用下面的式(6-31b) 算出 pH 值，测量时正负极不能接反；待测液 pH>8.5 时，由于溶液中醌（Q）的活度不能很好地近似等于氢醌（H_2Q）的活度，故不能用此法测量和计算，否则会有很大误差。

$$pH = \frac{\varphi_{Q \cdot H_2Q}^{\ominus} - E_{池} - \varphi_{甘汞}}{\dfrac{2.303RT}{F}}　　　　　(6\text{-}31a)$$

$$pH = \frac{\varphi_{Q \cdot H_2Q}^{\ominus} + E_{池} - \varphi_{甘汞}}{\dfrac{2.303RT}{F}}　　　　　(6\text{-}31b)$$

三、试剂与仪器

试剂：0.100mol/kg $ZnCl_2$ 溶液。

仪器：UJ25 型高电势电位差计，AZ19 型检流计（以上 2 台仪器也可用 SDC 数字电位差综合测试仪代替），BC9 型饱和标准电池，恒温槽，1 号干电池（1.5V）2 节或稳压电源（3V），饱和甘汞电极。

四、实验步骤

1. 按照电路图 6-25 把检流计、标准电池、待测电池和工作电池接入电位差计中，按编号选择汞齐化后的锌电极和特制饱和甘汞电极，按示意图放置电极，其中 H 管中为 0.1mol/kg 的氯化锌溶液，液面位置在甘汞电极中汞粒和电极加液口之间，此时甘汞电极与锌电极组成待测电池。

2. 打开恒温槽，调节恒温槽温度为实验温度。

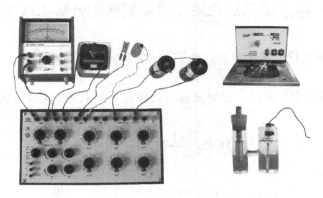

图 6-25　原电池反应电动势测定接线图

3. 读出标准电池所处的环境温度，根据下面公式计算室温时标准电池的电动势：

$$E_{s,t}=E_{s,20}-4.06\times10^{-5}(t-20)-9.5\times10^{-7}(t-20)^2$$

4. 把电位差计上的双向开关调至标准位置，校正好标准电池电动势。

5. 按下单向开关 K 看检流计指针是否有偏转，如有偏转则按粗、中、细、微的顺序调节可变电阻旋钮，使得按下单向开关 K 检流计指针几乎不偏转。如检流计指针单方向偏转或不偏转，则需要检查连线线路是否有问题。

6. 把双向开关调至未知，按下单向开关 K 看检流计指针是否有偏转，如有偏转，则调节表盘，使得按下单向开关 K 检流计指针几乎不偏转，此时表盘上显示的读数即为待测电池的电动势。

7. 改变温度，恒温后重复步骤 4～6，测定待测电池在此温度下的电动势。

五、数据处理

1. 计算原电池反应电动势的温度系数$\left(\dfrac{\partial E}{\partial T}\right)_p$。

可以作 E-T 图求斜率，也可以由三个温度下的 E、T 值代入方程

$$E=a+bT+cT^2$$

求解出 a、b、c 后，再由 E 对 T 求导而得。

2. 计算所测溶液的 pH 值。

六、思考题

1. 为什么不能用电压表直接测量原电池的反应电动势？

2. 甘汞电极使用后为什么应放置在饱和氯化钾溶液中？

3. 为什么每次测量前均需用标准电池对电位差计进行标定？

4. 测定电池反应电动势时，为什么按电位差计的电键应间断而迅速？

5. 如果平衡指示仪指针在实验过程中不发生偏转或始终单方向偏转（假定仪器均属正常），从接线上分析可能是什么原因？

七、进一步讨论

原电池电动势的测定应该在可逆条件下进行，但在实验过程中不可能立即找到平衡点，因此在原电池中或多或少地有电流经过而产生极化现象。当外电压大于电动势时，原电池相当于电解池，极化结果使反应电势增加；相反，原电池放电极化，反应电势降低。这种极化都会使电极表面状态变化（此变化即使在断路后也难以复原），从而造成电动势测定值不能恒定。因此在实验中寻找平衡点时，应该间断而迅速地按测量电键，才能又快又准地求得实验结果。

实验四十一　量气法测定过氧化氢催化分解反应速率常数

一、实验目的

测定 H_2O_2 分解反应的速率常数，并了解一级反应的特点。

二、实验原理

H_2O_2 在没有催化剂存在时，分解反应进行得很慢，若用 KI 溶液为催化剂，则能加速其分解。

$$H_2O_2 \xrightarrow{\text{KI}} H_2O + \frac{1}{2}O_2$$

该反应的机理是：

第一步　　　　　　$H_2O_2 + KI \longrightarrow KIO + H_2O$　　　　（慢）

第二步　　　　　　　$KIO \longrightarrow KI + \frac{1}{2}O_2$　　　　（快）

由于第一步的反应速率比第二步慢得多，居于控速地位，所以整个分解反应的速率可认为等于第一步的速率。如果反应速率用消耗速率（即恒容时反应物的浓度随时间的变化率的绝对值）来表示，按质量作用定律则该反应的速率与 KI 和 H_2O_2 的浓度的一次方成正比，其速率方程为：

$$-\frac{dc_{H_2O_2}}{dt} = k_{H_2O_2} c_{KI} c_{H_2O_2} \tag{6-32}$$

式中，c 表示各物质的浓度 mol/L；t 为反应时间，s；$k_{H_2O_2}$ 为反应速率常数，它的大小仅决定于温度。

在反应过程中作为催化剂的 KI 的浓度保持不变，令 $k_1 = k_{H_2O_2} c_{KI}$，则

$$-\frac{dc_{H_2O_2}}{dt} = k_1 c_{H_2O_2} \tag{6-33}$$

式中，k_1 称表观反应速率常数，在一定温度与催化剂浓度下，k_1 为定值。此式表明，反应速率与 H_2O_2 浓度的一次方成正比，由此称 H_2O_2 分解反应为一级反应。积分上式得：

$$\int_{c_0}^{c_t} -\frac{dc_{H_2O_2}}{c_{H_2O_2}} = \int_0^t k_1 dt$$

$$\ln \frac{c_t}{c_0} = -k_1 t \tag{6-34}$$

由积分方程可得，$\ln c$ 对 t 作图是一条直线，斜率的负值即为 k_1；k_1 的量值与浓度单位无关；对于一级反应若用积分法求取速率常数，则速率常数的数值与反应物的初始浓度无关。

在 H_2O_2 催化分解过程中，t 时刻 H_2O_2 的浓度 c_t 可通过测量在相应的时间内反应放出的 O_2 体积求得。因为分解反应中，放出 O_2 的体积与已分解了的 H_2O_2 浓度成正比，其比例常数为定值。令 V_∞ 表示 H_2O_2 全部分解所放出的 O_2 体积，V_t 表示 H_2O_2 在 t 时刻放出的 O_2 体积，V_0 表示 H_2O_2 在 $t=0$ 时刻放出的氧气。则

$$c_0 \propto (V_\infty - V_0)$$
$$c_t \propto (V_\infty - V_t)$$

将上面的关系式代入式(6-34)，得到

$$\ln \frac{c_t}{c_0} = \ln \frac{V_\infty - V_t}{V_\infty} = -k_1 t$$

$$\ln(V_\infty - V_t) = -k_1 t + \ln V_\infty \tag{6-35}$$

H_2O_2 催化分解是一级反应，由式（6-35）得，以 $\ln(V_\infty - V_t)$ 对 t 作图应得一直线，直线斜率的负值即为 k_1。这种利用动力学方程的积分式获取反应特性的方法称为积分法。

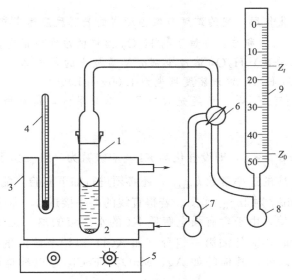

图 6-26　H_2O_2 分解测定装置

1—反应管；2—搅拌子；3—水浴夹套；4—温度计；5—磁力搅拌器；
6—三通活塞；7—双连球；8—橡皮滴头（内盛肥皂水）；9—量气管

三、仪器与试剂

仪器：超级恒温槽，量气管，磁力搅拌器，移液管（5mL）等。

试剂：H_2O_2 溶液（3%），KI 溶液（0.2mol/L）。

实验装置见图 6-26。

四、实验步骤

1. 调节超级恒温槽的水温为（25.0±0.1）℃或（30.0±0.1）℃，将循环恒温水通入反应管外水浴夹套。

2. 按图 6-26 装好仪器。用双连球 7 通过三通活塞 6 向量气管鼓气，并压出皂膜润湿量气管内壁，以防止实验过程中皂膜破裂。

3. 在反应管中加入 3% H_2O_2 溶液 5mL，放入水浴夹套恒温（注意：反应管内恒温水应漫过液面）。同时在一小试管中移入 0.2mol/LKI 溶液 5mL，放入恒温槽中恒温。

4. 在反应管内加入搅拌子，打开磁力搅拌器，调节搅拌速度，使搅拌子在反应管中转速恒定，并在量气管下部压出皂膜备用。

5. 恒温 10min，把小试管中的 KI 溶液倒入反应管中，约 1min 后塞上反应管上的橡皮塞，同时旋转活塞 6 使放出的氧气进入量气管。任选一时刻作为反应起始时间，同时记下量气管中皂膜位置读数 Z_0，以后每隔 1min 记录一次读数 Z_t，共 10 次。

6. 为了使 H_2O_2 分解完全，须再等待 20min 左右。等分解反应基本完成后，此时反应管中没有气体放出，量气管中皂膜位置不再变化，记下量气管中皂膜位置的读数，即为 Z_∞。

7. 实验结束，关闭搅拌器；清洗反应管、小试管、量气管；交回搅拌子。

五、数据记录与处理

1. 记录反应条件（反应温度、催化剂及其浓度）并列表记录反应时间 t 和量气管读数

Z_t 的对应值。

2. 举一例（写出计算过程）计算 V_t 和 V_∞：$V_t = Z_0 - Z_t$，$V_\infty = Z_0 - Z_\infty$，$\ln\{V_\infty - V_t\}$。

3. 以 $\ln(V_\infty - V_t)$ 对 t 作图，从所得直线的斜率求表观反应速率常数 k_1。

六、思考题

1. 反应中 KI 起催化作用，它的浓度与实验测得的表观反应速率常数 k_1 的关系如何？

2. 实验中放出氧气的体积与已分解了的 H_2O_2 溶液的浓度成正比，其比例常数是什么？试计算 5mL 3%（质量分数）H_2O_2 溶液全部分解后放出的氧气体积（25℃，101.325kPa，设氧气为理想气体，3% H_2O_2 溶液密度可视为 1.00g/mL）。

3. 若实验在开始测定 V_0 时，已经先放掉了一部分氧气，这样做对实验结果有没有影响？为什么？

七、进一步讨论

1. 本实验令 $k_1 = k_{H_2O_2} c_{KI}$，即设催化剂 KI 反应级数为一级。如要验证反应对 c_{KI} 确为一级反应，并求得该反应的速率常数 $k_{H_2O_2}$，还必须进行如下实验：配制不同 c_{KI} 的反应液，测得各相应的 k_1，以 $\ln k_1$ 对 $\ln c_{KI}$ 作图。若得直线的斜率接近 1，即证明此反应对 c_{KI} 确为一级，并可求得 $k_{H_2O_2}$ 值。由于含有强电解质 KI 的水溶液的离子强度对反应速率的影响，若用不同的 c_{KI} 作实验时，应外加第三组分（如 KCl）以调节溶液的离子强度，使它们相同。除 KI 可作催化剂以外，其他的如 Ag、MnO_2、$FeCl_3$ 等也都是该分解反应很好的催化剂。

2. 严格地讲，用含水量气管测量气体体积时，都包含着水蒸气的分体积。若在某温度 t 时，水蒸气已达饱和，则 V_t 应按下式计算：

$$V_t = V_{t,测量}\left(1 - \frac{p^*_{H_2O_2}}{p_{大气}}\right) \tag{6-36}$$

式中，$p^*_{H_2O_2}$ 为量气管温度下水的饱和蒸气压。

3. 如求反应的表观活化能 E_a，则通过测定不同温度下的反应速率常数，根据阿仑尼乌斯（Arrhennius）经验方程：

$$\ln k = -\frac{E_a}{RT} + C \tag{6-37}$$

以 $\ln k$ 对 $1/T$ 作图得一直线，从其斜率等于 $-E_a/R$，即可求得表观活化能 E_a。

实验四十二　环己烷-乙醇恒压汽液平衡相图绘制

一、实验目的

1. 测定常压下环己烷-乙醇二元系统的汽液平衡数据，绘制 101325Pa 下的沸点-组成相图。

2. 掌握阿贝折射仪的原理和使用方法。

3. 掌握水银温度计的校正与使用方法。

二、实验原理

理想液体混合物中各组分在同一温度下具有不同的挥发能力。因而，经过汽液间相变达到平衡后，各组分在汽液两相中的浓度是不相同的。根据这个特点，使二元混合物在精馏塔中进行反复蒸馏，就可分离得到各纯组分。为了得到预期的分离效果，设计精馏装置必须依靠准确的汽液平衡数据，也就是平衡时的汽液两相的组成与温度、压力间的依赖关系。工业上实际液体混合物的相平衡数据，很难由理论计算，必须由实验直接测定，即在恒压（或恒温）下测定平衡的蒸汽与液体的各组成。其中，恒压数据应用更广，测定方法也较简便。

　　恒压测定方法有多种，以循环法最普遍。循环法原理的示意见图 6-27。

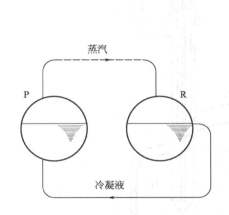

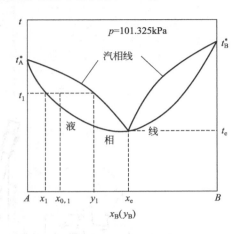

图 6-27　循环法原理示意　　　　　　　图 6-28　有最低恒沸点的二元汽液平衡相图

　　在沸腾器 P 中盛有一定组成的二元溶液，在恒压下加热。液体沸腾后，逸出的蒸汽经完全冷凝后流入收集器 R。达一定数量后溢流，经回流管流回到 P。由于汽相中的组成与液相中不同，所以随着沸腾过程的进行，P、R 两容器中的组成不断改变，直至达到平衡时，汽液两相的组成不再随时间而变化，P、R 两容器中的组成也保持恒定。分别从 R、P 中取样进行分析，即得出平衡温度下汽相和液相的组成。

　　本实验测定的环己烷-乙醇二元汽液恒压相图，如图 6-28 所示。图中横坐标表示二元系的组成（以 B 的摩尔分数表示），纵坐标为温度。显然曲线的两个端点 t_A^*、t_B^* 即指在恒压下纯 A 与纯 B 的沸点。若溶液原始的组成为 x_0，当它沸腾达到汽液平衡的温度为 t_1 时，其平衡汽液相组成分别为 y_1 与 x_1。用不同组成的溶液进行测定，可得一系列 t-x-y 数据，据此画出一张由液相线与汽相线组成的完整相图。图 6-28 的特点是当系统组成为 x_e 时，沸腾温度为 t_e，平衡的汽相组成与液相组成相同。因为 t_e 是所有组成中的沸点最低者，所以这类相图称为具有最低恒沸点的汽液平衡相图。

　　分析汽液两相组成的方法很多，有化学方法和物理方法。本实验用阿贝折射仪测定溶液的折射率，以确定其组成。因为在一定温度下，纯物质具有一定的折射率，所以两种物质互溶形成溶液后，溶液的折射率就与其组成有一定的顺变关系。预先测定一定温度下一系列已知组成的溶液的折射率，得到折射率-组成对照表。以后即可根据待测溶液的折射率，由此表确定其组成。

三、试剂与仪器

试剂：环己烷，乙醇。

仪器：埃立斯（Ellis）平衡蒸馏器，可控硅调压器，电压表，阿贝折射仪。

　　埃立斯平衡蒸馏器是由玻璃吹制而成的，它具有汽液两相同时循环的结构，如图 6-29 所示。

四、实验步骤

1. 将预先配制好的一定组成的环己烷-乙醇溶液缓缓加入蒸馏器中，使液面略低于蛇管喷口，蛇管的大部分浸在溶液之中。

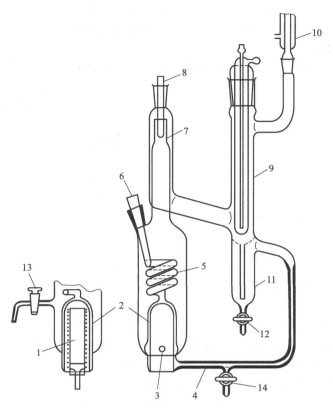

图 6-29　埃立斯平衡蒸馏器

1—加热元件；2—沸腾室；3—小孔；4—毛细管；5—平衡蛇管；6，8—温度计套管；

7—蒸馏器内管；9，10—冷凝器；11—冷凝液接收管；12，13—取样口；14—放料口

2. 调节适当的电压通过加热元件 1 和下保温电热丝对溶液进行加热。同时在冷凝器 9、10 中通以冷却水。

3. 加热一定时间后溶液开始沸腾，汽液两相混合物经蛇管口喷于温度计底部；同时可见汽相冷凝液滴入接收器 11。为了防止蒸汽过早的冷凝，通过可控硅调压将上保温电热丝加热，要求套管 8 内温度（汽相温度）比套管 6 内温度（汽液平衡温度）高 0.5～1.5℃。控制加热器电压，使冷凝液产生速度为每分钟 60～100 滴。调节上下保温电热丝电压，以蒸馏器的器壁上不产生冷凝液滴为宜。

4. 待套管 6 处的温度恒定 15～20min 后，可认为汽液相已达平衡，记下 6 处温度计读数，即为汽液平衡的温度 $t_{观}$，同时读取温度计露茎长度 n 和辅助温度计读数 $t_{环}$。

5. 关闭所有加热元件，稍冷却后分别从取样口 12、13 同时取样约 2mL，测定其折射率。

6. 实验结束，待溶液冷却后，将溶液放回原来的溶液瓶，关闭冷却水。

五、数据处理

1. 将测定的各汽液相折射率，利用环己烷-乙醇系统的折射率-组成对照表（见本书附录 11）查得平衡的液相组成 $x_{环}$ 与汽相组成 $y_{环}$。

2. 平衡温度的确定

（1）温度计示值校正和露茎校正见本书 6.1 相关章节。

（2）气压计读数校正见本书附录 4。

（3）平衡温度的压力校正　溶液的沸点与外压有关，为了将溶液沸点校正到正常沸点，即外压为 101325Pa 下的汽液平衡温度，应将测得的平衡温度进行气压校正。环己烷-乙醇系统的校正公式如下：

$$t_常 = t + \frac{1}{p_{大气}}(0.0712 + 0.0234 y_环)(t + 273)(101.3 \times 10^3 - p_{大气}) \qquad (6-38)$$

式中，$t_常$ 为校正到外压为 101325Pa 下的平衡温度，℃；t 为外压为 $p_{大气}$（Pa）时测得的温度；$y_环$ 为用环己烷摩尔分数表示的汽相组成。

3. 综合实验所得的各组成的平衡数据，绘出 101.325kPa 下环己烷-乙醇的汽液平衡相图。

六、思考题

1. 一般而言，如何才能准确测得溶液的沸点？
2. 埃立斯平衡蒸馏器有什么特点？其中蛇管的作用是什么？
3. 埃立斯平衡蒸馏器为何要上下保温？为何汽相部位温度应略高于液相部位温度？
4. 取出的平衡汽液相样品，为什么必须在密闭的容器中冷至 30℃ 后方可用于测定其折射率？
5. 在本实验中埃立斯平衡蒸馏器是如何实现汽液两相同时循环的？

七、进一步讨论

1. 为得到精确的相平衡数据，应采用恒压装置以控制外压。有关恒压装置的原理及使用参见本书实验五十。

2. 使用埃立斯蒸馏器操作时，应注意防止闪蒸现象、精馏现象及暴沸现象。当加热功率过高时，溶液往往会产生完全汽化，将原组成溶液瞬间完全变为蒸汽，即闪蒸。显然，闪蒸得到的汽液组成不是平衡的组成。为此需要调节适当的加热功率，以控制蒸汽冷凝液的回流速度。

蒸馏器所得的平衡数据应是溶液一次汽化平衡的结果。但若蒸汽在上升过程中又遇到汽相冷凝液，则又可进行再次汽化，这样就形成了多次蒸馏的精馏操作。其结果是得不到蒸馏器应得的平衡数据。为此，在蒸馏器上部必须进行保温，使汽相部位温度略高于液相，以防止蒸汽过早的冷凝。

由于沸腾时气泡生成困难，暴沸现象常会发生。避免的方法是提供气泡生成中心或造成溶液局部过热。为此，可在实验中鼓入小气泡或在加热管的外壁造成粗糙表面，以利于形成气穴；或将电热丝直接与溶液接触，造成局部过热。

实验四十三　计算机联用测定无机盐溶解热

一、实验目的

1. 用量热计测定 KCl 的积分溶解热。
2. 掌握量热实验中温差校正方法以及计算机联用测量溶解过程动态曲线的方法。

二、实验原理

盐类的溶解过程通常包含着两个同时进行的过程：晶格的破坏和离子的溶剂化。前者为吸热过程，后者为放热过程。根据状态函数的概念，溶解热是这两种热效应的总和。因此，盐溶解过程最终是吸热或放热，是由这两个热效应的相对大小所决定的。

溶解热的测定是在绝热式量热计中进行的。根据盖斯定律，将实际溶解过程分解成两步进行，如图 6-30 所示，第一过程是恒压下 KCl 在绝热式量热计中溶解，系统的温度 t_1 变化至 t_2，其热效应为 Q_p（即焓变 ΔH）；第二过程设想从与第一过程相同的初态开始先在恒温恒压下溶解，热效应为ΔH_1，然后在恒压条件下使系统的温度由t_1变化至t_2，回到第一过程的终态，热效应应为ΔH_2。则：

$$\Delta H = \Delta H_1 + \Delta H_2 \tag{6-39}$$

因为量热计为绝热系统， $Q_p = \Delta H = 0$

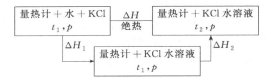

图 6-30   KCl 溶解过程的图解

所以在t_1下溶解的恒压热效应ΔH_1为

$$\Delta H_1 = -\Delta H_2 = -K(t_2 - t_1) \tag{6-40}$$

式中，K 是量热计与 KCl 水溶液所组成的系统的总热容量；$(t_2 - t_1)$ 为 KCl 溶解过程系统的温度变化值$\Delta t_{溶解}$。

由实验得到的ΔH_1可以求解积分溶解热。将 1mol 溶质溶解于一定量的溶剂中形成一定浓度溶液的热效应，称作积分溶解热。设将质量为m 的 KCl 溶解于一定体积的水中，KCl的摩尔质量为M，则在此浓度下 KCl 的积分溶解热为：

$$\Delta_{sol}H_m = \frac{\Delta H_1 M}{m} = -\frac{KM}{m}\Delta t_{溶解} \tag{6-41}$$

K 值可由电热法求取。即在同一实验中由电加热提供热量Q，测得系统升温为$\Delta t_{加热}$，则$K \cdot \Delta t_{加热} = Q$。若通电时间为$\tau$，电流强度为$I$，电热丝电阻为$R$，则：

$$K \cdot \Delta t_{加热} = I^2 R\tau \tag{6-42}$$

所以

$$K = \frac{I^2 R\tau}{\Delta t_{加热}} \tag{6-43}$$

由于实验中搅拌操作提供了一定热量，而且系统也并不是严格绝热的，因此在盐溶解的过程或电加热过程中都会引入微小的额外温差。为了消除这些影响，真实的$\Delta t_{溶解}$与$\Delta t_{加热}$应用图 6-31 所示的外推法求取。

图 6-31 表示电加热过程的温度-时间（t-τ）曲线。AB 线和 CD 线的斜率分别表示在电加热前后因搅拌和散热等热交换而引起的温度变化速率；t_B 和 t_C 分别为通电开始时的温度和通电后的最高温度。要求真实的$\Delta t_{加热}$必须在 t_B 和 t_C 间进行校正，校正由于搅拌和散热等所引起的温度变化值。为简便起见，设加热集中在加热前后的平均温度 t_E（即 t_B 和 t_C 的中点）下瞬间完成，在 t_E 前后由搅拌或散热而引起的温度变化率即为 AB 线和 CD 线的斜率。所以将 AB、CD 直线分别外推到与 t_E 对应时间的垂直线上，得到 G、H 两交点。显然 GN 与 PH 所对应的温度差即为 t_E 前后因搅拌和散热所引起温度变化的校正值。真实的$\Delta t_{加热}$应为 H 与 G 两点所对应的温度 t_H 与 t_G 之差。

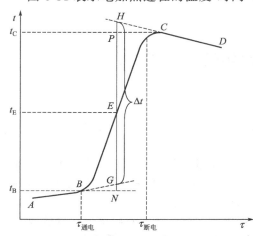

图 6-31   求$\Delta t_{加热}$的外推法作图

三、试剂与仪器

试剂：干燥过的分析纯 KCl。

仪器：量热计，磁力搅拌器，直流稳压电源，电流表，信号处理器，天平。

实验装置见图 6-32。

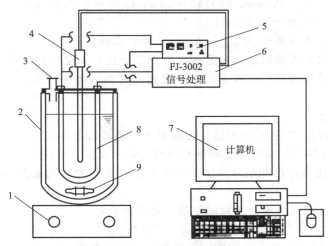

图 6-32　溶解热测定装置

1—磁力搅拌器；2—保温杯；3—加盐管；4—铂电阻温度计；5—直流稳压电源；
6—FJ-3002 化学实验通用数据采集与控制仪；7—计算机；8—电热丝加热管；9—磁搅拌子

四、实验步骤

1. 用量筒量取 225mL 去离子水，倒入量热计中并测量水温。

2. 在干燥的试管中称取 4.5～4.8g 干燥过的 KCl（精确到±0.01g）。

3. 先打开信号处理器和直流稳压电源，再打开电脑。进入实验软件，在"项目管理"中点击"打开项目"，选择"rjr"，点击"打开项目"。

4. 点击"测试"，设定测试时间为 20min；选择"编辑时间表"；在弹出对话框中选择"加热"，相对开始时刻设定为 600s，相对结束时刻设定为 900s，点击"添加"；然后选择"停止加热"，相对开始时刻设定为 900s，相对结束时刻设定为 1200s，点击"添加"，点击"确定"，回到"测试"界面，勾选"当按下开始采样时同时运行时间表"。

5. 在"显示参数曲线"中勾选"温度"，"数据文件名"任意填写，勾选"自动存盘"。

6. 启动磁力搅拌器并调节转速至中等速度，然后点击"开始采样"并切换到"动态曲线"。

7. 待采样时间到达 300s 时将 KCl 快速从加盐口倒入，塞好瓶口，注意观察温度曲线的变化。600s 时自动进入加热状态，此时电流表与电脑显示窗口均有加热电流值显示。900s 后自动停止加热。

8. 20min 后，实验自动结束。注：若采样前未点击"自动存盘"，可手动点击"存储数据"（自己设文件名）。

9. 切换到"数据处理"，点击"打开"，打开刚才保存的文件，切换到"数据表格"。每一分钟记录一个数据点。

五、数据处理

1. 作盐溶解过程和电加热过程温度-时间图，用外推法求得真实的 $\Delta t_{溶解}$ 与 $\Delta t_{加热}$。

2. 按式(6-43)计算系统总热容量 K。

3. 按式(6-41) 计算 KCl 的积分溶解热 $\Delta_{sol}H_m$。

六、思考题

1. 溶解热与哪些因素有关？本实验求得的 KCl 溶解热所对应的温度如何确定？是溶解前的温度还是溶解后的温度？还是两者的平均值？

2. 如测定溶液浓度为 0.5mol KCl/100mol H_2O 的积分溶解热，问水和 KCl 应各取多少？（已知保温杯的有效容积为 225mL）

3. 为什么要用作图法求得 $\Delta t_{溶解}$ 与 $\Delta t_{加热}$？如何求得？

4. 本实验如何测定系统的总热容量 K？若用先加热后加盐的方法是否可以？

5. 在标定系统热容过程中，如果加热电流过大或加热时间过长，是否会影响实验结果的准确性？为什么？

七、进一步讨论

1. 系统的总热容量 K 除用电加热方法标定外，还可以采用化学标定法，即在量热计中进行一个已知热效应的化学反应，如强酸与强碱的中和反应，可按已知的中和热与测得的温升求得 K 值。同样也可用已知积分溶解热的某物质作为标准，测量其溶解前后的温差求得 K 值。

2. 利用本实验装置尚可测定溶液的比热。基本公式是：

$$Q = (mc + K')\Delta t_{加热} \tag{6-44}$$

式中，m、c 分别为待测溶液的质量与比热；Q 为电加热输入的热量，为除了溶液之外的量热计的热容量；K' 值可通过已知比热的参比液体（如去离子水）代替待测溶液进行实验，按此基本公式求得。本实验装置还可用来测定弱酸的电离热或其他液相反应的热效应，也可进行反应动力学研究。

实验四十四　差热-热重分析

一、实验目的

1. 了解热分析的基本原理及差热曲线的分析方法，测定 $CuSO_4 \cdot 5H_2O$ 脱水过程的差热曲线及各特征温度。

2. 了解热重分析的基本原理及热重曲线的分析方法，测绘 $CuSO_4 \cdot 5H_2O$ 的脱水热谱图并予以定量解释。

二、实验原理

1. 热分析法

热分析法是在程序控制温度下测量物质的物理性质与温度的关系的一类技术。差热分析（DTA）是热分析方法的一种。其根据是当物质发生化学变化或物理变化（如脱水、晶型转变、热分解等）时，都有其特征的温度，并往往伴随着热效应，从而造成研究物质与周围环境的温差。此温差及相应的特征温度，可用于鉴定物质或研究其有关的物理化学性质。

为对某待测样品进行差热分析，则将其与热稳定性良好的参考物一同置于温度均匀的电炉中以一定的速率升温。这种参考物如 SiO_2、Al_2O_3，它们在整个试验温度范围内不发生任何物理化学变化，因而不产生任何热效应。所以，当样品没有热效应产生时，它和参考物温度相同，两者的温差 $\Delta T = 0$；当样品产生吸热（或放热）效应时，由于传热速率的限制，就会使样品与参考物温度不一致，即两者的温差 $\Delta T \neq 0$。

若以温差 ΔT 对参考物温度 T 作图，可得差热曲线图（图 6-33）。当 $\Delta T = 0$ 时是一条水平线（基线）；当样品放热时，出现峰状曲线，吸热时则出现方向相反的峰状曲线。过程结束后温差消失，又重新出现水平线。这些峰的起始温度与物质的热性质有关。峰状曲线与基线围起来的面积大小则对应于过程热效应的大小。

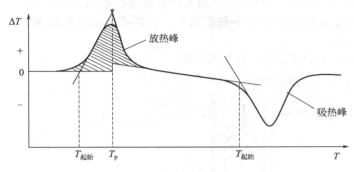

图 6-33 差热曲线示意图

差热峰的面积与过程的热效应成正比，即：

$$\Delta H = \frac{K}{m} \int_{t_1}^{t_2} \Delta T \, \mathrm{d}t = \frac{K}{m} A \tag{6-45}$$

式中，m 为样品的质量；ΔT 为温差；t_1、t_2 为峰的起始时刻与终止时刻；$\int_{t_1}^{t_2} \Delta T \, \mathrm{d}t$ 为差热峰的面积 A。

K 为仪器参数，与仪器特性及测定条件有关。同一仪器测定条件相同时 K 为常数，所以可用标定法求得。即用一定量已知热效应的标准物质，在相同的实验条件下测得其差热峰的面积，由式(6-45)求得 K 值。本实验用已知熔化熔的 Sn（$\Delta H_m = 60.67 \mathrm{J/g}$）。峰面积可直接由计算机绘图后进行处理。

2. 热重法（TG）

热重法是在程序控制温度的条件下测量物质的质量与温度的关系的一种技术。当样品在程序升温过程中发生脱水、氧化或分解时，其质量就会发生相应的变化。通过热电偶和热天平，记录样品在程序升温过程中的温度 t 和与之相对应的质量 m，并将此对应关系绘制成图，即得到该物质的热重谱线图，见图 6-34。

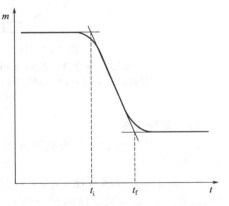

图 6-34 热重谱线示意图

在理想的实验情况下，图中 t_i 应该是样品的质量变化达到天平开始感应的最初温度，同样 t_f 是样品质量变化达到最大值时的温度。图线的形状、t_i 和 t_f 的值主要由物质的性质所决定，但也与设备及操作条件（如升温速率等）有关。在实验中由于样品的预处理状况、热分析炉的结构、炉内外气氛对流等因素的影响，t_i、t_f 往往不易确定，故采用如图 6-34 所示外推法得到。根据质量变化的百分率及相应温度，可以得到物质在一定温度区间内反应特性以及热稳定性等信息，以至于可推测其组成等。因此，热重法与差热分析一样，也是热分析的有力工具之一。

3. 差热-热重分析

本实验采用 HCT-1 型综合热分析仪测试 $CuSO_4 \cdot 5H_2O$ 在加热过程中发生脱水和分解反应时差热-热重谱线。本仪器的测量系统采用上皿、不等臂、吊带式天平、光电传感器、带有微分、积分校正的测量放大器，电磁式平衡线圈以及电调零线圈等。当天平因试样质量变化而出现微小倾斜时，光电传感器就产生一个相应极性的信号，送到测重放大器，测重放大器输出 0～5V 信号，经过 A/D 转换，送入计算机进行绘图处理。同时由于托盘底部安装了差热传感器，因此能同时得到差热-热重谱线。仪器结构如图 6-35 所示。

三、试剂与仪器

试剂：$CuSO_4 \cdot 5H_2O$（AR），使用前研细。

仪器：HCT-1 型综合热分析仪。

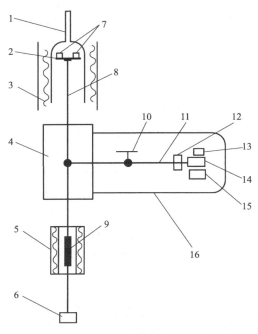

图 6-35　HCT-1 型综合热分析仪测量装置示意图

1—炉腔保护管；2—托盘＋差热传感器；3—陶瓷保温桶；4—天平主机座；5—平衡线圈；6—平衡盘；7—坩埚；
8—支撑杆；9—磁芯；10—吊带；11—天平横梁；12—平衡砝；13—发光二极管；14—遮光挡片；
15—硅光电池；16—玻璃罩

四、实验步骤

1. 打开仪器后面板上的电源开关，指示灯亮，说明整机电源已接通。预热 30min 后才能进行测试工作。

2. 精确称取待测样品 $CuSO_4 \cdot 5H_2O$ 约 20mg，装入坩埚内，在桌面上轻墩几下使样品自然堆积。另取一只空坩埚作为参比物。

3. 双手轻轻抬起炉子，以左手为中心，右手逆时针轻轻旋转炉子。左手轻轻扶着炉子，用左手拇指扶着右手拇指，防止右手抖动。用右手把参比物放在左边的托盘上，把测量物放在右边的托盘上。轻轻放下炉体（注意：操作时轻上、轻下）。

4. 启动热分析软件，点击新采集，自动弹出【新采集-参数设置】对话框，左半栏目里填写试样名称、序号、试样质量、操作人员姓名。在右边栏里进行温度设置，将升温速度设定为 5℃/min 或 10℃/min，终止温度 350℃。具体设置步骤如下：

点击增加按钮，弹出【阶梯升温-参数设置】对话框，填写升温速率、终止温度、保温时间，设置完毕点击确定按钮；继续点击增加按钮，进行同样设置，采集过程将根据每次设置的参数进行阶梯升温（若只需要设置一个升温程序，则此步省略；若需要设置多个升温程序，多次重复此步即可）；设置完成后也可以修改每个阶梯设置的参数值，光标放到要修改的参数上，单击左键，参数行变蓝色，左键点击修改按钮，弹出阶梯升温参数，修改完毕，点击确定按钮。设置完以上参数，点击【新采集-参数设置对话框】的确定按钮，系统进入采集状态。计算机自动记录差热-热重谱线。

5. 数据分析：数据采集结束后，点击数据【数据分析】菜单（或单击右键），选择下拉菜单中的选项，进行对应分析。分析过程：首先用鼠标选取分析起始点，双击鼠标左键；接着选取分析结束点，双击鼠标左键，此时计算机自动弹出分析结果。

五、数据处理

1. 由所测样品的差热-热重谱线图，求出各峰的起始温度和峰温，将数据列表记录。

2. 求出所测样品的吸热或放热量，求出 $CuSO_4 \cdot 5H_2O$ 脱水与分解温度及与之对应的失重量和失重百分数。

3. 求解样品 $CuSO_4 \cdot 5H_2O$ 的三个峰所涵盖的脱水过程，写出相应的反应方程式。根据实验结果，结合无机化学知识，推测 $CuSO_4 \cdot 5H_2O$ 中 5 个 H_2O 的结构状态。

4. 试将 $CuSO_4 \cdot 5H_2O$ 失重的量与化学反应式中的计量关系相验证。

六、思考题

1. 差热-热重分析中升温速率过快或过慢对实验有什么影响？

2. 差热分析中如何选择参比物？常用的参比物有哪些？

3. 差热曲线的形状与哪些因素有关？影响差热分析结果的主要因素有哪些？

4. 简述热重分析的特点及局限性。

七、进一步讨论

从理论上讲，差热曲线峰面积（S）的大小与试样所产生的热效应（ΔH）大小成正比，即 $\Delta H = KS$，K 为比例常数。将未知试样与已知热效应物质的差热峰面积相比，就可求出未知试样的热效应。实际上，由于样品和参比物之间往往存在着比热、热导率、粒度、装填紧密程度等方面不同，在测定过程中又由于熔化、分解转晶等物理、化学性质的改变，未知物试样和参比物的比例常数 K 并不相同，所以用它来进行定量计算误差较大。但差热分析可用于鉴别物质，与 X 射线衍射、质谱、色谱、热重法等方法配合可确定物质的组成、结构及动力学等方面的研究。

实验四十五　金属钝化曲线的测定

一、实验目的

1. 掌握准稳态法测定金属钝化曲线的基本方法，测定金属镍在硫酸溶液中的钝化曲线及其维钝电流密度和维钝电位值。

2. 学会处理电极表面，了解电极表面状态对钝化曲线测量的影响。

二、实验原理

在以金属作阳极的电解池中，通过电流时，通常会发生阳极的电化学溶解过程：

$$M \longrightarrow M^{n+} + ne^-$$

当阳极的极化不太大时，溶解速率随着阳极电极电势（电极电位）的增大而增大，这是金属正常的阳极溶解。但是在某些化学介质中，当阳极电极电势超过某一正值后，阳极的溶解速率随着阳极电极电势的增大反而大幅度地降低，这种现象称为金属的钝化。

研究金属的钝化过程，需要测定钝化曲线，通常用恒电位法。将被研究金属如铁、镍、铬等或其合金置于硫酸或硫酸盐溶液中即为研究电极，它与辅助电极（铂电极）组成一个电解池，同时它又与参比电极（硫酸亚汞电极）组成原电池，以镍为阳极为例，其测量原理示意线路见图 6-36。该测量回路可分为两部分，一是研究电极（镍电极）和辅助电极形成的极化回路，由 mA 表测量极化电流的大小；二是参比电极与研究电极形成的电位测量回路。通过恒电位仪对研究电极给定一个恒定电位后，测量与之对应的准稳态电流值 I。以超电势 η 对通过被研究电极的电流密度 j 的对数 $\lg(j)$ 作图，得如图 6-37 所示金属钝化曲线。超电势 η 即为电流密度为 j 时的阳极电极电势 $E_{Ni}(j)$ 与 $j=0$ 时的阳极电极电势 $E_{Ni}(0)$ 之差：

$$\eta = E_{Ni}(j) - E_{Ni}(0)$$

因为

$$E(j) = E_{Hg_2SO_4} - E_{Ni}(j)$$
$$E(0) = E_{Hg_2SO_4} - E_{Ni}(0)$$

所以

$$\eta = E(0) - E(j)$$

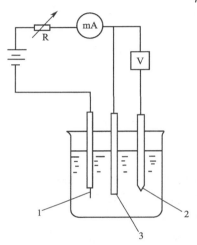

图 6-36　恒电位法测定金属
钝化曲线的示意图
1—辅助电极；2—参比电极；3—研究电极

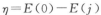

图 6-37　金属钝化曲线

图中 AB 线段表明，当表示阳极电极电势的外加给定电位增加，电流密度 j 随之增大，是金属正常溶解的区间，称为活性溶解区。BC 线段即表明阳极已经开始钝化，此时，作为阳极的金属表面开始生成钝化膜，故其电流密度 j（溶解速率）随着阳极电极电势增大而减小，这一区间称为钝化过渡区。CD 线段表明金属处于钝化状态，此时金属表面生成了一层致密的钝化膜，在此区间电流密度稳定在很小的值，而且与阳极电极电势的变化无关，这一区间称为钝化稳定区。随后的 DE 线段，电流密度 j 又随阳极电极电势的增大而迅速增大，在此区间钝化了的金属又重新溶解，称为"超钝化现象"。这一区间称为超钝化区。对应于 B 点的电流密度 j_b 称为致钝电流密度，对应的电位称为致钝电位。对应于 C 点的 j_c 称为维钝电流密度，CD 段所对应的电位称为维钝电位。

三、试剂与仪器

试剂：0.05mol/L H_2SO_4 溶液、丙酮。

仪器：JH2X 型数字式恒电位仪、电解槽、饱和硫酸亚汞电极（参比电极）、Pt 电极（辅助电极）、直径 9mm 的 Ni 电极（研究电极）。

四、实验步骤

1. 将 Ni 电极表面用金相砂纸磨亮，随后用丙酮、去离子水洗净并测量其表面积。

2. 仔细阅读本实验附录：JH2X 型数字式恒电位仪使用说明，掌握各旋钮、开关的作用。

3. 在电解池内倒入约 60mL 0.05mol/L H_2SO_4 溶液，按图 6-36 组装实验设备，公共端接研究电极。

4. 接通恒电位仪电源，按 JH2X 型数字式恒电位仪使用说明（见本书附录 6），将恒电位仪上开关 K6 置准备位（此时测量回路处于开路状态，$j=0$），K4 置于恒电位，K3 置于 2mA，K5 置于电位选择，K2 置于参比位，打开恒电位仪电源开关，预热 15min。此时显示屏上所显示的数据即为参比电极（饱和硫酸亚汞电极）与研究电极（Ni）间的开路电位 $E(0)$ $[E(0)=E_{Hg_2SO_4}-E_{Ni}(0)]$。待数据稳定后读下 $E(0)$ 值 $[E(0)$ 为 0.6V 左右$]$。

5. 用静态法调节给定电位：将 K6 置于准备位，K2 置于给定位，K5 置于电位选择，K4 置于恒电位，调节给定 1（W1）、给定 2（W2），使显示屏的电位显示值等于 $E(0)$，然后将 K6 置于工作位，K5 置于电流选择，1min 后记下相应的电流值。（注：电流测量量程由 K3 调节，其量程由电流读数而定）

6. 通过给定 1、给定 2 的调节使电位 $E(j)$ 值逐一减小 0.05V，1min 后记下 $E(j)$ 及与之对应的电流值，给定电位减至 −0.6V 左右后再改为每次减少 0.1V，直到电位值为 −1.2V 止。

7. 实验完毕，调节给定电位至 0.6V，K6 置于准备位，K3 置于 20mA，K4 置于恒电流位，K5 置于电位选择后关闭电源，拆除三电极上的连接导线，洗净电极与电解池。

五、数据处理

1. 记录实验条件并计算超电势 η。

2. 计算电流密度 j，列表并描绘钝化曲线。

3. 从钝化曲线上确定 Ni 在 H_2SO_4 溶液中的维钝电位（以超电势 η 表示）范围和维钝电流密度值。

六、思考题

1. 金属钝化的基本原理是什么？

2. 测定极化曲线，为何需要三个电极？在恒电位仪中，电位与电流哪个是自变量？哪个是因变量？

3. 试说明实验所得金属钝化曲线各转折点的意义。

4. 是否可用恒电流法测量金属钝化曲线？

七、进一步讨论

1. 处于钝化状态的金属溶解速率是很小的。在金属的防腐蚀以及作为电镀的不溶性阳极时，金属的钝化正是人们所需要的，例如，将待保护的金属作阳极，先使其在致钝电流密度下表面处于钝化状态，然后用很小的维钝电流密度使金属保持在钝化状态，从而使其腐蚀速率大大降低，达到保护金属的目的。但是，在化学电源、电冶金和电镀中作为可溶性阳极时，金属的钝化就非常有害。

2. 金属的钝化，除决定于金属本身性质以外，还与腐蚀介质的组成和实验条件有关。例如，在酸性溶液和中性溶液中金属一般较易钝化；卤素离子，尤其是 Cl^- 往往能大大延缓或防止钝化；以致产生危害性较大的点腐蚀。但某些氧化性离子，如 CrO_4^{2-}，则可促进金属钝化。在低温下钝化较易形成；加强搅拌可阻碍钝化等。

3. 测定极化曲线除恒电位法外，还有恒电流法（用恒电流仪）。其特点是在不同的电流密度下，测定对应的电极电位。但对金属钝化曲线，恒电流仪不能信任。因为从图 6-29 可知，在一个恒定的电流密度下会出现多个对应的电极电位，因而得不到一条完整的钝化曲线。恒电流仪主要用于研究表面不发生变化和不受扩散控制的电化学过程。

4. 极化曲线测定除应用于金属防腐蚀外，在电镀中有重要应用。一般凡能增加阴极极化的因素，都可提高电镀层的致密性与光亮度。为此，通过测定不同条件的阴极极化曲线，可以选择理想的镀液组成、pH 值以及电镀温度等工艺条件。

实验四十六　固液吸附法测定比表面

一、实验目的

1. 用溶液吸附法测定活性炭的比表面。
2. 了解溶液吸附法测定比表面的基本原理及测定方法。

二、实验原理

比表面是指单位质量（或单位体积）的物质所具有的表面积，其数值与分散粒子大小有关。

测定固体比表面的方法很多，常用的有 BET 低温吸附法、电子显微镜法和气相色谱法，但它们都需要复杂的仪器装置或较长的实验时间。而溶液吸附法则仪器简单，操作方便。本实验用亚甲基蓝水溶液吸附法测定活性炭的比表面。此法虽然误差较大，但比较实用。

活性炭对亚甲基蓝的吸附，在一定的浓度范围内是单分子层吸附，符合朗格缪尔（Langmuir）吸附等温式。根据朗格缪尔单分子层吸附理论，当亚甲基蓝与活性炭达到吸附饱和后，吸附与脱附处于动态平衡，这时亚甲基蓝分子铺满整个活性炭粒子表面而不留下空位。此时吸附剂活性炭的比表面可按下式计算：

$$S_0 = \frac{(c_0 - c)G}{W} \times 2.45 \times 10^6 \tag{6-46}$$

式中，S_0 为比表面，m^2/kg；c_0 为原始溶液的浓度；c 为平衡溶液的浓度；G 为溶液的加入量，kg；W 为吸附剂试样的质量，kg；2.45×10^6 是 1kg 亚甲基蓝可覆盖活性炭样品的面积，m^2/kg。

本实验溶液浓度的测量是借助于分光光度计来完成的，根据光吸收定律，当入射光为一定波长的单色光时，某溶液的吸光度与溶液中有色物质的浓度及溶液的厚度成正比，即：

$$A = KcL$$

式中，A 为吸光度；K 为常数；c 为溶液浓度；L 为液层厚度。

实验首先测定一系列已知浓度的亚甲基蓝溶液的吸光度，绘出 A-c 工作曲线，然后测定亚甲基蓝原始溶液及平衡溶液的吸光度，再在 A-c 曲线上查得对应的浓度值，代入式（6-46）计算比表面。

三、试剂与仪器

试剂：亚甲基蓝原始溶液（$2g/dm^3$）、亚甲基蓝标准溶液（$0.1g/dm^3$）、颗粒活性炭。

仪器：分光光度计、振荡器、分析天平、离心机、台秤（0.1g）、锥形瓶（100mL）、容量瓶（500mL、100mL）。

四、实验步骤

1. 活化样品

将活性炭置于瓷坩埚中放入 500℃马弗炉中活化 1h（或在真空箱中 300℃活化 1h），然后置于干燥器中备用。

2. 溶液吸附

取 100mL 锥形瓶 3 只，分别放入准确称取活化过的活性炭约 0.1g，再加入 40g 浓度为 2g/L 的亚甲基蓝原始溶液，塞上橡皮塞，然后放在振荡器上振荡 3h。

3. 配制亚甲基蓝标准溶液

用台秤分别称取 4g、6g、8g、10g、12g 浓度为 0.1g/L 的标准亚甲基蓝溶液于 100mL 容量瓶中，用蒸馏水稀释至刻度，即得浓度分别为 4mg/L、6mg/L、8mg/L、10mg/L、12mg/L 的标准溶液。

4. 原始溶液的稀释

为了准确测定原始溶液的浓度，在台秤上称取浓度为 2g/L 的原始溶液 2.5g，放入 500mL 容量瓶中，稀释至刻度。

5. 平衡液处理

样品振荡 3h 后，取平衡溶液 5mL 放入离心管中，用离心机旋转 10min，得到澄清的上层溶液。取 2.5g 澄清液放入 500mL 容量瓶中，并用蒸馏水稀释到刻度。

6. 选择工作波长

用 6mg/L 的标准溶液和 0.5cm 比色皿，以蒸馏水为空白液，在 500～700nm 波长范围内测量吸光度，以最大吸收时的波长作为工作波长。

7. 测量吸光度

在工作波长下，依次分别测定 4mg/L、6mg/L、8mg/L、10mg/L、12mg/L 的标准溶液的吸光度，以及稀释以后的原始溶液及平衡溶液的吸光度。

五、数据处理

1. 作 A-c 工作曲线。

2. 求亚甲基蓝原始溶液的浓度 c_0 和平衡溶液的浓度 c。从 A-c 工作曲线上查得对应的浓度，然后乘以稀释倍数 200，即得 c_0 和 c。

3. 计算比表面，求平均值。

六、思考题

1. 比表面的测定与温度、吸附质的浓度、吸附剂颗粒、吸附时间等有什么关系？

2. 用分光光度计测定亚甲基蓝水溶液的浓度时，为什么还要将溶液再稀释到 mg/dm^3 级浓度才进行测量？

3. 固体在稀溶液中对溶质分子的吸附与固体在气相中对气体分子的吸附有何共同点和有何区别？

4. 溶液产生吸附时，如何判断其达到平衡？

七、进一步讨论

1. 测定固体比表面时所用溶液中溶质的浓度要选择适当，即初始溶液的浓度以及吸附平衡后的浓度都选择在合适的范围内。既要防止初始浓度过高导致出现多分子层吸附，又要避免平衡后的浓度过低，使吸附达不到饱和。如亚甲基蓝在活性炭上的吸附实验中原始溶液的浓度为 $2g/dm^3$ 左右，平衡溶液的浓度不小于 $1mg/dm^3$。

2. 按朗格缪尔吸附等温线的要求，溶液吸附必须在等温条件下进行，使盛有样品的锥形瓶置于恒温器中振荡，使之达到平衡。本实验是在空气浴中将盛有样品的锥形瓶置于振荡器上振荡。实验过程中温度会有变化，这样会影响测定结果。

实验四十七　酯皂化反应动力学

一、实验目的

1. 测定乙酸乙酯皂化反应过程中的电导率变化，计算其反应速率常数。

2. 掌握电导率仪的使用方法。

二、实验原理

乙酸乙酯皂化反应：

$$CH_3COOC_2H_5 + NaOH \longrightarrow CH_3COONa + C_2H_5OH$$

它的反应速率可用单位时间内 CH_3COONa 浓度的变化来表示：

$$\frac{dx}{dt} = k(a-x)(b-x) \tag{6-47}$$

式中，a、b 分别表示反应物酯和碱的初始浓度；x 表示经过 t 时间后 CH_3COONa 的浓度；k 即 k_{CH_3COONa}，表示相应的反应速率系数。

因为反应速率与两个反应物浓度都是一次方的正比关系，所以称为二级反应。若反应物初始浓度相同，均为 c_0，即 $a=b=c_0$，则式（6-47）变为：

$$\frac{dx}{dt} = k(c_0-x)^2 \tag{6-48}$$

当 $t=0$ 时，$x=0$；$t=t$ 时，$x=x$。积分上式得：

$$\int_0^x \frac{dx}{c_0-x} = \int_0^t k\,dt$$

$$k = \frac{1}{tc_0} \times \frac{c_0-c}{c} \tag{6-49}$$

式中，c 为 t 时刻的反应物浓度，即 c_0-x。

为了得到在不同时间的反应物浓度 c，本实验中用电导率仪测定溶液电导率 κ 的变化来表示。这是因为随着皂化反应的进行，溶液中导电能力强的 OH^- 逐渐被导电能力弱的 CH_3COO^- 所取代，所以溶液的电导率逐渐减小（溶液中 $CH_3COOC_2H_5$ 与 C_2H_5OH 的导电能力都很小，故可忽略不计）。显然溶液的电导率变化是与反应物浓度变化相对应的。

在电解质的稀溶液中，电导率 κ 与浓度 c 有如下的正比关系：

$$\kappa = Kc \tag{6-50}$$

式中，比例常数 K 与电解质组成、性质及温度有关。

当 $t=0$ 时，电导率 κ_0 对应于反应物 $NaOH$ 的浓度 c_0，因此：

$$\kappa_0 = K_{NaOH}c_0 \tag{6-51}$$

当 $t=t$ 时，电导率 κ_t 应该是浓度为 c 的 $NaOH$ 及浓度为 (c_0-c) 的 CH_3COONa 的电导率之和：

$$\kappa_t = K_{NaOH}c + K_{CH_3COONa}(c_0-c) \tag{6-52}$$

当 $t=\infty$ 时，OH^- 完全被 CH_3COO^- 代替，因此电导率 κ_∞ 应与产物的浓度 c_0 相对应：

$$\kappa_\infty = K_{CH_3COONa}c_0 \tag{6-53}$$

联立以上各 κ 的表达式，可以得到

$$c_0 = \frac{1}{K_{NaOH} - K_{CH_3COONa}}(\kappa_0 - \kappa_\infty) \tag{6-54}$$

$$c = \frac{1}{K_{NaOH} - K_{CH_3COONa}}(\kappa_t - \kappa_\infty) \tag{6-55}$$

将式（6-54）和式（6-55）代入式（6-49），得

$$\frac{\kappa_0 - \kappa_t}{\kappa_t - \kappa_\infty} = k_{CH_3COONa}c_0 t \tag{6-56}$$

据此，以 κ_t 对 $\dfrac{\kappa_0 - \kappa_t}{\kappa_t - \kappa_\infty}$ 对 t 作图，可以得到一条直线。从其斜率 $k_{CH_3COONa}c_0$ 中即可求得反

应速率系数 k_{CH_3COONa}。

三、试剂与仪器

试剂：新鲜配制的 0.020mol/L 乙酸乙酯溶液，0.020mol/L NaOH 溶液。

仪器：DDS-307 型电导率仪，DJS-1 型光亮铂电导电极，大试管，秒表，混合反应器（见图 6-38）。

四、实验步骤

1. 了解电导率仪的原理与使用方法，见本书附录 1。

2. 于大试管中，用移液管加入 25mL 去离子水和 0.020mol/L 的 NaOH 溶液，置于（25.0±0.1）℃ 或（30.0±0.1）℃ 的恒温槽内。恒温后由该溶液的电导率标定所用光亮铂电极的电导池常数。（已知 0.010mol/L NaOH 的电导率：25℃ 时 $\kappa=2.38\times10^3\,\mu S/cm$；30℃ 时 $\kappa=2.54\times10^3\,\mu S/cm$）。

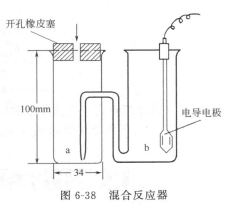

图 6-38　混合反应器

3. 将光亮铂电极插入混合反应器的 b 管中，并用移液管加入 25mL 0.020mol/L 的 NaOH 溶液；用另一移液管吸取 25mL 0.020mol/L 的乙酸乙酯溶液于 a 管中，并用开孔的橡皮塞塞住，置于恒温槽内。

4. 恒温后进行混合，即用吸球自 a 管的橡皮塞孔中鼓入空气，把乙酸乙酯压向 b 管，使其与 b 管内的 NaOH 溶液瞬间混合，立刻揿下秒表，开始计时。每隔 2～4min 测电导率一次，共记录反应时间约为 50min。随着反应的进行，测定的时间间隔可适当增加。在每次测定前，电导率仪都必须进行满刻度标定。

5. 测定 0.01mol/L 的 CH_3COONa 溶液的电导率，即为 κ_∞。

注意：（1）电接点水银温度计的示数不是很准确，开始时设定温度要比实验温度低 1～2℃，再慢慢逼近。

（2）乙酸乙酯溶液在恒温时可用塞子塞住，以避免挥发。

（3）混合时塞子要塞紧，注意溶液是否从 a 管全部冲入 b 管中，并避免溶液溅出。

五、数据处理

1. 列表表示不同时间 t 的 κ_t、$\dfrac{\kappa_0-\kappa_t}{\kappa_t-\kappa_\infty}$。

2. 以 $\dfrac{\kappa_0-\kappa_t}{\kappa_t-\kappa_\infty}$ 对 t 作图，由所得直线的斜率计算反应速率系数 k_{CH_3COONa}。

六、思考题

1. 本实验为什么可用测定反应液的电导率变化来代替浓度的变化？为什么要求反应物的溶液浓度相当稀？

2. 为什么本实验要求当反应液一开始混合就立刻计时？此时反应液中的 c_0 应为多少？

3. 试由实验结果得到的 k_{CH_3COONa} 值计算反应开始 10min 后 NaOH 作用掉的百分数？并由此解释实验过程中测定电导率的时间间隔可逐步增加的原因。

七、进一步讨论

1. 本实验对各溶液的要求：

（1）$CH_3COOC_2H_5$ 溶液要新鲜配制。因为乙酸乙酯易挥发，且易水解生成乙酸和乙醇。

（2）NaOH 溶液不宜在空气中久置，以防其吸收 CO_2 生成 Na_2CO_3。

（3）必须用高质量的去离子水配制溶液。若用吸收了 CO_2 的水配制溶液，则将含有较多的 H^+，会加速酯的水解与降低碱的浓度。

2. 式(6-56) 还有多种变化的形式，如：

$$\kappa_t = \frac{1}{k_{CH_3COONa}c_0} \times \frac{\kappa_0 - \kappa_t}{t} + \kappa_\infty$$

$$\frac{1}{\kappa_t - \kappa_\infty} = \frac{k_{CH_3COONa}c_0}{\kappa_0 - \kappa_\infty}t + \frac{1}{\kappa_0 - \kappa_\infty}$$

$$\kappa_t = -k_{CH_3COONa}c_0 t(\kappa_t - \kappa_\infty) + \kappa_0$$

等，均可用以处理得到反应速率系数。

3. 测定几个不同温度下的 k_{CH_3COONa} 值，按阿仑尼乌斯方程可求得反应表观活化能 E_a。

实验四十八　氨基甲酸铵分解平衡常数的测定

一、实验目的

1. 测定氨基甲酸铵的分解压力，并求得反应的标准平衡常数和有关热力学函数。
2. 掌握空气恒温箱的结构原理及其使用。

二、实验原理

氨基甲酸铵的分解可用下式表示：

$$NH_2COONH_4(固) \Longleftrightarrow 2NH_3(气) + CO_2(气)$$

设反应中产生的气体为理想气体，则其标准平衡常数 $K^\ominus$ 可表达为

$$K^\ominus = \left(\frac{p_{NH_3}}{p^\ominus}\right)^2 \left(\frac{p_{CO_2}}{p^\ominus}\right) \tag{6-57}$$

式中，p_{NH_3} 和 p_{CO_2} 分别表示反应温度下 NH_3 和 CO_2 的平衡分压；$p^\ominus$ 为 100kPa。设平衡总压为 p，则

$$p_{NH_3} = \frac{2}{3}p; \quad p_{CO_2} = \frac{1}{3}p$$

代入式(6-57)，得到

$$K^\ominus = \left(\frac{2}{3}\frac{p}{p^\ominus}\right)^2 \left(\frac{1}{3}\frac{p}{p^\ominus}\right) = \frac{4}{27}\left(\frac{p}{p^\ominus}\right)^3 \tag{6-58}$$

因此测得一定温度下的平衡总压后，即可按式(6-58)算出此温度的反应平衡常数 $K^\ominus$。氨基甲酸铵分解是一个热效应很大的吸热反应，温度对平衡常数的影响比较灵敏。但当温度变化范围不大时，按平衡常数与温度的关系式，可得：

$$\ln K^\ominus = \frac{-\Delta_r H_m^\ominus}{RT} + C \tag{6-59}$$

式中，$\Delta_r H_m^\ominus$ 为该反应的标准摩尔反应热；R 为摩尔气体常数；C 为积分常数。根据式(6-59)，只要测出几个不同温度下的 $K^\ominus$，以 $\ln K^\ominus$ 对 $1/T$ 作图，由所得直线的斜率即可求得实验温度范围内的 $\Delta_r H_m^\ominus$。

利用如下热力学关系式还可计算反应的标准摩尔吉氏函数变化 $\Delta_r G_m^\ominus$ 和标准摩尔熵变 $\Delta_r S_m^\ominus$：

$$\Delta_r G_m^\ominus = -RT\ln K^\ominus \tag{6-60a}$$

$$\Delta_r G_m^\ominus = \Delta_r H_m^\ominus - T\Delta_r S_m^\ominus \tag{6-60b}$$

本实验用静态法测定氨基甲酸铵的分解压力。参看图 6-39 所示的实验装置。样品瓶 A

和零压计 B 均装在空气恒温箱 D 中。实验时先将系统抽空（零压计两液面相平），然后关闭活塞 1，让样品在恒温箱的温度 t 下分解，此时零压计右管上方为样品分解得到的气体，通过活塞 2、3 不断放入适量空气于零压计左管上方，使零压计中的液面始终保持相平。待分解反应达到平衡后，从外接的数字压力计测出零压计左管上方的气体压力，即为温度 t 下氨基甲酸铵分解的平衡压力。

三、试剂与仪器

试剂：氨基甲酸铵（固体粉末）。

仪器：空气恒温箱，样品瓶，汞压力计，硅油零压计，机械真空泵，活塞等。

四、实验步骤

1. 按图 6-39 的装置接好管路，并在样品瓶 A 中装上少量氨基甲酸铵粉末。

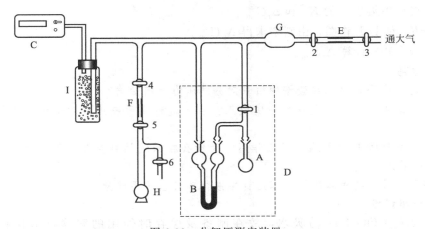

图 6-39　分解压测定装置

A—样品瓶；B—零压计；C—数字压力计；D—空气恒温箱；E,F—毛细管；
G—缓冲管；H—真空泵；I—氨吸收瓶；1～6—真空活塞

2. 打开活塞 1，关闭其余所有活塞。然后开动机械真空泵，再缓缓打开活塞 5 和 4，使系统逐步抽真空。约 5min 后，关闭活塞 5、4 和 1。

3. 调节空气恒温箱温度为（25.0±0.2）℃。

4. 随着氨基甲酸铵分解，零压计中右管液面降低，左管液面升高，出现了压差。为了消除零压计中的压差，维持零压，先打开活塞 3，随即关闭，再打开活塞 2，此时毛细管 E 中的空气经过缓冲管 G 降压后进入零压计左管上方。再关闭活塞 2，打开活塞 3，如此反复操作，待零压计中液面相平且不随时间而变，则从 U 形汞压力计上测得平衡压差 Δp_t。

注意：①不可将活塞 2、3 同时打开，以免压差过大而使零压计中的硅油冲入样品瓶。②若空气放入过多，造成零压计左管液面低于右管液面，此时可打开活塞 5，通过真空泵将毛细管 F 抽真空，随后再关闭活塞 5，打开活塞 4。这样可以降低零压计左管上方的压力，直至两边液面相平。

5. 将空气恒温箱分别调到 30℃、35℃、40℃，同上述实验步骤操作，从 U 形汞压力计测得各温度下系统达平衡后的压差。

6. 实验结束，必须先打开活塞 6，再关闭真空泵（为什么？），然后打开活塞 1、2、3，使系统通大气。

7. 测定大气压，见本书附录 4。

注意事项

（1）由于测温用的精密温度计与电接点水银温度计感温灵敏度不同，在达到指定温度后尚需一段时间，才能使恒温精度达到＜±0.3℃。因此设置恒温箱温度时，首先应略低于所需温度，然后慢慢调控至所需温度。

（2）恒温时的实际温度应以恒温箱上精密水银温度计为准。

（3）抽真空时恒温箱中的活塞 1 必须打开，否则将使零压计中的硅油冲出零压计而污染系统。系统通进少量大气时要注意两个活塞不能同时大开，少量抽空时也是同样。

五、数据处理

1. 将测得的大气压和 U 形汞压力计的汞高差 Δp_t 进行温度校正（见附录 4）。

2. 求不同温度下系统的平衡总压 p：$p = p_{大气} - \Delta p$，并与如下经验式计算结果相比较：$\ln p = \dfrac{-6313.5}{T} + 30.5546$。式中 p 的单位为 Pa。

3. 计算各分解温度下的 $K^{\ominus}$ 和 $\Delta_r G_m^{\ominus}$。

4. 以 $\ln K^{\ominus}$ 对 $1/T$ 作图，由斜率求得 $\Delta_r H_m^{\ominus}$。

5. 按式(6-60b) 计算 $\Delta_r S_m^{\ominus}$。

六、思考题

1. 在一定温度下，氨基甲酸铵的用量对分解压力有何影响？

2. 为何要对汞压力计读数进行温度校正？若不进行此项校正，对平衡总压的值会引入多少误差？

3. 装置中毛细管 E 与 F 各起什么作用？为什么在系统抽真空时必须将活塞 1 打开？否则会引起什么后果？

4. 本实验为什么要用零压计？零压计中液体为什么选用硅油？

七、进一步讨论

1. 由于 NH_2COONH_4 易吸水，故在制备及保存时使用的容器都应保持干燥。若 NH_2COONH_4 吸水，则生成 $(NH_4)_2CO_3$ 和 NH_4HCO_3，就会给实验结果带来误差。

2. 本实验的装置与测定液体饱和蒸气压的装置相似，故本装置也可用来测定液体的饱和蒸气压。

3. 氨基甲酸铵极易分解，所以无商品销售，需要在实验前制备。方法如下：在通风柜内将钢瓶中的氨与二氧化碳在常温下同时通入一塑料袋中，一定时间后在塑料袋内壁上即附着氨基甲酸铵的白色结晶。

实验四十九 有机物燃烧热测定

一、实验目的

1. 通过测定萘的燃烧热，掌握有关热化学实验的一般知识和技术。

2. 掌握氧弹式量热计的原理、构造及其使用方法。

3. 掌握高压钢瓶的有关知识并能正确使用。

二、实验原理

燃烧热是指 1mol 物质完全燃烧时的热效应，是热化学中重要的基本数据。一般化学反应的热效应，往往因为反应太慢或反应不完全而难以直接测定。但是，通过盖斯定律可用燃烧热数据间接算，因此燃烧热广泛地用在各种热化学计算中。许多物质的燃烧热和反应热已经精确测定。测定燃烧热的氧弹式量热计是重要的热化学仪器，在热化学、生物化学以及某些工业部门中广泛应用。

燃烧热可在恒容或恒压情况下测定。由热力学第一定律可知，在不做非膨胀功情况下，

恒容反应热 $Q_V = \Delta U$，恒压反应热 $Q_p = \Delta H$。在氧弹式量热计中所测燃烧热为 Q_V，而一般热化学计算用的值为 Q_p，这两者可通过下式进行换算：

$$Q_p = Q_V + \Delta nRT \qquad (6\text{-}61)$$

式中，Δn 为反应前后生成物与反应物中气体的物质的量之差；R 为摩尔气体常数；T 为反应温度，K。

在盛有定量水的容器中，放入内装有一定量样品和氧气的密闭氧弹，然后使样品完全燃烧，放出的热量通过氧弹传给水及仪器，使温度升高。测量介质在燃烧前后温度的变化值，则恒容燃烧热为：

$$Q_V = -\frac{CM\Delta t}{m} \qquad (6\text{-}62)$$

式中，C 为测量介质及仪器所组成的测量系统的总热容量；Δt 为介质燃烧前后的温差；M 和 m 分别为所测物质的分子量与质量。

C 的求法是用已知燃烧热的物质（如本实验用苯甲酸）放在量热计中燃烧，测定介质的温差，然后采用式(6-62)来计算。

热化学实验常用的量热计有环境恒温式量热计和绝热式量热计两种。环境恒温式量热计的构造如图 6-40 所示。

由图 6-40 可知，环境恒温式量热计的最外层是储满水的外筒（图中 5），当氧弹中的样品开始燃烧时，内筒与外筒之间有少许热交换，因此不能直接测出初温和最高温度，需要由温度-时间曲线（即雷诺曲线）进行确定，详细步骤如下。

将样品燃烧前后历次观察的水温对时间作图，联成 $FHIDG$ 折线，如图 6-41 所示。图中 H 相当于开始燃烧之点，D 为观察到的最高温度读数点，作相当于环境温度之平行线 JI 交折线于 I，过 I 点作 ab 垂线，然后将 FH 线和 GD 线外延交 ab 线 A、C 两点，AC 线段所代表的温度差即为所求的 ΔT。图中 AA' 为开始燃烧到温度上升至环境温度这一段时间 Δt_1 内，由环境辐射进来和搅拌引进的能量而造成体系温度的升高值，故必须扣除，CC' 为温度由环境温度升高到最高点 D 这一段时间 Δt_2 内，体系向环境辐射出能量而造成体系温度的降低，因此需要添加上。由此可见 AC 两点的温差是较客观地表示了由于样品燃烧使量热计温度升高的数值。

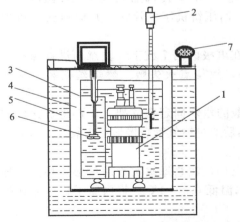

图 6-40 环境恒温式氧弹量热计

1—氧弹；2—温度传感器；3—内筒；4—空气隔层；

5—外筒；6—搅拌；7—外筒搅拌

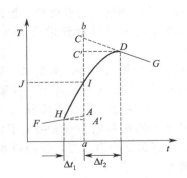

图 6-41 绝热较差时的雷诺校正图

有时量热计的绝热情况良好，热漏小，而搅拌器功率大，不断稍微引进能量使得燃烧后的最高点不出现，如图 6-42 所示。这种情况下 ΔT 仍然可以按照同样方法校正。

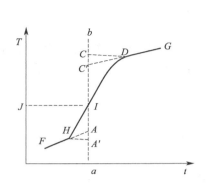

图 6-42　绝热良好时的雷诺校正图

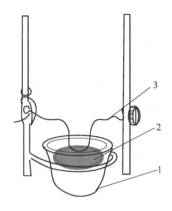

图 6-43　燃烧丝安装
1—坩埚；2—燃烧样品；3—燃烧丝

三、仪器与试剂

氧弹式量热计 1 套；氧气钢瓶（带氧气表）1 个；台秤 1 只；电子天平 1 台（0.0001g）。

苯甲酸：已知热值，并具有标准物质证书。

点火丝：直径约 0.1mm 的铂、铜、镍铬丝或其他已知热值的金属丝，将长度截成约 100mm（实际长度应根据氧弹内部构造和引火系统确定），再把同等长 10～15 根点火丝放在天平上称重并计算出每根的平均质量，各种点火丝点火时发出的热量如下：

　　　　铁丝　6699J/g　　　镍铬丝　6000J/g
　　　　铜丝　2512J/g　　　纯棉丝　7500J/g

氧气：不应有氢气或其他可燃物，禁止使用电解氧。

四、实验步骤

1. 苯甲酸应预先研细，在 60～70℃烘箱内烘烤 3～4h，冷却后在盛有浓硫酸的干燥器皿内干燥，称取一定质量的苯甲酸（一般约 1g），用压饼机压成片状，并称准到 0.0001g，放入坩埚中。

2. 取一段已知质量的点火丝，把两端分别接在电极的两个柱上，注意与试样保持近似接触，不要让点火丝接触到坩埚，以免引起短路，致使点火失败。燃烧丝安装方法如图 6-43 所示。

3. 在氧弹内加入 10mL 蒸馏水。把盛有苯甲酸的坩埚固定在支架上，再将点火丝的中段近似接触于压好的苯甲酸片上，拧紧氧弹盖，然后通过输氧管缓慢地通入氧气，直到氧弹内压力为 3MPa 为止，氧弹不应漏气。

4. 用台秤准确称量 3000g 去离子水（称准到 ±1g，注意每次实验用量必须相同）加入内筒中，注意调节内筒水温，使内筒水温比外筒水温低 0.7～1℃。将内筒平稳地放在外筒的绝缘架上。

5. 打开仪器电源开关，此时面板上"切换"键上方指示灯"T"亮，表示显示窗口显示的后六位数字（一位绿色数字，五位红色数字）为当前温度"T"。将充有氧气的氧弹放入内筒中，氧弹接上点火电极，接上搅拌插头，打开搅拌开关，面板上搅拌指示灯亮，搅拌叶轮转动，开始搅拌。按"复位"键，把测温探头插入内筒，此时显示的温度"T"为内筒当前温度。

6. 当显示的内筒温度数值趋于平稳后，便可按"开始"键（该键上方指示灯亮），进行温度测量。此时"切换"键上方指示灯"ΔT"亮，每隔30s仪器会自动响一声，并自动记录一个温差数据，同时显示的序号（绿色2位数字）会相应自动加1。根据选定的计算公式，认为初期结束时，按"点火"键后，绿色第2位序号数字增显了一个小数点，说明已执行了点火命令。（如果没有出现绿色小数点，则需再按"点火"键。）显示的温差ΔT（红色数字）明显增大，表明点火成功，进入主期测量直至测量完成。按"结束"键（该键上方指示灯亮）停止测量。

7. 关搅拌开关停止搅拌，取出内筒和氧弹，开启放气阀，放出燃烧废气。旋开氧弹盖，仔细观察弹筒和燃烧筒内部，如果有试样燃烧不全的迹象或有炭黑存在，则该次试验作废。用蒸馏水充分冲洗氧弹内各部分、放气阀、燃烧器内外和残渣。

8. 切换键的应用：按"结束"键后，测量结束。然后不断地一次次按"切换"键，则面板"切换"键上方的"T""T_0""ΔT"指示灯依次闪亮。同时，显示窗口依次相应显示测量中自动记录的所有数据。

① 指示灯"T"亮时，显示的后六位数字（一位绿色数字，五位红色数字）为按下"结束"键时的温度（T）。

② 指示灯"T_0"亮时，显示的后六位数字（一位绿色1数字，五位红色数字）为按下"开始"键时的温度（T_0）。

③ 此时按一下"结束"键，如果上排的五个指示灯全暗，显示的数据就是Δt（校正后的内筒水的温升）。再按"切换"键，指示灯"ΔT"亮时"序号"（绿色数码管显示的数字）为01的"温差（ΔT）"（五位红色数字）ΔT_1（如果此时按下"结束"键，显示的数字为T_1，则$\Delta T_1 = T_1 - T_0$）……按n次"切换"键后，"序号"n的"温差（ΔT）"（五位红色数字）为ΔT_1（如果此时按一下"结束"键，显示的数字则为T_n，则$\Delta T_n = T_n - T_0$）……请记下上述测试数据，以用作计算。

9. 按"复位"键后，而板上指示灯"T"亮，显示六位数字（一位绿色数字，五位红色数字）为当前温度T，可准备下一次测试。

10. 测量萘的燃烧热：称取0.6～0.7g萘，重复上述步骤测定之。

注意：①内筒中加一定体积的水后若有气泡逸出，说明氧弹漏气，设法排除。②搅拌时不得有摩擦声。③燃烧样品萘时，内筒水要更换且需重新调温。④氧气瓶在开总阀前要检查减压阀是否关好；实验结束后要关上钢瓶总阀，注意排净余气，使指针回零。

五、数据处理

按式(6-61)和式(6-62)计算下列内容：

1. 已知苯甲酸的恒容燃烧热为$-26446J/g$，计算本实验量热计系统的总热容量C。

2. 计算萘的恒容燃烧热Q_V和恒压燃烧热Q_p。

六、思考题

1. 为什么量热计中内筒的水温应调节得略低于外筒的水温？

2. 在标定热容量和测定萘燃烧热时，量热计内筒的水量是否可以改变？为什么？

七、进一步讨论

1. 除本实验所采用的环境恒温式量热计外，较常用的还有绝热式量热计，这种量热计外筒中有温度控制系统，在实验过程中，内筒与外筒温度始终相同或始终略低0.3℃，热损失可以降低到极微小程度，因而，可以直接测出初温和最高温度。

2. 本次量热实验采用氧弹式量热计自动点火，点火电流是恒定的。对于难以引燃的样品，为了保证被测物质能完全燃烧，可以在样品与燃烧丝之间缚一段棉纱线，以起助燃作用。棉纱线的燃烧热为 $-16.7kJ/g$。

3. 用氧弹式量热计也可测定液态物质的燃烧热。这在石油工业中有广泛的应用。沸点高的油类可直接置于坩埚中，用引燃物引燃测定；对于沸点较低的物质，通常将其密封在已知燃烧热的胶管或塑料薄膜中，通过引燃物将其燃烧而测定。另外还可用于测量食品、生物等材料的燃烧热，是实验室常用的量热仪。

实验五十 不同外压下液体沸点的测定

一、实验目的
1. 了解控制系统压力的原理和操作方法。
2. 测定不同外压下水的沸点并计算水的平均摩尔汽化热。

二、实验原理
1. 液体蒸气压与温度的关系

液体在一定温度下具有一定的蒸气压，当其蒸气压等于外压时的温度称为该液体的沸点。据汽液平衡原理，若液体的摩尔体积与其蒸气体积相比可以忽略不计，并假定蒸气服从理想气体定律，则它的蒸气压与温度的关系可用克劳修斯-克拉佩龙（Clausius-Clapeyron）方程来描述，即：

$$\frac{\mathrm{d}\ln p}{\mathrm{d}T}=\frac{\Delta_{\mathrm{vap}}H_{\mathrm{m}}}{RT^2} \tag{6-63}$$

式中，T 为该液体的蒸气压为 p 时的平衡温度，也即当外压为 p 时液体的沸点；$\Delta_{\mathrm{vap}}H_{\mathrm{m}}$ 为液体的摩尔汽化热，J/mol；R 为摩尔气体常数，$8.3145J/(mol\cdot K)$。

液体的摩尔汽化热 $\Delta_{\mathrm{vap}}H_{\mathrm{m}}$ 随温度而变，当温度变化不大时，可将其看作常数，据此将上式积分可得

$$\ln p=\frac{-\Delta_{\mathrm{vap}}H_{\mathrm{m}}}{RT}+C \tag{6-64}$$

式中，C 为积分常数。由此式可知，以 $\ln p$ 对 $1/T$ 作图应得到一条直线，由该直线的斜率 k 可计算液体在实验温度范围内的平均摩尔汽化热：

$$\Delta_{\mathrm{vap}}H_{\mathrm{m}}=-kR \tag{6-65}$$

2. 液体沸点的测定

本实验用一种内加热式的沸点测定仪——奥斯默（Othmer）沸点仪测定液体的沸点，如图6-44所示。为了使蒸气和蒸气冷凝液可同时冲击在温度计的感温泡上，以测得汽液两相平衡的温度，温度计的感温泡应该一半露在气相中。另外，为了减少环境温度对测温的影响，在温度计的外面还应该套一个小玻璃管。

3. 系统压力的控制

为测定液体在一系列恒定压力下的沸点，系统的压力必须可以调节并能控制在预定的恒定值下。图6-45所示控压装置，其作用原理与水浴恒温槽相似，电接点控压计相

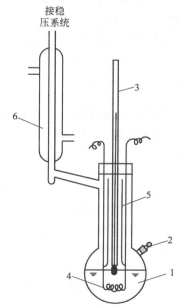

图 6-44 沸点仪
1—被测液；2—加液口；3—温度计；
4—电热丝；5—保温玻管；6—冷凝管

当于电接点水银温度计，电磁阀与抽气泵相当于电热棒，都是用继电器控制电接点的开与关，从而达到控压和控温的目的（具体可参见本书附录4）。

三、试剂与仪器

试剂：去离子水。

仪器：奥斯默沸点仪，机械真空泵，可控硅调压器，0～30V 交流电压表，控压装置。

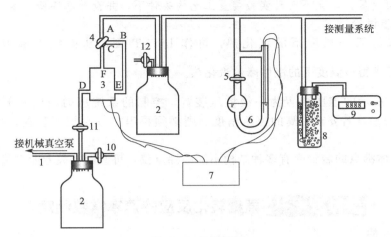

图 6-45　控压装置

1—接抽气泵；2—缓冲瓶；3—电磁阀；4,5,10～12—活塞；6—硫酸控压计；
7—继电器；8—干燥管；9—数字式低真空测压仪；D—进气口；E,F—出气口

四、实验步骤

1. 在沸点仪中加入约 50mL 去离子水，调整水银温度计的位置，使温度计的水银感温泡的 1/2 插入液体中。将沸点仪冷凝管的上端出口接入控压装置的"接稳压系统"处。

2. 关闭活塞 10、11、12，打开活塞 5，并将活塞 4 旋至三路皆通的位置，启动继电器与抽气泵。缓缓开启活塞 11。待系统压力降至 60kPa（即低真空测压仪显示读数为 -40kPa 左右），将活塞 4 旋至 A、B 相通而与 C 不通的位置，并关闭活塞 5。此时硫酸控压计活塞 5 下方的压力为定值，此时系统压力变化通过控压计中的电解液（硫酸溶液）上下波动结合继电器、电磁阀、泵的共同作用，系统压力即可控制在 60kPa 左右。

3. 接通沸点仪上的冷却水，通过可控硅调节沸点仪中电热丝的加热电压为 15～20V。待液体沸腾后读出平衡温度 $t_{观}$ 与环境温度 $t_{环}$，读取数字式低真空测压仪上的压差 Δp_t。

4. 打开活塞 5，然后微开活塞 12，向系统引入少量空气，待系统压力增大约 5kPa 后，关闭活塞 5。在此新的恒压条件下按步骤 3 继续加热，测定读出平衡温度 $t_{观}$ 与环境温度 $t_{环}$，读取数字式低真空测压仪上的压差 Δp_t。

5. 重复步骤 4，共测定 6 组以上的 t 和 Δp_t。

6. 测定结束后，首先打开活塞 5，关闭可控硅加热电压，等待沸点仪液体冷却后关闭冷却水。为避免系统中液体倒灌入真空泵中，必须先将活塞 10 打开通大气，然后关闭抽气泵。

7. 由气压计测定实验时的大气压（参见本书附录 4）。

五、数据处理

1. 对测得的沸点 t 进行温度计的示值校正和露茎校正（参见本书附录 1）。

2. 利用校正后的大气压数值求得系统压力 $p = p_{大气} - \Delta p_t$。

3. 将校正后的 t 与 p 值列表记录，并按式(6-64)以 $\ln p$ 对 $1/T$ 作图，由所得直线的斜率计算实验温度范围内水的平均摩尔汽化热。

六、思考题

1. 简述控压装置的控压原理，它与恒温装置的控温原理有何相似之处？

2. 电接点控压计中活塞 5 起什么作用？为什么在加压或减压时均应先打开它？

3. 为什么停泵前必须使活塞 10 通大气？

4. 若将抽气泵改为空气压缩泵，玻璃管更换成铁管后，将系统控制在高于 101.3kPa（1atm）的某恒定压力，在不改动实验装置工艺的条件下，并设计本实验的操作步骤。

七、进一步讨论

1. 若要求得某一温度下的汽化热，可作 $\ln p$ -T 图，从曲线上某温度下的斜率 $\left(\dfrac{\Delta_{vap}H_m}{RT^2}\right)$ 即可求得该温度下的液体摩尔汽化热。

2. 图 6-45 所示的控压装置为一级控压装置，控制的系统压力精度一般约为 ± 133Pa（相当于 1mmHg），若要求更高的控压精度，则必须再串接一套控压装置，组成二级控压装置。

3. 测定液体沸点的装置尚有多种结构不同的沸点仪，可参阅有关专业书籍。

实验五十一　蔗糖转化反应的速率常数测定

一、实验目的

1. 测定不同温度时蔗糖转化反应的速率常数和半衰期，并求算蔗糖转化反应的活化能。

2. 了解旋光仪的构造、工作原理，掌握旋光仪的使用方法。

二、实验原理

蔗糖转化反应为：$C_{12}H_{22}O_{11} + H_2O \longrightarrow C_6H_{12}O_6 + C_6H_{12}O_6$

　　　　　　　　　蔗糖　　　　　　　葡萄糖　　　　果糖

为使水解反应加速，常以酸为催化剂，故反应在酸性介质中进行。由于反应中水是大量存在的，尽管有部分水分子参加了反应，但仍可近似地认为整个反应中水的浓度是恒定的。而 H^+ 是催化剂，其浓度也保持不变。因此，蔗糖转化反应可视为一级反应。其动力学方程为

$$-\frac{dc}{dt} = kc \tag{6-66}$$

式中，k 为反应速率常数；c 为时间 t 时的反应物浓度。

将式（6-66）积分得：

$$\ln c = -kt + \ln c_0 \tag{6-67}$$

式中，c_0 为反应物的初始浓度。

当 $c = 1/2 c_0$ 时，t 可用 $t_{1/2}$ 表示，即为反应的半衰期。由式（6-67）可得：

$$t_{1/2} = \frac{\ln 2}{k} = \frac{0.693}{k} \tag{6-68}$$

蔗糖及水解产物均为旋光性物质。但它们的旋光能力不同，故可以利用体系在反应过程中旋光度的变化来衡量反应的进程。溶液的旋光度与溶液中所含旋光物质的种类、浓度、溶剂的性质、液层厚度、光源波长及温度等因素有关。

为了比较各种物质的旋光能力，引入比旋光度的概念。比旋光度可用下式表示：

$$[\alpha]_D^t = \frac{\alpha}{lc} \tag{6-69}$$

式中，t 为实验温度，℃；D 为光源波长；α 为旋光度；l 为液层厚度，m；c 为浓度，kg/m^3。

由式（6-69）可知，当其他条件不变时，旋光度 α 与浓度 c 成正比。即：

$$\alpha = Kc \tag{6-70}$$

式中，K 是一个与物质旋光能力、液层厚度、溶剂性质、光源波长、温度等因素有关

的常数。

在蔗糖的水解反应中，反应物蔗糖是右旋性物质，其比旋光度 $[\alpha]_D^{20}=66.6°$。产物中葡萄糖也是右旋性物质，其比旋光度 $[\alpha]_D^{20}=52.5°$；而产物中的果糖则是左旋性物质，其比旋光度 $[\alpha]_D^{20}=-91.9°$。因此，随着水解反应的进行，右旋角不断减小，最后经过零点变成左旋。旋光度与浓度成正比，并且溶液的旋光度为各组分的旋光度之和。若反应时间为 0、t、∞ 时溶液的旋光度分别用 α_0、α_t、α_∞ 表示。则：

$$\alpha_0=K_反 c_0（表示蔗糖未转化） \tag{6-71a}$$

$$\alpha_\infty=K_生 c_0（表示蔗糖已完全转化） \tag{6-71b}$$

上两式中的 $K_反$ 和 $K_生$ 分别为对应反应物与产物的比例常数。

$$\alpha_t=K_反 c+K_生(c_0-c) \tag{6-72}$$

由式(6-71a)、式(6-71b)、式(6-72) 三式联立可以解得：

$$c_0=\frac{\alpha_0-\alpha_\infty}{K_反-K_生}=K'(\alpha_0-\alpha_\infty) \tag{6-73}$$

$$c=\frac{\alpha_t-\alpha_\infty}{K_反-K_生}=K'(\alpha_t-\alpha_\infty) \tag{6-74}$$

将式(6-73)、式(6-74) 代入式(6-67) 即得：

$$\ln(\alpha_t-\alpha_\infty)=-kt+\ln(\alpha_0-\alpha_\infty) \tag{6-75}$$

由式(6-75) 可见，以 $\ln(\alpha_t-\alpha_\infty)$ 对 t 作图为一直线，由该直线的斜率即可求得反应速率常数 k。进而可求得半衰期 $t_{1/2}$。

根据阿仑尼乌斯公式 $\ln\dfrac{k_2}{k_1}=\dfrac{E_a(T_2-T_1)}{RT_1T_2}$，可求出蔗糖转化反应的活化能 E_a。

三、仪器与试剂

仪器：旋光仪；旋光管；恒温槽；台秤；秒表；烧杯（100mL）；移液管（25mL）；带塞锥形瓶（100mL）。

试剂：HCl（3mol/L）；蔗糖（A.R.）。

四、实验步骤

1. 将恒温槽调节到（25.0±0.1）℃恒温，然后在旋光管中接上恒温水。

2. 旋光仪零点的校正。洗净旋光管，将管子一端的盖子旋紧，向管内注入蒸馏水，把玻璃片盖好，使管内无气泡（或小气泡）存在。再旋紧套盖，勿使漏水。用吸水纸擦净旋光管，再用擦镜纸将管两端的玻璃片擦净，放入旋光仪中盖上槽盖开启旋光仪，校正旋光仪零点。

3. 蔗糖水解过程中 α_t 的测定。用台秤称取 15g 蔗糖，放入 100mL 烧杯中，加入 75mL 蒸馏水配成溶液（若溶液浑浊，则需过滤）。用移液管取 25mL 蔗糖溶液置于 100mL 带塞锥形瓶中。移取 25mL 3mol/dm³ HCl 溶液于另一只 100mL 带塞锥形瓶中。一起放入恒温槽内，恒温 10min。取出两只锥形瓶，将 HCl 迅速倒入蔗糖中，来回倒三次，使之充分混合。并且在加入 HCl 时开始计时，立即用少量混合液荡洗旋光管两次，将混合液装满旋光管（操作同装蒸馏水相同）。擦净后立刻置于旋光仪中，盖上槽盖。每隔一定时间，读取一次旋光度，开始时，可每 3min 读一次，30min 后，每 5min 读一次。测定 1h。

4. α_∞ 的测定。将步骤 3 剩余的混合液置于近 60℃ 的水浴中，恒温至少 30min 以加速反应，然后冷却至实验温度，按上述操作，测定其旋光度，此值即为 α_∞。

5. 将恒温槽调节到（30.0±0.1）℃恒温，按实验步骤 3、4 测定 30.0℃时的 α_t 及 α_∞。

五、数据处理

1. 设计实验数据表，记录温度、盐酸浓度、α_t、α_∞ 等数据，计算不同时刻时 $\ln(\alpha_t-\alpha_\infty)$。

2. 以 $\ln(\alpha_t - \alpha_\infty)$ 对 t 作图, 由所得直线的斜率求出反应速率常数 k。

3. 计算蔗糖转化反应的半衰期 $t_{1/2}$。

4. 由两个温度下测得的 k 值计算反应的活化能。

六、思考题

1. 实验中, 为什么用蒸馏水来校正旋光仪的零点? 在蔗糖转化反应过程中, 所测的旋光度 α_t 是否需要零点校正? 为什么?

2. 蔗糖溶液为什么可粗略配制?

3. 蔗糖的转化速率常数 k 与哪些因素有关?

4. 试分析本实验误差来源, 怎样减少实验误差?

七、进一步讨论

1. 测定旋光度有以下几种用途:(1)鉴定物质的纯度;(2)决定物质在溶液中的浓度或含量;(3)测定溶液的密度;(4)光学异构体的鉴别等。

2. 古根哈姆(Guggenheim)曾经推出了不需测定反应终了浓度(本实验中即为 α_∞)就能够计算一级反应速率常数 k 的方法, 他的出发点是因为一级反应在时间 t 与 $t + \Delta t$ 时反应的浓度 c 及 c' 可分别表示为:

$$c = c_0 e^{-kt}$$
$$c' = c_0 e^{-k(t+\Delta t)}$$

式中, c_0 为起始浓度。由此得 $\ln(c - c') = -kt + \ln[c_0(1 - e^{-k\Delta t})]$, 因此如果能在一定的时间间隔 Δt 测得一系列数据, 则因为 Δt 为定值, 以 $\ln(c - c')$ 对 t 作图, 即可由直线的斜率求出 k。

实验五十二 离子迁移数测定

一、实验目的

掌握界面移动法测定 H^+ 迁移数的基本原理和方法, 通过求算 H^+ 的电迁移率, 加深对电解质溶液有关概念的理解。

二、实验原理

电解质溶液的导电是靠溶液内的离子定向迁移和电极反应来实现的。而通过溶液的总电量 Q 就是向两极迁移的阴、阳离子所输送电量的总和。设两种离子输送的电量分别为 Q_+、Q_-, 则总电量

$$Q = Q_+ + Q_- = It \tag{6-76}$$

式中, I 为电流强度; t 为通电时间。

为了表示每种离子对总电量的贡献, 令离子迁移数为 t_+ 与 t_-, 则:

$$t_+ = \frac{Q_+}{Q}, \quad t_- = \frac{Q_-}{Q} \tag{6-77}$$

离子的迁移数与离子的迁移速度有关, 而后者与溶液中的电位梯度有关。为了比较离子的迁移速度, 引入离子电迁移率概念。它的物理意义为: 当溶液中电位梯度为 1V/m 时的离子迁移速度, 用 u_+、u_- 表示, 单位为 $m^2/(s \cdot V)$。

本实验采用界面移动法测定 HCl 溶液中 H^+ 的迁移数, 其原理如图 6-46 所示。在一根垂直安置的有体积刻度的玻璃管中, 装入含甲基橙指示剂的 HCl 溶液, 顶部插入 Pt 丝作阴极, 底部插入 Cu 极作阳极。通电后, H^+ 向 Pt 极迁移, 放出氢气, Cl^- 向 Cu 极迁移, 且在底部与由 Cu 电极氧化而生成的 Cu^{2+} 形成 $CuCl_2$ 溶液, 逐步替代 HCl 溶液。由于 Cu^{2+} 的

电迁移率小于 H^+，所以底部的 Cu^{2+} 总是跟在 H^+ 后面向上迁移。因为 $CuCl_2$ 与 HCl 对指示剂呈现不同的颜色，因此在迁移管内形成了一个鲜明的界面。下层 Cu^{2+} 层为黄色，上层 H^+ 层为红色。这个界面移动的速度即为 H^+ 迁移的平均速度。

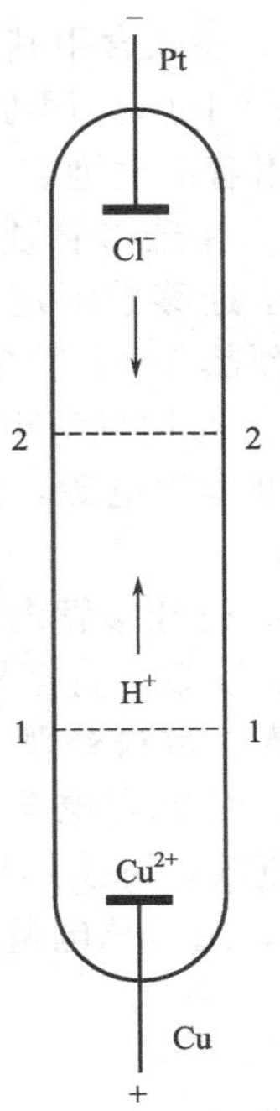

若溶液中 H^+ 浓度为 c_{H^+}，实验测得 t 时间内界面从 1-1 到 2-2 移动过的相应体积为 V，则根据式(6-76)与式(6-77)，H^+ 的迁移数为

$$t_{H^+} = \frac{c_{H^+} VF}{It} \tag{6-78}$$

式中，F 为法拉第常数，96485C/mol。

应该指出，由于迁移管内任一位置都是电中性的，所以当下层的 H^+ 迁移后即由 Cu^{2+} 来补充。这样，稳定界面的存在意味着 Cu^{2+} 的迁移速度与 H^+ 的迁移速度相等。即

$$u_{Cu^{2+}} \left(\frac{dE}{dl} \right)_{Cu^{2+}层} = u_{H^+} \left(\frac{dE}{dl} \right)_{H^+层} \tag{6-79}$$

式中，$\left(\dfrac{dE}{dl} \right)$ 为迁移管内的电位梯度，即单位长度上的电位降。

因为离子的电迁移率不同，$u_{Cu^{2+}} < u_{H^+}$，所以 $\left(\dfrac{dE}{dl} \right)_{Cu^{2+}层} > \left(\dfrac{dE}{dl} \right)_{H^+层}$。此式表明 Cd^{2+} 层电位梯度比 H^+ 层大，也即 Cu^{2+} 层单位长度的电阻较大。因此，若在下层有 H^+，其迁移速度不仅比同层的 Cu^{2+} 快，而且要比处在上层的 H^+ 也快，它总能赶到上层去。反之，超前的 Cu^{2+} 也必会减慢迁移速度而到下层来。这样，形成并保持了稳定的界面。同时，随着界面上移，H^+ 浓度减小，Cu^{2+} 浓度增加，迁移管内溶液电阻不断增大，整个回路的电流会逐渐下降。

图 6-46　迁移管中离子迁移示意图

通过离子迁移数的测定，用下式可求得离子的电迁移率：

$$u_+ = \frac{t_+ \Lambda_m}{F}, u_- = \frac{t_- \Lambda_m}{F} \tag{6-80}$$

式中，Λ_m 为一定温度下溶液的摩尔电导率，单位为 $S \cdot m^2/mol$。

三、试剂与仪器

试剂：0.1mol/L HCl 标准溶液，0.1% 的甲基橙指示剂，Cu 棒（ϕ3mm×30mm），Pt 片。

仪器：带恒温水夹套迁移管，LHQY300V-5mA 型离子迁移数测定仪，超级恒温槽，秒表。

仪器装置见图 6-47。

四、实验步骤

1. 用去离子水与待测液先后淋洗迁移管的内壁，通恒温水使系统恒温于 (25.0±0.1)℃。

2. 在迁移管底部安装 Cu 电极（注意：装、拆迁移管底部的铜电极时切勿用力过猛，以防底

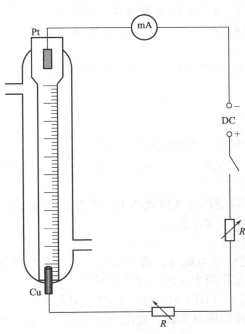

图 6-47　界面移动法实验装置

部细管断裂)。

3. 注入含甲基橙指示剂的浓度为 0.1mol/L 的 HCl 标准溶液(其体积比为:指示剂:酸=5:100)。用细电线将迁移管内可能存在的气泡引出,特别要注意消除迁移管底部铜电极上附着的气泡。

4. 在迁移管顶部安装 Pt 电极,按图 6-47 接妥测量线路。其中 Cu 电极和 Pt 电极分别与离子迁移数测定仪上"−""+"两接线端口相连接。检查电路接线准确无误后打开电源,预热 1min 后打开"输出启动"旋钮,调电压微调旋钮,控制直流电源输出电压为 300V,通过调节电流"粗调""细调"旋钮,使电流表读数为 3.000mA(本实验用高压直流电作为电源,通电之后,手不要与接线夹、电极等金属裸露部位直接接触,以防触电)。

5. 待迁移管内界面移动到 0.2mL 时开始计时,界面每移过 0.02mL 记录相应的时间和电流表读数。直至界面移动到 0.5mL 为止。

五、数据处理

1. 由测得电流 I 对相应的时间 t 作图,如图 6-48 所示,求出其包围的面积即总电量 It。如为直线,可按梯形法求出面积。

2. 用与总电量 It 对应的界面移过的体积 V,代入式(6-78)求得 t_{H^+}。

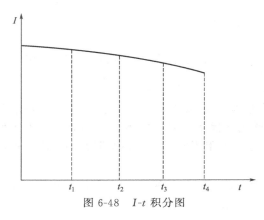

图 6-48　I-t 积分图

3. 已知 0.1mol/L HCl 溶液的摩尔电导率 25.0℃时为 0.03913S·m²/mol、30.0℃时为 0.04191S·m²/mol,根据式(6-80)计算 H^+ 的迁移率。

4. 考虑到迁移管的体积未经校正以及电源电压的波动,可以取不同间隔的体积 V 及对应的电量 It,分别求得 t_{H^+},再取平均值。

六、思考题

1. 为什么在迁移过程中会得到一个稳定界面?为什么界面移动速度就是 H^+ 移动速度?

2. 如何得到一个清晰的移动界面?

3. 实验过程中电流值为什么会逐渐减小?

4. 如何求得 Cl^- 的迁移数?

七、进一步讨论

1. 界面移动法的关键是要形成一个鲜明的移动界面,为达此目的,必须:

① 选择适当的指示离子。如本实验选用 Cu^{2+},因为 $u_{Cu^{2+}} < u_{H^+}$,使上下两层分开而不相混。

② 防止迁移管内两层间的对流和扩散。所以迁移管内温度应该均匀,且温度不宜过高;通过的电流不宜过大;迁移管截面积要小;实验时间不宜过长。

③ 选择最合适的指示剂,使两层的颜色反差明显。

2. 影响离子迁移数的因素主要是电解质溶液的浓度与温度。温度升高,正、负离子迁移数的差值减小。浓度的影响,考虑到离子间的相互作用力,故难有普遍规律。

3. 测定离子迁移数除界面移动法外,还有希托夫(Hittorf)法。它的根据是电解前后在两电极区由于离子迁移与电极反应导致电极区溶液浓度有变化。此法适用面较广,但要配置库仑计及有繁多的溶液浓度分析工作。

实验五十三　分子磁化率测定

一、实验目的

1. 掌握古埃（Gouy）法测定磁化率的原理和方法。
2. 测定三种络合物的磁化率，求算未成对电子数，判断其配键类型。
3. 熟悉特斯拉计的使用。

二、实验原理

1. 磁化率的概念

在外磁场作用下，物质会被磁化并产生附加磁感应强度，则物质的磁感应强度为

$$B = B_0 + B' = \mu_0 H + B' \tag{6-81}$$

式中，B_0 为外磁场的磁感应强度；B' 为物质磁化产生的附加磁感应强度；H 为外磁场强度；μ_0 为真空磁导率，其数值等于 $4\pi \times 10^{-7} \mathrm{N/A^2}$。

物质的磁化可用磁化强度 I 来描述，I 也是矢量，它与磁场强度成正比

$$I = \chi H \tag{6-82}$$

式中，χ 为物质的体积磁化率。

在化学上常用质量磁化率 χ_m 或摩尔磁化率 χ_M 表示物质的磁性质，它的定义是

$$\chi_m = \chi / \rho \tag{6-83a}$$

$$\chi_M = M\chi / \rho \tag{6-83b}$$

式中，ρ、M 分别是物质的密度和摩尔质量。χ_m 和 χ_M 的单位分别是 $\mathrm{m^3/kg}$ 和 $\mathrm{m^3/mol}$。

2. 分子磁矩与磁化率

物质的磁性与组成它的原子、离子或分子的微观结构有关，在反磁性物质中，由于电子自旋已配对，故无永久磁矩。但由于内部电子的轨道运动，在外磁场作用下会产生拉摩进动，感生出一个与外磁场方向相反的诱导磁矩，所以表示出反磁性。其 χ_M 就等于反磁化率 $\chi_反$，且 $\chi_M < 0$。在顺磁性物质中，存在自旋未配对电子，所以具有永久磁矩。在外磁场中，永久磁矩顺着外磁场方向排列，产生顺磁性。顺磁性物质的摩尔磁化率 χ_M 是摩尔顺磁化率与摩尔反磁化率之和，即

$$\chi_M = \chi_顺 + \chi_反 \tag{6-84}$$

通常 $\chi_顺 \gg |\chi_反|$，所以这类物质总表现出顺磁性，其 $\chi_M > 0$。

顺磁化率与分子永久磁矩的关系服从居里定律

$$\chi_顺 = \frac{N_A \mu_m^2 \mu_0}{3KT} \tag{6-85}$$

式中，N_A 为阿伏伽德罗常数；K 为玻尔兹曼常数；T 为热力学温度；μ_m 为分子永久磁矩。由此可得

$$\chi_M = \frac{N_A \mu_m^2 \mu_0}{3KT} + \chi_反 \tag{6-86}$$

由于 $\chi_反$ 不随温度变化（或变化极小），所以只要测定不同温度下的 χ_M 对 $1/T$ 作图，截距即为 $\chi_反$，由斜率可求 μ_m。由于 $\chi_反$ 比 $\chi_顺$ 小得多，所以在不很精确的测量中可忽略 $\chi_反$，做以下近似处理

$$\chi_M = \chi_顺 = \frac{N_A \mu_m^2 \mu_0}{3KT} \tag{6-87}$$

顺磁性物质的 μ_m 与未成对电子数 n 的关系为

$$\mu_m = \mu_B \sqrt{n(n+2)} \qquad (6\text{-}88)$$

式中，μ_B 为玻尔磁子，其物理意义是单个自由电子自旋所产生的磁矩。

$$\mu_B = \frac{eh}{4\pi m_e} = 9.274 \times 10^{-24} J/T$$

3. 磁化率与分子结构

式(6-86)将物质的宏观性质 χ_M 与微观性质 μ_m 联系起来。由实验测定物质的 χ_M，根据式(6-87)可求得 μ_m，进而计算未配对电子数 n。这些结果可用于研究原子或离子的电子结构，判断络合物分子的配键类型。

络合物分为电价络合物和共价络合物。电价络合物中心离子的电子结构不受配位体的影响，基本上保持自由离子的电子结构，靠静电库仑力与配位体结合，形成电价配键。在这类络合物中，含有较多的自旋平行电子，所以是高自旋配位化合物。共价络合物则以中心离子空的价电子轨道接受配位体的孤对电子，形成共价配键，这类络合物形成时，往往发生电子重排，自旋平行的电子相对减少，所以是低自旋配位化合物。例如 Co^{3+} 其外层电子结构为 $3d^6$，在络离子 $[CoF_6]^{3-}$ 中，形成电价配键，电子排布为：

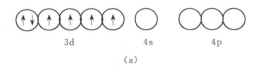

(a)

此时，未配对电子数 $n=4$，$\mu_m = 4.9\mu_B$。Co^{3+} 以上面的结构与 6 个 F^- 以静电力相吸引形成电价络合物。而在 $[Co(CN)_6]^{3-}$ 中则形成共价配键，其电子排布为：

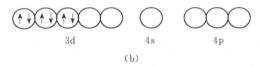

(b)

此时，$n=0$，$\mu_m=0$。Co^{3+} 将 6 个电子集中在 3 个 3d 轨道上，6 个 CN^- 的孤对电子进入 Co^{3+} 的六个空轨道，形成共价络合物。

4. 古埃法测定磁化率

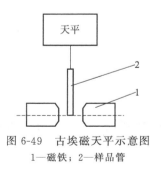

图 6-49　古埃磁天平示意图
1—磁铁；2—样品管

古埃磁天平如图 6-49 所示。将样品管悬挂在天平上，样品管底部处于磁场强度最大的区域（H），管顶端则位于场强最弱（甚至为零）的区域（H_0）。整个样品管处于不均匀磁场中。设圆柱形样品的截面积为 A，沿样品管长度方向上 dz 长度的体积 Adz 在非均匀磁场中受到的作用力 dF 为

$$dF = \chi \mu_0 A H \frac{dH}{dz} dz \qquad (6\text{-}89)$$

式中，χ 为体积磁化率；H 为磁场强度；dH/dz 为磁场强度梯度，积分上式得

$$F = \frac{1}{2}(\chi - \chi_0)\mu_0(H^2 - H_0^2)A \qquad (6\text{-}90)$$

式中，χ_0 为样品周围介质的体积磁化率（通常是空气，χ_0 值很小）。如果 χ_0 可以忽略，且 $H_0 = 0$，整个样品受到的力为

$$F = \frac{1}{2}\chi\mu_0 H^2 A \qquad (6\text{-}91)$$

在非均匀磁场中，顺磁性物质受力向下所以增重；而反磁性物质受力向上所以减重。设

ΔW 为施加磁场前后的质量差，则

$$F = \frac{1}{2}\chi\mu_0 H^2 A = g\Delta W \tag{6-92}$$

由于 $\chi = \dfrac{\chi_M\rho}{M}$，$\rho = \dfrac{W}{hA}$ 代入上式得

$$\chi_M = \frac{2(\Delta W_{空管+样品} - \Delta W_{空管})ghM}{\mu_0 WH^2} \tag{6-93}$$

式中，$\Delta W_{空管+样品}$ 为样品管加样品后在施加磁场前后的质量差；$\Delta W_{空管}$ 为空样品管在施加磁场前后的质量差；g 为重力加速度；h 为样品高度；M 为样品的摩尔质量；W 为样品的质量。

磁场强度 H 可用"特斯拉计"测量，或用已知磁化率的标准物质进行间接测量。例如用莫尔盐来标定磁场强度，它的质量磁化率 χ_m 与热力学温度 T 的关系为

$$\chi_m = \frac{9500}{T+1}\times 4\pi\times 10^{-9}\,(m^3/kg) \tag{6-94}$$

三、实验试剂及仪器

试剂：$(NH_4)_2SO_4\cdot FeSO_4\cdot 6H_2O$（A.R.）；$K_4Fe(CN)_6\cdot 3H_2O$（A.R.）；$K_3Fe(CN)_6$（A.R.）；$FeSO_4\cdot 7H_2O$（A.R.）。

仪器：古埃磁天平；特斯拉计；样品管；样品管架；直尺。

四、实验步骤

1. 磁极中心磁场强度的测定

（1）用特斯拉计测量　将特斯拉计探头放在磁铁的中心架上，套上保护套，调节特斯拉计数字显示为零。除下保护套，把探头平面垂直于磁场两极中心。接通电源，调节"调压旋钮"使电流增大至特斯拉计上示值为 0.35T，记录此时电流值 I。以后每次测量都要控制在同一电流，使磁场强度相同。在关闭电源前应先将特斯拉计示值调为零。

（2）用莫尔盐标定　取一支清洁、干燥的空样品管悬挂在磁天平上，样品管应与磁极中心线平齐，注意样品管不要与磁极相触。准确称取空管的质量 $W_{空管}(H=0)$，重复称取三次取其平均值。接通电源，调节电流为 I，记录加磁场后空管的称量值 $W_{空管}(H=H)$，重复三次取其平均值。

取下样品管，将莫尔盐通过漏斗装入样品管，边装边在橡皮垫上碰击，使样品均匀填实，直至装满，继续碰击至样品高度不变为止，用直尺测量样品高度 h。按前述方法称取 $W_{空管+样品}(H=0)$ 和 $W_{空管+样品}(H=H)$，测量完毕将莫尔盐倒回试剂瓶中。

2. 测定未知样品的摩尔磁化率 χ_M

同法分别测定 $FeSO_4\cdot 7H_2O$、$K_3Fe(CN)_6$ 和 $K_4Fe(CN)_6\cdot 3H_2O$ 的 $W_{空管}(H=0)$、$W_{空管}(H=H)$、$W_{空管+样品}(H=0)$ 和 $W_{空管+样品}(H=H)$。

五、数据处理

1. 根据实验数据计算外加磁场强度 H，并计算三个样品的摩尔磁化率 χ_M、永久磁矩 μ_m 和未配对电子数 n。

2. 根据 μ_m 和 n 讨论络合物中心离子最外层电子结构和配键类型。

3. 根据式（6-93）计算测量 $FeSO_4\cdot 7H_2O$ 的摩尔磁化率的最大相对误差，并指出哪种直接测量对结果的影响最大？

六、思考题

1. 本实验在测定 χ_M 时做了哪些近似处理？

2. 为什么可用莫尔盐来标定磁场强度？

3. 样品的填充高度和密度以及在磁场中的位置有何要求？如果样品填充高度不够，对测量结果有何影响？

七、进一步讨论

1. 有机化合物绝大多数分子都是由反平行自旋电子对而形成的价键，因此其总自旋矩等于零，是反磁性的。巴斯卡（Pascol）分析了大量有机化合物的摩尔磁化率的数据，总结得到分子的摩尔反磁化率具有加和性。此结论可以用于研究有机物分子的结构。

2. 从磁性的测量中还可以得到一系列其他的信息。例如测定物质磁化率对温度和磁场强度的依赖性可以定性判断是顺磁性、反磁性或铁磁性的。对合金磁化率的测定可以得到合金的组成，也可研究生物体系中血液的成分等。

3. 本书中磁化率采用的是国际单位 SI 制，但许多书中仍使用 CGS 磁单位制，必须注意换算关系。

质量磁化率、摩尔磁化率单位制的换算关系分别为：

$$1m^3/kg(SI 单位) = (1/4\pi) \times 10^3 cm^3/g(CGS 电磁制)$$

$$1m^3/mol(SI 单位) = (1/4\pi) \times 10^6 cm^3/mol(CGS 电磁制)$$

另外，磁场强度 H（A/m）与磁感应强度 B（T）之间存在如下关系：

$$\left(\frac{1000}{4\pi}A/m\right) \times \mu_0 = 10^{-4} T$$

附：分子磁化率的量子化学计算

一、实验目的

1. 采用量子化学方法计算得到分子的磁化率，了解分子的前线轨道及成键情况。

2. 初步掌握 Gaussian 和 GaussView 软件的使用及对计算结果的分析。

二、实验原理

密度泛函（DFT）方法是目前使用最广泛的量子化学计算方法，它的计算精度较高，同时计算量也不大。近几十年来人们发展了大量的泛函，本实验选择的是 B3LYP，该杂化泛函能较准确的描述金属配位复合物。采用的是混合基组：对 Fe 用的是 Lan12dz 基组（有效核势），而对其他元素则选取 6-31G * 基组。

通过优化和频率计算得到分子的最稳定构型，接着做单点算（关键词为 NMR=Susceptibility），从而得到分子的顺反磁化率和总的磁化率。硫酸亚铁（$FeSO_4$）分子中总共有 4 个未成对电子，因此是顺磁性分子，总的磁化率应该大于零。而 $[Fe(CN)_6]^{4-}$ 络离子中没有未成对电子，所以是反磁性的，总的磁化率应该小于零。

三、计算软件

Gaussian：量子化学综合软件包，其可执行程序可在不同型号的大型计算机、超级计算机、工作站和个人计算机上运行。

GaussView：专门设计与 Gaussian 配套使用的软件，其主要用途有两个：构建 Gaussian 输入文件以及以图的形式显示 Gaussian 计算结果。

四、计算步骤

1. 初始结构的构建

（1）启动 GaussView 程序，构建 $FeSO_4$ 和 $[Fe(CN)_6]^{4-}$ 分子的初始结构，如图 6-50 所示。

（2）保存为 Gaussian 的输入文件 *.gjf。

（3）修改输入文件中的 ♯ 行 "♯ b3lyp/genecp opt freq"，对于 $FeSO_4$ 将电荷和自旋多重度设为 0 和 5，即为中性分子以及有四个未成对电子；而对于 $[Fe(CN)_6]^{4-}$ 电荷和自旋

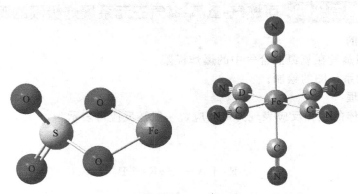

图 6-50 $FeSO_4$ 和 $[Fe(CN)_6]^{4-}$ 分子的初始结构

多重度设为 -4 和 1，即为负四价阴离子以及没有未成对电子。以下是修改好的 $FeSO_4$ 的输入文件，采用的是混合基组：对于 Fe 采用 lan12dz ECP 基组，而对于 S 和 O 用的是 6-31G * 基组。

```
% chk = FeSO4. chk
# b31yp/genecp opt freq
Title Card Required
0 5
S              - 1. 20338500        0. 00015100         0. 00014500
O              - 1. 98154600       - 0. 40531500         1. 24792400
O              - 0. 35843100       - 1. 17698500        - 0. 47661000
O              - 2. 18085800        0. 40200500        - 1. 09966000
O              - 0. 29417600        1. 18031600         0. 32780000
Fe               2. 04157700        0. 00790693         0. 01820488
Fe O
lan12dz
****
S O O
6-31G*
****
Fe O
lan12dz
```

2. 运行计算

(1) 启动 Gaussian 程序，打开输入文件 *.gjf，运行得到输出文件 *.out。

(2) 采用优化好的结构进行单点算，# 行设置为 "# b3lyp/genecp NMR＝Susceptibility"。

3. 结果分析

通过分析输出文件 *.out，得到 $FeSO_4$ 总的磁化率为 9.43au，而 $[Fe(CN)_6]^{4-}$ 的总磁化率为 -13.26 au. 另外，用 GaussView 打开输出文件可以查看分子的优化结构、结构参数（如键长、键角等）以及前线轨道情况。

五、与实验结果对比

由于量子化学计算采用是理想气体模型，并不是真实的实验环境，因而计算结果存在一定的偏差，但是气相的计算结果仍可定性地解释实验现象。

实验五十四　可燃气-氧气-氮气三元系爆炸极限的测定

一、实验目的

1. 测定丙酮蒸气在氧氮混合气中的爆炸极限。
2. 学会三元系相图的绘制。

二、实验原理

许多可燃气体的氧化反应表现为链反应，一般链反应可表示为：

$$A \xrightarrow{k_1} R\cdot$$

$$R\cdot + A \xrightarrow{k_2} \alpha R\cdot + P$$

$$R\cdot \xrightarrow{k_3} 销毁$$

式中，R·是含有未成对电子的自由基，自由基是反应的传递者。若 $\alpha = 1$，为直链反应；若 $\alpha > 1$，则为支链反应。

图 6-51 所示为 $\alpha = 2$ 的情况。由图可知，若 R·不能及时销毁，反应速率猛增，可导致反应失去控制，发生爆炸。

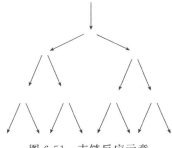

图 6-51　支链反应示意

自由基的销毁途径有两种：第一种是由于自由基与器壁碰撞而失去活性，称为墙面销毁；第二种情况是自由基在气相中互撞或与惰性气体相撞而失去活性，称为气相销毁。

正因为自由基可能在反应过程中销毁，所以可燃气体的氧化反应并不是在所有情况下都发生爆炸。当可燃气体含量较少时，自由基很容易扩散到器壁上销毁，此时墙面销毁速率大于支链产生速率，因此反应进行缓慢。可燃气浓度越大，产生支链的速率越大，当支链产生速率大于墙面销毁速率时，就发生爆炸。进一步增大可燃气的浓度，会使自由基在气相中互撞而销毁的机会增多。当浓度达到某一值后，自由基销毁速率又超过支链产生速率，反应又进入慢速区。因此，可燃气的氧化反应存在着两个爆炸极限：高限和低限。只有当可燃气的浓度在两个极限之间时，才发生爆炸。由此可见，测定爆炸极限对工业生产具有重要的意义。

当系统中有惰性气体（不仅指惰性元素气体，也包括氮气等气体）存在时，爆炸极限也会有所改变。例如在氢、氧混合气中，氢气的爆炸低限为 4%（体积分数），高限为 94%（体积分数）。而在氢气与空气的混合气中，分别为 4% 和 74%。一般说来，低限变化不大，这是因为对于 4% 的氢气来说，即使在空气中氧气也是大大过量的。但对高限的影响较大，因为增加了自由基与惰性气体分子碰撞而销毁的可能性，从而降低了高限。测定试样气在氧气、各种比例的氧氮混合气中的爆炸极限后可绘成如图 6-52 所示的三元系组成图。图中 ABC 为等边三角形，边长均为单位长度，A 点表示试样气，B 点表示氧气，C 点表示氮气。AB 线段表示试样气与氧气的混合气。如 E 点表示氧气的摩尔分数为 EA。同理，BC 为氧氮混合气，BC 上取点 P，$PC = 0.21$，$PB = 0.79$，则 P 点表示空气。由此可见，线段 AP 即表示试样与空气的混合气。在三角形内部的点如 E' 点表示三元混合气。

作 $E'H \parallel BC$，$E'G \parallel AB$，$E'F \parallel AC$，显然 $E'F + E'G + E'H = 1$。在三元组成图中规定，三角形内某一点向某一条边作平行于另两边中任一边的直线段的长度表示该边所对顶点组分的摩尔分数。也就是说，$E'F$ 表示试样气的摩尔分数，而 $E'G$、$E'H$ 分别表示氧气、氮气的摩尔分数。

一般的可燃气爆炸极限如图 6-52 所示。D、E 为试样气在氧气中的爆炸低限、高限，

D'、E' 为试样气在空气中的爆炸低限、高限。在测定了试样气在各种不同比例的氧、氮混合气中的爆炸低限、高限后，可得到如图 6-52 中 DQE 的图形。DQE 内为爆炸区，DQE 外为非爆炸区。

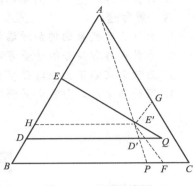

图 6-52　三元组成图

三、仪器与试剂

实验装置如图 6-53 所示。所需试剂为丙酮、氧气、氮气。

注意：爆炸室上的盖板为贴有硅橡胶的酚醛塑料层压板，点火电源用 10kV 高频火花检漏器。

为了保证安全，爆炸室外应套以金属丝网，并在实验者与爆炸室之间隔以透明的有机玻璃板。

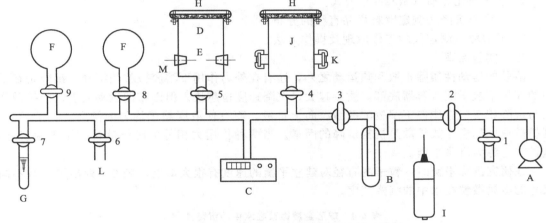

图 6-53　可燃气爆炸极限测定教学实验装置简图

A—真空泵；B—冷阱；C—数字真空计；D—爆炸室；E—点电针尖；
F—储气瓶；G—液体样品管；H—贴有硅橡胶层压板；I—高频电火花发生器；J—取样室；
K—硅橡胶取样口；L—进气口；M—高频电火花点火处；1~9—活塞

四、实验步骤

1. 准备：在通大气情况下先将数字式压力计置零，然后进行系统抽空和检漏。除了将管路、爆炸室等抽空外，还必须将样品管内液面以上、活塞以下的死空间抽空（为防止样品被抽去，可根据需要将样品管处于 −10℃冷冻盐水中冷却），使死空间被样品蒸气充满。

2. 配气：将系统与真空泵断开，记录压力计初始读数。打开样品管上方活塞向管路中通入样品气，待压力计遍数到达所需压力时，停止通气，并关闭爆炸室活塞。此后，将管路抽空，再次断开真空泵后，打开通大气活塞，旋转爆炸室活塞使爆炸室内气体总压等于室外大气压；然后关闭爆炸室活塞。

3. 点火试爆：使用高频电火花发生器在爆炸室点火处点火并观察是否爆炸。注意：爆炸室内有火光、烟雾、声响或者层压板有异动，均应视为发生爆炸。

4. 确定爆炸极限：改变丙酮和空气的组成比例，重复步骤 2 和 3。当丙酮分压改变 0.3kPa，混合气即由爆炸转变为不爆炸，此爆炸点即为爆炸极限。

5. 改变氧、氮气的比例，确定丙酮在不同氧、氮混合气中的爆炸极限。

6. 结束实验：将系统抽空，然后关闭真空泵。

五、数据处理

1. 在三元组成图上作出丙酮、氧气、氮气三元系的爆炸极限曲线。

2. 计算丙酮在空气中的爆炸低限和高限。

六、思考题

1. 为什么氮气量的增加对爆炸高限影响较大而对爆炸低限则没有什么影响？
2. 为什么各种组分的含量可以用 U 形水银压力计测得？
3. 为什么在系统抽空时需将样品进行冷却？
4. 实验结束后，为什么必须将系统抽空？

实验五十五　粒度测定

一、实验目的

1. 掌握斯托克斯（Stokes）公式。
2. 用离心沉降法测定颗粒样品直径的分布。
3. 了解粒度测定仪的工作原理及操作方法。

二、实验原理

溶胶的运动性质除扩散和热运动之外，还有在外力作用下溶胶微粒的沉降。沉降是在重力的作用下粒子沉入容器底部，质点越大，沉降速度也越快。但因布朗运动而引起的扩散作用与沉降相反，它能使下层较浓的微粒向上扩散，而有使浓度趋于均匀的倾向。粒子越大，则扩散速度越慢，故扩散是抗拒沉降的因素。当两种作用力相等的时候就达到了平衡状态，这种状态称为沉降平衡。

在研究沉降平衡时，粒子的直径对建立平衡的速度有很大影响，表 6-4 列出了一些不同尺寸的金属微粒在水中的沉降速度。

表 6-4　球形金属微粒在水中的沉降速度

粒子半径	$v/(cm/s)$	沉降 1cm 所需时间
10^{-3} cm	1.7×10^{-1}	5.9s
10^{-4} cm	1.7×10^{-3}	9.8s
100nm	1.7×10^{-5}	16h
10nm	1.7×10^{-7}	68d
1nm	1.7×10^{-9}	19a

由表 6-4 可以看出，对于细小的颗粒，其沉降速率很慢，因此需要增加离心力场以增加其速度。此外，在重力场下用沉降分析来做颗粒分布时，往往由于沉降时间过长，在测量时间内产生了颗粒的聚结，影响了测定的正确性。普通离心机 3000r/min 可产生为地心引力约 2000 倍的离心力，超速离心机的转速可达 $100 \sim 160$ kr/min，其离心力约为重力的 100 万倍。所以在离心力场中，颗粒所受的重力可以忽略不计。

在离心力场中，粒子所受的离心力为 $\frac{4}{3}\pi r^3 (\rho - \rho_0)\omega^2 x$，根据斯托克斯定律，粒子在沉降时所受的阻力为 $6\pi \eta r \frac{dx}{dt}$。其中 r 为粒子半径；ρ、ρ_0 分别为粒子与介质的密度；$\omega^2 x$ 为离心加速度；$\frac{dx}{dt}$ 为粒子的沉降速度。如果沉降达到平衡，则有：

$$\frac{4}{3}\pi r^3 (\rho - \rho_0)\omega^2 x = 6\pi \eta r \frac{dx}{dt} \tag{6-95}$$

对上式积分可得：

$$\frac{4}{3}\pi r^3(\rho-\rho_0)\omega^2\int_{t_1}^{t_2}\mathrm{d}t=6\pi\eta r\int_{x_1}^{x_2}\frac{\mathrm{d}x}{x} \tag{6-96}$$

$$2r^2(\rho-\rho_0)\omega^2(t_2-t_1)=9\eta\ln\frac{x_2}{x_1} \tag{6-97}$$

$$r=\sqrt{\frac{9}{2}\eta\frac{\ln\dfrac{x_2}{x_1}}{(\rho-\rho_0)\omega^2(t_2-t_1)}} \tag{6-98}$$

以理想的单分散体系为例，利用光学方法可测出清晰界面，记录不同时间 t_1 和 t_2 时的界面位置 x_1 和 x_2，由式（6-98）可算出颗粒大小，并根据颗粒总数算出每种颗粒占总颗粒的百分数。另外根据颗粒密度还可算出每种颗粒占总颗粒的质量分数。

三、仪器与试剂

仪器：粒度测定仪；超声波发生器；注射器（100mL、1mL）；温度计；台秤；烧杯（50mL）。

试剂：固体颗粒（C.P.）；甘油（C.P.）；无水乙醇（C.P.）。

四、实验步骤

1．打开粒度计电源开关和电机开关。

2．开启计算机和打印机，在计算机上启动相应的粒度测定程序。

3．点击"调整测量曲线"，输入电机转速，向电机圆盘腔内注入 30～40mL 旋转液（40%～60%甘油-水溶液），调节"增益"旋钮将基线调整到适宜值（3400～3800），连续运行 20～30min，观察基线值的波动和稳定性，一般要求基线波动量要小于 10 个数值，若基线波动量大于 10 个数值，应延长观察时间直至稳定性符合要求，基线稳定后，敲任意键返回。

4．点击"输入参数和采样"，输入相应的参数值，检查无误后，点击"确认"。输入参数要求见表 6-5。

表 6-5　输入参数要求

序号	参数名称	输入要求
1	样品名称	中英文均可
2	前采样周期	1～29s
3	后采样周期	5～15s
4	颗粒样品密度	实测或查表，单位：g/cm³
5	旋转流体密度	实测或查表，单位：g/cm³
6	旋转流体黏度	实测或查表，单位：P(1P=10Pa·s)
7	旋转流体用量	实际使用体积（mL）

5．注入 1mL 缓冲液（40%乙醇-水溶液），按"加速"按钮形成缓冲层，点击"确定"，计算机开始采集基线，当基线太高或噪声太大时，程序不往下进行，只停留在采集基线，待问题解决后，程序才往下进行。

6．采集基线后，注入 1mL 样品溶液（配制 0.1%～1%的样品水溶液，放入超声波发生器中超声 10～20min，直到聚集在一起的颗粒分散开）并及时按压任意键（时间间隔应小于 1s），采样过程中一切会自动进行。采样结束后，按计算机指令进行操作。

7．点击"存盘退出"，存入数据及图形。

8．点击"调出结果"，查看结果。

9．点击"打印测试报告"，按指令打印数据及图表。

10．将注射器用去离子水洗净，将圆盘腔用去离子水洗净、擦干。

五、数据处理

1. 根据测得的不同颗粒在不同时间 t_1 和 t_2 时的界面位置 x_1 和 x_2，据式（6-98）计算出各颗粒的半径。

2. 根据计算结果和颗粒密度，计算出颗粒总数和颗粒总质量。

3. 计算每种颗粒占总颗粒的数目百分数和质量百分数。

4. 以各颗粒的质量百分数对颗粒半径作图，从图中求出颗粒的最可几半径。

六、思考题

1. 本实验的主要误差来源是什么？怎样消除？

2. 如何选择样品用量及旋转液用量和浓度？

七、进一步讨论

对于不同尺寸的颗粒，可采用不同的测量方法。一般来说，颗粒直径大于 4nm 的颗粒可采用离心沉降法进行测定，但如果颗粒密度较低（＜1g/cm³），由于其沉降速度较慢，所以很难测出 20nm 以下的颗粒直径，此时可采用电子显微镜观察和测量。

对于 1μm 以上的颗粒，离心沉降法可测定 4nm 以上的颗粒直径大小，但如果颗粒密度较低（＜1g/cm³），由于其沉降速度较慢，所以很难测出 20nm 以下的颗粒直径，此时可采用电子显微镜观察和测量。

对于 1μm 以上的颗粒，可采用沉降分析法测其颗粒大小，根据斯托克斯公式，当一球形颗粒在均匀介质中匀速下降时，所受阻力为 $6\pi r\eta v$，其重力为 $\frac{4}{3}\pi r^3(\rho_{颗粒}-\rho_{介质})g$，在匀速下沉时两种作用力相等，即

$$6\pi r\eta v=\frac{4}{3}\pi r^3(\rho_{颗粒}-\rho_{介质})g \tag{6-99}$$

$$r=\sqrt{\frac{9}{2g}\times\frac{\eta v}{\rho_{颗粒}-\rho_{介质}}}=\sqrt{\frac{9}{2g}\times\frac{\eta}{\rho_{颗粒}-\rho_{介质}}}\times\sqrt{\frac{h}{t}} \tag{6-100}$$

$$d=2r=2\sqrt{\frac{9}{2g}\times\frac{\eta}{\rho_{颗粒}-\rho_{介质}}}\times\sqrt{\frac{h}{t}} \tag{6-101}$$

式中，r 为颗粒半径，cm；d 为颗粒直径，cm；g 为重力加速度，980cm/s²；$\rho_{颗粒}$ 为颗粒密度，g/cm³；$\rho_{介质}$ 为介质密度，g/cm³；v 为沉降速度，cm/s；η 为介质黏度，P；h 为沉降高度，cm。称量不同时间（t_i）颗粒的沉降量（W_i）所作的曲线称为沉降曲线。

图 6-54 表示颗粒直径相等体系的沉降曲线，其为一过原点的直线。颗粒以等速下沉，OA 表示沉降正在进行，AB 表示沉降已结束，沉降时间 t_i 所对应的沉降量为 W_i，总沉降量为 W_C，颗粒沉降完的时间为 t_C，将 t_C 和 h 的数值代入式（6-101）可求出颗粒的直径。

图 6-55 表示两种颗粒直径体系的沉降曲线，其形状为一折线。OA 段表示两种不同直径的颗粒同时沉降，斜率大；至 t_i 时，直径大的颗粒沉降完毕，直径小的颗粒继续沉降，斜率变小；至 t_C 时，较小直径的颗粒也沉降完毕，总沉降量为 W_C。直径大的颗粒的沉降量为 n，直径小的颗粒的沉降量为 m，二者之和为 W_C。将 t_i、t_C 及 h 代入式（6-101），可求出两种颗粒的直径。

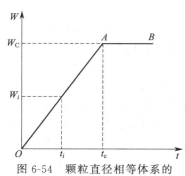

图 6-54　颗粒直径相等体系的沉降曲线

图 6-56 表示颗粒直径连续分布体系的沉降曲线，在沉降时间 t_1 时，对应的沉降量为 W_1。其分为两部分，一为直径 $\geq d_1$ 在 t_1 时刚好沉降完的所有颗粒，它的沉降量为 n_1，即对应 t_1 时曲线的切线在纵轴上的截距值；另一部分为直径 $< d_1$ 在 t_1 时继续沉降的颗粒，其已沉降的部分为 m_1。

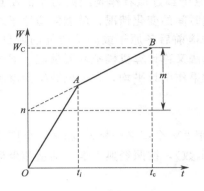

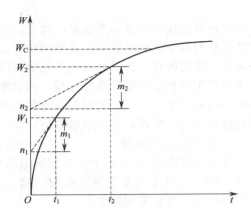

图 6-55　两种颗粒体系的沉降曲线　　　　图 6-56　颗粒直径连续分布的沉降曲线

$$m_1 = t_1 \frac{\mathrm{d}w}{\mathrm{d}t} \tag{6-102}$$

$$n_1 = W_1 - m_1 = W_1 - t_1 \frac{\mathrm{d}w}{\mathrm{d}t} \tag{6-103}$$

如果沉降是完全进行到底的，那么总沉降量 W_C 即样品总量。$Q_1 = \dfrac{n_1}{W_C} \times 100\%$ 即为直径 $\geq d_1$ 的颗粒在样品中所占的百分含量，$Q_2 = \dfrac{n_2}{W_C} \times 100\%$ 即为直径 $\geq d_2$ 的颗粒在样品中所占的百分含量，$Q_{2-1} = \dfrac{n_2 - n_1}{W_C} \times 100\%$ 即为直径介于 d_1 和 d_2 之间的所有颗粒在样品中所占的百分含量。

实验五十六　计算机模拟基元反应

一、实验目的

1. 了解分子反应动态学的主要内容和基本研究方法。
2. 掌握准经典轨线法的基本思想及其结果所代表的物理含义。
3. 了解宏观反应和微观基元反应之间的统计联系。

二、实验原理

分子反应动态学是在分子和原子的水平上观察和研究化学反应的最基本过程——分子碰撞；从中揭示出化学反应的基本规律，使人们能从微观角度直接了解并掌握化学反应的本质。本实验所介绍的准经典轨线法是一种常用的以经典散射理论为基础的分子反应动态学计算方法。

设想一个简单的反应体系，A＋BC，当 A 原子和 BC 分子发生碰撞时，可能会有以下几种情况发生：

$$A+BC \longrightarrow \begin{cases} A+BC(\text{non-reactive collision}) \\ B+AC(\text{reactive collision}) \\ C+AB(\text{reactive collision}) \\ ABC(\text{complex}) \\ A+B+C(\text{dissociation}) \end{cases}$$

准经典轨线法的基本思想是，将 A、B、C 三个原子都近似看作是经典力学的质点，通过考察它们的坐标和动量（广义坐标和广义动量）随时间的变化情况，就能知道原子之间是否发生了重新组合，即是否发生了化学反应，以及碰撞前后各原子或分子所处的能量状态，这相当于用计算机来模拟碰撞过程，所以准经典轨线法又称计算机模拟基元反应。通过计算各种不同碰撞条件下原子间的组合情况，并对所有结果作统计平均，就可以获得能够和宏观实验数据相比较的理论动力学参数。

1. 哈密顿运动方程

设一个反应有 N 个原子，它们的运动情况可以用 $3N$ 个广义坐标 q_i 和 $3N$ 个广义动量 p_i 来描述。若体系的总能量计作 H（是 q_i 和 p_i 的函数），按照经典力学，动量和坐标随时间的变化情况符合下列规律：

$$\begin{cases} \dfrac{\mathrm{d}p_i}{\mathrm{d}t} = -\dfrac{\partial H(p_1,p_2,\cdots,p_{3N},q_1,q_2,\cdots,q_{3N})}{\partial q_i} \\ \dfrac{\mathrm{d}q_i}{\mathrm{d}t} = \dfrac{\partial H(p_1,p_2,\cdots,p_{3N},q_1,q_2,\cdots,q_{3N})}{\partial p_i} \end{cases}$$

对于 A 原子和 BC 分子所构成的反应体系，应当有 9 个广义坐标和 9 个广义动量，构成 9 组哈密顿运动方程。根据经典力学知识，当一个体系没有受到外力作用时，整个体系的质心应当以一恒速运动，并且这一运动和体系内部所发生的反应无关。所以在考察孤立体系内部反应状况时，可以将体系的质心运动扣除。同时体系的势能在无外力作用的情况下是由体系中所有原子的静电作用引起的，所以它只和体系中原子的相对位置有关，和整个体系的空间位置无关，因此只要选取适当的坐标系，就可以扣除体系质心位置的三个坐标，将 A+BC 三个原子体系的 9 组哈密顿方程简化为 6 组方程，大大减少了计算工作量。若选取正则坐标系，有三组方程描述质心运动的可以略去，还剩 6 组 12 个方程。以正则坐标表示的哈密顿能量函数表达式是

$$H = \frac{1}{2\mu_{A,BC}} \sum_{i=1}^{3} p_i^2 + \frac{1}{2\mu_{BC}} \sum_{i=4}^{6} p_i^2 + V(q_1,q_2,\cdots,q_6)$$

式中，$\mu_{A,BC}$ 是 A 和 BC 体系的折合质量；μ_{BC} 是 BC 分子的折合质量。若能知道 V 就得到哈密顿方程的具体表达式。

2. 位能函数 V

位能函数 $V(q_1, q_2, \cdots, q_6)$ 是一势能超面，无普适表达式，但可以通过量子化学计算出数值解，然后拟合出 LEPS 解析表达式。

3. 初值的确定

V 确定之后，方程就确定。只要知道初始 $p_i(0)$、$q_i(0)$，就可以求得任一时间的 $p_i(t)$、$q_i(t)$。

$$\begin{cases} p_i(t) = p_i(0) + \displaystyle\int_0^t -\left(\frac{\partial H}{\partial q_i}\right)\mathrm{d}t \\ q_i(t) = q_i(0) + \displaystyle\int_0^t \left(\frac{\partial H}{\partial p_i}\right)\mathrm{d}t \end{cases}$$

　　计算机模拟计算总是以一定的实验事实为依据，根据现有的分子束实验水平，可以控制 A 和 BC 分子的能态、速度，计算时可以设定。但是碰撞时，BC 分子在不停地转动和振动，BC 的取向、振动位相、碰撞参数等无法控制，让计算机随机设定，这种方法称为 Monte-Carlo 法（设定 BC 分子初态时，给予了振动量子数 v 和转动量子数 J，这是经典力学不可能出现的，故该方法称为准经典法）。

　　4. 数值积分

　　初值确定后，就可以求任一时刻的 $p_i(t)$、$q_i(t)$，计算机积分得到的是坐标和动量的数值解。程序中采用的是 Lunge-Kutta 数值积分法，其计算思想实质上是将积分化为求和。

$$\int_{x_1}^{x_2} f(x)\,\mathrm{d}x = \sum_{x=x_1}^{x=x_2} f(x)\,\Delta x$$

　　选择适当的积分步长 Δx 是必要的，步长太小，耗时太多，增大步长虽可以缩短时间，但有可能带来较大误差。

　　5. 终态分析

　　确定一次碰撞是否已经完成，只要考察 A、B、C 的坐标，当任一原子离开其他原子的质心足够远时（>5.0 a.u.），碰撞就已经完成。然后通过分析 R_{AB}、R_{BC}、R_{CA} 的大小，确定最终产物，根据终态各原子的动量，推出分子所处的能量状态，这样就完成了一次模拟。

　　6. 统计平均

　　由于初值随机设定，导致每次碰撞结果不同。为了正确反映出真实情况，需对大量不同随机碰撞的结果进行统计平均。如对同一条件下的 A＋BC 反应模拟了 N 次，其中有 N_r 次发生了反应，则反应概率 P_r 为

$$P_r = \frac{N_r}{N}$$

　　7. 计算程序框图

　　计算程序框图见图 6-57。

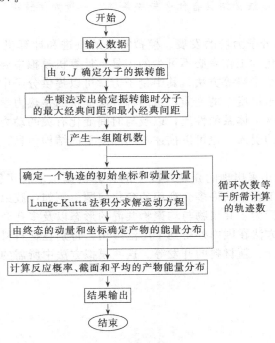

图 6-57　计算程序框图

三、实验步骤

1. 程序是在 Windows 环境下开发的，以快捷方式（默认名称为 Try）置于微机桌面，双击即可进入计算过程。

2. 改变实验参数，考察各个参数对反应概率的影响。

（1）根据程序提供的参数（$v=0$、$J=0$、初始平动能＝2.0、积分步长＝10）计算 20 条 $F+H_2$ 反应轨迹。从中选出一条反应轨迹和一条非反应轨迹，通过结果菜单观察 R_{AB}、R_{BC}、R_{CA} 随时间的变化曲线。

（2）计算 100 条 $v=0$、$J=0$ 时，积分步长为 5，初始平动能为 2.0、4.0、6.0 时的反应轨线，记录反应概率、反应截面及产物的能态分布。

（3）计算 100 条初始平动能为 2.0，积分步长为 5 的条件下，v 和 J 分别为 0、1、2、3 的反应轨线，记录碰撞结果。

四、数据处理

1. 选择一条反应轨迹和一条非反应轨迹，描绘出 R_{AB}、R_{BC}、R_{CA} 随时间的变化曲线。根据所绘曲线，说明在反应碰撞和非反应碰撞过程中，R_{AB}、R_{BC}、R_{CA} 的变化规律。

2. 将实验结果填入下表，计算不同反应条件下的反应概率并进行比较，讨论对于 $F+H_2$ 反应，增加平动能、转动能或振动能，哪个对 HF 的形成更为有利？

振转能	$E_t(0)/eV$	v	J	p_r	反应截面/a.u.	$<E_t>_{产物}/eV$	$<E_v>_{产物}/eV$	$<E_r>_{产物}/eV$
	2.0	0	0					
	2.0	1	0					
	2.0	0	1					
	4.0	0	0					

3. 讨论分析不同反应条件下反应产物的能态分布结果。

五、思考题

1. 准经典轨线法的基本物理思想与量子力学以及经典力学概念相比较各有哪些不同？

2. 使用准经典轨线法必须具备什么先决条件？一般如何解决这一问题？

六、进一步讨论

1. 近年来，随着分子力场的发展、模拟算法的改进和计算机硬件、软件的提高，计算机模拟方法已经成为化学工作者必不可少的工具。计算机模拟主要包括：量子力学、分子力学、分子动力学和蒙特卡洛等方法。其中量子力学可以提供分子中有关电子结构的信息，而分子力学描述的是原子尺度上的性质，这两种方法提供的是热力学零度的结构特征。分子动力学可以描述不同温度下体系的性质，以及与时间变化有关的动力学信息；而蒙特卡洛方法则通过玻尔兹曼因子的引入，也可以描述不同温度下的结构信息，但是仅仅能提供不含时间变化的统计信息。

2. 介观模拟。近年来出现的介观尺度上的计算机模拟填补了微观与宏观模拟之间的空白。有益于解决化学工程中的许多介观相的变化问题。例如：胶束的形成、胶体絮凝物的生成、乳化过程、流变行为、共聚物与均聚物共混的形态以及多孔介质流体等。

目前，以上模拟方法在国内外得到了广泛应用，特别在材料科学、生命科学领域得到了长足发展，如药物设计、新材料的开发等。这些模拟方法中所需的软件均已商业化，部分软件还可在网上下载。

附　　录

附录1　实验报告范例

【例1】

有机合成实验报告

实验日期＿＿＿＿＿＿　内容＿1-溴丁烷的制备＿　班级＿＿＿＿＿＿＿＿

学号＿＿＿＿＿＿＿＿

姓名＿＿＿＿＿＿＿＿

桌号＿＿＿＿＿＿＿＿

一、主副反应式

主反应

$$NaBr + H_2SO_4 \longrightarrow HBr + NaHSO_4$$

$$CH_3CH_2CH_2CH_2OH + HBr \Longleftrightarrow CH_3CH_2CH_2CH_2Br + H_2O$$

副反应

$$C_4H_9OH \xrightarrow[\triangle]{H^+} C_4H_8 + H_2O, \quad 2C_4H_9OH \xrightarrow[\triangle]{H^+} C_4H_9OC_4H_9 + H_2O$$

$$C_4H_9OH + H_2SO_4 \Longleftrightarrow C_4H_9OSO_3H + H_2O,$$

$$2C_4H_9OH + H_2SO_4 \Longleftrightarrow C_4H_9OSO_2OC_4H_9 + 2H_2O$$

二、主要试剂及主副产物的物理常数

名称	分子量	性状	熔点/℃	沸点/℃	相对密度	折射率	溶解性				
							水	醇	醚	苯	其他
正丁醇	74.12	无色液体	−89.5	117.2	$0.8098^{20/4}$	1.3993^{20}	溶	溶	溶	溶	丙酮
1-溴丁烷	137.02	液体	−112.4	101.6	$1.2758^{20/4}$	1.4401^{20}	不溶	溶	溶		丙酮
				18.8^{30}							氯仿
1-丁烯	56.11	气体	−185.3	−6.3	$0.5951^{20/4}$ 液	1.3962^{20}		溶	溶	溶	
正丁醚	130.23	液体	−95.3	142	$0.7689^{20/4}$	1.3962^{20}			溶	溶	

三、仪器装置图

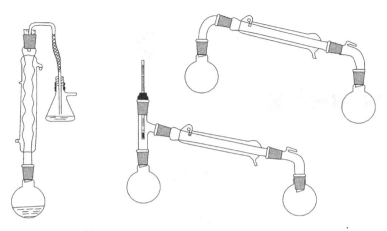

四、主要试剂规格及用量

名　　称	规　　格	用量(g 或 mL)	物质的量
正丁醇	C. P.	7.4g/9.3mL	0.1mol
无水溴化钠	A. R.	12.5g	0.12mol
浓 H_2SO_4	C. P. ($d=1.84$)	15mL	0.28mol

五、操作步骤

实验分两步完成。

第一步：1. 称 12.5g 溴化钠（研细）和 9.3mL 正丁醇，2 粒沸石于 100mL 烧瓶，装上冷凝管。

2. 15mL 水于小锥形瓶中，冷水浴冷却下慢慢加入 15mL 浓 H_2SO_4，得 1：1 硫酸。

3. 分批从冷凝管口加入 1：1 硫酸，边加边充分振荡，装好气体吸收装置。

4. 空气浴上小火加热，回流 30min。

5. 反应液稍冷后，加入沸石，安装简易蒸馏装置，加热蒸馏至无油滴馏出。

6. 馏出液倒入细口瓶中，加入等量水封存，塞上瓶盖等第二次用。

第二步：7. 用分液漏斗分出油层（下层），在小锥形瓶中，用 2.5mL 浓硫酸洗涤、分液两次。

8. 用 15mL 水、7.5mL 10％碳酸钠、15mL 水分别洗涤、分液。

9. 将粗 1-溴丁烷放入干燥的小锥形瓶，用无水氯化钙干燥至液体澄清。

10. 用玻璃漏斗将干燥好的液体滤入干燥的圆形烧瓶，安装蒸馏装置，加入沸石，空气浴小火蒸馏，收集 99～102℃馏分。

11. 产品称重，测折射率。

六、实验记录

时间	操　　作	现　　象	备　　注
第一次 8:25	称取 12.5g 溴化钠,研细 量取 9.3mL 正丁醇,2 粒沸石		正丁醇用定量加料器
8:35	在小锥形瓶中加入 15mL 水,慢慢加入 15mL 浓 H_2SO_4,冷水浴冷却	锥形瓶发热	配 1：1 硫酸
8:50	加入 1：1 硫酸～10mL 振荡	固体逐渐消失,放热	

续表

时间	操　作	现　象	备　注
9:00	加1:1硫酸,振荡	固体减少,反应液应变淡棕色	
9:10	1:1硫酸全部加入,振荡,装上气体吸收装置	有少量固体,分层,上层棕色下层无色	
9:15	小火加热,回流30min	分层,固体消失、沸腾 上层越来越少	
9:50	安装简易蒸馏装置		
10:00	小火蒸馏	有馏出液(油状),烧瓶中上层减少馏出液澄清	
10:20	停止加热,馏出液用水封存	分层,下层为油,上层为水	
第二次 8:15	分液、取下层	分层,下层油状物	
8:20	下层用2.5mL浓H_2SO_4洗涤、分液两次	分出下层,取上层	
8:40	15mL水洗涤,分液 7.5mL 10%Na_2CO_3洗涤,分液 15mL水洗涤,分液	分层,下层为产物 分层 分层,下层产物略浑	
9:00	产品放入小锥形瓶,加入无水氯化钙	澄清	
9:10	过滤、蒸馏	馏出液$t=100℃$	
9:30	称重	$W_{样+瓶}=51.2g$	$W_瓶=44g$
9:40	测折射率	$n_D=1.4416(t=16℃)$	

七、结果

产物名称　**1-溴丁烷**　　　　　　　　　　　　　　　物理状态　**无色液体**

产量/g		产率/%	相对密度	沸　点		折射率
理论	实际			文献值	实测值	
13	7.2	55.4	1.2758	101.6℃	100℃	1.4416($t=16℃$) 1.4400($t=20℃$)

八、讨论

1. 本次实验操作内容较多,特别是分液有数次,先要搞清楚产品是在上层还是下层。在没有得到最后产品之前,切不可将分液得到的液体弃去,以免上下层搞错。

2. 实验结果较好,从沸点数据看,与文献值接近,产品外观为无色透明,折射率实测为1.4416($t=16℃$),换算到20℃为$1.4416-4×10^{-4}×(20-16)=1.4410$与文献值1.4401相符,说明产品的质量也较好。

3. 本反应中浓硫酸起着反应物和催化剂的作用,使用1:1硫酸,这是因为浓硫酸有氧化性,太浓易导致副反应增加。

4. 反应装置采用气体吸收装置,这是由于反应中有HBr气体溢出,可用水或稀碱作为吸收液,为了尽量减少HBr的溢出,加热时火不宜太大,而且火太大也会导致脱水等副反应增加,通过HBr的氧化,从而使产率下降。

审阅教师_____

【例 2】

波谱分析实验报告

实验日期_____　　内容　苯佐卡因的^{1}H NMR 测定

班级_____

学号_____

姓名_____

桌号_____

一、基本原理

^{1}H NMR 波谱法是有机化合物结构鉴定的最重要的方法之一。^{1}H NMR 能提供化学位移（δ）、自旋耦合情况（裂分峰数目形状和耦合常数 J）以及吸收峰面积（积分曲线高度比）三种信息。其中，δ 的大小由^{1}H 所处的化学环境所决定，根据 δ 值可推测相应^{1}H 所属的基团及所处的环境；自旋耦合反映了相邻^{1}H 之间的相互作用，可提供基团与基团的连接情况；各峰组对应的积分曲线高度比代表了它们所含的^{1}H 数目之比。通过对化学位移、耦合情况以及积分曲线高度比的综合分析，可以推测有机化合物的结构。

二、样品配制

将约 20mg 的苯佐卡因小心加入 ϕ5mm 的核磁共振样品管中，滴加约 0.5mL CCl_4，因溶解较慢，将样品管插入 50℃左右的温水中，使样品完全溶解。然后再滴加 1 滴 10％TMS 的 CCl_4 溶液，盖上盖子，振荡，使其混合均匀。

三、测绘^{1}H NMR 谱图

1. 测定条件（也可以直接记录在图谱上）

H1（射频功率）：0.5；

扫描宽度：0～600Hz；

扫描时间：50s；

幅度：10×3；

溶剂：CCl_4；

参比：TMS。

2. 测定步骤

将混合标样管放入探头中──→检查仪器状态──→设定实验条件──→将样品管放入探头孔中──→调节磁场使 TMS 峰处于 δ 为 0 处──→记录谱图──→记录积分曲线

四、数据处理和谱图解析

苯佐卡因的^{1}H NMR 谱峰信息及归属

峰号	δ	峰裂分数目	积分曲线高度	^{1}H 数目	谱峰归属
1					
2					
3					
4					
5					

五、讨论

1. 核磁共振谱仪是大型、精密分析仪器，应严格遵守操作规程。

2. 仪器状态好坏对测绘的谱图质量有很大影响。如记录积分曲线时，平衡调节十分重要，否则记录笔漂移，会给积分曲线高度的测量和 ^1H 数目计算带来较大的误差。

3. 测绘一张好的谱图只是第一步，必须掌握核磁共振基本原理才能正确解析谱图，得到被测化合物的结构。

六、思考题（略）

附录2　有机化合物的物理常数表

2.1　说　　明

此表根据教材所涉及的内容，以及其他常用的化合物选编而成，以方便学生使用。

Name（名称）按化合物的英文名称的字母顺序排列，可使学生熟悉英文化学名词。对此有困难的学生，可应用有机化合物的分子式索引来查找。

表中使用了大量的缩写符号，其含意均列于略字表中。

Boiling Point（沸点）若不标明压力，指常压（760mmHg ×133.3/Pa）下的沸点。 18.8^{30} 表示在（30mmHg×133.3/Pa）压力下沸点为18.8℃。

Density（密度）若不标明温度，通常指室温（15～20℃）时的数据。如 1.2758_4^{20} 表示物质在20℃时相对于4℃水的密度。

Refractive Index（折射率）通常指 n_D ，如 1.4401^{20} 表示在20℃时的折射率为1.4401。

Solubility（溶解度）数字为每100份溶剂溶解该化合物的份数。如 48.6^{50} 表示在50℃时100份溶剂溶解该化合物48.6份。在有机化合物表中所列出的物质，为能溶解该化合物的溶剂。

根据SI单位制，压力单位 mmHg 均应通过 1kPa＝7.50mmHg 的关系式换算为 kPa，如 120mmHg＝16.0kPa。

2.2　有机化合物的物理常数

名　称	分　子　式	分子量	颜色和晶形	密度	熔点/℃	沸点/℃	折射率(n_D)	溶解性
乙醛　Acetaldehyde	CH₃CHO	44.05	col liq	0.788	-125	20.8	1.3316^{20}	w,al,eth,ace,bz
乙酰胺　Acetamide	CH₃CONH₂	59.07	trg mcl(al-eth)	$0.9986^{85/4}$	82.3	221.2;120²⁰	1.4278^{78}	w,al
乙酰苯胺　Acetanilide	CH₃CONHC₆H₅	135.17	pl(w)	1.2190^{15}	114.3	304		al,eth,ace,bz
对甲基乙酰苯胺　Acetanilide,p-methyl	4-CH₃-C₆H₄-NHCOCH₃	149.19	mcl cr	1.212^{15}	148.5	307 sub		al,bz,eth
邻硝基乙酰苯胺　Acetanilide,o-nitro	2-NO₂-C₆H₄-NHCOCH₃	180.16	ye pr(lig)lf(dil al)	1.419^{15}	94	$100^{0.1}$		w,al,eth,lig
间硝基乙酰苯胺　Acetanilide,m-nitro	3-NO₂-C₆H₄-NHCOCH₃	180.16	wh lf(al)		154~156	$100^{0.008}$		w,al,eth
对硝基乙酰苯胺　Acetanilide,p-nitro	4-NO₂-C₆H₄-NHCOCH₃	180.16	ye pr(w)		216(217)			al,eth,ace,lig
乙酸　Acetic acid	CH₃COOH	60.05	rh(hyg)	$1.0492^{20/4}$	16.6	117.9;17¹⁰	1.3716^{20}	w,al,bz,ace
乙酸铵　Acetic acid,ammonium salt	CH₃COONH₄	77.08	wh hyg cr	$1.17^{20/4}$	114	d		w,al
乙酸钡　Acetic acid,Ba salt	(CH₃COO)₂Ba	255.43	col cr	2.468	292			w
乙酸钾　Acetic acid,K salt	CH₃COOK	98.15	wh pw	1.57^{25}	292			w
乙酸钠　Acetic acid,Na salt	CH₃COONa	82.03	wh mcl	1.528	324			w
乙酸铅　Acetic acid,Pb salt	(CH₃COO)₂Pb	325.28	wh cr	$3.251^{2/4}$	280			w
乙酸酐　Acetic anhydride	(CH₃CO)₂O	102.09	col liq	$1.0820^{20/4}$	-73.1	139.55;44¹⁵	1.3900^{20}	al,eth,bz
乙酰乙酸　Acetoacetic acid	CH₃COCH₂CO₂H	102.09	syr		36~37	<100,d		w,al,eth
丙酮　Acetone	CH₃COCH₃	58.08	col liq	$0.7899^{20/4}$	-95.35	56.2	1.3588^{20}	w,al,eth,bz,chl
乙腈　Acetonitrile	CH₃CN	41.05	col liq	0.7857^{20}	-45.7	81.6	1.34425^{20}	w,al,eth,ace,chl
苯乙酮　Acetophenone	C₆H₅COCH₃	120.15	mcl pr	$1.0281^{20/4}$	20.5	202.6;79¹⁰	1.53718^{20}	al,eth,ace,bz,chl
乙酰丙酮　Acetylacetone	CH₃COCH₂COCH₃	100.12	liq	$0.9721^{25/4}$	-23	139⁷⁴⁶	1.4494^{20}	w,al,eth,ace,chl
乙酰氯　Acetylchoride	CH₃COCl	78.50	col liq	$1.1051^{20/4}$	-112	50.9	1.38996^{20}	eth,ace,bz,chl
乙炔　Acetylene	CH≡CH	26.04	col gas	$0.6208^{-82/4}$	-80.8	-84.0	1.00056^{0}	ace,bz,chl
乙酰水杨酸　Acetylsalicylic acid	2-(CH₃CO)C₆H₄CO₂H	180.16			138~140			al,ace
丙烯醛　Acrolein	CH₂=CHCHO	56.06	col liq	$0.8410^{20/4}$	-86.9	52.5~53.5	1.4017^{20}	w,al,eth,ace
丙烯酸　Acrylic acid	CH₂=CHCO₂H	72.06	col liq	$1.0511^{20/4}$	13	141.6;148.5¹⁵	1.4224^{20}	w,al,eth,ace,bz
丙烯腈　Acrylonitrile	CH₂=CHCN	53.06	col liq	$0.8060^{20/4}$	-83.5	77.5~79	1.3911^{20}	al,eth,ace,bz
己二酸　Adipic acid	HO₂C(CH₂)₄CO₂H	146.14	mcl pr	$1.360^{25/4}$	153	265¹⁰⁰		al,eth
己二腈　Adipic dinitrile	NC(CH₂)₄CN	108.14	nd(eth)	0.9676^{20}	1	295;180²⁰	1.4380^{20}	al,chl
烯丙醇　Ally alcohol	CH₂=CHCH₂OH	58.08	liq	$0.8540^{20/4}$	-129	97.1	1.4135^{20}	w,al,eth,chl

续表

名 称	分 子 式	分子量	颜色和晶形	密度	熔点/℃	沸点/℃	折射率(n_D)	溶解性
烯丙基氯 Allyl chloride	$CH_2{=}CHCH_2Cl$	76.53	col liq	$0.9376^{20/4}$	−134.5	45	1.4157^{20}	al,eth,ace,bz,lig
邻氨基苯甲酸 o-Aminobenzoic acid	$2\text{-}H_2NC_6H_4CO_2H$	137.14	lf(al)	1.412^{20}	146~147	sub		w,al,eth
对氨基苯甲酸 p-Aminobenzoic acid	$4\text{-}H_2NC_6H_4CO_2H$	137.14	mcl pr(w)	$1.374^{25/4}$	188~189			al,eth,w
对氨基苯甲酸乙酯 p-Amino-benzoic acid ethyl ester	$4\text{-}H_2NC_6H_4CO_2C_2H_5$	165.19	nd(w)		92	310		al,eth,chl
2-氨基乙醇 2-Aminoethanol	$H_2NCH_2CH_2OH$	61.08	col oil	$1.0180^{20/4}$	10.3	$170;58^5$	1.4541^{20}	w,al,eth,chl
邻氨基苯酚 o-Aminophenol	$2\text{-}H_2NC_6H_4OH$	109.13	wh nd(bz)	1.328	174	sub 153^{11}		al,eth,w
间氨基苯酚 m-Aminophenol	$3\text{-}H_2NC_6H_4OH$	109.13	pr(to)		123	164^{11}		al,eth
对氨基苯酚 p-Aminophenol	$4\text{-}H_2NC_6H_4OH$	109.13	wh pl(w)		186~187	$110^{0.3}$		al
苯胺 Aniline	$C_6H_5NH_2$	93.13	col oil	$1.02173^{20/4}$	−6.3	$184;68.3^{10}$	1.5863^{20}	al,eth,ace,bz,lig
N,N-二甲基苯胺 Aniline,N,N-dimethyl	$C_6H_5N(CH_3)_2$	121.18	Pa ye	$0.9557^{20/4}$	2.45	$194;77^{13}$	1.5582^{20}	al,eth,ace,bz,chl
2-硝基苯胺 Aniline,2-nitro	$2\text{-}(NO_2)C_6H_4NH_2$	138.13	gold-ye pl	1.442^{15}	71.5	284;		al,eth,ace,bz
3-硝基苯胺 Aniline,3-nitro	$3\text{-}(NO_2)C_6H_4NH_2$	138.13	ye nd(w)	$1.1747^{160/4}$	114	$165{\sim}166^{18}$ $100^{0.16}$		al,eth,ace
4-硝基苯胺 Aniline,4-nitro	$4\text{-}(NO_2)C_6H_4NH_2$	138.13	ye mcl nd(w)	$1.424^{20/4}$	148~149	305~307d		al,eth,ace,chl
苯甲醚 Anisole	$C_6H_5OCH_3$	108.14	col liq	$0.9961^{20/4}$	−37.5	331.7, $106^{0.03}$	1.5179^{20}	al,eth,ace,bz
蒽 Anthracene	$(C_6H_4)_2(CH)_2$	178.23	ta	$1.283^{25/4}$	214~216	340(cor); 226.5^{53} sub		ace,bz
蒽醌 Anthraquinone	$(C_6H_4)_2(CO)_2$	208.22	ye rh nd(al-bz)	$1.438^{20/4}$	286(su)	379.8		
偶氮苯(顺式) Azobenzene(cis)	$C_6H_5N{=}NC_6H_5$	182.22	og-red pl(Peth)		71			al,eth,bz,aa
偶氮苯(反式) Azobenzene(trans)	$C_6H_5N{=}NC_6H_5$	182.22	og-red mcl lf(al)	$1.203^{20/4}$	68.5	293	1.626^{78}	al,eth,bz,aa
偶氮二异丁腈 α,α'-Azodiiso,butyronitrile	$NCC(CH_3)_2N{=}NC(CH_3)_2CN$	164.21	wh nd(eth)		105~106,d			al,eth
苯甲醛 Benzaldehyde	C_6H_5CHO	106.12	col liq	$1.0415^{10/4}$	−26(fr)	$178;62^{10}$	1.5463^{20}	al,eth,ace,bz,lig
苯 Benzene	C_6H_6	78.11	rh pr	$0.8765^{20/4}$	5.5	80.1	1.5011^{20}	al,eth,ace,aa
溴苯 Benzene,bromo	C_6H_5Br	157.01	col liq	$1.4950^{20/4}$	−30.8	$156;43^{18}$	1.5597^{20}	al,eth,bz
氯苯 Benzene,chloro	C_6H_5Cl	112.56	col liq	$1.1058^{20/4}$	−45.6	$132;22^{10}$	1.5241^{20}	al,eth,bz
氯化重氮苯 Benzenediazonium chloride	$C_6H_5N_2Cl$	140.57	nd(al)		exp			w,al,ace
硝基苯 Benzene,nitro	$C_6H_5NO_2$	123.11	lt ye liq	$1.2037^{20/4}$	5.7	210.8	1.5562^{20}	al,eth,ace,bz
4-硝基苯磺酰胺 Benzenesulfonamide, 4-amino	$4\text{-}H_2NC_6H_4SO_2\text{-}NH_2$	172.20	lf	1.08	165~166			w,al,eth,ace MeOH

续表

名　称	分　子　式	分子量	颜色和晶形	密度	熔点/℃	沸点/℃	折射率(n_D)	溶解性
4-乙酰氨基苯磺酰胺　Benzenesulfonamido,4-acetamide	$4\text{-}(CH_3CONH)\text{-}C_6H_4SO_2NH_2$	214.24	nd(aa)		219~220			w,al,ace
苯磺酸钠　Benzenesulfonic acid,Na salt	$C_6H_5SO_3Na \cdot H_2O$	198.17	nd(aq al)		450d			w
苯磺酰氯　Benzenesulfonyl chloride	$C_6H_5SO_2Cl$	176.62	cr	$1.3842^{15/15}$	14.5	$251\text{-}24;120^{10}$		al,eth
4-乙酰氨基苯磺酰氯　Benzenesulfonyl chloride,4-acetamide	$4\text{-}(CH_3CONH)\text{-}C_6H_4SO_2Cl$	233.67	nd(bz)		149			al,eth
苯甲酸　Benzoic acid	C_6H_5COOH	122.12	mcl lf	$1.2659^{15/4}$	122.13	$249;133^{10}$	1.504^{12}	al,eth,ace,bz,chl
4-乙酰氨基苯甲酸　Benzoic acid,4-acetamide	$4\text{-}(CH_3CONH)\text{-}C_6H_5CO_2H$	179.18	nd(al)		256.5			al
苯腈　Benzonitrile	C_6H_5CN	103.12		$1.0102^{15/15}$	-13	190.7	1.5289^{20}	al,eth,ace,bz
二苯甲酮　Benzophenone	$C_6H_5COC_6H_5$	182.22	(α)rh pr；(β)mcl pr	(α)1.146^{20}；(β)1.1076	(α)48.1；(β)26	305.9	(α)1.6077^{19}；(β)1.6059^{21}	bz
苯甲酰氯　Benzoyl chloride	C_6H_5COCl	140.57	col liq	$1.2120^{20/4}$		$197.2;71^{9}$	1.5537^{20}	eth
过氧化二苯甲酰　Benzoyl peroxide	$C_6H_5CO\text{-}OO\text{-}COC_6H_5$	242.23	rh(eth),pr		106-8	exp	1.543	al,eth,ace,bz
苄醇　Benzyl alcohol	$C_6H_5CH_2OH$	108.14	col liq	$1.0419^{24/4}$	-15.3	$205.3;93^{10}$	1.5396^{20}	w,al,ace,eth,bz
苄氯　Benzyl chloride	$C_6H_5CH_2Cl$	126.59	col liq	$1.1002^{20/20}$	-39	$179.3;66^{11}$	1.5391^{20}	al,eth,chl
苯基三乙基氯化铵　Benzyl-triethyl ammonium chloride	$C_6H_5CH_2N(C_2H_5)_3Cl$	227.78			185(dec)			
联苯　Biphenyl	$C_6H_5\text{-}C_6H_5$	154.21	lf(dil al)	$0.8660^{20/4}$	71	$255.9;145^{22}$	1.475^{23}	al,eth,bz
双酚A　Bisphenol A	$(CH_3)_2C(C_6H_4\text{-}OH\text{-}p)_2$	228.29	pr(dil aa)		152~153	$250\sim252^{13}$	1.588^{75}	al,eth,bz,aa
缩二脲　Biure	$H_2NCONHCONH_2$	103.08	nd(w)；pl(al)；nd(w+al)		190d			al,w
1,3-丁二烯　1,3-Butadiene	$CH_2=CHCH=CH_2$	54.09	col gas	$0.6211^{20/4}liq$	-108.9	-4.4	1.4292^{25}	al,eth,ace,bz
丁酮　Butanone	$CH_3COCH_2CH_3$	72.11	col liq	$0.8054^{20/4}$	-86.3	$79.6;30^{110}$	1.3788^{20}	w,al,ace,eth,bz
4-苯基-2-丁酮　2-Butanone,4-phenyl	$C_6H_5CH_2CH_2COCH_3$	148.20	col liq	$0.9849^{22/4}$		$233\sim234;115^{13}$	1.511^{22}	al,eth,ace
1-丁烯　1-Butene	$CH_2=CHCH_2CH_3$	56.11	col gas	$0.5951^{20/4}liq$	-185.3	-6.3	1.3962^{20}	al,eth,ace bz,chl
2-丁烯（顺式）　2-Butene(cis)	$CH_3CH=CHCH_3$	56.11	col gas	$0.6213^{20/4}liq$	-138.9	3.7	1.3931^{25}	al,eth,bz
2-丁烯（反式）　2-Butene(trans)	$CH_3CH=CHCH_3$	56.11	col gas	$0.6042^{20/4}liq$	-105.5	0.9	1.3848^{25}	al,eth,bz
4-苯基-3-丁烯-2-酮　3-Butene-2-one,4-phenyl	$C_6H_5CH=CHCOCH_3$	146.19	pl	1.097^{45}	42	$140^{16};26^{2}$	1.5836^{45}	al,eth,ace bz,chl
乙酸正丁酯　n-Butyl acetate	$CH_3CO_2(CH_2)_3CH_3$	116.16	col liq	$0.8825^{20/4}$	-77.9	126.5	1.3941^{20}	al,eth,bz
正丁醇　n-Butyl alcohol	$CH_3CH_2CH_2CH_2OH$	74.12	col liq	$0.8098^{20/4}$	-89.5	117.2	1.3993^{20}	w,al,eth,ace,bz
仲丁醇（外消旋）　sec-Butyl alcohol(dl)	$CH_3CH_2CH(OH)CH_3$	74.12	col liq	$0.8063^{20/4}$	-114.7	$99.5;45.5^{60}$	1.3978^{20}	al,eth,ace,bz
异丁醇　iso-Butyl alcohol	$(CH_3)_2CHCH_2OH$	74.12	col liq	$0.8018^{20/4}$	-103	108.1	1.3955^{20}	al,eth,ace

名 称	分 子 式	分子量	颜色和晶形	密度	熔点/℃	沸点/℃	折射率(n_D)	溶解性
叔丁醇 tert-Butyl alcohol	$(CH_3)_3COH$	74.12	liq or rh	$0.7887^{20/4}$	25.5	82~83;20[31]	1.3878^{20}	w,al,eth
正溴丁烷 n-Butyl bromide	$CH_3CH_2CH_2CH_2Br$	137.02	liq	$1.2758^{20/4}$	−112.4	101.6;18.6[30]	1.4401^{20}	al,eth,ace,chl
仲溴丁烷(外消旋) sec-Butylbromide(dl)	$CH_3CHBrCH_2CH_3$	137.02	liq	$1.2585^{20/4}$	−111.9	91.2	1.4366^{20}	eth,ace,chl
异溴丁烷 iso-Butyl bromide	$(CH_3)_2CHCH_2Br$	137.02	liq	$1.2532^{20/4}$	−117.4	91.7;41~43[135]	1.4348^{20}	al,eth,ace,bz
叔溴丁烷 tert-Butyl bromide	$(CH_3)_3CBr$	137.02	liq	$1.2209^{20/4}$	−16.2	73.25	1.4278^{20}	al,eth
正氯丁烷 n-Butyl chloride	$CH_3(CH_2)_3Cl$	92.57	col liq	$0.8862^{20/4}$	−123.1	78.44	1.4021^{20}	al,eth
叔氯丁烷 tert-Butyl chloride	$(CH_3)_3CCl$	92.57		$0.8420^{20/4}$	−25.4		1.3857^{20}	al,eth,bz,chl
正碘丁烷 n-Butyl iodide	$CH_3(CH_2)_3I$	184.82	liq	$1.6154^{20/4}$	−103	130.5;19.2[10]	1.5001^{20}	al,eth,chl
苯丁醚 n-Butyl phenyl ether	$C_4H_9OC_6H_5$	150.22		$0.9351^{20/4}$	−19.4	210;95[17]	1.4969^{20}	al,eth,ace
正丁醛 n-Butyraldehyde	$CH_3CH_2CH_2CHO$	72.11	col liq	$0.8170^{20/4}$	−96	75.7	1.3843^{20}	al,eth
正丁酸 n-Butyric acid	$CH_3CH_2CH_2CO_2H$	88.11	col liq	$0.9577^{20/4}$	−4.5	165.5	1.3980^{20}	al,eth,py,chl
咖啡因 Caffeine	$C_8H_{10}N_4O_2$	194.19	wh nd(w+al)	1.23^{19}	238(anh)	sub 178		w,al,bz,chl
ε-己内酰胺 ε-Caprolactam	$HN(CH_2)_5C=O$	113.65	lf(lig)		69~71	139[12]		al,eth,chl
二硫化碳 Carbon disulfide	CS_2	76.13	col liq	$1.2632^{20/4}$	−111.5	46.2	1.6319^{20}	al,eth,chl
四氯化碳 Carbon tetrachloride	CCl_4	153.82	col liq	$1.5940^{20/4}$	−23	76.5	1.4601^{20}	al,eth,ace,bz,chl
氯乙酸 Chloroacetic acid	$ClCH_2CO_2H$	94.50	α,β mcl pr	$1.4043^{40/4}$	α63;β56.2;γ52.5	187.8;104[20]	1.4351^{55}	w,al,eth,ace,bz lig
氯仿 Chloroform	$CHCl_3$	119.38	col liq	$1.4832^{20/4}$	−63.5	61.7	1.4459^{20}	al,eth,ace,bz lig
氘代氯仿 Chloroform-d	$CDCl_3$	120.38		$1.5004^{20/4}$	−64.1	61~62	1.4450^{20}	al,eth,ace,bz
(反式)肉桂醛 Cinnamaldehyde(trans)	$C_6H_5CH=CHCHO$	132.16	ye	$1.0497^{20/4}$	−7.5	253d;127[16]	1.6195^{20}	al,eth,chl
(顺式)肉桂酸 Cinnamic acid(cis)	$C_6H_5CH=CHCO_2H$	148.16	mcl pr		68			al,eth,lig
(反式)肉桂酸 Cinnamic acid(trans)	$C_6H_5CH=CHCO_2H$	148.16	mcl pr(dil al)	$1.2475^{4/4}$	135~136	300(cor)		al,eth,ace,bz,chl
反式β-胡萝卜素 Trans-β-Carotene	$C_{40}H_{56}$	536.89			178~179			eth,lig,chl,ace
反式肉桂酸乙酯 Cinnamicacid ethyl ester(trans)	$C_6H_5CH=CHCOOC_2H_5$	176.22		$1.0491^{20/4}$	12	271.5,144[15]	1.5598^{20}	al,eth,ace,bz
巴豆醛 Crotonaldehyde	$CH_3CH=CHCHO$	70.09	col liq	$0.8495^{25/4}$	−74	104~105	1.4355^{20}	al,eth,ace,bz
环己烷 Cyclohexane	$(CH_2)_6$	84.16	col liq	$0.7785^{20/4}$	6.5	80.7	1.4266^{20}	al,eth,ace,bz,lig
环己醇 Cyclohexanol	$(CH_2)_5CHOH$	100.16	hyg nd	$0.9624^{20/4}$	25.1	161.1	1.4641^{20}	w,al,ace,eth,bz
环己酮 Cyclohexanone	$(CH_2)_5C=O$	98.14	col oil	$0.9478^{20/4}$	−16.4	155.6;47[15]	1.4507^{20}	al,eth
环己烯 Cyclohexene	$CH_2(CH_2)_3CH=CH$	82.15	liq	$0.8102^{20/4}$	−103.5	83	1.4465^{20}	al,eth,ace,bz

续表

名　称	分　子　式	分子量	颜色和晶形	密度	熔点/℃	沸点/℃	折射率(n_D)	溶解性
氯代环己烷　Cyclohexyl chloride	$(CH_2)_5CHCl$	118.61	col liq	$1.0000^{20/4}$	-43.9	143	1.4626^{20}	al,eth,ace,bz,chl
环戊二烯　Cyclopentadiene	$CH_2CH=CHCH=CH$	66.10	col liq	$0.8021^{20/4}$	-97.2	40.0	1.4440^{20}	al,eth,ace,bz
正丁醚　n-Dibutyl ether	$(CH_3CH_2CH_2CH_2)_2O$	130.23	liq	$0.7689^{20/4}$	-95.3	142	1.3992^{20}	al,eth
邻苯二甲酸二丁酯　o-Dibutyl phthalate	$1,2\text{-}C_6H_4(COOC_4H_9)_2O$	278.35	col liq	$1.047^{20/20}$		$340;206^{20}$	1.4911^{20}	al,eth,bz
7,7-二氯双环[4.1.0]庚烷　7,7-Dichlorodicyclo[4.1.0]-heptance	$CH_2(CH_2)_3CHCHCCl_2$	165.06		$1.2115^{23/4}$		$192{\sim}197;$ $78{\sim}79^{15}$	1.5014^{23}	xyl
丙二酸二乙酯　Diethyl malonate	$CH_2(COOC_2H_5)_2$	160.17	col liq	$1.0551^{20/4}$	-48.9	$199.3;96^{22}$	1.4139^{20}	al,eth,ace,bz,chl
9,10-二氢蒽-9,10-Z内桥-11,12-二甲酸酐　9,10-Dihydro-9,10-ethanoanthracene-11,12-dicar boxy-lic-anhydride	$C_{18}H_{12}O_3$	276.30	col cr			258~259		xyl
硫酸二甲酯　Dimethyl sulfate	$(CH_3O)_2SO_2$	126.13	Poison oil	1.3283^{20}	-31.7	$188.5d;76^{30}$	1.3874^{20}	w,al,eth,bz
二甲基亚砜　Dimethyl sulfoxide	$(CH_3)_2SO$	78.13	oil	$1.1014^{20/4}$	18.4	$189;85{\sim}87^{20}$	1.4770^{20}	w,al,eth,ace
1,4-二氧六环(二噁烷)　1,4-Dioxane	$CH_2CH_2OCH_2CH_2O$	88.11	col liq	$1.0337^{20/4}$	11.8	101^{750}	1.4224^{20}	w,al,eth,ace,bz
二苯甲烷　Diphenylmethane	$(C_6H_5)_2CH_2$	168.24	pr nd	$1.0060^{20/4}$	25.3	$264.3;125.5^{10}$	1.5753^{20}	al,eth,chl
1-十二烷醇　1-Dodecanol	$CH_3(CH_2)_{10}CH_2OH$	186.34	lf(dil al)	$0.8309^{24/4}$	26	255~259;150		al,eth
1,2-二氯乙烷　Ethane,1,2-dichloro	$ClCH_2CH_2Cl$	93.96	col liq	1.2351^{20}	-35.3	83.5	1.4448^{20}	al,eth,ace,bz
乙酸乙酯　Ethyl acetate	$CH_3CO_2C_2H_5$	88.11	col liq	$0.9003^{20/4}$	-83.6	77.06	1.3723^{20}	w,al,eth,ace,bz
乙酰乙酸乙酯　Ethylaceto,acetate	$CH_3COCH_2CO_2C_2H_5$	130.14	col liq	$1.0282^{20/4}$	<-80	$180.4,74^{14}$	1.4194^{20}	al,eth,bz,chl
乙醇　Ethyl alcohol	CH_3CH_2OH	46.07	col liq	$0.7893^{20/4}$	-117.3	78.5	1.3611^{20}	w,eth,ace,bz
苯甲酸乙酯　Ethyl benzoate	$C_6H_5CO_2C_2H_5$	150.18	col liq	$1.0468^{20/4}$	-34.6	$213;87^{10}$	1.5007^{20}	al,eth,ace,bz peth
溴乙烷　Ethyl bromide	CH_3CH_2Br	108.97	col liq	$1.4604^{20/4}$	-118.6	38.4	1.4239^{20}	al,eth,chl
氯乙烷　Ethyl chloride	CH_3CH_2Cl	64.51	col liq	$0.8978^{20/4}$	-136.4	12.3	1.3676^{20}	al,eth
乙烯　Ethylene	$CH_2=CH_2$	28.05	gas,mcl,pr	$0.566^{-102/4}$	-169	-103.7	1.363^{100}	eth
乙二醇　Ethylene glycol	$HOCH_2CH_2OH$	62.07	col liq	$1.1088^{20/4}$	-11.5	$198,93^{13}$	1.4318^{20}	w,al,eth,ace
环氧乙烷　Ethylene oxide	CH_2CH_2O	44.06	liq	$0.8824^{10/10}$	-111	13.2^{746}	1.3597^7	w,al,eth,ace,bz
四氟乙烯　Ethylene,tetrafluoro	$F_2C=CF_2$	100.02	gas	$1.519^{-78.3}$	-142.5	-76.3	1.3526^{20}	al,ace,bz,chl
乙醚　Ethyl ether	$C_2H_5OC_2H_5$	74.12	col liq	$0.7138^{20/4}$	fr-116.2	34.5	1.4105^{20}	w
硫酸氢乙酯　Ethyl hydrogensulfate	$C_2H_5OSO_3H$	126.13	syr	$1.3657^{20/4}$		280d		

续表

名 称	分 子 式	分子量	颜色和晶形	密度	熔点/℃	沸点/℃	折射率(n_D)	溶解性
碘乙烷 Ethyl iodide	CH_3CH_2I	155.97	col liq	$1.9358^{20/4}$	-108	72.3	1.5133^{20}	al,eth
硫酸二乙酯 Ethyl sulfatc	$(C_2H_5O)_2SO_2$	154.18		$1.1774^{20/4}$	-24.5	$208d;96^{15}$	1.4004^{20}	al,eth
7-内氧桥-双环[2.2.1]5-庚烯-2,3-二甲酸酐 Exo-7-oxabicyclo[2.2.1]-hept-5-ene-2,3-dicarboxylic anhydride	$C_8H_6O_4$	166.13	cr		118			eth
甲醛 Fomaldehyde	$HCHO$	30.03	gas		-92	-21		w,al,eth,ace,bz
N,N-二甲基甲酰胺 Formamide N,N-dimethyl	$HCON(CH_3)_2$	73.09		$0.9487^{-20/4}$	-60.5	149~156,	1.4305^{20}	w,al,eth ace,bz,chl
甲酸 Formic acid	HCO_2H	46.03	col liq	$1.220^{20/4}$	8.4	$100.7;50^{120}$	1.3714^{20}	w,al,eth,ace,bz
果糖 Fructose	$C_6H_{12}O_6$	180.16	nd(w)	$1.60^{20/4}$	103~105d			w,al,ace
富马酸(反式) Fumaric acid($trans$)	$HO_2CCH=CHCO_2H$	116.08	lf(w)	$1.635^{20/4}$	300~302 (sealed tube)	165^{17} sub		al
呋喃甲醛 α-Furaldehydy	$2\text{-}(C_4H_3O)CHO$	96.09	liq	$1.1594^{20/4}$	-38.7	$161.7;90^{65}$	1.5261^{20}	al,eth,ace,bz,chl
呋喃 Furan	$CH=CHCH=CHO$	68.08	col liq	$0.9514^{20/4}$	-85.6	31.4	1.4214^{20}	al,eth,ace,bz
四氢呋喃 Furan,tetra-hydrogen	$CH_2CH_2CH_2CH_2O$	72.11	col liq	$0.8892^{20/4}$	fr-108	67	1.4050^{20}	al,eth,ace,bz
α-呋喃甲醇 α-Furfuryl alcohol	$2\text{-}(C_4H_3O)CH_2OH$	98.10	col ye	$1.1296^{20/4}$		$171^{750};68\sim69^{20}$	1.4868^{20}	w,al,eth
α-呋喃甲酸 α-Furoic acid	$2\text{-}(C_4H_3O)COOH$	112.09	mcl nd or lf(w)		133~134	$230\sim232;$ $141\sim144^{20}$		w,al,eth
葡萄糖 Glucose	$C_6H_{12}O_6$	180.16	syr rh pl	$1.2613^{20/4}$	146(150)			w
丙三醇 Glycerol	$HOCH_2CH(OH)CH_2OH$	92.09	rh(al)	1.331^{-5}	20	$290d;182^{20}$	1.4746^{20}	w,al
六亚甲基四胺 Hexamethylene tetramine	$C_6H_{12}N_4$	140.19			285~295 sub	sub		w,al,ace chl
2,4-二硝基苯肼 Hydrazine;2,4-dinitrophenyl	$2,4\text{-}(NO_2)_2\text{-}C_6H_3NHNH_2$	198.14	blsh-red(al)		194~198d			al,eth,ace,bz,chl
苯肼 Hydrazine,phenyl	$C_6H_5NHNH_2$	108.14	mcl pr	$1.0986^{20/4}$	19.8	$243;115^{10}$	1.6084^{10}	al,eth,ace,bz,chl
氢化偶氮苯 Hydrazobenzene	$C_6H_5NHNHC_6H_5$	184.24	ta(al-eth)	$1.158^{16/4}$	131			al
对苯二酚 Hydroquinone	$1,4\text{-}(HO)_2C_6H_4$	110.11	mcl pr	1.328^{15}	173~174	285^{750}		w,al,eth,ace
α-羟基苯乙酸（外消旋） α-Hydroxyphenyl acetic acid(dl)	$C_6H_5CH(OH)CO_2H$	152.15	pl(wh)	$1.300^{20/4}$	121.3	d		w,al,eth

续表

名　　称	分　子　式	分子量	颜色和晶形	密度	熔点/℃	沸点/℃	折射率(n_D)	溶解性
碘仿　Iodoform	CHI_3	393.73	ye hex pr	$4.008^{20/4}$	123	ca 218		eth,ace,chl,aa
异戊二烯　Isoprene	$CH_2=C(CH_3)CH=CH_2$	68.12	col liq	$0.6810^{20/4}$	−146	34	1.4219^{20}	al,eth,ace,bz
乙烯酮　Ketene	$CH_2=CO$	42.04	col gas		−151	−56		w,al
乳酸(d)　Lactic acid(d)	$CH_3CH(OH)CO_2H$	90.08	pl(chl aa)	$1.2060^{21/4}$	53	103^2		w,al,eth
乳酸(dl)　Lactic acid(dl)	$CH_3CH(OH)CO_2H$	90.08	ye	1.590^{20}	18	122^{13}	1.4392^{20}	w,al,eth,ace,aa
马来酸(反式丁烯二酸)　Maleic acid(*cis*-butenedioic acid)	$HO_2CCH=CH-CO_2H$	116.07	mcl pr(w)		139~140			w,al,eth,ace,aa
马来酸酐　Maleic anhydride	$COCH=CHCOO$	98.06	nd(chl eth)	1.314^{60}	60	$197\sim199,82^{14}$		eth,ace,chl
烯丙基丙二酸　Malonic acid,allyl	$(CH_2=CHCH_2)CH(CO_2H_2)$	144.13	tcl(eth)		105	>180d		w,al,eth
烯丙基丙二酸二乙酯　Malonic acid,allyl,diethyl ester	$(CH_2=CHCH_2)CH(CO_2C_2H_5)_2$	200.23		$1.0098^{20/4}$		222	1.4305^{20}	al,eth
三聚甲醛　Metaformaldehyde	$(CH_2O)_3$	90.08	rh,nd(eth)	1.17^{65}	64	114.5^{759}		w,al,eth,bz,chl
甲烷　Methane	CH_4	16.04	gas	0.5547^0	−182	sub 46^1		al,eth,bz
重氮甲烷　Methane,diazo	CH_2N_2	42.04	ye gas		−145	−164		eth
甲醇　Methyl alcohol	CH_3OH	32.04	col liq	$0.7914^{20/4}$	−93.9	ca-o	1.3288^{20}	w,al,eth,ace,bz,chl
2-甲基-2-己醇　2-Methyl-2-hexanol	$CH_3(CH_2)_3CH(CH_3)_2OH$	116.26	col liq	0.812		$65,15^{73}$	1.4170^{20}	al,eth,ace
甲基丙烯酸甲酯　Methyl methacrylate	$CH_2=C(CH_3)CO_2-CH_3$	100.13		$0.9440^{20/4}$	−48	$100\sim101,24^{32}$	1.4142^{20}	al,eth
甲基橙　Methyl orange	$C_{14}H_{14}N_3O_3NaS$	327.33	og ye pl		d			
萘　Naphthalene	$C_{10}H_8$	128.17	mcl pl pl(al)	$1.1536^{25/4}$	80.5	218; 87.5^{10}	1.5898^{85}; 1.4003^{24}	ac,eth,ace,bz
α-萘酚　α-Naphthol	$α-C_{10}H_7OH$	144.17	ye mel nd(w)	$1.0989^{99/4}$	96	288 sub	1.6224^{99}	al,eth,ace,bz,chl
β-萘酚　β-Naphthol	$β-C_{10}H_7OH$	144.17	mcl lf(w)	1.28^{20}	123~124	295		al,eth,bz,chl
α-萘胺　α-Naphthyl amine	$α-C_{10}H_7NH_2$	143.19	nd(dil al eth)	$1.1229^{25/25}$	50	$300.8;160^{12}$	1.6703^{51}	al,eth
β-萘胺　β-Naphthyl amine	$β-C_{10}H_7NH_2$	143.19	lf(w)	$1.0614^{98/4}$	113	306.1	1.6493^{98}	al,ace
尼古丁　(S)(−)Nicotine,	$C_{10}H_{14}N_2$	162.24	col liq	1.010			1.5265^{20}	al,eth,chl
4-硝基苯甲酸　4-Nitrobenzoic acid	$4-NO_2C_6H_4CO_2H$	167.12	mcl lf(w)	1.610^{20}	242	sub		w,al
4-硝基苯甲酸乙酯　4-Nitrobenzoic acid,ethyl ester	$4-NO_2C_6H_4CO_2C_2H_5$	195.17	tcl lf(al)		57	186.3		al,eth
草酸　Oxalic acid	HO_2CCO_2H	90.04	mcl ta	$(a)1.900^{17/4}$	$(a)189.5$	157 sub		al,eth

续表

名　称	分　子　式	分子量	颜色和晶形	密度	熔点/℃	沸点/℃	折射率(n_D)	溶解性
三聚乙醛　Paraldebyde	$C_6H_{12}O_3$	132.16	col cr	$(\beta)1.895$	$(\beta)182(anh)$ 101.5(hyd)	128	1.4049^{20}	al,eth,chl
对位红　Para red	$4\text{-}NO_2C_6H_4N=N\text{-}N'\text{-}(\alpha\text{-}C_{10}H_6OH\text{-}2)$	293.28	br-og pl		257			al,bz
1,5-二苯基-1,4-戊二烯-3-酮 1,4-Pentadien-3-one 1,5-diphenyl	$[C_6H_5CH{=}CH]_2CO$	234.30	pl		113d	d		ace,chl
苯酚　Phenol	C_6H_5OH	94.11	col nd	$1.0576^{20/4}$	43	$181.7;70.9^{10}$	1.5408^{41}	w,al,eth,ace,bz,chl
邻硝基苯酚　Phenol,o-nitro	$2\text{-}O_2NC_6H_4OH$	139.11	ye nd	1.2942^{40}	45~46	$216.96{\sim}97^{10}$	1.5723^{50}	al,eth,bz,ace,chl
对硝基苯酚　Phenol,p-nitro	$4\text{-}O_2NC_6H_4OH$	139.11	yemel pr(to)	1.479^{20}	114~116	279d;sub		al,eth,ace,py
2,4,6-三溴苯酚　Phenol,2,4,6-tri-bromo	$2,4,6\text{-}Br_3C_6H_2OH$	330.80	nd(al)	$2.55^{20/20}$	95~96	282~290^{764} (sub)		al,eth
光气　Phosgene	$COCl_2$	98.92		$1.381^{20/4}$	−118	7.6		bz,chl,aa
三苯基膦　Phosphine,triphenyl	$(C_6H_5)_3P$	262.29	mcl(eth)	$1.0749^{80/4}$	80	188^1	1.6358^{80}	al,eth,bz,chl
邻苯二甲酸　Phthalic acid	$1,2\text{-}C_6H_4(CO_2H)_2$	166.13	pl(w)	1.593	210~211(d) 191(sealed tube)	d		al
苯酐　Phthalic anhydride	$1,2\text{-}C_6H_4(CO)_2O$	148.12	wh nd(al bz)	$1.381^{20/4}$	131.6	295 sub		al
邻苯二甲酰亚胺　Phthalimide	$1,2\text{-}C_6H_4(CO)_2NH$	147.13	nd(w)		238			bz
环氧氯丙烷　Propane,3-chloro-1,2-epoxy(dl)	$ClCH_2CHCH_2O$	92.53	liq	$1.1801^{20/4}$	−48	116.5; 60~61^{100}	1.4361^{20}	al,eth,bz
异丙醇　iso-Propyl alcohol	$(CH_3)_2CHOH$	60.10	col liq	$0.7855^{20/4}$	−89.5	82.4	1.3776^{20}	w,al,eth,ace,bz
吡啶　Pyridine	C_5H_5N	79.10	col liq	0.9819^{20}	−42	115.5	1.5095^{20}	w,al,eth,ace,bz
醌氢醌　Quinhydrone	$C_6H_4O_2\cdot C_6H_4(OH)_2$	218.21	red br nd	$1.401^{20/4}$	171	sub		al,eth
喹啉　Quinoline	C_9H_7N	129.16		$1.0929^{20/4}$	fr-15.6	$238;114^{17}$	1.6268^{20}	al,eth,ace,bz
对苯二醌　p-Quinone	$1,4\text{-}C_6H_4O_2$	108.10	ye mcl pr(w)	$1.318^{20/4}$	115~117	sub		al,eth
水杨酸　Salicylic acid	$2\text{-}HOC_6H_4CO_2H$	138.12	nd(w)	$1.443^{20/4}$	159	211^{20} sub	1.565	al,eth,ace
氨基脲　Semicarbazide	$H_2NCONHNH_2$	75.07	pr(al)		96			w,al
氨基脲盐酸盐　Semicarbazide hydrochloride	$H_2NCONHNH_2\cdot HCl$	111.52	pr(dil al)		175~177d			w
四甲基硅烷　Silane,tetramethyl	$(CH_3)_4Si$	88.22		$0.648^{19/4}$	−102.2	26.5	1.3587^{20}	al,eth

续表

名 称	分 子 式	分子量	颜色和晶形	密度	熔点/℃	沸点/℃	折射率 (n_D)	溶解性
淀粉 Starch	$(C_6H_{10}O_5)_n$		amor pw		d			
苯乙烯 Styrene	$C_6H_5CH{=}CH_2$	104.15	col liq	$0.9060^{20/4}$	−30.6	145.2; 33.60^{10}	1.5468^{20}	al,eth,aceeth,bz,peth
磺胺酸 Sulfanilic acid	$4\text{-}H_2NC_6H_4SO_3H$	173.19	rh pl	$1.485^{25/4}$	288			w
磺胺酸钠 Sulfanilic acid, Na salt	$4\text{-}H_2NC_6H_4SO_3Na·2H_2O$	231.20	rh					w,al,ace
酒石酸 Tartaric acid	$HO_2CCH(OH)CH(OH)CO_2H$	150.09	mcl(anh)	1.7598^{20}	171~174		1.4955	w,al
酒石酸(内消旋) Tartaric acid(meso)	$HO_2CCH(OH)CH(OH)CO_2H$	150.9	Tel pl(w)	$1.666^{20/4}$	146~148		1.5	w
酒石酸钾钠 Tartaric acid,K Na salt	$KO_2C(CHOH)_2CO_2Na·4H_2O$	282.23	rh	1.790	70~80	$4H_2O$ 215		al,eth,ace,Py
4-氨基甲苯 Toluene,4-amino	$4\text{-}CH_3C_6H_4NH_2$	107.16	lf(w+al)	$0.9619^{20/4}$	44~45	200.5; 79.6^{10}	1.5534^{45}; 1.5636^{20}	al,eth
2-硝基甲苯 Toluene,2-nitro	$2\text{-}NO_2C_6H_4CH_3$	137.14	(i)nd (ii)cr	$1.1629^{20/4}$	(i)−9.5 (ii)−2.9	221.7; 118^{16}	1.5450^{20}	al,eth,bz
3-硝基甲苯 Toluene,3-nitro	$3\text{-}NO_2C_6H_4CH_3$	137.14	pa ye	$1.1571^{20/4}$	16	232.6	1.5466^{20}	al,eth,ace,bz
4-硝基甲苯 Toluene,4-nitro	$4\text{-}NO_2C_6H_4CH_3$	137.14	orh cr(al,eth)	$1.1038^{75/4}$	54.5	238.3; 105^{9}		al,eth,bz
对甲苯磺酰氯 p-Toluenesulfonyl chloride	$CH_3C_6H_4SO_2Cl$	190.65	tcl		71	145~146^{15}		w,al,eth,bz
磷酸三丁酯 Tributyl phosphate	$(C_4H_9O)_3PO$	266.32	cor liq	$0.9727^{25/4}$	<−80	289; $160{\sim}162^{15}$	1.4224^{25}	w,al,eth,ace,bz
三乙胺 Triethylamine	$(C_2H_5)_3N$	101.19		$0.7275^{20/4}$	−114.7	89.3	1.4010^{20}	al,eth,ace,bz,aa
三乙二醇 Triethylene glycol	$HO(CH_2CH_2O)_2CH_2CH_2OH$	150.17	hyg liq	$1.1274^{15/4}$	−5	278.3; 165^{14}	1.4531^{20}	w,al,py
三甲胺 Trimethyl amine	$(CH_3)_3N$	59.11	col gas	$0.6356^{20/4}$	−117.2	2.9	1.3631^{0}	w,al,eth,bz,chl
三苯甲醇 Triphenyl methanol	$(C_6H_5)_3COH$	260.34	pl(al)	$1.199^{0/4}$	164.2	380	1.484	al,eth,ace,bz,chl
尿素 Urea	H_2NCONH_2	60.06	tetr pr(al)	$1.3230^{20/4}$	132.7	d		al,eth
乙酸乙烯酯 Vinyl acetate	$CH_3CO_2CH{=}CH_2$	86.09	col liq	$0.9317^{20/4}$	−93.2	72.2	1.3959^{20}	al,eth,ace,bz,chl
氯乙烯 Vinyl chloride	$CH_2{=}CHCl$	62.50	gas	$0.9106^{20/4}$	−153.5	−13.4	1.3700^{20}	al,eth
邻二甲苯 o-Xylene	$1,2\text{-}(CH_3)_2C_6H_4$	106.17	col liq	$0.8802^{20/4}$	−25.2	144.4; 32^{10}	1.5055^{20}	al,eth,ace,bz
间二甲苯 m-Xylene	$1,3\text{-}(CH_3)_2C_6H_4$	106.17	col liq	$0.8642^{20/4}$	−47.9	139.1; 28.1^{10}	1.4972^{20}	al,eth,ace,bz
对二甲苯 p-Xylene	$1,4\text{-}(CH_3)_2C_6H_4$	106.17	mcl pr(al)	$0.8611^{20/4}$	13.3	138.3; 27.2^{10}	1.4958^{20}	al,eth,ace,bz

2.3　有机化合物的物理常数缩略字

$>$	大于，高于	gl	冰的	Pr	丙基
$<$	小于，低于	glyc	甘油	purp	红紫（色）
$\pm$	左右（在所示数字邻近）	gold	金色的	pw	粉末
∞	混溶（可以任意比例相溶）	gr	绿色	py	嘧啶
aa	醋酸	gran	粒状	pym	棱锥形
abs	绝对（无水）	gy	灰色	pyr	吡啶
ac	酸	h	热的	*rac*	外消旋的
Ac	乙酰基（CH_3CO）	hex	六方晶	rect	长方（形）的
ace	丙酮	hp	庚烷	reg	正规的，规则的
al	乙醇	htng	加热（的）	reg	树脂的
alk	碱（NaOH 或 KOH 水溶液）	hx	己烷	rh	斜方晶
Am	戊基	hyd	水合物	rhd	菱面体
amor	无定形的	hyg	吸湿性的	rhomb	正交晶
anh	无水的	i	不溶	s	可溶，溶解
aq	水，水溶液	*i-*	异-	sc	鳞状物
aq reg	王水	ign	着火，灼热	*sec*	仲，第二
as	不对称的	in	不活泼的，不旋光的	sf	软化
atm	大气压	inflam	易燃的	silv	银白色
b	沸腾	infus	不熔（化）的	sl	略微，略溶
bipym	双锥体的	irid	闪光的	so	固体
bk	黑色	L，*l*	左旋	sol	溶液
bl	蓝色	la	大的	solv	溶剂
br	棕色	lf	小叶	sph	半面晶形
bt	明亮色	lig	轻汽油	st	稳定的
Bu	丁基	liq	液体	sub	升华
bz	苯	lo	长的	suc	过冷的
c	冷的，浓度	lt	浅色，亮	sulf	硫酸
ca	大约	lust	有光泽的，闪光的	*sym*	对称的
CAS	化学文摘号	m	熔化	syr	浆状的
chl	氯仿	*m-*	间位	ta	片
col	无色或白色	*M*	摩尔质量	tcl	三斜晶
con	浓的	mcl	单斜晶	*tert*	叔
cor	校正的	Me	甲基（$CH_3—$）	Tet	四面体
cr	晶体，结晶	MeOH	甲醇	tetr	四方晶
cryst	结晶的，晶状的	met	金属的	THF	四氢呋喃
cub	立方（体）的	micr	显微；细数	to	甲苯
cy	环己烷	min	无机的，矿物的	tr	转变点，透明的
cy	分解	mod	限制，修改	trg	三角晶
D，*d*	右旋	*n*	正，折射率	undil	未稀释的
dd	轻微分解	nd	针状物	uns	不对称
dil	稀	*o-*	邻位	unst	不稳定的
diox	二烷	oct	八面晶	v	很，易
diq	易解的	odorl	无气味的	vac	真空
distb	可蒸馏的	og	橙色	vap	蒸气
dk	暗色，深色	ord	普通的	var	可变的
DL，*dl*	外消旋	org	有机的	vic	连
DMF	二甲基甲酰胺	orh	斜方（晶）的	viol	猛烈，强烈
eff	风化	*p-*	对位	visc	黏稠的
Et	乙基（$CH_3CH_2—$）	pa	浅色	volat	挥发的
et，ac	乙酸乙酯	par	部分的	vs	易溶
eth	乙醚	peth	石油醚	vt	紫色
exp	爆炸	Ph	苯基	w	水
extrap	外推	PK	桃红（色）	wh	白色
fl	片状	pl	片状物	wr	温热的，加温
flam	可燃的	pois	（有）毒的	wx	蜡（状）的
flr	荧光的	pr	棱柱体的	xyl	二甲苯
fr	凝固			ye	黄色
fr. p.	凝固点				
fum	发烟的				
gel	凝胶状				

附录3　红外光谱主要基团的特征吸收频率

基　团	振动类型	吸收峰位置/cm^{-1}	强度	备　注
1. 烷烃类				
CH$_3$	ν_{as}	2962 ± 10	s	
	ν_s	2872 ± 10	s	
	δ_{as}	1450 ± 20	m	
	δ_s	$1380\sim1370$	m→s	异丙基裂分为两
CH$_2$	ν_{as}	2926 ± 5	s	个强度相等的峰
	ν_s	2853 ± 10	s	
	δ	1465 ± 20	m	
CH	ν	2890 ± 10	w	
	δ	~1340	w	
—(CH$_2$)$_n$—	δ	~720	w→m	$n>4$ 强度随 n 增大而增强
2. 烯烃类				
C=C	ν	$1700\sim1600$	m	
=C—H	ν	$3095\sim3000$	m	
	δ	$1000\sim650$	s	能用于区分烯烃的取代类型
其中：				
RCH=CH$_2$		990,910 两个峰	m→s	
RCH=CHR′（顺式）		$730\sim760$	s	
RCH=CHR′（反式）		$1000\sim950$	s	
R$_2$C=CH$_2$		890	s	
R$_2$C=CHR′		$840\sim790$	s	
3. 炔烃				
C≡C	ν	$2300\sim2100$	w	
≡C—H	ν	$3300\sim3200$	m	
4. 芳烃类				
C=C	ν	$1650\sim1450$	m→s	有 2~4 个峰
=C—H	ν	$3100\sim3000$	w	可用于区分苯环取代类型
	δ	$900\sim650$	s	
其中：				
邻接 6 个 H（苯）		~675	s	

基 团	振动类型	吸收峰位置/cm^{-1}	强度	备 注
邻接 5 个 H(单取代苯)		770~730,710~690	s	
邻接 4 个 H(邻位取代苯)		770~730	s	
邻接 3 个 H(间位取代苯)		810~750,725~680	m→s	
邻接 2 个 H(对位取代苯)		860~800	s	
孤立 H(1,3,5-三取代苯)		865~810,730~675	m→s	
（五取代苯）		~870	m	用于辅助区分苯环取代
倍频和组合频		2000~1600	w	类型
5. 羰基化合物				
酮 C=O	ν	1720~1715	s	一般为第一强峰
醛 C=O	ν	1740~1720	s	
C—H(醛氢)	ν	2900~2700	w→m	一般有两个峰
羧酸 C=O	ν	~1700		
O—H	ν	3300~2500	m	很宽的峰
	δ	955~915	m	宽峰
酯 C=O	ν	1750~1735	s	
C—O—C	ν_{as}	1300~1150	s	一般为第一强峰
	ν_s	1140~1030	m	
酸酐 O(C=O)$_2$	ν	1860~1800,1800~1750	s	两个峰
C—O—C	ν	1170~1050		
酰胺 C=O	ν	1690~1650		
—NH	ν	3350~3050	m	叔酰胺没有
	δ	1650~1620	m	叔酰胺没有
6. 醇和酚				
OH	ν	3700~3200	s	宽峰
C—O—H	ν	1260~1000	s	
7. 醚				
C—O—C	ν_{as}	脂肪族 1210~1050	s	一般为第一强峰
		芳香族 1300~1200	s	一般为第一强峰
	ν_s	1055~1000	m	
8. 胺				
—NH—	ν	3600~3300	m	叔胺没有
	δ	1650~1550	m	叔胺没有
C—N	ν	脂肪族 1250~1020	m	
		芳香族 1360~1250	s	
9. 硝基化合物				
NO$_2$	ν_{as}	脂肪族 1560~1545	s	
		芳香族 1550~1510	s	
	ν_s	脂肪族 1385~1350	s	
		芳香族 1365~1300	s	
C—N	ν	脂肪族 920~800	w	
		芳香族 860~845	w	

附录 4　压力的测量与控制

4.1　压力单位

压力是指均匀垂直于物体单位面积上的力，即压强。在国际单位制（SI）中，压力的单位是帕斯卡（Pa），即牛顿每平方米（N/m²）。历史上常用的如下单位与其关系是：

（1）标准大气压（atm）　标准大气压过去也被称为物理大气压，它的定义为：

$$1atm = 101325Pa \tag{4-1}$$

（2）毫米汞柱（mmHg）　毫米汞柱作为压力单位的定义为：在汞的标准密度为 $13.5951g/cm^3$ 和标准重力加速度为 $980.665cm/s^2$ 下，1mm 高的汞柱对底面的垂直压力。所以

$$1mmHg = 0.133322kPa \tag{4-2}$$

（3）巴（bar）　巴是在气象学上广泛应用的压力单位，它与 Pa 的关系为：

$$1bar = 10^5Pa \tag{4-3}$$

（4）工程大气压（kgf/cm²）　指作用于 $1cm^2$ 的面积上有 1kgf 的力，它虽是非法定单位，但在工程技术上曾是广泛应用的压力单位。

$$1kgf/cm^2 = 9.80665 \times 10^4 Pa \tag{4-4}$$

4.2　U 形液柱压力计

（1）开式、闭式 U 形压力计与零压计

U 形液柱压力计由于它制作容易，使用方便，能测量微小的压差，而且准确度也较高。实验室中广泛用于测量压差或真空度。

附图 4-1(a) 为两端开口的 U 形压力计。液面高度差 h 与压差（$p_1 - p_2$）有如下关系：

$$h = \frac{1}{\rho g}(p_1 - p_2) = \frac{1}{\rho g}\Delta p_t \tag{4-5}$$

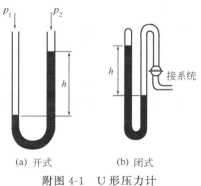
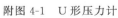

(a) 开式　　　(b) 闭式

附图 4-1　U 形压力计

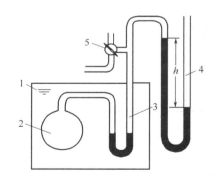

附图 4-2　零压计测压装置
1—恒温槽；2—样品瓶；3—零压计；
4—U 形压力计；5—三通活塞

式中，ρ 为 U 形管内液体密度；g 为重力加速度。由此式可见，液柱高与压差成正比，故可用 h 数值表示。显然，选用液体的密度愈小，测量的灵敏度愈高。常用的液体是油、水或汞。液面差靠肉眼观察可精确到约±0.2mm，若用测高仪，可进一步提高精度。

由于 U 形压力计两边玻璃管的内径难于完全相等，因此 h 值不可用一边的液柱高度变化乘以 2 来确定，以免引进读数误差。

测量低于 20kPa（约相当于 150mmHg）的压力，常用闭式 U 形汞压力计，见附图 4-1

(b)。其封闭端上部为真空，图中汞柱高 h 即代表系统压力。与开口式比较，使用时不必测量大气的压力。

在测定某一恒温系统的压力时（如固体分解压力、气体反应平衡压力等），因为 U 形汞压力计体积较大，很难组合在恒温系统中，所以常借助于零压计与 U 形汞压力计配套使用。其装置见附图 4-2。通过调节三通活塞 5，使零压计两边液面相平，这时，从外接的 U 形汞压力计上即可读得某温度下系统的压力。

零压计中的液体通常选用硅油或石蜡油，因其蒸气压小（当然不能与系统中的物质有化学作用）。当它与 U 形汞压力计连用时，因硅油的密度与汞相差甚大，故零压计中两液面若有微小高度差，可以忽略不计。若零压计中充以汞，在计算时则要考虑两汞面之间的高度差。

（2）汞柱压力计读数的校正

① 温度校正　由于 mmHg 作为压力单位是用汞标准密度而定义的，所以汞柱压力计的测量值必须进行温度校正。

汞的体膨胀系数为 $\beta=1.815\times10^{-2}\,℃^{-1}$，压力计木标尺的线膨胀系数为 $(\alpha\approx10^{-6}\,℃^{-1})$，$\rho_0$、$\rho_t$ 分别为汞标准密度与温度 t 时的密度，h、h_t 分别为校正到汞标准密度与温度 t 时从标尺上读到的汞柱高度。根据

$$\rho_0=\rho_t(1+\beta t)$$

则

$$h\rho_0 g=h_t(1+\alpha t)\rho_t g \tag{4-6}$$

$$h=h_t\left(1-\frac{\beta-\alpha}{1+\beta t}t\right)$$

因木标尺的 α 值很小，对测量值的影响可忽略不计，则

$$h=\frac{h_t}{1+\beta t}\approx h_t(1-0.00018t)$$

或

$$\Delta p=\Delta p_t(1-0.00018t) \tag{4-7}$$

所以

$$\frac{|\Delta p-\Delta p_t|}{\Delta p}=\frac{0.00018t}{1-0.00018t}$$

从上式计算可知在 $t=25℃$ 时若不进行温度校正，引入的相对误差约为 0.5%。

应该指出，用 U 形汞压力计测得的 h_t（mm）应根据 $1\text{mmHg}=1.333\times10^2\text{Pa}$ 的关系式将它换算为以 Pa 表示的压差 Δp_t，按式（4-7）进行温度校正。

② 液柱弯月面校正　在压力计中充以汞（或水）时，因其对玻璃润湿情况不同，分别形成凸弯月面与凹弯月面。读数时视线应与弯月面相切。汞的表面张力较大，由标尺读得的压力值要比实际的低些，故在精确测量时应加上弯月面校正值。此校正值不仅与玻璃管的内径大小有关，还与管壁清洁程度有关。所以，同一管径的 U 形玻璃管中两边液柱的弯月面也会有不同的高度。附表 4-1 列出不同管径的玻璃管内汞弯月面高度的校正值。

【例】玻璃管内径为 6mm，汞弯月面高度为 1.2mm 时，其汞弯月面校正值为 $0.98\times133=130\text{Pa}$。

附表 4-1　在玻璃管内汞弯月面的校正值（×133Pa）

管径 /mm	弯月面高度/mm					
	0.6	0.8	1.0	1.2	1.4	1.6
5	0.65	0.86	1.19	1.45	1.8	—
6	0.41	0.56	0.78	0.98	1.21	1.43
7	0.28	0.40	0.53	0.67	0.82	0.97
8	0.20	0.29	0.38	0.46	0.56	0.65

4.3　气压计使用与读数校正

（1）结构与使用

测量大气压力，实验室用得最普遍的是福丁（Fortin）式气压计，见附图4-3。其主要部分是一根插在汞储槽8内的玻璃管1。此玻璃管顶端封闭，内部真空。槽中的汞面7经槽盖缝隙与大气相通，管内汞柱高度表示了大气压力。玻璃管外为一黄铜管3，其顶部开有长方形窗孔，窗孔旁附刻度标尺及游标尺2，转动螺旋4使游标尺2上下移动，可精确测得汞柱高度。黄铜管中部附有温度计10，用以对读数进行温度校正。汞储槽8的底部为一皮袋，下部由螺旋9支撑，转动此螺旋可调节汞面的高低。汞储槽8上部有一针尖向下的固定象牙针6，其针尖即为标尺的零点。

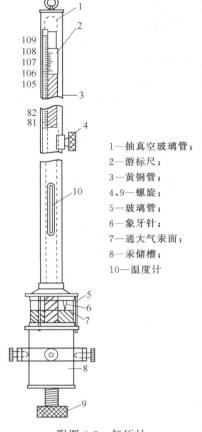

1—抽真空玻璃管；
2—游标尺；
3—黄铜管；
4,9—螺旋；
5—玻璃管；
6—象牙针；
7—通大气汞面；
8—汞储槽；
10—温度计

气压计应垂直悬挂。使用时首先调节零点，即旋转底部螺旋9，调节汞储槽8的汞面恰与象牙针尖接触（调节时利用槽后白瓷板的反光，仔细观察汞面与针尖的空隙逐渐减少），然后转动螺旋4调节游标尺2，直到游标尺2下缘恰与汞柱的凸弯月面相切（此时在切点两侧应露出似三角形的小空隙），即可从黄铜标尺与游标尺2上读取读数。

（2）读数及其校正

读数时找出与游标尺2零线对应的黄铜标尺上的刻度，读出整数部分，另在游标尺2上读出小数点后的读数，并记下气压计上的温度值。

附图4-3　气压计

由于黄铜标尺的长度与汞的密度都随温度而变，且重力加速度与地球纬度有关，所以由气压计直接读出的以mm表示的汞柱高度常不等于定义的气压p。为此，必须进行温度和重力加速度的校正。此外，还需对气压计本身的误差进行校正。

① 温度校正　若p_t是在温度为t时于黄铜标尺上读得的气压读数，已知汞的体膨胀系数为β，黄铜标尺的线膨胀系数为α，参照式(4-6)则有

$$p = p_t\left(1 - \frac{\beta - \alpha}{1 + \beta t}t\right)$$

令Δt为温度校正项，显然

$$\Delta_t = \frac{(\beta - \alpha)t}{1 + \beta t}p_t \tag{4-8}$$

所以

$$p = p_t - \Delta_t \tag{4-9}$$

已知汞的平均体膨胀系数$\beta = 0.0001815℃^{-1}$，黄铜标尺的线膨胀系数$\alpha = 0.0000184℃^{-1}$，则Δ_t可简化为

$$\Delta_t = \frac{0.0001631t}{1 + 0.0001815t}p_t \tag{4-10}$$

【例】在15.7℃下从气压计上测得气压读数$p_t = 100.43$kPa，求经温度校正后的气压值。

$$\Delta_t = \frac{0.0001631 \times 15.7}{1 + 0.0001815 \times 15.7} \times 100.43 = 0.26\text{kPa}$$

所以

$$p = p_t - \Delta_t = 100.43 - 0.26 = 100.17\text{kPa}$$

② 重力加速度校正　已知在纬度为 θ，海拔高度为 H 处的重力加速度 g 和标准重力加速度 g_0 的关系式是

$$g = (1 - 0.0026\cos2\theta - 3.14 \times 10^{-7} H)g_0 \tag{4-11}$$

可见，对在某一地点使用的气压计而言，θ、H 均为定值，所以此项校正值为一常数。

③ 仪器误差校正　此项气压计固有的仪器误差值，是由气压计与标准气压计的测量值相比较而得。对一指定的气压计，此校正值为常数。

在实验室中常将重力加速度和仪器误差这两项校正值合并，设其为 Δ，则大气压力 $p_{\text{大气}}$ 应为：

$$p_{\text{大气}} = p_t - \Delta_t - \Delta \tag{4-12}$$

由上述例题，已求得 $\Delta_t = 0.26\text{kPa}$，若 $\Delta = 0.12\text{kPa}$，则

$$p_{\text{大气}} = 100.43 - 0.26 - 0.12 = 100.05\text{kPa}$$

4.4　电测压力计的原理

电测压力计是由压力传感器、测量电路和电性指示器三部分组成。压力传感器感受压力并把压力参数变换为电阻（或电容）信号输到测量电路，测量值由指示仪表显示或记录。电测压力计有便于自动记录、远距离测量等优点，应用日益广泛。用于测量负压的电阻式 BFP-1 型负压传感器即为一例。

BFP-1 型负压传感器外形及结构见附图 4-4。它的工作原理是：有弹性的应变梁 2，一端固定，另一端和连接系统的波纹管 1 相连，称为自由端。当系统压力通过波纹管底部作用在自由端时，应变梁便发生挠曲，使其两侧的上下四块 BY-P 半导体应变片 3 因机械变形而引起了电阻值变化。测量时，利用这四块应变片组成的不平衡电桥（在应变梁同侧的两块分别置于电桥的对臂位置）如附图 4-5 所示。在一定的工作电压 U_{AB} 下，首先调节电位器 R_x 使桥路平衡，即输出端的电位差 U_{CD} 为零。这表示传感器内部压力恰与大气压相等。随后将传感器接入负压系统，因压力变化导致应变片变形，电桥失去平衡，输出端得到一个与压差成正比的电位差 U_{CD}，通过电位差计（或数字电压表）即测出该电位差值。利用在同样条件下得到电位差-压力的工作曲线，即可得到相应的压力值。

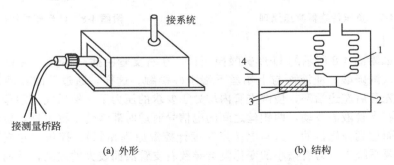

(a) 外形　　　　　　　　　(b) 结构

附图 4-4　BFP-1 型负压传感器外形与内部结构

1—波纹管；2—应变梁；3—应变片（两侧前后共四块）；4—导线引出孔

在使用传感器之前，要先作测量条件下的标定工作，即求得输出电位差 U_{CD} 与压差 Δp 之间的比例系 k，$k = \dfrac{\Delta p}{U_{\text{CD}}}$，以便确定不同 U_{CD} 下对应的 Δp 值。在对于精度要求不十分高的情况下，可按附图 4-6 装置进行标定。在一定的 U_{AB} 下，通过真空泵对系统造成不同的负压，从 U 形汞压力计和电位差计可测得相应的 Δp 和 U_{CD} 值。用按式(4-9)经温度校正后的

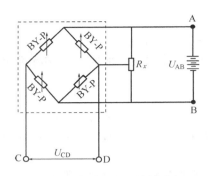
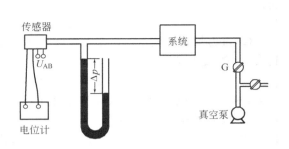

附图 4-5　控压原理示意图　　　　　附图 4-6　负压传感器标定装置

Δp 值对 U_{CD} 作图，直线的斜率即为此传感器的 k 值。

4.5　恒压控制

实验中常要求系统保持恒定的压力（如 101325Pa 或某一负压），这就需要一套恒压装置。其基本原理如附图 4-7 所示。在 U 形的控压计中充以汞（或电解质溶液），其中设有 a、b、c 三个电接点。当待控制的系统压力升高到规定的上限时，b、c 两接点通过汞（或电解质溶液）接通，随之电控系统工作使泵停止对系统加压；当压力降到规定的下限时，a、b 接点接通（b、c 断路），泵向系统加压，如此反复操作以达到控压目的。

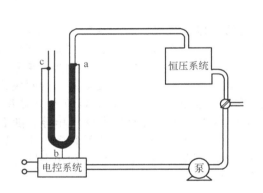
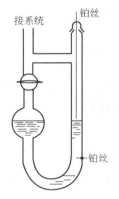

附图 4-7　负压传感器测压原理　　　　附图 4-8　U 形硫酸控压计

（1）控压计

常用的是如附图 4-8 所示的 U 形硫酸控压计。在右支管中插一铂丝，在 U 形管下部接入另一铂丝，灌入浓硫酸，使液面与上铂丝下端刚好接触。这样，通过硫酸在两铂丝间形成通路。使用时，先开启左边活塞，使两支管内均处于要求的压力下，然后关闭活塞。若系统压力发生变化，则右支管液面波动，两铂丝之间的电信号时通时断地传给继电器，以此控制泵或电磁阀工作，从而达到控压目的（这与电接点温度计控温原理相同）。控压计左支管中间的扩大球的作用是只要系统中压力有微小的变化就会导致右支管液面较大的波动，从而提高了控压的灵敏度。由于浓硫酸黏度较大，控压计的管径应取一般 U 形汞压力计管径的 3～4 倍为宜。至于控制恒压的装置，一般采用 KI（或 NaCl）水溶液的控压计，就可取得很好的灵敏度。

（2）电磁阀

它是靠电磁力控制气路阀门的开启或关闭，以切换气体流出的方向，从而使系统增压或减压。常用的电磁阀结构见附图 4-9。在装置中电磁阀工作受继电器控制，当线圈 2 中未通电时，铁芯 4 受弹簧 5 压迫，盖住出气口通路，气体只能从排气口流出。当线圈 2 通电时，磁化了的铁箍 1 吸引铁芯 4 往上移动，盖住了排气口通路，同时把出气口通路开启，气体从

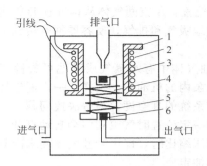

附图 4-9　Q23XD 型电磁阀结构
1—铁箍；2—螺管线圈；3,6—压紧橡皮；
4—铁芯；5—弹簧

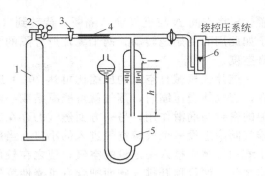

附图 4-10　流动系统控压流程
1—钢瓶；2—减压阀；3—针形阀；4—毛细管；
5—水柱稳压管；6—流量计

出气口排出。这种电磁阀称为二位三通电磁阀。

附图 4-10 为另一种利用稳压管控制流动系统压力的装置。从钢瓶输出的气体，经针形阀 3 与毛细管 4 缓冲后，再经过水柱稳压管 5 流入系统。通过调节水平瓶的高度，给定了流动气体的压力上限，若流动气体的表压大于稳压管中水柱的静压差 h，气体便从水柱稳压管的出气口逸出而达到控压目的。

4.6　真空的获得与测量

（1）真空的获得

压力低于 101325Pa 的气态空间统称为真空。按气体的稀薄程度，真空可分为几个范围：

粗真空　　101.325～1.33kPa

低真空　　1.33×10^3～0.133Pa

高真空　　0.133～0.133×10^{-5}Pa

在实验室中，欲获得粗真空常用水抽气泵；欲获得低真空用机械真空泵；欲获得高真空则需要机械真空泵与油扩散泵并用。现分述如下。

① 水抽气泵　水抽气泵结构见附图 4-11。它可用玻璃或金属制成。其工作原理是当水从泵内的收缩口高速喷出时，静压降低，水流周围的气体便被喷出的水流带走。使用时，只要将进水口接到水源上，调节水的流速就可改变泵的抽气速率。显然，它的极限真空度受水的饱和蒸气压限制，如 15℃ 时为 1.70kPa，25℃ 时为 3.17kPa 等。实验室中水抽气泵还广泛地用于抽滤沉淀物以及捡拾散落在地的水银微粒。

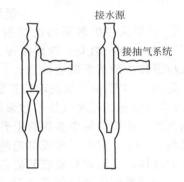

附图 4-11　水抽气泵

② 旋片式机械真空泵　单级旋片式机械真空泵的内部有一圆筒形定子与一精密加工的实心圆柱转子，转子偏心地装置在定子腔壁上方，分隔进气管和排气管，并起气密作用。两个翼片 S 及 S′ 横嵌在转子圆柱体的直径上，被夹在它们中间的一根弹簧压紧，见附图 4-12。S 及 S′ 将转子和定子之间的空间分隔成三部分。当旋片在（a）所示位置时，气体由待抽空的容器经过进气管 C 进入空间 A；当 S 随转子转动而处于（b）所示位置时，空间 A 增大，气体经 C 管吸入；当继续转到（c）所示位

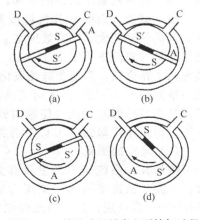

附图 4-12　旋片式机械真空泵抽气过程

置，S′将空间 A 与进气管 C 隔断；待转到（d）所示位置，A 空间气体从排气管 D 排出。转子如此周而复始地转动，两个翼片所分隔的空间不断地吸气和排气，使容器抽空达到一定的真空度。

旋片式机械真空泵的压缩比可达 700：1，若待抽气体中有水蒸气或其他可凝性气体存在，当气体受压缩时，蒸气就可能凝结成小液滴混入泵内的机油中。这样，一方面破坏了机油的密封与润滑作用，另一方面蒸气的存在也降低了系统的真空度。为解决此问题，在泵内排气阀附近设一个气镇空气进入的小口。当旋片转到一定位置时气镇阀门会自动打开，在被压缩的气体中掺入一定量的空气，使之在较低的气体压缩比时，即可凝性气体尚未冷凝为液体之际，便可顶开排气阀而把含有可凝性蒸气的气体抽走。

单级旋片机械泵能达到的极限压强一般约为 1.33～0.133Pa。欲达到更高的真空度，可采用双级泵结构，如附图 4-13 所示。当进气口压力较高时，

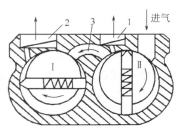

后级泵体Ⅱ所排出的气体可顶开排气阀 1，也可进入内通道 3。当进气口压力较低时，泵体Ⅱ所压缩的气体全部经内通道 3 被泵体Ⅰ抽走，再由排气阀 2 排出。这样便降低了单级泵前后的压差，避免了转子与定子间的漏气现象，从而使双级机械泵极限真空可抽达 0.0133Pa 左右。

附图 4-13　双级旋片机械泵工作
原理示意图
1,2—排气阀；3—内通道

使用机械泵时，因被抽气体中多少都含有可凝性气体，所以在进气口前应接一冷阱或吸收塔（如用氯化钙或分子筛吸收水蒸气，用活性炭吸附有机蒸气等）。在停泵前，应先使泵与大气相通，避免停泵后因存在压差而把泵内的机油倒吸到系统中去。

③ 扩散泵　扩散泵的类型很多，构成泵体的材料有金属和玻璃两种。按喷嘴个数有"级"之分，如三级泵、四级泵等。泵中工作介质常用硅油。扩散泵总是作为后级泵与上述的机械泵作为前级泵联合使用。

附图 4-14 表示三级玻璃油扩散泵。它的结构和工作原理简述如下：泵的底部为蒸发器 2，内盛一定量的低蒸气压扩散泵油。待系统被前级机械泵减压到 1.33Pa 后，由电炉 8 加热至油沸腾，油蒸气沿中央导管上升，从加工成一定角度的伞形喷嘴 3、4、5 射出，形成高速的射流，油蒸气射到泵壁上冷凝为液体，又流回到泵底部的蒸发器中，循环使用。与此同时，周围系统中的气体分子被油蒸气分子夹带进入射流，从上到下逐级富集于泵体的下部，而被前级泵抽走。

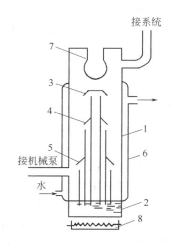

由于硅油（聚甲基硅氧烷或聚苯基硅氧烷）摩尔质量大，其蒸气动能大，能有效地富集低压下的气体分子，且其蒸气压低（室温下小于 1.33×10^{-5} Pa），所以是油扩散泵中理想的工作介质。为避免硅油氧化裂解，要待前级泵将系统压力抽到小于 1.33Pa 后才可启动扩散泵。停泵时，应先将扩散泵前后的旋塞关闭（使泵内处于高真空状态），再停止加热，待泵体冷却到 50℃ 以下再关泵体冷却水。

（2）真空的测量

测量真空系统压力的量具称为真空规。真空规可分两类：一类是能直接测出系统压力的绝对真空规，如麦克劳（Mcleod）真空规；另一类是经绝对真空规标定后使用的相对真空规，热偶真空规与电离真空规是最常用的相对真

附图 4-14　三级玻璃油扩散泵
1—玻璃泵体；2—蒸发器与扩散泵油；
3～5—一，二，三级伞形喷嘴；6—冷
却水夹套；7—冷阱；8—加热电炉

空规。

① 热偶真空规　热偶真空规（又称热偶规），由加热丝和热电偶组成，如附图 4-15 所示，其顶部与真空系统相连。当给加热丝以某一恒定的电流时（如 120mA），则加热丝的温度与热电偶的热电势大小将由周围气体的热导率 λ 决定。在一定压力范围内，当系统压力 p 降低，气体的热导率减小，则加热丝温度升高，热电偶热电势随之增加。反之，热电势降低。p 与 λ（对应于热电势值）的关系可表示为

$$p = c\lambda \tag{4-13}$$

式中，c 为热偶规管常数。该函数关系经绝对真空规标定后，以压力数值标在与热偶规匹配的指示仪表上。所以，用热偶规测量时从指示仪表上可直接读得系统压力值。

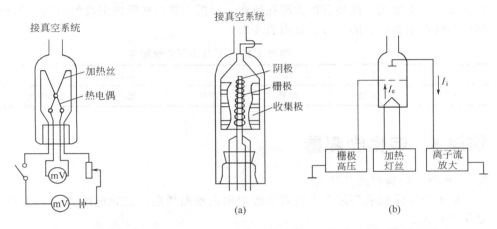

附图 4-15　热偶真空规　　　　　　附图 4-16　电离真空规及其测量原理

热偶规测量的范围为 133.3～0.133Pa。这是因为若压力大于 133.3Pa，则热电势随压力变化不明显；若压力小于 0.133Pa，则加热丝温度过高，导致热辐射和引线传热增加，因此而引起的加热丝温度变化不决定于气体压力，即热电势变化与气体压力无关。

② 电离真空规　又称电离规，其结构和原理见附图 4-16。实际上它相当于一个三极管，具有阴极（即灯丝）、栅极（又称加速极）和收集极。使用时将其上部与真空系统相连，通电加热阴极至高温，使之发射热电子。由于栅极电位（如 200V）比阴极高，故吸引电子向栅极加速。加速运动中的电子碰撞管内低压气体分子并使之电离为正离子和电子。由于收集极的电位更低，所以电离后的离子被吸引到收集极形成了可测量的离子流。发射电流 I_e，气体的压力 p 与离子流强度 I_i 之间有如下关系

$$I_i = kpI_e \tag{4-14}$$

式中，k 为电离规管常数。可见，当 I_e 恒定时，I_i 与 p 成正比。这种关系经标定后，在与电离规匹配的指示仪表上即可直接读出系统的压力值。

为防止电离规阴极氧化烧坏，应先用热偶规测量系统压力，待小于 0.133Pa 后方可使用电离规。此外，阴极也易被各种蒸气（如真空泵油蒸气）沾污，以致改变了电离规管常数 k 的数值，所以在其附近设置冷阱是必要的。电离规的测量范围在 0.133～0.133×10^{-5}Pa。

（3）真空系统的组装与检漏

任一真空系统，不论管路如何复杂，总是可分解为三个部分：由机械泵和扩散泵组成的真空获得部分，由热偶规、电离规及其指示仪表组成的真空测量部分，以及待抽真空的研究系统。为减少气体流动的阻力，在较短时间内达到要求的真空度，管路设计时应少弯曲、少用旋塞，而且管路要短，管径要粗。

新组装的真空系统难免在管路接口处有微裂缝形成小漏孔，使系统达不到要求的真空

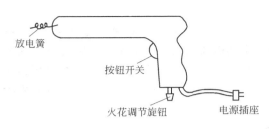

附图 4-17　高频火花检漏仪

度。如何找到存在的小漏孔，即检漏，在真空技术中是一项重要的环节。

对玻璃的真空系统，检漏常用高频火花检漏仪。它的外形如附图 4-17 所示。按下开关接通电源后，通过内部塔形线圈便在放电簧端形成高频高压电场，在大气中产生高频火花。当放电簧在玻璃管道表面移动时，若没有漏孔，则在玻璃管道表面形成散开的杂乱的火花；若移动到漏孔处，由于气体导电率比玻璃大，将出现细长而又明亮的火花束。束的末端指向玻璃表面上一个亮点，此亮点即为漏孔所在。根据火花束在管内引起的不同的辉光颜色，还可估计系统在低真空下的压力。见附表 4-2。

附表 4-2　不同压力下辉光颜色

p/Pa	10^5	10	1	0.1	0.01	<0.01
颜色	无色	红紫	淡红	灰白	玻璃荧光	无色

附录 5　电化学测量

5.1　电导、电导率及其测定

电解质溶液依靠溶液中正负离子的定向运动而导电。其导电能力的大小常用电导 G 与电导率 κ 表示。

设有面积为 A、相距为 l 的两铂片电极插在电解质溶液中，根据电阻定律，测得此溶液的电阻 R 可表示为

$$R = \rho\frac{l}{A} \tag{5-1}$$

式中，ρ 为电阻率，$\Omega \cdot \mathrm{m}$。定义电导 G 为电阻的倒数 $\left(G = \dfrac{1}{R}\right)$，代入上式，得

$$G = \frac{1}{\rho} \times \frac{A}{l} = \kappa\frac{A}{l} \tag{5-2}$$

令 $\dfrac{l}{A} = K_{\mathrm{cell}}$，则

$$\kappa = G\frac{l}{A} = GK_{\mathrm{cell}}$$

根据 SI 规定，G 单位为 S（西门子，西），$1\mathrm{S} = 1\Omega^{-1}$。$\kappa$ 为电阻率倒数，称为电导率，单位为 S/m。K_{cell} 称为电导池常数。对电解质溶液，电导率即相当于在电极面积为 $1\mathrm{m}^2$，电极距离为 1m 的立方体中盛有该溶液时的电导。测电导用的电导电极如附图 5-1 所示，主要部件是两片固定在玻璃上的铂片，其电导池常数 K_{cell} 值可通过测定已知电导率溶液（一般用各种标准浓度的 KCl 溶液）的电导按式(5-2)计算求得。

电导电极据被测溶液电导率的大小可有不同的形式：若被测溶液电导率很小（$\kappa < 10^{-3}$ S/m），一般选用光亮铂电极。若被测溶液电导率较大（$10^{-3}\mathrm{S/m} < \kappa < 1\mathrm{S/m}$），为防止极化的影响，选用镀上铂黑的铂电极以增大电极表面积，减小电流密度。若被测溶液的电导率很大（$\kappa > 1\mathrm{S/m}$），即电阻很小，应选用 U 形电导池，见附图 5-2。这种电导池两电极间距离较大（5～16cm），极间管径很小，所以电导池常数很大。

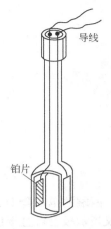

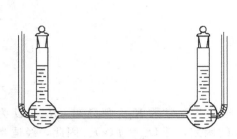

附图 5-1　电导电极　　　　　　　　　　　　附图 5-2　U 形电导池

电导或电导率的测定实质上是电阻的测定，测定的方法有平衡电桥法与电阻分压法两种。现分述如下。

① 平衡电桥法　原理如附图 5-3 所示。R_x 为装在电导池内待测定的电解质溶液的电阻。桥路的电源 I 应用较高频率（如 1000Hz）的交流电源。因为若用直流电，必将引起离子定向迁移而在电极上放电。即采用频率不高的交流电源，也会在两电极间产生极化电势，导致测量误差。T 为平衡检测器，相应地应用示波器或耳机。

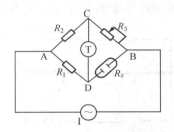

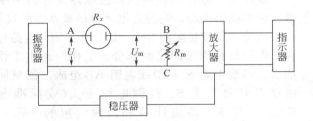

附图 5-3　平衡电桥法测定原理　　　　　　附图 5-4　电阻分压法测定原理
R_1，R_2，R_3—电阻；R_x—电导池；
I—高频交流电源；T—平衡检测器

根据电桥平衡原理，通过调节 R_1、R_2、R_3 电阻值，待电桥平衡时，即桥路输出电位 U_{CD} 为零时，可从下式求得：

$$R_x = \frac{R_1}{R_2}R_3 \tag{5-3}$$

为减少测定 R_x 的相对误差，在实际工作中常用等臂电桥，即 $R_1 = R_2$。应当指出，桥路中 R_1、R_2、R_3 均为纯电阻，而 R_x 是由两片平行的电极组成，具有一定的分布电容。由于容抗和纯电阻之间存在着相位上的差异，所以按附图 5-3 测量，不能调节到电桥完全平衡。若要精密测量，应在 R_3 处并联一个适当的电容，使桥路的容抗也能达到平衡。

② 电阻分压法　电导仪的工作原理就是基于电阻分压的不平衡测量。其原理见附图 5-4。

稳压器输出一个稳定的直流电压供振荡器与放大器稳定工作。振荡器采用电感负载式的多谐振荡电路，具有很低的输出阻抗，它的输出电压不随电导池的电阻 R_x 变化而变化。因此，它为电导池 R_x 与电阻 R_m 组成的电阻分压回路提供了稳定的音频标准电压 U。此回路电流 I 为

$$I = \frac{U}{R_x + R_m} \tag{5-4}$$

在 R_m 两端的电压降 U_m 为

$$U_m = IR_m = \frac{UR_m}{R_x + R_m} \tag{5-5}$$

则

$$U_m = \frac{UR_m}{(1/G) + R_m} \tag{5-6}$$

$$U_m = \frac{UR_m}{(K_{cell}/\kappa) + R_m} \tag{5-7}$$

若电导池常数 K_{cell} 值已知，R_m、U 为定值，则电阻 R_m 两端的电压降 U_m 是溶液电导率 κ 的函数，即 $U_m = f(\kappa)$。因此，经适当刻度，在电导率仪指示板上可直接读得溶液的电导率值。

为了消除电导池两电极间的分布电容对 R_x 的影响，电导率仪中设有电容补偿电路，它通过电容产生一个反相电压加在 R_m 上，使电极间分布电容的影响得以消除。

电导仪的工作原理与电导率仪相同。根据式(5-5)，当 R_m、U 为定值时，U_m 是溶液电导 G 的函数。据此，即可在电导仪的指示板上直接读得溶液的电导值。

5.2 抵消法测定原电池电动势

（1）直流电位差计

直流电位差计是按照抵消法原理设计的一种在电流接近于零的条件下测量电位差的仪器。它的精度很高，是测定电动势的最基本的仪器。

抵消法原理见附图 5-5。由图中可见，电路可分为工作回路和测量回路两部分。工作回路由工作电池 E、可变电阻 R 和滑线电阻 AB 组成。测量回路由双刀双闸开关 S、待测电池 E_x（或标准电池 E_s）、电键 K、检流计 G 和滑线电阻的一部分组成。这里，工作回路中的工作电池与测量回路中的待测电池并接，当测量回路中电流为零时，工作电池在滑线电阻 AB 上的某一段电位降恰等于待测电池的电动势。

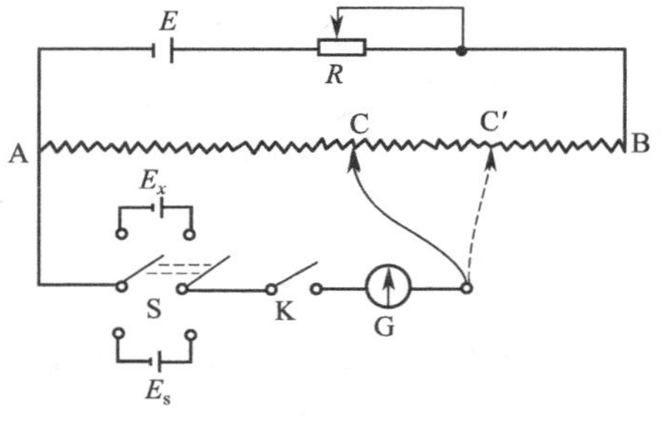

附图 5-5　抵消法测定原理

E—工作电池；R—可变电阻；AB—滑线电阻；
S—双刀双闸开关；E_x—待测电池；E_s—标准电池；
K—电键；G—检流计

测量时，先将开关 S 合向标准电池 E_s，将滑动触点调节到 C 点。此时，AC 上的电位降恰等于标准电池电动势 E_s。例如 $E_s = 1.0183V$，令 $R_{AC} = 1018.3\Omega$，通过调节可变电阻 R，使按下电键 K 时，检流计 G 中指针不偏转，即电流为零。这样利用标准电池即标定了工作回路电流 I 值

$$I = \frac{1.0183}{1.0183} = 1.000mA$$

即在电阻丝 AB 上，每欧姆长度的电位降为 1.0mV。由于 AB 是均匀电阻丝，故 AB 段中任一部分的两端电位降与其长度成正比。然后将 S 合向待测电池 E_x，调节 AB 电阻丝上滑动触点的位置，如调至 C' 点时，按下电键 K，检流计指针不发生偏转，则待测电池的电动势，$E_x = IR_{AC}$，若 $R_{AC'} = 1097.4\Omega$，则 $E_x = 1.0974V$。

目前使用较多的是 UJ 型电位差计。如 UJ-25 型，该仪器上标有 0.01 级字样，表明其测量最大误差为满度值的 0.01%，即万分之一。它的可变电阻 R 由粗、中、细、微四挡组成，滑线电阻 AB 由六个转盘组成，所以测量读数最小值为 $10^{-6}V$。另外，如 UJ-36 型电位

差计，测量原理相同，但精度较低，常用于测定热电偶的热电势，它的优点在于把标准电池、检流计等均组装在同一仪器中，使用比较方便。

（2）标准电池

常用的标准电池为饱和式，有 H 管型和单管型两种，如附图 5-6 所示。负极为镉汞齐（含 $12.5\%Cd$），正极为汞和硫酸亚汞的糊体，两极之间盛以硫酸镉晶体（$CdSO_4 \cdot \frac{8}{3}H_2O$）的饱和溶液。电池内反应如下：

负极
$$Cd(汞齐) \longrightarrow Cd^{2+} + 2e^-$$

$$Cd^{2+} + SO_4^{2-} + \frac{8}{3}H_2O \longrightarrow CdSO_4 \cdot \frac{8}{3}H_2O$$

正极
$$Hg_2SO_4(s) + 2e^- \longrightarrow 2Hg(l) + SO_4^{2-}$$

总反应
$$Cd(汞齐) + Hg_2SO_4(s) + \frac{8}{3}H_2O \longrightarrow 2Hg(l) + CdSO_4 \cdot \frac{8}{3}H_2O$$

标准电池的电动势有很好的重现性和稳定性。即只要严格按规定的配方与工艺进行制作，所得的电动势值都基本一致，且在恒温下可长时间保持不变。因此，它是电化学实验中基本的校验仪器之一。

标准电池检定后只给出 $20℃$ 下的电动势 $E_{s,20}$ 值，若在温度为 $t(℃)$ 时实际测量，其电动势 $E_{s,t}$ 按如下校正式计算：

$$E_{s,t} = E_{s,20} - 4.06 \times 10^{-5}(t-20) - 9.5 \times 10^{-7}(t-20)^2 \tag{5-8}$$

尽管标准电池的可逆性好，但仍应严格限制通过标准电池的电流。一般要求通过的电流应小于 $1\mu A$。因此，在测量时必须短暂、间歇地按电键，更不能用万用电表等直接测它的电压。从其结构上可以看到，标准电池不可倒置或过分倾斜，而且要避免振动。

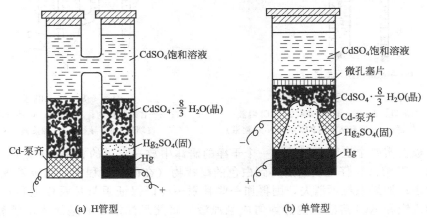

(a) H管型　　　　　　(b) 单管型

附图 5-6　标准电池

此外，还有一种标准电池是干式的，其中溶液呈糊状且不饱和，故也称不饱和标准电池。这种标准电池的精度略差，一般可免除温度校正，常安装在便携式的电位差计之中。

5.3　参比电极与盐桥

（1）甘汞电极

实验室中最常用的参比电极是甘汞电极。作为商品出售的有单液接与双液接两种，它们的结构如附图 5-7 所示。

甘汞电极的电极反应为：

$$Hg_2Cl_2(s) + 2e^- \longrightarrow 2Hg(l) + 2Cl^-(a_{Cl^-})$$

它的电极电位可表示为：

$$E\{Cl^- | Hg_2Cl_2(s), Hg|\} = E^{\ominus}\{Cl^- | Hg_2Cl_2(s), Hg|\} - \frac{RT}{F}\ln a_{Cl^-} \qquad (5-9)$$

由此式可知，$E\{Cl^- | Hg_2Cl_2(s), Hg\}$ 值仅与温度 T 和氯离子活度 a_{Cl^-} 有关。甘汞电极中常用的 KCl 溶液有 0.1mol/L、1.0mol/L 和饱和三种浓度，其中以饱和式为最常用（使用时溶液内应保留少许 KCl 晶体，以保证饱和）。各种浓度的甘汞电极的电极电位与温度的关系见附表 5-1。

附表 5-1　不同 KCl 浓度的 $E\{Cl^- | Hg_2Cl_2(s), Hg\}$ 与温度的关系

KCl 浓度/(mol/L)	电极电位($E_{甘汞}$)/V
饱和	$0.2412 - 7.6 \times 10^{-4}(t-25)$
1.0	$0.2801 - 2.4 \times 10^{-4}(t-25)$
0.1	$0.3337 - 7.0 \times 10^{-5}(t-25)$

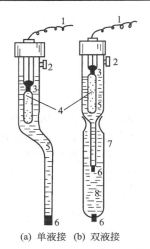

附图 5-7　甘汞电极

1—导线；2—加液口；3—汞；4—甘汞；5—KCl 溶液；
6—素瓷塞；7—外管；8—外充满液（KCl 或 KNO$_3$ 溶液）

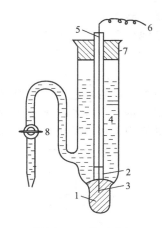

附图 5-8　甘汞电极

1—汞；2—甘汞糊状物；3—铂丝；4—饱和氯化钾溶液；
5—玻璃管；6—导线；7—橡皮塞；8—活塞

甘汞电极在实验中也可自制：在一个干净的研钵中放一定量的甘汞（Hg$_2$Cl$_2$）、数滴汞与少量饱和 KCl 溶液，仔细研磨后得到白色的糊状物（在研磨过程中，如果发现汞粒消失，应再加一点汞；如果汞粒不消失，则再加一些甘汞⋯⋯以保证汞与甘汞相饱和）。随后在此糊状物中加入饱和 KCl 溶液，搅拌均匀成悬浊液。将此悬浊液小心地倾入电极容器中，见附图 5-8，待糊状物沉淀在汞面上后，打开活塞 8，用虹吸法使上层饱和 KCl 溶液充满 U 形支管，再关闭活塞 8，即制成甘汞电极。

（2）银-氯化银电极

银-氯化银电极与甘汞电极相似，都是属于金属-微溶盐-负离子型的电极。它的电极反应和电极电位表示如下：

$$AgCl(s) + e^- \longrightarrow Ag(s) + Cl^-(a_{Cl^-})$$

$$E\{Cl^- | AgCl, Ag|\} = E^{\ominus}\{Cl^- | AgCl, Ag|\} - \frac{RT}{F}\ln a_{Cl^-} \qquad (5-10)$$

可见，$E\{Cl^- | AgCl, Ag\}$ 也只决定于温度与氯离子活度。

制备银-氯化银电极方法很多。较简便的方法是取一根洁净的银丝与一根铂丝，插入 0.1mol/L 的盐酸溶液中，外接直流电源和可调电阻进行电镀。控制电流密度为 $5mA/cm^2$，通电时间约 5min，在作为阳极的银丝表面即镀上一层 AgCl。用去离子水洗净，为防止 AgCl 层因干燥而剥落，可将其浸在适当浓度的 KCl 溶液中，保存待用。

银-氯化银电极的电极电位在高温下较甘汞电极稳定。但 AgCl(s) 是光敏性物质，见光易分解，故应避免强光照射。当银的黑色微粒析出时，氯化银将略呈紫黑色。

（3）盐桥

盐桥的作用在于减小原电池的液体接界电位。常用盐桥的制备方法如下：

在烧杯中配制一定量的 KCl 饱和溶液，再按溶液质量的 1% 称取琼脂粉浸入溶液中，用水浴加热并不断搅拌，直至琼脂全部溶解。随后用吸管将其灌入 U 形玻璃管中（注意，U 形管中不可夹有气泡），待冷却后凝成冻胶即制备完成。将此盐桥浸于饱和 KCl 溶液中，保存待用。

盐桥内除用 KCl 外，也可用其他正负离子的电迁移率相接近的盐类，如 KNO_3、NH_4NO_3 等。具体选择时应防止盐桥中离子与原电池溶液中的物质发生反应，如原电池溶液中含有 Ag^+ 或 Hg_2^{2+}，为避免沉淀产生，不可使用 KCl 盐桥，应选用 KNO_3 或 NH_4NO_3 盐桥。

5.4　电极的预处理

（1）镀铂黑

为防止电极极化，经常需要在铂电极上镀铂黑。使用的镀液通常含有 3% 的氯铂酸（H_2PtCl_6）和 0.25% 的醋酸铅 [$Pb(Ac)_2$]，一般将 3g 氯铂酸和 0.25g 醋酸铅溶于 100mL 去离子水中即可。

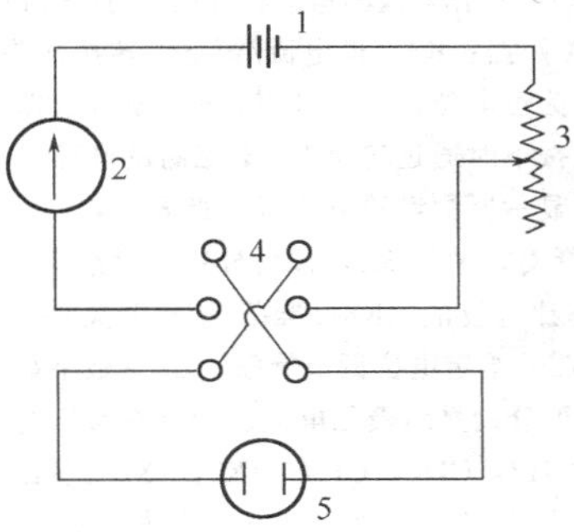

氯铂酸是一种络合物，其离解常数很小，所以在镀液中只有极少量的铂离子。电镀时，铂离子在阴极还原为铂镀层。由于镀层中的铂粒子非常细小，形成了黑色的蓬松镀层，称为铂黑。正由于铂黑粒子细小，增大了电极的有效表面积，在测定时可降低电流密度，可以有效地防止电极极化。

附图 5-9　电镀铂黑线路
1—直流电源；2—毫安表；3—电阻箱；
4—双刀双向开关；5—电导电极

镀铂黑的线路见附图 5-9。利用双刀双向开关 4，使两电导电极交替成为阴极或阳极。这样，两电极可同时镀上铂黑。利用电阻箱 3 控制电流密度，一般以 $5mA/cm^2$ 为宜。每分钟切换双刀双向开关一次，共切换 10 次左右即可完成电镀。

为了除去吸附在刚镀好的铂黑之中的氯气，应将电极用去离子水冲洗干净后浸入 10% 稀硫酸中作为阴极进行电解。电解过程中利用阴极放出的大量氢气，把吸附在铂黑上的氯气冲掉。脱氯后的铂黑电极，要用去离子水冲洗后，再浸入盛有去离子水的容器中备用。

（2）汞齐化

金属电极，如锌、铜等，其电极电位往往由于金属表面的活性变化而不稳定。为了使其电极电位稳定，常用电极电位较高的汞将电极表面汞齐化，即形成汞合金。

汞齐化的操作如下：将硝酸亚汞 [$Hg_2(NO_3)_2$] 溶于 10% 稀硝酸中配成饱和溶液，将洁净的金属电极浸入其中，几秒钟后取出，用去离子水冲洗干净后，拿滤纸在电极表面仔细揩擦，使汞齐均匀地盖满电极的表面即成。

附录6　部分实验仪器设备使用简介

6.1　JH2X 型数字式恒电位仪

JH2X 型数字式恒电位仪具有恒电位和恒电流功能。它的板面如附图 6-1 所示。

用恒电位法进行金属钝化曲线测量，将研究电极（金属）与另一辅助电极（Pt）插在腐蚀介质中组成电解池，用参比电极与阳极组成原电池。通过调节可变电阻 R，给予电解池一系列恒定的电位，通过数字电压表测得参比电极与阳极之间的电动势后，从电流表中读出各电位下的电流而求得对应的电流密度，JH2X 型数字式恒电位仪就是根据此原理提供恒定电极电位的专门仪器。

6.2　PCM-1A 型精密电容测量仪

PCM-1A 型精密电容测量仪用于测量液体的电容和介电常数，采用四位半数字显示，易读，便于计算。它的面板如附图 6-2 所示。操作方法如下。

① 插上电源插头，打开电源开关，预热 20min。

② 每台仪器配有两根两头接有 Q9 插头的屏蔽线，将这两根线分别插至仪器上标有"测试"字样的 Q9 插座内，屏蔽线的另一端暂时不插入插座。

③ 调节调零电位器使数字表头指示为零。

④ 将电容池插入插座内。

⑤ 将一根屏蔽线另一头的 Q9 插头插入电容池上的 Q9 插座内，另一根屏蔽线的另一头插在"插座"上的 Q9 插座内。这时数字表头指示的便为空气的电容值。

⑥ 在电容池内加入待测液体样品，便可从数字表头上读出有介质时的电容值。必须有移液管加样品，每次加入的样品量必须严格相同。

⑦ 用吸管吸出电容池内的液体样品，并用洗耳球对电容池吹气，使电容池内液体样品全部挥发后才能加入新样品。

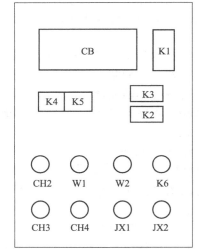

附图 6-1　JH2X 型恒电位仪面板示意图

K1—电源开关；K2—给定/参比选择开关；K3—恒电位时极化电流测量量程开关，有 0～2mA、0～20mA 两挡；K4—恒电流/恒电位转换开关，按下时为恒电位；K5—电流/电位显示选择开关，按下时通过转换 K3 电流测量量程开关即可显示所测量的电流值；当 K5 置于电位选择时，通过 K2，即可分别显示给定或参比电位值；K6—准备/工作开关；W1，W2—给定电位调节旋钮；CB—数字显示屏，可分别显示极化电流、给定或参比电位值；CH2，CH3，CH4，JX1，JX2—参比电极、公共段、研究电极、辅助电极

6.3　UJ-25 型电位差计

电位差计是根据补偿法（或称对消法）测量原理设计的一种平衡式电压测量仪器。其基本工作原理如附图 6-3 所示。图中 E_n 为标准电池，它的电动势已经准确测定。E_x 是被测电池。G 为灵敏度很高的检流计，用来做示零指示。R_n 为标准电池的补偿电阻，其电阻值大小是根据工作电流来选择的。R 是被测电池的补偿电阻，它由已知电阻值的各进位盘组成，通过它可以调节不同的电阻值使其电位降与 E_x 相对消。r 是调节工作电流的变阻器，E 为工作电源，K 为换向开关。

测量时先将开关 K 置于 1 的位置，然后调节 r，使 G 指示为零点，这时有以下关系：

$$E_n = IR_n \tag{6-1}$$

式中，E_n 为标准电池的电动势；I 为流过 R_n 和 R 的电流，称为电位差计的工作电流，即

$$I = E_n / R_n \tag{6-2}$$

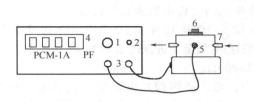

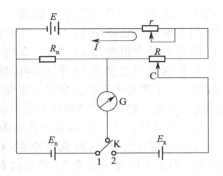

附图 6-2　精密电容测量仪

1—调零旋钮；2—电源指示；3—测量接线；

4—显示屏；5—电容器；

6—加液口；7—恒温液循环口

附图 6-3　电位差计工作原理示意图

工作电流调节好后，将 K 置于 2 的位置，同时旋转各进位盘的触头 C，再次使 G 指示零位。设 C 处的电阻值为 R_c，则有

$$E_x = IR_c \qquad (6\text{-}3)$$

并考虑式(6-2)，则有

$$E_x = E_n = \frac{R_c}{R_n} \qquad (6\text{-}4)$$

由此可知，用补偿法测量电池电动势的特点是：在完全补偿（G 在零位）时，工作回路与被测回路之间并无电流通过，不需要测出工作回路中的电流 I 的数值，只要测得 R_c 与 R_n 的比值即可。由于这两个补偿电阻的精度很高，且 E_n 也经过精确测定，所以只要用高灵敏度检流计示零，就能准确测出被测电池的电动势。

UJ-25 型电位差计是一种实验室常用的精密高电势电位差计。其内部电路如附图 6-4 所示。图中 E 为工作电池，E_n 为标准电池，E_x 为被测电池。电路图中的工作回路由下列各部分组成：

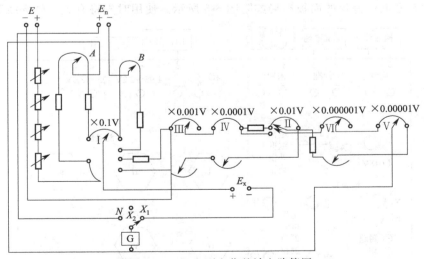

附图 6-4　UJ-25 型电位差计电路简图

① 第 Ⅰ 测量十进盘由 18 个 1000Ω 的电阻组成，其中第 5 个电阻是由一个 999Ω 和温度补偿 B 的十进盘 10 个 0.1Ω 电阻串联而成，第十六个电阻由 1 个 180Ω、1 个 810Ω 及温度补

偿 A 的十进盘 10 个 1Ω 电阻串联而成。

② 第Ⅱ测量十进盘由 11 个 100Ω 的电阻组成。

③ 第Ⅲ测量十进盘由 11 个 100Ω 的电阻组成。

④ 第Ⅳ测量十进盘由 10 个 1Ω 电阻组成，另有 10 个 1Ω 电阻为其替代盘。

⑤ 第Ⅴ、Ⅵ测量十进盘为分路十进盘，分别由 10 个 1Ω 及 10 个 0.1Ω 电阻（有 10 个 0.1Ω 为替代盘）组成。它与 1 个 889Ω 电阻串联后，并联在第Ⅰ测量十进盘的 1 个 100Ω 电阻上。

以上五个部分，Ⅰ～Ⅵ测量盘的电阻值共计 19200Ω。

⑥ 工作回路中的电流由调节电阻（分粗、中、细、微四挡）来调节，使其电流可达 0.0001A。调节电阻是由 3 个 17 挡进位盘（粗，$17 \times 240\Omega$；中，$17 \times 14.5\Omega$；细，$17 \times 1\Omega$）和 1 个 21 挡进位盘（微：$21 \times 0.05\Omega$）组成。

若工作电池的电动势为 2V，要使电流为 0.0001A，则必须使回路电阻值为 20000Ω。通过依次调节粗、中、细和微电阻达到 800Ω，加上 6 个测量十进盘的阻值 19200Ω，总共 20000Ω，这样电流就达到 0.0001A。

其标准电池回路中标准电池电动势的补偿电阻包括下列电阻：

① 第Ⅰ测量十进盘从 5～15 的 10 个 1000Ω 电阻和 1 个 180Ω 电阻，共 10180Ω。

② 温度补偿十进盘 A、B 分别由 10 个 1Ω 和 10 个 0.1Ω 电阻组成。

当标准电池的电动势在一定室温下为 1.01863V，要使检流计中没有电流通过，必须使标准电池回路与工作电池回路的电流相等（方向相反），即检流计两端电压相等。这可通过调节使回路中电阻值为 10186.3Ω（电流＝0.0001A），即把 A 盘放在"6"，B 盘放在"3"的位置上（此时总电阻：$10000+180+6+0.3=10186.3\Omega$），这样就达到对消的目的。

在测量未知电池电动势时，把测量开关由标准拨向未知挡，由于工作电流固定为 0.0001A，放在未知回路中的每只电阻上的电压降为：第Ⅰ测量十进盘为 $1000\Omega \times 0.0001A = 0.1V$。同理：第Ⅱ测量盘为 0.01V，第Ⅲ测量盘为 0.001V，第Ⅳ盘为 0.0001V。第Ⅴ、Ⅵ盘为第Ⅱ盘的分路，电流为其 1/10（即 0.00001A），所以第Ⅴ测量盘上每只电阻的电压降为 $1 \times 10^{-5}V$，第Ⅵ测量盘则为 $1 \times 10^{-6}V$。

UJ-25 型电位差计的使用

① UJ-25 型电位差计的面板布局如附图 6-5 所示。使用时先将有关的外部线路如工作电

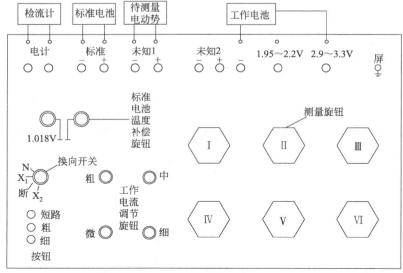

附图 6-5　UJ-25 型电位差计的面板布局

池、检流计、标准电池和待测电池等接好。切不可将标准电池倒置或摇动。

②接通电源，调节好检流计指针的零位。

③将选择开关扳向 N（"校正"），然后将温度补偿旋钮钮至相应的标准电池电动势的数值位置上（注意：应加上温度校正值）。继而断续地按下粗测键（当按下粗测键时，检流计光点在一小格范围内摆动才能按细测键），视检流计光点的偏转情况，调节可变电阻（粗、中、细、微）使检流计光点指示零位。

④电位差计标定完毕后，将选择开关拨向 X_1 或 X_2。根据理论计算出待测电池的电动势，各挡测量旋钮预置在合适的位置。

⑤然后分别按下粗测键和细测键，同时旋转各测量挡旋钮，至检流计光点指示零位，此时电位差计各测量挡所示电压值的总和，即为被测电池的电动势。注意，每次测量前都要用标准电池对电位差计进行标定，否则，由于工作电池电压不稳或温度的变化会导致测量结果不准确。

AC-11 检流计的使用

①检流计（附图 6-6）量程开关置于"调零"挡，调节"调零"旋钮，使表头指针指零，然后将量程开关置于"30μV"。如指针偏移，调节"补偿"旋钮，使其重新指零，重复上述步骤，直至量程开关在"调零"和"30μV"挡，表头指针都指零为止。

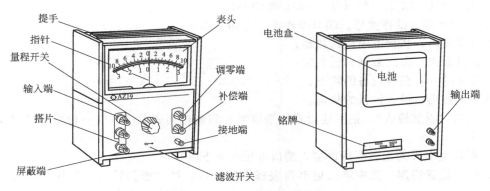

附图 6-6　AC-11 检流计外型图

②用导线、接插件将电位差计的指零仪旋钮和检流计前面板上的"输入"端正负旋钮连接（检流计做指零仪时没有正负之分）。

③将量程开关置于合适量程后，即可进行测量。

④仪器可与 AC-11 光电放大器连接使用，在 100μV 和 30μV 挡时，如发现指针晃动过大，可将滤波器置于"通"位置。此时检流计响应时间有所增加，如要消除指针晃动且响应时间不变，可用输出电流大于 3A 的直流稳压电源作为 AC-11 的电源。

6.4　FJ-3003 化学实验通用数据采集与控制仪使用说明

计算机实验辅助化学实验是计算机辅助教学的一个重要组成部分。随着计算机技术日益发展、成熟，成本不断下降，整个化学工业已经越来越多地采用了计算机控制生产、辅助设计等。"FJ-3003 型化学实验通用数据采集与控制仪"以满足计算机辅助化学实验教学的要求。该系统是一套通用的实验监控系统，不同的实验只需简单配置参数即可。

整个系统分为数据采集控制硬件、监控软件以及中央（教师）监视软件三大部分。此实验监控程序上部有一个工具条，共有 5 个按钮，分别表示程序的 5 个功能。

（1）项目管理

按"项目管理"按钮，弹出一个项目菜单，共有 5 个菜单项。

　　① 新建项目　弹出新建项目的对话框，依次输入项目名称、作者名称、文件名称。项目名称和文件名称必须是唯一的，不能重名。文件名称必须符合 Windows 95 文件名规范。项目名称和作者名称可以包含任何字符。

　　② 打开项目　弹出项目打开的对话框，左边的列表框表示已有的项目。选中对应的项目，按"确定"按钮，就可以打开选中的项目；点击"删除"按钮，将出现一个警告框讯问是否删除选中的项目以及项目所包含的文件。按"是"按钮就可以删除选中的项目以及项目所包含的文件；按"否"按钮就只删除选中的项目不删除项目所包含的文件；按"取消"按钮则不删除任何东西。

　　③ 关闭项目　把已打开的项目关闭，并保存项目的设置。

　　④ 项目属性　察看项目的名称、作者、参数个数、存盘文件个数、项目创建时间。

　　⑤ 退出　退出应用程序，并自动把项目设置存盘。

　　(2) 实验设置

　　实验设置分为三步，由设置向导完成。在每一步中可以按"上一步"回到上一步，也可以按"取消"退出实验设置。

　　① 端口组态对话框（实验设置向导第一步）

　　步骤如下：

　　a. 先选择 COM 端口号（从 COM1 到 COM4）。

　　b. 再选择端口操作类型。端口操作类型有如下四种：

　　模拟量输入：从设备中读入数据；

　　模拟量输出：发送数据到设备中；

　　开关量输入：获得设备的状态；

　　开关量输出：设置设备的状态。

　　c. 点击"添加输入"，把上述设置的端口加入到端口列表框中。同一种类型可以添加多个输入输出。

　　d. 端口上下限的编辑框用以输入端口电压的上下限。

　　e. 如果设置错误，选中输入输出列表框中的端口，按"删除输入"按钮，把选中的端口删除。

　　f. 如果需要设置端口的硬件参数，则选中端口下拉框中的端口号，点击"设置端口"按钮，弹出一个对话框，从中设置硬件的参数。

　　g. 上述全部设置好之后，按"下一步"进入实验设置向导第二步。

　　② 参数组态对话框（实验设置向导第二步）

　　步骤如下：

　　a. 先点击"增加参数"按钮，参数名编辑框和参数列表框中出现缺省的名称"参数 1"。

　　b. 用户可以在参数名编辑框中修改名称，此时参数列表框中对应的参数名相应地改变。

　　c. 在"参数类型"下拉框中选择参数的物理量类型，选好之后，在"参数单位"下拉框中选择参数物理量单位。

　　d. 在"有效数字"编辑框中点击上下箭头，可以增减编辑框中的数字。编辑框中的数字表示此参数的有效数字的个数。

　　e. 在"值类型"单选框中选择参数值的类型。参数值有三种类型。

　　f. 测量值：通过实验设备采集的数据。

　　在"选择端口"下拉框中设置参数对应的端口输入输出路数；然后设置参数缺省的采样时间间隔；用户可以在"校正"编辑框中手工输入校正数据，也可以选中"是否校正"复选框，再按"参数校正"按钮，弹出"参数校正"对话框进行参数校正。

"参数校正"对话框上部有 4 个编辑框，前两个为只读编辑框，显示校正的斜率和截距。第三个由用户输入参数。第四个显示采集的物理量的值。用户先根据实际的物理量输入物理量的值，按"测量"按钮，程序将对应的电压值显示出来，并以物理量的值为纵坐标，电压值为横坐标作一个点。重复上述步骤，作两个以上的点，按"先行拟合"按钮，程序根据最小二乘法画出一条直线，并显示直线的斜率和截距。用户如对校正满意，按"确定"按钮，将把校正结果记录下来；否则，按"取消"按钮，退出校正。

计算值：其他参数通过选择的公式计算出的数据。

在"自变量"下拉框中选择计算公式中的自变量。在"选择公式"下拉框中选择公式。然后在"计算公式的系数"编辑框中输入系数 a 和 b 的值。

输入值：用户手工输入的数据。

g. 如果设置错误，选中"参数列表框"中的参数，按"删除输入"按钮，把它从列表框中删除。

h. 按"下一步"进入实验设置向导第三步。

③ 总览（实验设置向导第三步）　对话框的上部是一个标签页，共有 4 个页面，分别对应 4 种端口输入输出类型。选中不同的标签页可以查看相应的设置。对话框的上部是一个表格，其中包含了参数设置的主要信息。这时按"完成"按钮就完成了实验的设置。

（3）测量

主要有四个标签页：周期采样、动态曲线、手动采样、控制输出。四个标签页的功能是独立的。四个标签页可以同时工作。

① 周期采样

a. 选择参数：在"同时测量参数"复选框中选中需要测量的参数。在"显示动态曲线"复选框中选中需要察看动态的参数。

b. 设置时间：依次输入测量的总时间和采样间隔时间。

c. 开始测量：按"开始采样"按钮，就可以周期性地从设备中采集数据。参数名右边的编辑框中显示对应参数的采样值。界面下方的进度条指示周期测量完成的比例。

d. 动态曲线：在测量过程和测量结束后，均可以选择"动态曲线"标签页察看实验曲线。

e. 终止测量：在测量过程中按"结束采样"按钮可立即终止测量。

f. 保存数据：测量结束后，在"数据文件名"编辑框中输入文件名，然后按"保存数据"按钮，则把数据存入指定的文件。如果在测量之前选中"自动存盘"复选框，则在测量结束时，会自动地把数据存入指定的文件。

② 动态曲线　用切分条把窗口分成若干窗格，以便实时地显示多个实验曲线。用户可以用鼠标拖动切分条来改变各个窗格的大小。用户在窗格中点击鼠标右键，弹出一快捷菜单。快捷菜单有如下功能。

a. 设置绘图范围：弹出一个对话框，用户可以在对话框中设置绘图窗格的上下限和比例尺。

b. X 轴调零：X 轴方向自动滚到当前点的位置。

c. Y 轴调零：Y 轴方向自动滚到当前点的位置。

d. 画实验点：画出孤立的实验点。

e. 实验点连线：画出实验点并用直线把各个实验点连起来。

f. 线性拟合：画出用最小二乘法拟合出的直线。

g. 设置颜色：弹出一个颜色设置对话框，用户可以设定绘图的各种颜色。

③ 手动采样

a. 单独采样：按参数名右边的"采样"按钮，则单独采集此参数的值并显示在参数名右边的编辑框中。

b. 同时采样：在"手动采样"复选框中选中需要同时采样的参数，按参数名右边的"同时采样"按钮，则同时采集选中参数的测量值并显示在参数名右边的编辑框中。

c. 保存数据：如果用户需要保存数据，选中"是否存盘"复选框，在下拉框中输入文件名或从下拉框中选择已有的文件名，则用户在同时采样时采集到的数据会自动存入指定的文件。

④ 控制输出

a. 左边是开关输出量：按参数名旁边的"打开"按钮打开相应的开关输出量，按"关闭"按钮关闭相应的开关输出量。

b. 右边是模拟输出量：在编辑框中输入要输出的物理量，按"输出"按钮把模拟输出量输出到设备中。

（4）数据处理

数据处理有"曲线"和"表格"两个标签页，两个标签页中的数据是等价的，在一个标签页中读入的数据会在另一个标签页中反映出来。

① 曲线

a. 按"读入数据"按钮，弹出"打开数据文件"对话框，用户可以在对话框中选中要打开的数据文件。

b. 在"X 轴参数"和"Y 轴参数"的下拉框中选中参数（X 轴可以选择"时间"），然后在"上下限"和"比例尺"编辑框中输入相应的上下限和比例尺。

c. 按"绘制实验点"，画出孤立的实验点。

d. 按"绘制曲线"，画出实验点并用直线把各个实验点连起来。

e. 按"直线拟合"按钮，画出用最小二乘法拟合出的直线。

② 用户在窗口中点击鼠标右键，弹出一快捷菜单。快捷菜单有如下功能。

a. 设置绘图范围：弹出一个对话框，用户可以在对话框中设置绘图窗格的上下限和比例尺。

b. X 轴调零：X 轴方向自动滚到当前点的位置。

c. Y 轴调零：Y 轴方向自动滚到当前点的位置。

d. 画实验点：画出孤立的实验点。

e. 实验点连线：画出实验点并用直线把各个实验点连起来。

f. 线性拟合：画出用最小二乘法拟合出的直线。

g. 设置颜色：弹出一个颜色设置对话框，用户可以设定绘图的各种颜色。

③ 表格

a. 按"读入数据"按钮，弹出"打开数据文件"对话框，用户可以在对话框中选中要打开的数据文件。打开数据文件后，表格右边会显示文件的摘要信息。

b. 按"打印表格"按钮，把表格中的数据用打印机输出。

（5）系统设置

按"系统设置"按钮后，弹出"颜色设置"对话框。对话框上有 5 个复选框：坐标颜色、背景颜色、曲线颜色、参比曲线颜色、实验点曲线颜色。复选框名称右边的矩形表示此种颜色当前的设置。用户选中某一复选框，再按"更改设置"按钮，弹出 Windows 标准的颜色设置对话框，用户可以选择满意的颜色。设置之后，动态曲线和数据处理将据此显示缺省的颜色。

6.5　JW-004 型比表面测试仪使用说明

（1）测量固体标样法的操作步骤

JW-004 型比表面测试仪工作流程和装置如附图 6-7 和附图 6-8 所示。

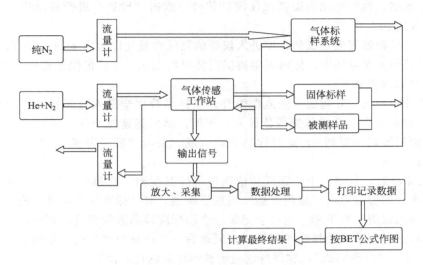

附图 6-7　JW-004 型比表面测试仪工作流程图

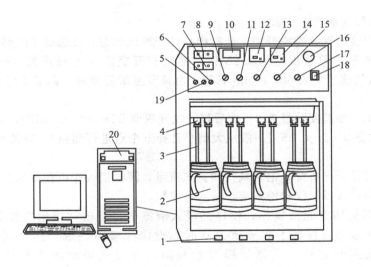

附图 6-8　JW-004 型比表面测试仪装置图

1—液氮升降开关；2—液氮保温杯；3—样品管；4—样品管接头；5—氮气流量调节阀；6—出气流量调节阀；7—氮气数字显示流量表；8—氦气数字显示流量表；9—传感器信号细调旋钮；10—传感器输出信号显示表；11—传感器信号粗调旋钮；12—传感器电流表；13—传感器电流调节旋钮；14—传感器电压表；15—传感器电压调节旋钮；16—衰减挡位切换开关；17—仪器电源开关；18—六通阀；19—数字显示流量表电源开关；20—计算机

① 将处理好的样品装入干净的样品管内，用天平称准质量，然后把样品管安装在吸附仪上（第一个位置安装标准样品，通常为炭黑。若所测样品不足三个，则安装空样品管以保证气路密闭）。

② 打开氧压表总阀，再打开分压阀，调节分压阀的压力至 0.2MPa，此时打开数显流量

表，有流量显示。

③ 打开仪器电源，关闭气路转换开关。把电压调节到 10V，调节电流到不能调节为止，继续调节电压直到电流表指示 100mA 为止，然后等数显稳定后调节到 0。

④ 打开电脑，再打开比表面测试仪测试软件，点击"设置"进行显示设置、系统参数设置、试样设置。

⑤ 调节氮气和氦气流量旋钮，使进入仪器的氮气和氦气比例为 $p/p_0 = 0.2$。

⑥ 把液氮倒入保温杯中，使液氮距离保温杯口约 1cm。然后把保温杯放在升降托盘上。样品管不要碰到保温杯壁。

⑦ 打开升降开关，升起四个液氮保温杯，当样品管完全浸入液氮并停稳后点击"吸附开始"，进行样品吸附。此时传感器数显为一正值，然后迅速减小至一负值，逐渐增大。样品吸附达平衡后数显恢复到 0，此时样品吸附完成，点击"吸附完成"。电脑会记录一个接近正态分布的吸附峰。

⑧ 吸附完成后，从第一个位置开始依次进行样品脱附。把第一个位置标准样品的液氮保温杯降下来，停稳后点击"脱附开始"当数显回到 0 时，标准样品解吸完成。再把第二个位置样品的液氮保温杯降下来，电脑会记录一个跟标准样品形状相近的解吸峰，当数显再次回到 0 时，可以进行下一个样品的解析，直到最后一个样品的比表面积分值不再变化时（数显回到 0），点击"脱附完成"，软件自动显示被测样品的比表面积。

⑨ 最后保存文件。关闭仪器电源，关掉数显流量表电源再关掉氧气表的分压阀，最后关掉总阀。

（2）气体标样法的操作步骤

① 打开吸附仪的气路转换开关，此时样品处于测试状态。注意保持气路密闭。

② 打开氦气瓶，调节压力为 0.2MPa，然后打开吸附仪电源开关，预热数显流量计 0.5h，并调节氦气流量约为 60mL/min，稳定后调节至所需流量。调节工作电流在 100mA，12~14V。

③ 通过粗调、细调使数显为 0。然后打开氮气瓶调节压力为 0.2MPa，并调节流量使氮气与氦气流量比在 0.05~0.35（一般从大到小选择五个点进行测量）。待流量计稳定后进行测量。

④ 将六通阀置于准备位，记录氮气和氦气流量，液氮倒入保温杯放到升降托盘上。

⑤ 打开电脑进入吸附仪软件系统，输入各参数。

⑥ 打开升降旋钮升起液氮杯，使样品浸入液氮中，点击"吸附"按钮，吸附开始，待吸附曲线趋于水平且仪器上数显值为 0 时，点击"吸附完成"然后再点击"脱附"，同时把六通阀旋至测定位，气体标样开始脱附，并形成脱附峰直至曲线水平，数显为 0。

⑦ 把六通阀旋回准备位置，稍等片刻，调节数显为 0，降下样品液氮杯，此时，样品开始脱附，当数显再次回到 0 时，样品脱附完成并得到一个与标准样品脱附峰相近的接近正态分布的脱附峰。保存测试结果，改变氮气与氦气流量比，重复步骤④~⑦。完成 5 个不同流量比的测试结果并保存在同一个文件夹里。

⑧ 打开"NMurve"的应用程序，点击"新建"，在新窗口点击"添加"，把所得的 5 组数据添加进去，然后点击"确定"，得到一个新的窗口，点击鼠标右键选择"BET 曲线"会出现软件自动计算得到的该被测样品的测试结果，包括：所得直线的斜率、截距、比表面积、测试数据的相关性等一系列参数。

⑨ 测试完成后，关掉仪器电源和压力表。

附录7　国际单位制辅助单位和部分实验数据表

7.1　SI 辅助单位、具有专门名称的导出单位

SI 辅助单位

量的名称	单位名称	单位符号
平面角	弧度	rad
立体角	球面度	sr

SI 具有专门名称的导出单位

量的名称	单位名称	单位符号	其它表示示例
频率	赫[兹]	Hz	s^{-1}
力;重力	牛[顿]	N	$kg \cdot m/s^2$
压力,压强;应力	帕[斯卡]	Pa	N/m^2
能量;功;热	焦[耳]	J	$N \cdot m$
功率;辐射通量	瓦[特]	W	J/s
电荷量	库[仑]	C	$A \cdot s$
电位;电压;电动势	伏[特]	V	W/A
电容	法[拉]	F	C/V
电阻	欧[姆]	Ω	V/A
电导	西[门子]	S	A/V
磁通量	韦[伯]	Wb	$V \cdot s$
磁通量密度,磁感应强度	特[斯拉]	T	Wb/m^2
电感	亨[利]	H	Wb/A
摄氏温度	摄氏度	℃	
光通量	流[明]	lm	$cd \cdot sr$
光照度	勒[克斯]	lx	lm/m^2
放射性活度	贝可[勒尔]	Bq	s^{-1}
吸收剂量	戈[瑞]	Gy	J/kg
剂量当量	希[沃特]	Sv	J/kg

7.2　我国选定的非国际单位制单位

量的名称	单位名称	单位符号	换算关系和说明
时间	分 [小]时 天(日)	min h d	1min＝60s 1h＝60min＝3600s 1d＝24h＝86400s
平面角	[角]秒 [角]分 度	(″) (′) (°)	$1''=(\pi/648000)rad$(π 为圆周率) $1'=60''=(\pi/10800)rad$ $1°=60'=(\pi/180)rad$
旋转速度	转每分	r/min	$1r/min=(1/60)s^{-1}$
长度	海里	n mile	1n mile＝1852m(只用于航程)
速度	节	kn	1kn ＝1n mile/h ＝(1852/3600)m/s(只用于航行)

续表

量的名称	单位名称	单位符号	换算关系和说明
质量	吨 原子质量单位	t u	$1t = 10^3 kg$ $1u \approx 1.6605655 \times 10^{-27} kg$
体积	升	L(l)	$1L = 1dm^3 = 10^{-3} m^3$
能	电子伏	eV	$1eV \approx 1.6021892 \times 10^{-19} J$
级差	分贝	dB	
线密度	特[克斯]	tex	$1tex = 1g/km$

附录8　十进制倍数和分数的词头

表示的因数	词头名称	词头符号	表示的因数	词头名称	词头符号
10^{24}	尧[它]	Y	10^{-1}	分	d
10^{21}	泽[它]	Z	10^{-2}	厘	c
10^{-18}	艾[可萨]	E	10^{-3}	毫	m
10^{15}	拍[它]	P	10^{-6}	微	μ
10^{12}	太[拉]	T	10^{-9}	纳[诺]	n
10^{9}	吉[咖]	G	10^{-12}	皮[可]	p
10^{6}	兆	M	10^{-15}	飞[母托]	f
10^{3}	千	K	10^{-18}	阿	a
10^{2}	百	H	10^{-21}	仄[普托]	z
10^{1}	十	Da	10^{-24}	幺[科托]	y

附录9　不同温度下，水的密度、表面张力、黏度、蒸气压

温度 $t/℃$	密度 $\rho/(kg/m^3)$	表面张力 $\sigma/(N/m)$	黏度 $\eta/Pa \cdot s$	蒸气压 p/kPa
0	999.8425	0.07564	0.001787	0.6105
1	999.9015		0.001728	0.6567
2	999.9429		0.001671	0.7058
3	999.9672		0.001618	0.7579
4	999.9750		0.001567	0.8134
5	999.9668	0.07492	0.001519	0.8723
6	999.9432		0.001472	0.9350
7	999.9045		0.001428	1.0016
8	999.8512		0.001386	1.0726
9	999.7838		0.001346	1.1477
10	999.7026	0.07422	0.001307	1.2278
11	999.6081	0.07407	0.001271	1.3124
12	999.5004	0.07393	0.001235	1.4023
13	999.3801	0.07378	0.001202	1.4973
14	999.2474	0.07364	0.001169	1.5981

温度 t/℃	密度 ρ/(kg/m³)	表面张力 σ/(N/m)	黏度 η/Pa·s	蒸气压 p/kPa
15	999.1026	0.07349	0.001139	1.7049
16	998.9460	0.07334	0.001109	1.8177
17	998.7779	0.07319	0.001081	1.9372
18	998.5986	0.07305	0.001053	2.0634
19	998.4082	0.07290	0.001027	2.1967
20	998.2071	0.07275	0.001002	2.3378
21	997.9955	0.07259	0.0009779	2.4865
22	997.7735	0.07244	0.0009548	2.6434
23	997.5415	0.07228	0.0009325	2.8088
24	997.2995	0.07213	0.0009111	2.9833
25	997.0479	0.07197	0.0008904	3.1672
26	996.7867	0.07182	0.0008705	3.3609
27	996.5162	0.07266	0.0008513	3.5649
28	996.2365	0.07150	0.0008327	3.7795
29	995.9478	0.07135	0.0008148	4.0054
30	995.6502	0.07118	0.0007975	4.2428
31	995.3440		0.0007808	4.4923
32	995.0292		0.0007647	4.7547
33	994.7060		0.0007491	5.0312
34	994.3745		0.0007340	5.3193
35	994.0349	0.07038	0.0007194	5.6195
36	993.6872		0.0007052	5.9412
37	993.3316		0.0006915	6.2751
38	992.9683		0.0006783	6.6250
39	992.5973		0.0006654	6.9917

附录 10　镍铬-考铜热电偶（EA-2）分度表

t/℃	0	1	2	3	4	5	6	7	8	9
0	0.00	0.07	0.13	0.20	0.26	0.33	0.39	0.46	0.52	0.59
10	0.65	0.72	0.78	0.85	0.91	0.98	1.05	1.11	1.18	1.24
20	1.31	1.38	1.44	1.51	1.57	1.64	1.70	1.77	1.84	1.91
30	1.98	2.05	2.12	2.18	2.25	2.32	2.38	2.45	2.52	2.59
40	2.66	2.73	2.80	2.87	2.94	3.00	3.07	3.14	3.21	3.28
50	3.35	3.42	3.49	3.56	3.63	3.70	3.77	3.84	3.91	3.98
60	4.05	4.12	4.19	4.26	4.33	4.41	4.48	4.55	4.62	4.69
70	4.76	4.83	4.90	4.98	5.05	5.12	5.20	5.27	5.34	5.41
80	5.48	5.56	5.63	5.70	5.78	5.85	5.92	5.99	6.07	6.14
90	6.21	6.29	6.36	6.43	6.51	6.58	6.65	6.73	6.80	6.87
100	6.95	7.03	7.10	7.17	7.25	7.32	7.40	7.47	7.54	7.62
110	7.69	7.77	7.84	7.91	7.99	8.06	8.13	8.21	8.28	8.35
120	8.43	8.50	8.58	8.65	8.73	8.80	8.88	8.95	9.03	9.10
130	9.18	9.25	9.33	9.40	9.48	9.55	9.63	9.70	9.78	9.85
140	9.93	10.00	10.08	10.16	10.23	10.31	10.38	10.46	10.54	10.61
150	10.69	10.77	10.85	10.92	11.00	11.08	11.15	11.22	11.31	11.38
160	11.46	11.54	11.62	11.69	11.77	11.85	11.93	12.00	12.08	12.16

$t/℃$	0	1	2	3	4	5	6	7	8	9
170	12.24	12.32	12.40	12.48	12.55	12.63	12.71	12.79	12.87	12.95
180	13.03	13.11	13.19	13.27	13.36	13.44	13.52	13.60	13.68	13.76
190	13.84	13.92	14.00	14.08	14.16	14.25	14.33	14.41	14.49	14.57
200	14.65	14.73	14.81	14.90	14.98	15.06	15.14	15.22	15.30	15.38
210	15.46	15.55	15.63	15.71	15.80	15.88	15.97	16.05	16.13	16.21
220	16.30	16.38	16.46	16.54	16.62	16.71	16.79	16.87	16.95	17.03
230	17.12	17.20	17.28	17.37	17.45	17.53	17.62	17.70	17.78	17.87
240	17.95	18.03	18.11	18.19	18.28	18.36	18.44	18.52	18.60	18.68
250	18.76	18.84	18.92	19.01	19.09	19.17	19.26	19.34	19.42	19.51
260	19.59	19.67	19.75	19.84	19.92	20.00	10.09	20.17	20.25	20.34
270	20.42	20.50	20.58	20.66	20.74	20.83	20.91	20.99	21.07	21.15
280	21.24	21.32	21.40	21.49	21.57	21.65	21.73	21.82	21.90	21.98
290	22.07	22.15	22.23	22.32	22.40	22.49	22.57	22.65	22.73	22.81
300	22.90	22.98	23.07	23.15	23.23	23.32	23.40	23.49	23.57	23.66
310	23.74	23.83	23.91	24.00	24.08	24.17	24.26	24.34	24.42	24.51
320	24.59	24.68	24.76	24.85	24.93	25.02	25.10	25.19	25.27	25.36
330	25.44	25.53	25.61	25.70	25.78	25.86	25.95	26.03	26.12	26.21
340	26.30	26.38	26.47	26.55	26.64	26.73	26.81	26.90	26.98	27.07
350	27.15	27.24	27.32	27.41	27.49	27.58	27.66	27.75	27.83	27.93
360	28.01	28.10	28.19	28.27	28.36	28.45	28.54	28.62	28.71	28.80
370	28.88	28.97	29.06	29.14	29.23	29.32	29.40	29.49	29.58	29.66
380	29.75	29.83	29.92	30.00	30.09	30.17	30.26	30.34	30.43	30.52
390	30.61	30.70	30.79	30.87	30.96	31.05	31.13	31.22	31.30	31.39

附录 11　30.0℃ 环己烷-乙醇二元系组成（以环己烷摩尔分数表示）-折射率对照表

折射率	0	1	2	3	4	5	6	7	8	9
1.357	0.000	0.001	0.002	0.003	0.005	0.006	0.007	0.008	0.009	0.010
1.358	0.012	0.013	0.014	0.015	0.016	0.017	0.018	0.020	0.021	0.022
1.359	0.023	0.024	0.025	0.026	0.028	0.029	0.030	0.031	0.032	0.033
1.360	0.035	0.036	0.037	0.038	0.039	0.040	0.041	0.042	0.044	0.045
1.361	0.046	0.047	0.048	0.049	0.051	0.052	0.053	0.054	0.055	0.056
1.362	0.057	0.059	0.060	0.061	0.062	0.063	0.064	0.065	0.067	0.068
1.363	0.069	0.070	0.071	0.072	0.073	0.074	0.076	0.077	0.078	0.079
1.364	0.080	0.081	0.082	0.084	0.085	0.086	0.087	0.088	0.089	0.090
1.365	0.092	0.093	0.094	0.095	0.096	0.097	0.098	0.100	0.101	0.102
1.366	0.103	0.104	0.105	0.106	0.108	0.109	0.110	0.111	0.112	0.113
1.367	0.114	0.116	0.117	0.118	0.119	0.120	0.121	0.122	0.124	0.125
1.368	0.126	0.127	0.128	0.129	0.130	0.132	0.133	0.134	0.135	0.136
1.369	0.137	0.138	0.139	0.141	0.142	0.143	0.144	0.145	0.146	0.147
1.370	0.149	0.150	0.151	0.152	0.153	0.154	0.155	0.157	0.158	0.159

折射率	0	1	2	3	4	5	6	7	8	9
1.371	0.160	0.161	0.162	0.164	0.165	0.166	0.167	0.169	0.170	0.171
1.372	0.172	0.173	0.175	0.176	0.177	0.178	0.180	0.181	0.182	0.183
1.373	0.184	0.186	0.187	0.188	0.189	0.191	0.192	0.193	0.194	0.195
1.374	0.197	0.198	0.199	0.200	0.201	0.203	0.204	0.205	0.206	0.208
1.375	0.209	0.210	0.211	0.212	0.214	0.215	0.216	0.217	0.219	0.220
1.376	0.221	0.222	0.224	0.225	0.226	0.228	0.229	0.230	0.232	0.233
1.377	0.234	0.236	0.237	0.238	0.239	0.241	0.242	0.243	0.245	0.246
1.378	0.247	0.249	0.250	0.251	0.253	0.254	0.255	0.257	0.258	0.259
1.379	0.261	0.262	0.263	0.265	0.266	0.267	0.269	0.270	0.271	0.272
1.380	0.274	0.275	0.276	0.278	0.279	0.280	0.282	0.283	0.284	0.286
1.381	0.287	0.288	0.290	0.291	0.293	0.294	0.295	0.297	0.298	0.299
1.382	0.301	0.302	0.304	0.305	0.306	0.308	0.309	0.310	0.312	0.313
1.383	0.315	0.316	0.317	0.319	0.320	0.322	0.323	0.324	0.326	0.327
1.384	0.328	0.330	0.331	0.333	0.334	0.335	0.337	0.338	0.339	0.341
1.385	0.342	0.344	0.345	0.346	0.348	0.349	0.350	0.352	0.353	0.355
1.386	0.356	0.358	0.359	0.361	0.362	0.364	0.365	0.367	0.368	0.370
1.387	0.371	0.373	0.374	0.376	0.378	0.379	0.381	0.382	0.384	0.385
1.388	0.387	0.388	0.390	0.391	0.393	0.395	0.396	0.398	0.399	0.401
1.389	0.402	0.404	0.405	0.407	0.408	0.410	0.411	0.413	0.415	0.416
1.390	0.418	0.419	0.421	0.422	0.424	0.425	0.427	0.428	0.430	0.431
1.391	0.433	0.435	0.436	0.438	0.440	0.441	0.443	0.444	0.446	0.448
1.392	0.449	0.451	0.453	0.454	0.456	0.458	0.459	0.461	0.463	0.464
1.393	0.466	0.467	0.469	0.471	0.472	0.474	0.476	0.477	0.479	0.481
1.394	0.482	0.484	0.485	0.487	0.489	0.490	0.492	0.494	0.495	0.497
1.395	0.499	0.500	0.502	0.504	0.505	0.507	0.508	0.510	0.512	0.513
1.396	0.515	0.517	0.518	0.520	0.522	0.524	0.525	0.527	0.529	0.531
1.397	0.532	0.534	0.536	0.538	0.539	0.541	0.543	0.545	0.546	0.548
1.398	0.550	0.552	0.553	0.555	0.557	0.559	0.560	0.562	0.564	0.565
1.399	0.567	0.569	0.571	0.572	0.574	0.576	0.578	0.579	0.581	0.583
1.400	0.585	0.586	0.588	0.590	0.592	0.593	0.595	0.597	0.599	0.600
1.401	0.602	0.604	0.606	0.608	0.610	0.611	0.613	0.615	0.617	0.619
1.402	0.621	0.623	0.625	0.626	0.628	0.630	0.632	0.634	0.636	0.638
1.403	0.640	0.641	0.643	0.645	0.647	0.649	0.651	0.653	0.655	0.657
1.404	0.658	0.660	0.662	0.664	0.666	0.668	0.670	0.672	0.673	0.675
1.405	0.677	0.679	0.681	0.683	0.685	0.687	0.688	0.690	0.692	0.694
1.406	0.696	0.698	0.700	0.702	0.704	0.706	0.708	0.710	0.712	0.714
1.407	0.716	0.718	0.720	0.722	0.724	0.726	0.728	0.730	0.732	0.734
1.408	0.736	0.738	0.740	0.742	0.744	0.746	0.749	0.751	0.753	0.755
1.409	0.757	0.759	0.761	0.763	0.765	0.767	0.769	0.771	0.773	0.775
1.410	0.777	0.779	0.781	0.783	0.785	0.787	0.789	0.791	0.793	0.795
1.411	0.797	0.799	0.801	0.803	0.806	0.808	0.810	0.812	0.814	0.816
1.412	0.819	0.821	0.823	0.825	0.827	0.829	0.832	0.834	0.836	0.838
1.413	0.840	0.842	0.845	0.847	0.849	0.851	0.853	0.855	0.857	0.860
1.414	0.862	0.864	0.866	0.868	0.870	0.873	0.875	0.877	0.879	0.881
1.415	0.883	0.886	0.888	0.890	0.892	0.894	0.896	0.899	0.901	0.903
1.416	0.905	0.907	0.910	0.912	0.914	0.916	0.919	0.921	0.923	0.925
1.417	0.928	0.930	0.932	0.934	0.937	0.939	0.941	0.943	0.946	0.948
1.418	0.950	0.952	0.955	0.957	0.959	0.961	0.963	0.966	0.968	0.970
1.419	0.972	0.975	0.977	0.979	0.981	0.984	0.984	0.988	0.990	0.993
1.420	0.995	0.997	1.000							

附录 12　20℃ 乙醇水溶液密度与浓度关系表

此表适用于在 20℃ 时不同质量分散 w 的乙醇水溶液所对应的密度 ρ 以及体积分数 φ

$w/\%$	ρ	$\varphi/\%$	$w/\%$	ρ	$\varphi/\%$	$w/\%$	ρ	$\varphi/\%$
1.0	0.99631	1.3	36.0	0.94303	43.0	71.0	0.86522	77.8
2.0	0.99448	2.5	37.0	0.94110	44.1	72.0	0.86282	78.7
3.0	0.99273	3.8	38.0	0.93915	45.2	73.0	0.86042	79.6
4.0	0.99102	5.0	39.0	0.93716	46.3	74.0	0.85801	80.4
5.0	0.98938	6.3	40.0	0.93514	47.4	75.0	0.85559	81.3
6.0	0.98778	7.5	41.0	0.93310	48.5	76.0	0.85317	82.2
7.0	0.98623	8.8	42.0	0.93103	49.6	77.0	0.85074	83.0
8.0	0.98473	10.0	43.0	0.92893	50.6	78.0	0.84830	83.8
9.0	0.98327	11.2	44.0	0.92682	51.7	79.0	0.84584	84.7
10.0	0.98185	12.4	45.0	0.92468	52.7	80.0	0.84338	85.5
11.0	0.98046	13.7	46.0	0.92253	53.8	81.0	0.84091	86.3
12.0	0.97909	14.9	47.0	0.92036	54.8	82.0	0.83842	87.1
13.0	0.97776	16.1	48.0	0.91818	55.8	83.0	0.83592	87.9
14.0	0.97644	17.3	49.0	0.91598	56.9	84.0	0.83341	88.7
15.0	0.97513	18.5	50.0	0.91377	57.9	85.0	0.83087	89.5
16.0	0.97383	19.7	51.0	0.91154	58.9	86.0	0.82832	90.3
17.0	0.97254	21.0	52.0	0.90931	59.9	87.0	0.82575	91.0
18.0	0.97124	22.1	53.0	0.90706	60.9	88.0	0.82315	91.8
19.0	0.96993	23.4	54.0	0.90481	61.9	89.0	0.82053	92.5
20.0	0.96860	24.6	55.0	0.90254	62.9	90.0	0.81788	93.3
21.0	0.96726	25.7	56.0	0.90027	63.9	91.0	0.81520	94.0
22.0	0.96590	26.9	57.0	0.89799	64.8	92.0	0.81249	94.7
23.0	0.96451	28.1	58.0	0.89570	65.8	93.0	0.80975	95.4
24.0	0.96309	29.3	59.0	0.89340	66.8	94.0	0.80696	96.1
25.0	0.96163	30.5	60.0	0.89109	67.7	95.0	0.80414	96.8
26.0	0.96014	31.6	61.0	0.88878	68.7	96.0	0.80127	97.5
27.0	0.95861	32.8	62.0	0.88646	69.6	97.0	0.79835	98.1
28.0	0.95704	34.0	63.0	0.88413	70.6	98.0	0.79538	98.8
29.0	0.95543	35.1	64.0	0.88179	71.5	99.0	0.79234	99.4
30.0	0.95378	36.2	65.0	0.87944	72.4	100.0	0.78923	100.0
31.0	0.95209	37.4	66.0	0.87709	73.4			
32.0	0.95036	38.5	67.0	0.87473	74.3			
33.0	0.94858	39.7	68.0	0.87236	75.2			
34.0	0.94677	40.8	69.0	0.86999	76.1			
35.0	0.94492	41.9	70.0	0.86761	77.0			

附录 13　部分实验化合物的红外光谱图及核磁共振氢谱图

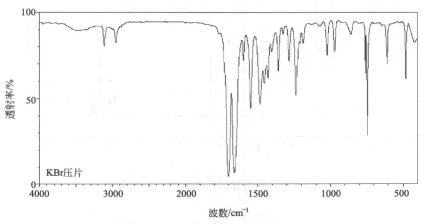

实验一　咖啡因的红外光谱图

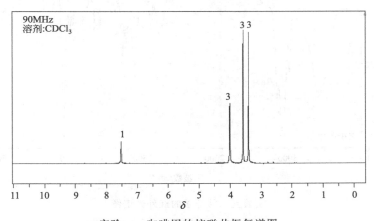

实验一　咖啡因的核磁共振氢谱图

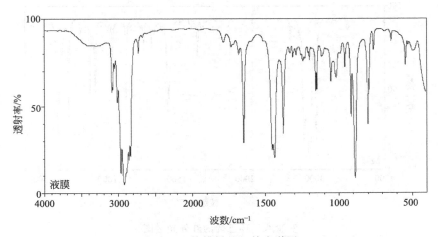

实验三　柠檬烯的红外光谱图

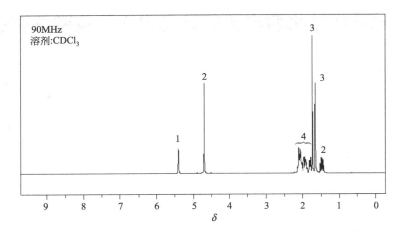

实验三　柠檬烯的核磁共振氢谱图

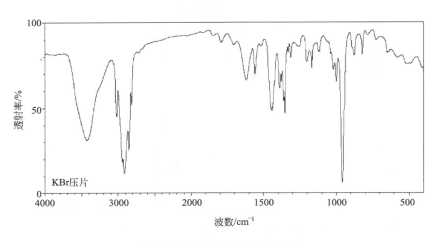

实验五　番茄素的红外光谱图

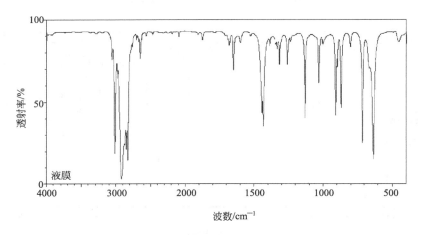

实验八　环己烯的红外光谱图

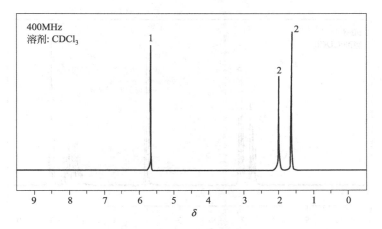

实验八 环己烯的核磁共振氢谱图

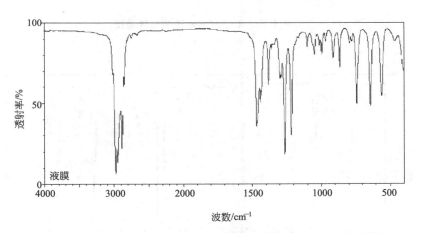

实验十一 1-溴丁烷的红外光谱图

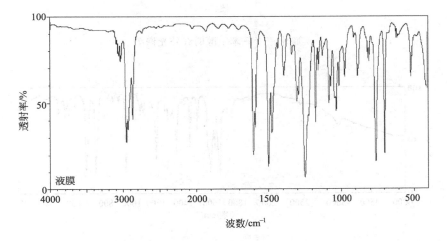

实验十二 苯丁醚的红外光谱图

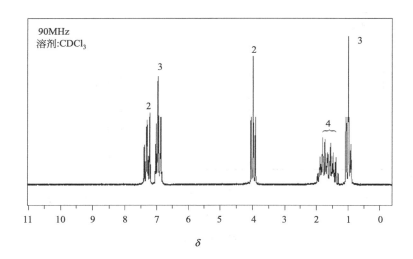

实验十二　苯丁醚的核磁共振氢谱图

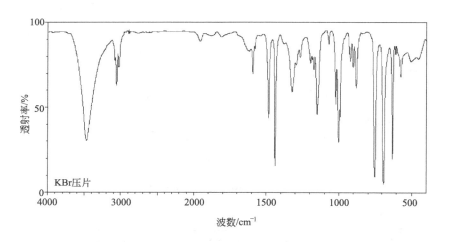

实验十三　三苯甲醇的红外光谱图

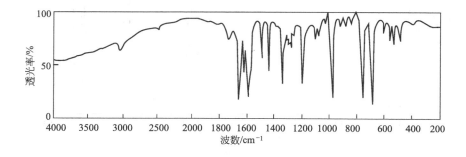

实验十四　二苯乙烯基甲酮的红外光谱图

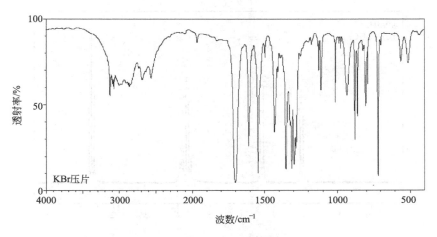

实验十六　对硝基苯甲酸的红外光谱图

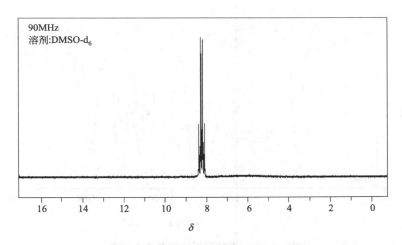

实验十六　对硝基苯甲酸的核磁共振氢谱图

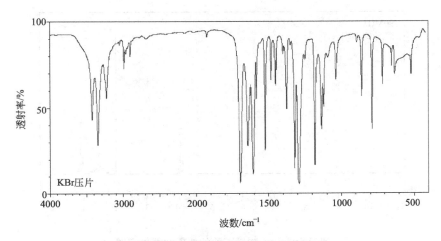

实验十七　苯佐卡因的红外光谱图

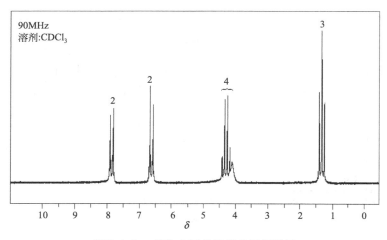

实验十七　苯佐卡因的核磁共振氢谱图

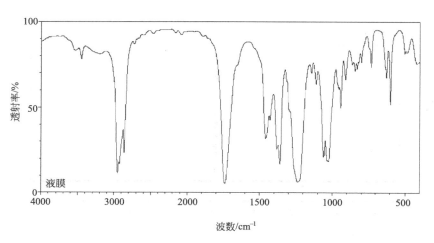

实验十八　乙酸正丁酯的红外光谱图

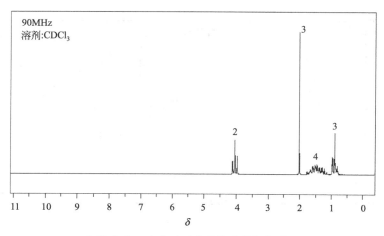

实验十八　乙酸正丁酯的核磁共振氢谱图

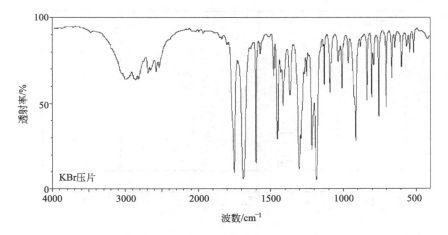

实验十九 乙酰水杨酸的红外光谱图

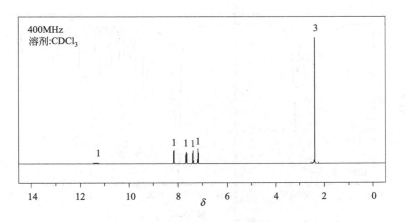

实验十九 乙酰水杨酸的核磁共振氢谱图

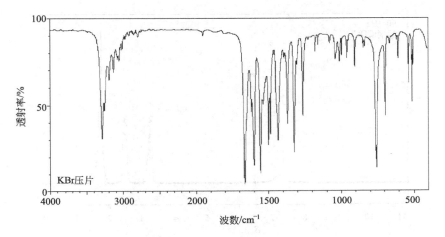

实验二十 乙酰苯胺的红外光谱图

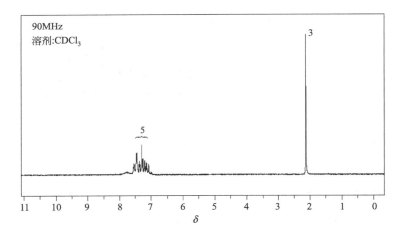

实验二十　乙酰苯胺的核磁共振氢谱图

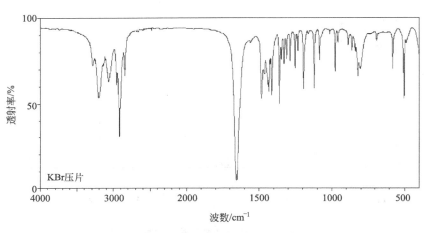

实验二十一　己内酰胺的红外光谱图

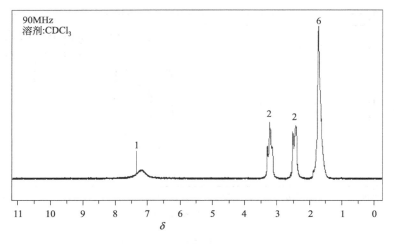

实验二十一　己内酰胺的核磁共振氢谱图

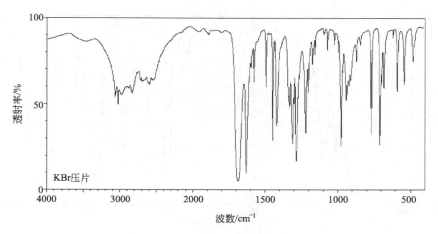

实验二十三　肉桂酸的红外光谱图

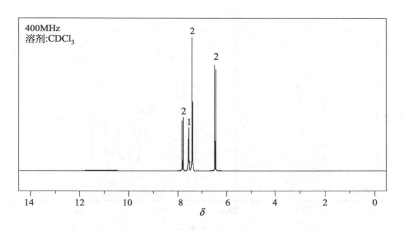

实验二十三　肉桂酸的核磁共振氢谱图

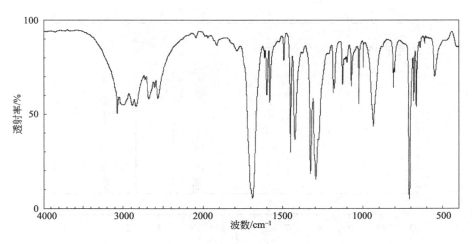

实验二十四　苯甲酸的红外光谱图

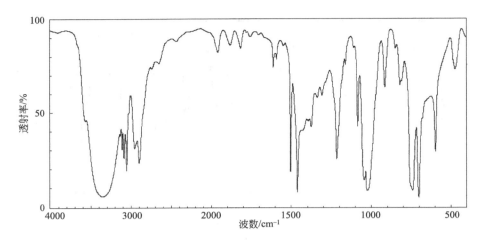

实验二十四　苯甲醇的红外光谱图

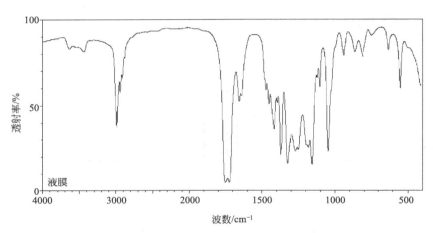

实验二十六　乙酰乙酸乙酯的红外光谱图

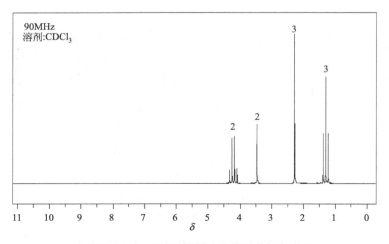

实验二十六　乙酰乙酸乙酯的核磁共振氢谱图

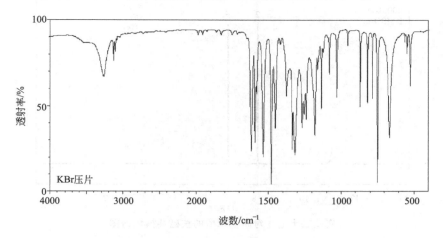

实验二十七　邻硝基苯酚的红外光谱图

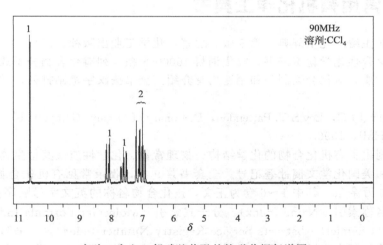

实验二十七　邻硝基苯酚的核磁共振氢谱图

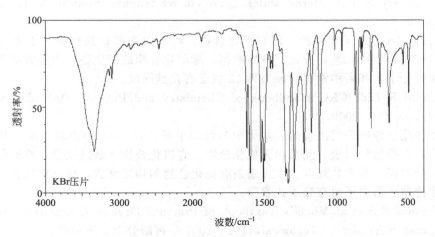

实验二十七　对硝基苯酚的红外光谱图

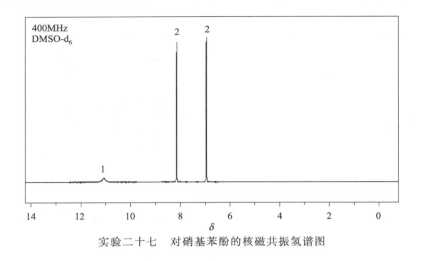

实验二十七　对硝基苯酚的核磁共振氢谱图

附录 14　常用有机化学工具书

（1）姚虎卿主编. 化工辞典. 第 5 版. 北京：化学工业出版社，2014.

这是一部综合性化学化工辞书，收集词目 16000 余条。列有化合物分子式、结构式、物理常数和化学性质，对化合物制备和用途均有介绍。全书按汉字笔画排列，并附汉语拼音检字索引。

（2）Cadogan J I G, Ley S V. Pattenden, Dictionary of Organic Compounds. 6th ed. London：Chapmann & Hall, 1996.

这套辞典列出了有机化合物的化学结构、物理常数、化学性质及其衍生物等，并附有制备的文献资料和美国化学文摘社登记号。全套书共 9 卷，收录常见有机化合物近 3 万余条，加上衍生物达 6 万余条。其中 1～6 卷为正文，按化合物名称的英文字母顺序排列，7～9 卷分别为化合物名称索引（Name Index）、分子式索引（Molecular Formula Index）及化学文摘登录号索引（Chemicsl Abstracts Service Registry Number Index），本书第 6 版已有光盘问世。该辞典第 3 版有中译本，即《汉译海氏有机化合物辞典》，由科学出版社出版。

（3）Budavari S. The Merck Index. 14nd ed. Whitehouse Station N J：Merck &. Co. Inc. , 2006.

这是美国 Merck 公司出版的一部有机化合物、药物大辞典，共收集了 1 万多种化合物的性质、结构式、组成元素百分比、毒性数据、标题化合物的衍生物、制备方法及参考文献等。卷末附有分子式和名称索引。该书第 12 版已有光盘问世。

（4）David R Lide. CRC Handbook of Chemistry and Physics. 90rd ed. Florida：The Chemical Rubber Co, 2009.

这是美国化学橡胶公司出版的一本化学与物理手册。自 1913 年出版以来，几乎每年再版一次。内容包括数学用表、元素和无机化合物、有机化合物、普通化学、普通化学物理常数及其他六个方面。其中共列有 1.5 万余条有机化合物的物理常数，按有机化合物名称的英文字母顺序排列，书中还附有分子式索引。

（5）Furniss B S et al. Vogel's Textbook of Practical Organic Chemistry. 9th ed. England：Longman Scientific & Technical，1989. 2003 年再版分上、下两册。

这是一部经典的有机实验教科书，初版于 1948 年，1989 年已出至第 9 版。内容包括实验操作技术、有机反应基本原理、实验步骤及有机分析。其中所列实验，步骤详尽。

（6）韩广甸等．有机制备化学手册．北京：化学工业出版社，1980．

本套书是常用的有机合成参考书，共分 3 卷，包括实验操作技术、溶剂的精制、辅助试剂的制备、典型有机反应的基本理论以及制备方法，其中列有 451 种有机化合物的详尽制备步骤。

（7）Roger Adams. Organic Syntheses. New York：John Wiley & Sons，Inc.，1932.

本书自 1932 年开始出版，到 2005 年已出至 86 卷，其中每 10 卷合订成一册（40～49 例如卷合订本为：Organic Syntheses Collective Volume5），每卷约提供 30 个化合物的合成方法，步骤详尽，而且每个编入的实验都经专人复核，十分可靠。许多合成方法具一定的通用性，可用于类似化合物的合成。

（8）樊能廷．有机合成事典．北京：北京理工大学出版社，1992．

本书收入常用有机化合物 1700 余种，按反应类型编录，对每种有机化合物的品名、化学文摘登录号、英文名、别名、分子式、相对分子量、物理性质、合成反应、操作步骤及参考文献均有介绍，并附有分子式索引。

（9）Beilstein F K. Beilsteins Handbuch der Organischen Chemie. Berlin：Springer-Verlag，1918.

《Beilstein 有机化学大全》是一本十分完备的有机化学工具书，该书从 1918 年开始出版，该版又称正编（Hauptwerk），收集了 1918 年以前所有的有机化合物数据，后来又出版续编（Erganzungswerke），它们所涵盖的资料年代详见下表。

Beilstein 有机化学大全基本概况

版　本	缩　写	文献年代范围	所用文种
正　编	H	～1909	德语
第一续编	E I	1910～1919	德语
第二续编	E II	1920～1929	德语
第三续编	E III	1930～1949	德语
第三/四续编	E III /N	1930～1959	德语
第四续编	E IV	1950～1959	德语
第五续编	E V	1960～1979	英语

该手册内容非常丰富，不仅介绍了化合物的来源、性质、用途及分析方法，而且还附有原始文献，极具参考价值。手册虽然是以德文编写，但对于懂英文的人来说，通过分子式索引（Formelregister），也可以获得不少信息。另外，本书第五续编已用英文编写，检索起来就更方便了。由于该手册收集的条目极多，因而制定了一套十分严谨的编目方式，如何使用《Beilstein 有机化学大全》，可以参阅：《现代有机化学实验》（［美］米勒 JA，诺齐尔著，董庭威等译，上海翻译出版公司，1987，第 523 页），或按下列地址写信索取 Beilstein 检索指南（How to Use Beilstein），Beilstein 研究会免费提供资料：

Springer-Verlag

Tiergartenstraβe 17

D-6900 Heideberg 1 Berlin

（10）Simons W W. Standard Spectra Collection. Philadelphia：Sadtler Research Laboratories，1989.

《萨德勒标准光谱图集》是由美国费城萨德勒研究实验室连续出版的活页光谱图集。该图集收集有标准红外光谱、标准紫外光谱、核磁共振谱、标准碳 13 核磁共振谱、标准荧光光谱、标准拉曼光谱等。其中包括 48000 幅标准红外光栅光谱，59000 幅标准红外棱镜光谱及 32000 幅核磁共振谱。

参 考 文 献

[1] 焦家俊. 有机化学实验. 上海：上海交通大学出版社，2000.

[2] 李妙葵等. 大学有机化学实验. 上海：复旦大学出版社，2006.

[3] 刘军等. 有机化学实验. 武汉：武汉理工大学出版社，2009.

[4] 朱明华等. 仪器分析. 第4版. 北京：高等教育出版社，2008.

[5] 苏克曼等. 波谱解析法. 第2版. 上海：华东理工大学出版社，2009.

[6] 胡英等. 物理化学. 第5版. 北京：高等教育出版社，2008.

[7] 北京大学物理化学实验教学组. 物理化学实验. 第4版. 北京：北京大学出版社，2002.

[8] 罗澄源等. 物理化学实验. 第4版. 北京：高等教育出版社，2004.

[9] 复旦大学，庄继华等. 物理化学实验. 第3版. 北京：高等教育出版社，2004.

[10] 刘洪来等. 实验化学原理与方法. 第3版，北京：化学工业出版社，2017.

[11] 浙江大学等. 新编大学化学实验. 北京：高等教育出版社，2002.

[12] Shoemaker D P，et al. Experiments in Physical Chemistry. Sixth Edition，1996.

化学实验报告本

专业＿＿＿＿＿＿＿＿＿＿＿＿＿＿＿＿＿＿＿＿＿＿＿

班级＿＿＿＿＿＿＿＿＿＿＿＿＿＿＿＿＿＿＿＿＿＿＿

姓名＿＿＿＿＿＿＿＿＿＿＿＿＿＿＿＿＿＿＿＿＿＿＿

学号＿＿＿＿＿＿＿＿＿＿＿＿＿＿＿＿＿＿＿＿＿＿＿

有机化合物的分离和提纯（基本操作）

实验名称_____

班级_____姓名_____学号_____

实验时间_____实验地点_____指导教师_____

一、实验原理

二、有机化合物的物理常数

三、实验装置示意图

四、实验步骤及注意事项

五、数据记录及处理

六、结果、思考及讨论

教师签名：　　　　　　　成绩：　　　　　　　批改日期：

有机化合物的分离和提纯（基本操作）

实验名称＿＿＿＿＿＿＿＿＿＿＿＿＿＿＿＿＿＿＿＿＿＿＿＿＿＿＿＿＿

班级＿＿＿＿＿＿＿＿＿＿　姓名＿＿＿＿＿＿＿＿＿　学号＿＿＿＿＿＿＿＿＿

实验时间＿＿＿＿＿＿＿＿　实验地点＿＿＿＿＿＿＿　指导教师＿＿＿＿＿＿＿

一、实验原理

二、有机化合物的物理常数

三、实验装置示意图

四、实验步骤及注意事项

五、数据记录及处理

六、结果、思考及讨论

教师签名：　　　　　成绩：　　　　　批改日期：

有机化合物的分离和提纯（基本操作）

实验名称_____

班级_____姓名_____学号_____

实验时间_____实验地点_____指导教师_____

一、实验原理

二、有机化合物的物理常数

三、实验装置示意图

四、实验步骤及注意事项

五、数据记录及处理

六、结果、思考及讨论

教师签名：   成绩：   批改日期：

有机化合物的分离和提纯（基本操作）

实验名称_____

班级_____ 姓名_____ 学号_____

实验时间_____ 实验地点_____ 指导教师_____

一、实验原理

二、有机化合物的物理常数

三、实验装置示意图

四、实验步骤及注意事项

五、数据记录及处理

六、结果、思考及讨论

教师签名：　　　　　　成绩：　　　　　　批改日期：

有机化合物的分离和提纯（基本操作）

实验名称_____

班级_____姓名_____学号_____

实验时间_____实验地点_____指导教师_____

一、实验原理

二、有机化合物的物理常数

三、实验装置示意图

四、实验步骤及注意事项

五、数据记录及处理

六、结果、思考及讨论

教师签名：　　　　　　成绩：　　　　　　批改日期：

有机化合物的分离和提纯（基本操作）

实验名称_____

班级_____姓名_____学号_____

实验时间_____实验地点_____指导教师_____

一、实验原理

二、有机化合物的物理常数

三、实验装置示意图

四、实验步骤及注意事项

五、数据记录及处理

六、结果、思考及讨论

教师签名：　　　　　成绩：　　　　　批改日期：

有机化合物的分离和提纯（基本操作）

实验名称_____

班级_____姓名_____学号_____

实验时间_____实验地点_____指导教师_____

一、实验原理

二、有机化合物的物理常数

三、实验装置示意图

四、实验步骤及注意事项

五、数据记录及处理

六、结果、思考及讨论

教师签名：　　　　　成绩：　　　　　批改日期：

有机化合物的合成和鉴定

实验名称＿＿＿＿＿＿＿＿＿＿＿＿＿＿＿＿＿＿＿＿＿＿＿＿＿＿＿＿＿＿＿

班级＿＿＿＿＿＿＿＿＿＿＿　姓名＿＿＿＿＿＿＿＿＿＿＿　学号＿＿＿＿＿＿＿＿＿＿＿

实验时间＿＿＿＿＿＿＿＿＿　实验地点＿＿＿＿＿＿＿＿＿　指导教师＿＿＿＿＿＿＿＿＿

一、实验原理和主、副反应方程式

二、主要试剂和主副产物的物理常数

名　称	分子量	性　状	密度	熔点	沸点	折射率	溶解性				
							水	醇	醚	苯	其他

三、主要试剂规格及用量

主要试剂	规格	用量(g 或 mL)	物质的量(mol)

四、反应、分离及提纯装置图

五、实验步骤及现象记录

时间	实验步骤	实验现象	备注

时间	实验步骤	实验现象	备注

六、相关数据计算（产率、折射率校正等）

七、实验结果

产物名称＿＿＿＿＿＿＿＿＿　　　　物理状态＿＿＿＿＿＿＿＿＿

产量/g		产率	熔点		沸点		折射率		
理论	实际		文献值	实测值	文献值	实测值	文献值	实测值	相对误差

八、讨论及思考

教师签名：　　　　　　成绩：　　　　　　批改日期：

有机化合物的合成和鉴定

实验名称＿＿＿＿＿＿＿＿＿＿＿＿＿＿＿＿＿＿＿＿＿＿＿＿＿＿＿＿＿＿＿

班级＿＿＿＿＿＿＿＿＿＿＿　姓名＿＿＿＿＿＿＿＿＿＿＿　学号＿＿＿＿＿＿＿＿＿＿＿

实验时间＿＿＿＿＿＿＿＿＿　实验地点＿＿＿＿＿＿＿＿＿　指导教师＿＿＿＿＿＿＿＿＿

一、实验原理和主、副反应方程式

二、主要试剂和主副产物的物理常数

名　称	分子量	性　状	密度	熔点	沸点	折射率	溶解性				
							水	醇	醚	苯	其他

三、主要试剂规格及用量

主要试剂	规格	用量(g 或 mL)	物质的量(mol)

四、反应、分离及提纯装置图

五、实验步骤及现象记录

时间	实验步骤	实验现象	备注

时间	实验步骤	实验现象	备注

六、相关数据计算（产率、折射率校正等）

七、实验结果

产物名称＿＿＿＿＿＿＿＿＿＿＿　　　　物理状态＿＿＿＿＿＿＿＿＿＿＿

产量/g		产率	熔点		沸点		折射率		
理论	实际		文献值	实测值	文献值	实测值	文献值	实测值	相对误差

八、讨论及思考

教师签名：　　　　　成绩：　　　　　批改日期：

有机化合物的合成和鉴定

实验名称＿＿

班级＿＿＿＿＿＿＿＿＿＿＿＿　姓名＿＿＿＿＿＿＿＿＿＿＿＿　学号＿＿＿＿＿＿＿＿＿＿＿＿

实验时间＿＿＿＿＿＿＿＿＿＿　实验地点＿＿＿＿＿＿＿＿＿　指导教师＿＿＿＿＿＿＿＿＿＿

一、实验原理和主、副反应方程式

二、主要试剂和主副产物的物理常数

名　称	分子量	性　状	密度	熔点	沸点	折射率	溶解性				
							水	醇	醚	苯	其他

三、主要试剂规格及用量

主要试剂	规格	用量(g 或 mL)	物质的量(mol)

四、反应、分离及提纯装置图

五、实验步骤及现象记录

时间	实验步骤	实验现象	备注

时间	实验步骤	实验现象	备注

六、相关数据计算（产率、折射率校正等）

七、实验结果

产物名称_____   物理状态_____

产量/g		产率	熔点		沸点		折射率		
理论	实际		文献值	实测值	文献值	实测值	文献值	实测值	相对误差

八、讨论及思考

教师签名：   成绩：   批改日期：

有机化合物的合成和鉴定

实验名称＿＿＿＿＿＿＿＿＿＿＿＿＿＿＿＿＿＿＿＿＿＿＿＿＿＿＿＿＿＿＿

班级＿＿＿＿＿＿＿＿＿＿　姓名＿＿＿＿＿＿＿＿＿＿　学号＿＿＿＿＿＿＿＿＿＿

实验时间＿＿＿＿＿＿＿＿　实验地点＿＿＿＿＿＿＿＿　指导教师＿＿＿＿＿＿＿

一、实验原理和主、副反应方程式

二、主要试剂和主副产物的物理常数

名　　称	分子量	性　状	密度	熔点	沸点	折射率	溶解性				
							水	醇	醚	苯	其他

三、主要试剂规格及用量

主要试剂	规格	用量(g 或 mL)	物质的量(mol)

四、反应、分离及提纯装置图

五、实验步骤及现象记录

时间	实验步骤	实验现象	备注

时间	实验步骤	实验现象	备注

六、相关数据计算（产率、折射率校正等）

七、实验结果

产物名称＿＿＿＿＿＿＿＿＿＿＿　　　　物理状态＿＿＿＿＿＿＿＿＿＿＿

产量/g		产率	熔点		沸点		折射率		
理论	实际		文献值	实测值	文献值	实测值	文献值	实测值	相对误差

八、讨论及思考

教师签名：　　　　　成绩：　　　　　批改日期：

有机化合物的合成和鉴定

实验名称_____

班级_____ 姓名_____ 学号_____

实验时间_____ 实验地点_____ 指导教师_____

一、实验原理和主、副反应方程式

二、主要试剂和主副产物的物理常数

名　称	分子量	性　状	密度	熔点	沸点	折射率	溶解性				
							水	醇	醚	苯	其他

三、主要试剂规格及用量

主要试剂	规格	用量(g 或 mL)	物质的量(mol)

四、反应、分离及提纯装置图

五、实验步骤及现象记录

时间	实验步骤	实验现象	备注

时间	实验步骤	实验现象	备注

六、相关数据计算（产率、折射率校正等）

七、实验结果

产物名称＿＿＿＿＿＿＿＿＿＿＿＿　　物理状态＿＿＿＿＿＿＿＿＿＿＿＿

产量/g		产率	熔点		沸点		折射率		
理论	实际		文献值	实测值	文献值	实测值	文献值	实测值	相对误差

八、讨论及思考

教师签名：　　　　　　成绩：　　　　　　批改日期：

有机化合物的合成和鉴定

实验名称＿＿＿＿＿＿＿＿＿＿＿＿＿＿＿＿＿＿＿＿＿＿＿＿＿＿＿＿＿＿＿＿

班级＿＿＿＿＿＿＿＿＿＿＿＿　姓名＿＿＿＿＿＿＿＿＿＿＿＿　学号＿＿＿＿＿＿＿＿＿＿＿

实验时间＿＿＿＿＿＿＿＿＿＿　实验地点＿＿＿＿＿＿＿＿＿＿　指导教师＿＿＿＿＿＿＿＿＿＿

一、实验原理和主、副反应方程式

二、主要试剂和主副产物的物理常数

名　称	分子量	性　状	密度	熔点	沸点	折射率	溶解性				
							水	醇	醚	苯	其他

三、主要试剂规格及用量

主要试剂	规格	用量（g 或 mL）	物质的量（mol）

四、反应、分离及提纯装置图

五、实验步骤及现象记录

时间	实验步骤	实验现象	备注

时间	实验步骤	实验现象	备注

六、相关数据计算（产率、折射率校正等）

七、实验结果

产物名称＿＿＿＿＿＿＿＿＿＿　　　　　物理状态＿＿＿＿＿＿＿＿＿＿

产量/g		产率	熔点		沸点		折射率		
理论	实际		文献值	实测值	文献值	实测值	文献值	实测值	相对误差

八、讨论及思考

教师签名：　　　　　　成绩：　　　　　　批改日期：

有机化合物的合成和鉴定

实验名称_____

班级_____ 姓名_____ 学号_____

实验时间_____ 实验地点_____ 指导教师_____

一、实验原理和主、副反应方程式

二、主要试剂和主副产物的物理常数

名　称	分子量	性　状	密度	熔点	沸点	折射率	溶解性				
							水	醇	醚	苯	其他

三、主要试剂规格及用量

主要试剂	规格	用量(g 或 mL)	物质的量(mol)

四、反应、分离及提纯装置图

五、实验步骤及现象记录

时间	实验步骤	实验现象	备注

时间	实验步骤	实验现象	备注

六、相关数据计算（产率、折射率校正等）

七、实验结果

产物名称＿＿＿＿＿＿＿＿＿＿　　　　　物理状态＿＿＿＿＿＿＿＿＿＿

产量/g		产率	熔点		沸点		折射率		
理论	实际		文献值	实测值	文献值	实测值	文献值	实测值	相对误差

八、讨论及思考

教师签名：　　　　　　成绩：　　　　　　批改日期：

有机化合物的合成和鉴定

实验名称_____

班级_____ 姓名_____ 学号_____

实验时间_____ 实验地点_____ 指导教师_____

一、实验原理和主、副反应方程式

二、主要试剂和主副产物的物理常数

名　称	分子量	性　状	密度	熔点	沸点	折射率	溶解性				
							水	醇	醚	苯	其他

三、主要试剂规格及用量

主要试剂	规格	用量(g 或 mL)	物质的量(mol)

四、反应、分离及提纯装置图

五、实验步骤及现象记录

时间	实验步骤	实验现象	备注

时间	实验步骤	实验现象	备注

六、相关数据计算（产率、折射率校正等）

七、实验结果

产物名称＿＿＿＿＿＿＿＿＿＿＿＿　　物理状态＿＿＿＿＿＿＿＿＿＿＿＿

产量/g		产率	熔点		沸点		折射率		
理论	实际		文献值	实测值	文献值	实测值	文献值	实测值	相对误差

八、讨论及思考

教师签名：　　　　　成绩：　　　　　批改日期：

有机化合物的合成和鉴定

实验名称＿＿＿＿＿＿＿＿＿＿＿＿＿＿＿＿＿＿＿＿＿＿＿＿＿＿＿＿＿＿＿＿

班级＿＿＿＿＿＿＿＿＿＿＿　姓名＿＿＿＿＿＿＿＿＿＿＿　学号＿＿＿＿＿＿＿＿＿＿＿

实验时间＿＿＿＿＿＿＿＿＿　实验地点＿＿＿＿＿＿＿＿＿　指导教师＿＿＿＿＿＿＿＿

一、实验原理和主、副反应方程式

二、主要试剂和主副产物的物理常数

名　称	分子量	性　状	密度	熔点	沸点	折射率	溶解性				
							水	醇	醚	苯	其他

三、主要试剂规格及用量

主要试剂	规格	用量(g 或 mL)	物质的量(mol)

四、反应、分离及提纯装置图

五、实验步骤及现象记录

时间	实验步骤	实验现象	备注

时间	实验步骤	实验现象	备注

六、相关数据计算（产率、折射率校正等）

七、实验结果

产物名称＿＿＿＿＿＿＿＿＿＿　　　　物理状态＿＿＿＿＿＿＿＿＿＿

产量/g		产率	熔点		沸点		折射率		
理论	实际		文献值	实测值	文献值	实测值	文献值	实测值	相对误差

八、讨论及思考

教师签名：　　　　　　成绩：　　　　　　批改日期：

有机化合物的合成和鉴定

实验名称_____

班级_____ 姓名_____ 学号_____

实验时间_____ 实验地点_____ 指导教师_____

一、实验原理和主、副反应方程式

二、主要试剂和主副产物的物理常数

名　称	分子量	性　状	密度	熔点	沸点	折射率	溶解性				
							水	醇	醚	苯	其他

三、主要试剂规格及用量

主要试剂	规格	用量(g 或 mL)	物质的量(mol)

四、反应、分离及提纯装置图

五、实验步骤及现象记录

时间	实验步骤	实验现象	备注

时间	实验步骤	实验现象	备注

六、相关数据计算（产率、折射率校正等）

七、实验结果

产物名称＿＿＿＿＿＿＿＿＿＿　　　　　　物理状态＿＿＿＿＿＿＿＿＿＿

产量/g		产率	熔点		沸点		折射率		
理论	实际		文献值	实测值	文献值	实测值	文献值	实测值	相对误差

八、讨论及思考

教师签名：　　　　　　成绩：　　　　　　批改日期：

实验报告

实验名称_____

班级_____姓名_____学号_____

实验时间_____实验地点_____指导教师_____

_____

_____

_____

_____

_____

_____

_____

_____

_____

_____

_____

_____

_____

_____

_____

_____

_____

_____

_____

_____

_____

_____

预习及原始实验数据记录

实验名称＿＿＿＿＿＿＿＿＿＿＿＿＿＿＿＿＿＿＿＿＿＿＿＿＿＿＿＿＿＿＿＿＿＿＿＿＿＿＿

班级＿＿＿＿＿＿＿＿＿＿＿姓名＿＿＿＿＿＿＿＿＿＿＿学号＿＿＿＿＿＿＿＿＿＿＿＿

实验时间＿＿＿＿＿＿＿＿＿实验地点＿＿＿＿＿＿＿＿指导教师＿＿＿＿＿＿＿＿＿＿

实验报告

实验名称＿＿＿＿＿＿＿＿＿＿＿＿＿＿＿＿＿＿＿＿＿＿＿＿＿＿＿＿＿＿＿

班级＿＿＿＿＿＿＿＿＿＿姓名＿＿＿＿＿＿＿＿＿＿学号＿＿＿＿＿＿＿＿＿＿

实验时间＿＿＿＿＿＿＿＿实验地点＿＿＿＿＿＿＿＿指导教师＿＿＿＿＿＿＿＿

教师签名：　　　　　　成绩：　　　　　　批改日期：

预习及原始实验数据记录

实验名称_____

班级_____姓名_____学号_____

实验时间_____实验地点_____指导教师_____

实验报告

实验名称＿＿＿＿＿＿＿＿＿＿＿＿＿＿＿＿＿＿＿＿＿＿＿＿＿＿＿＿＿

班级＿＿＿＿＿＿＿＿＿＿姓名＿＿＿＿＿＿＿＿＿＿学号＿＿＿＿＿＿＿＿＿＿

实验时间＿＿＿＿＿＿＿＿实验地点＿＿＿＿＿＿＿＿指导教师＿＿＿＿＿＿＿

教师签名：　　　　　　成绩：　　　　　　批改日期：

预习及原始实验数据记录

实验名称＿＿＿＿＿＿＿＿＿＿＿＿＿＿＿＿＿＿＿＿＿＿＿＿＿＿＿＿＿＿＿＿＿＿＿

班级＿＿＿＿＿＿＿＿＿＿＿姓名＿＿＿＿＿＿＿＿＿＿＿学号＿＿＿＿＿＿＿＿＿＿＿

实验时间＿＿＿＿＿＿＿＿＿实验地点＿＿＿＿＿＿＿＿＿指导教师＿＿＿＿＿＿＿＿＿

实验报告

实验名称＿＿＿＿＿＿＿＿＿＿＿＿＿＿＿＿＿＿＿＿＿＿＿＿＿＿＿＿＿

班级＿＿＿＿＿＿＿＿＿姓名＿＿＿＿＿＿＿＿＿学号＿＿＿＿＿＿＿＿＿

实验时间＿＿＿＿＿＿＿实验地点＿＿＿＿＿＿指导教师＿＿＿＿＿＿＿

教师签名：　　　　　　成绩：　　　　　　批改日期：

预习及原始实验数据记录

实验名称 _____

班级 _____ 姓名 _____ 学号 _____

实验时间 _____ 实验地点 _____ 指导教师 _____

_____

_____

_____

_____

_____

_____

_____

_____

_____

_____

_____

_____

_____

_____

_____

_____

_____

_____

_____

_____

_____

_____

实验报告

实验名称 _____

班级 _____ 姓名 _____ 学号 _____

实验时间 _____ 实验地点 _____ 指导教师 _____

_____

_____

_____

_____

_____

_____

_____

_____

_____

_____

_____

_____

_____

_____

_____

_____

_____

_____

_____

_____

_____

_____

教师签名：　　　　　　成绩：　　　　　　批改日期：

预习及原始实验数据记录

实验名称 _____

班级_____ 姓名_____ 学号_____

实验时间_____ 实验地点_____ 指导教师_____

_____

_____

_____

_____

_____

_____

_____

_____

_____

_____

_____

_____

_____

_____

_____

_____

_____

_____

_____

_____

_____

_____

_____

实验报告

实验名称_____

班级_____姓名_____学号_____

实验时间_____实验地点_____指导教师_____

_____

_____

_____

_____

_____

_____

_____

_____

_____

_____

_____

_____

_____

_____

_____

_____

_____

_____

_____

_____

_____

_____

预习及原始实验数据记录

实验名称_____

班级_____姓名_____学号_____

实验时间_____实验地点_____指导教师_____

_____
_____
_____
_____
_____
_____
_____
_____
_____
_____
_____
_____
_____
_____
_____
_____
_____
_____
_____
_____
_____
_____
_____
_____
_____

实验报告

实验名称_____

班级_____姓名_____学号_____

实验时间_____实验地点_____指导教师_____

_____
_____
_____
_____
_____
_____
_____
_____
_____
_____
_____
_____
_____
_____
_____
_____
_____
_____
_____
_____
_____
_____
_____
_____
_____

教师签名： 成绩： 批改日期：

预习及原始实验数据记录

实验名称_____

班级_____姓名_____学号_____

实验时间_____实验地点_____指导教师_____

_____

_____

_____

_____

_____

_____

_____

_____

_____

_____

_____

_____

_____

_____

_____

_____

_____

_____

_____

_____

_____

_____

_____

实验报告

实验名称_____

班级_____姓名_____学号_____

实验时间_____实验地点_____指导教师_____

_____

_____

_____

_____

_____

_____

_____

_____

_____

_____

_____

_____

_____

_____

_____

_____

_____

_____

_____

_____

_____

_____

教师签名：　　　　　成绩：　　　　　批改日期：

预习及原始实验数据记录

实验名称_____

班级_____ 姓名_____ 学号_____

实验时间_____ 实验地点_____ 指导教师_____

实验报告

实验名称_____

班级_____姓名_____学号_____

实验时间_____实验地点_____指导教师_____

教师签名：　　　　　　成绩：　　　　　　批改日期：

预习及原始实验数据记录

实验名称_____

班级_____ 姓名_____ 学号_____

实验时间_____ 实验地点_____指导教师_____

实验报告

实验名称＿＿＿＿＿＿＿＿＿＿＿＿＿＿＿＿＿＿＿＿＿＿＿＿＿＿＿＿＿＿

班级＿＿＿＿＿＿＿＿＿＿＿姓名＿＿＿＿＿＿＿＿＿＿学号＿＿＿＿＿＿＿＿＿＿＿

实验时间＿＿＿＿＿＿＿＿＿实验地点＿＿＿＿＿＿＿＿指导教师＿＿＿＿＿＿＿＿

教师签名： 成绩： 批改日期：

预习及原始实验数据记录

实验名称＿＿＿＿＿＿＿＿＿＿＿＿＿＿＿＿＿＿＿＿＿＿＿＿＿＿＿＿＿＿＿＿＿＿＿＿＿

班级＿＿＿＿＿＿＿＿＿＿＿　姓名＿＿＿＿＿＿＿＿＿＿＿　学号＿＿＿＿＿＿＿＿＿＿＿

实验时间＿＿＿＿＿＿＿＿＿　实验地点＿＿＿＿＿＿＿＿＿　指导教师＿＿＿＿＿＿＿＿＿

实验报告

实验名称＿＿＿＿＿＿＿＿＿＿＿＿＿＿＿＿＿＿＿＿＿＿＿＿＿＿＿＿＿＿＿＿

班级＿＿＿＿＿＿＿＿＿＿＿＿＿姓名＿＿＿＿＿＿＿＿＿＿＿学号＿＿＿＿＿＿＿＿＿＿＿＿

实验时间＿＿＿＿＿＿＿＿＿＿实验地点＿＿＿＿＿＿＿＿＿指导教师＿＿＿＿＿＿＿＿＿＿

教师签名：　　　　　　成绩：　　　　　　批改日期：

预习及原始实验数据记录

实验名称 _____

班级 _____ 姓名 _____ 学号 _____

实验时间 _____ 实验地点 _____ 指导教师 _____

实验报告

实验名称＿＿＿＿＿＿＿＿＿＿＿＿＿＿＿＿＿＿＿＿＿＿＿＿＿＿＿＿＿＿＿＿

班级＿＿＿＿＿＿＿＿＿＿　姓名＿＿＿＿＿＿＿＿＿＿　学号＿＿＿＿＿＿＿＿＿＿

实验时间＿＿＿＿＿＿＿＿　实验地点＿＿＿＿＿＿＿＿　指导教师＿＿＿＿＿＿＿＿

预习及原始实验数据记录

实验名称_____

班级_____ 姓名_____ 学号_____

实验时间_____ 实验地点_____ 指导教师_____

实验报告

实验名称 _____

班级 _____ 姓名 _____ 学号 _____

实验时间 _____ 实验地点 _____ 指导教师 _____

_____

_____

_____

_____

_____

_____

_____

_____

_____

_____

_____

_____

_____

_____

_____

_____

_____

_____

_____

_____

_____

_____

_____

教师签名：　　　　　　　成绩：　　　　　　　批改日期：

预习及原始实验数据记录

实验名称_____

班级_____姓名_____学号_____

实验时间_____实验地点_____指导教师_____

实验报告

实验名称_____

班级_____姓名_____学号_____

实验时间_____实验地点_____指导教师_____

_____
_____
_____
_____
_____
_____
_____
_____
_____
_____
_____
_____
_____
_____
_____
_____
_____
_____
_____
_____
_____
_____
_____

教师签名：　　　　　成绩：　　　　　批改日期：

预习及原始实验数据记录

实验名称＿＿＿＿＿＿＿＿＿＿＿＿＿＿＿＿＿＿＿＿＿＿＿＿＿＿＿＿＿＿＿＿＿＿

班级＿＿＿＿＿＿＿＿＿＿＿　姓名＿＿＿＿＿＿＿＿＿＿＿　学号＿＿＿＿＿＿＿＿＿＿＿

实验时间＿＿＿＿＿＿＿＿＿　实验地点＿＿＿＿＿＿＿＿　指导教师＿＿＿＿＿＿＿＿＿

实验报告

实验名称 _____

班级 _____ 姓名 _____ 学号 _____

实验时间 _____ 实验地点 _____ 指导教师 _____

_____

_____

_____

_____

_____

_____

_____

_____

_____

_____

_____

_____

_____

_____

_____

_____

_____

_____

_____

_____

教师签名：　　　　　　　成绩：　　　　　　　批改日期：

预习及原始实验数据记录

实验名称_____

班级_____姓名_____学号_____

实验时间_____实验地点_____指导教师_____

_____

_____

_____

_____

_____

_____

_____

_____

_____

_____

_____

_____

_____

_____

_____

_____

_____

_____

_____

_____

_____

_____

实验报告

实验名称＿＿＿＿＿＿＿＿＿＿＿＿＿＿＿＿＿＿＿＿＿＿＿＿＿＿＿＿＿＿＿＿＿＿

班级＿＿＿＿＿＿＿＿＿＿＿姓名＿＿＿＿＿＿＿＿＿＿＿学号＿＿＿＿＿＿＿＿＿＿

实验时间＿＿＿＿＿＿＿＿＿实验地点＿＿＿＿＿＿＿＿指导教师＿＿＿＿＿＿＿＿

教师签名：　　　　　　　成绩：　　　　　　　批改日期：

预习及原始实验数据记录

实验名称＿＿＿＿＿＿＿＿＿＿＿＿＿＿＿＿＿＿＿＿＿＿＿＿＿＿＿＿＿＿＿＿＿＿＿

班级＿＿＿＿＿＿＿＿＿＿＿＿＿姓名＿＿＿＿＿＿＿＿＿＿＿＿＿学号＿＿＿＿＿＿＿＿＿＿＿＿＿

实验时间＿＿＿＿＿＿＿＿＿＿实验地点＿＿＿＿＿＿＿＿＿指导教师＿＿＿＿＿＿＿＿＿

实验报告

实验名称_____

班级_____姓名_____学号_____

实验时间_____实验地点_____指导教师_____

_____

_____

_____

_____

_____

_____

_____

_____

_____

_____

_____

_____

_____

_____

_____

_____

_____

_____

_____

_____

_____

_____

教师签名：　　　　　　　成绩：　　　　　　　批改日期：

预习及原始实验数据记录

实验名称＿＿＿＿＿＿＿＿＿＿＿＿＿＿＿＿＿＿＿＿＿＿＿＿＿＿＿＿＿＿＿＿＿＿＿

班级＿＿＿＿＿＿＿＿＿＿　姓名＿＿＿＿＿＿＿＿＿＿＿　学号＿＿＿＿＿＿＿＿＿＿＿

实验时间＿＿＿＿＿＿＿＿　实验地点＿＿＿＿＿＿＿＿　指导教师＿＿＿＿＿＿＿＿＿

实验报告

实验名称 _____

班级 _____ 姓名 _____ 学号 _____

实验时间 _____ 实验地点 _____ 指导教师 _____

_____

_____

_____

_____

_____

_____

_____

_____

_____

_____

_____

_____

_____

_____

_____

_____

_____

_____

_____

_____

_____

_____

_____

_____

教师签名：　　　　　　成绩：　　　　　　批改日期：

预习及原始实验数据记录

实验名称_____

班级_____姓名_____学号_____

实验时间_____实验地点_____指导教师_____

_____
_____
_____
_____
_____
_____
_____
_____
_____
_____
_____
_____
_____
_____
_____
_____
_____
_____
_____
_____
_____
_____
_____
_____
_____

实验报告

实验名称_____

班级_____姓名_____学号_____

实验时间_____实验地点_____指导教师_____

_____

_____

_____

_____

_____

_____

_____

_____

_____

_____

_____

_____

_____

_____

_____

_____

_____

_____

_____

_____

_____

教师签名：　　　　　成绩：　　　　　批改日期：

预习及原始实验数据记录

实验名称 _____

班级 _____ 姓名 _____ 学号 _____

实验时间 _____ 实验地点 _____ 指导教师 _____

_____

_____

_____

_____

_____

_____

_____

_____

_____

_____

_____

_____

_____

_____

_____

_____

_____

_____

_____

_____

_____

_____

_____

_____

_____

实验报告

实验名称_____

班级_____姓名_____学号_____

实验时间_____实验地点_____指导教师_____

_____

_____

_____

_____

_____

_____

_____

_____

_____

_____

_____

_____

_____

_____

_____

_____

_____

_____

_____

_____

_____

_____

_____

_____

教师签名：　　　　　成绩：　　　　　批改日期：

预习及原始实验数据记录

实验名称＿＿＿＿＿＿＿＿＿＿＿＿＿＿＿＿＿＿＿＿＿＿＿＿＿＿＿＿＿＿

班级＿＿＿＿＿＿＿＿＿＿姓名＿＿＿＿＿＿＿＿＿＿学号＿＿＿＿＿＿＿＿＿＿

实验时间＿＿＿＿＿＿＿＿实验地点＿＿＿＿＿＿＿指导教师＿＿＿＿＿＿＿＿

实验报告

实验名称 _____

班级 _____ 姓名 _____ 学号 _____

实验时间 _____ 实验地点 _____ 指导教师 _____

教师签名：　　　　　　成绩：　　　　　　批改日期：

预习及原始实验数据记录

实验名称_____

班级_____姓名_____学号_____

实验时间_____实验地点_____指导教师_____

_____

_____

_____

_____

_____

_____

_____

_____

_____

_____

_____

_____

_____

_____

_____

_____

_____

_____

_____

_____

_____

_____

_____

_____

实验报告

实验名称_____

班级_____姓名_____学号_____

实验时间_____实验地点_____指导教师_____

_____

_____

_____

_____

_____

_____

_____

_____

_____

_____

_____

_____

_____

_____

_____

_____

_____

_____

_____

_____

_____

_____

教师签名：　　　　　成绩：　　　　　批改日期：

预习及原始实验数据记录

实验名称＿＿＿＿＿＿＿＿＿＿＿＿＿＿＿＿＿＿＿＿＿＿＿＿＿＿＿＿＿＿＿＿＿＿

班级＿＿＿＿＿＿＿＿＿＿姓名＿＿＿＿＿＿＿＿＿＿学号＿＿＿＿＿＿＿＿＿＿

实验时间＿＿＿＿＿＿＿实验地点＿＿＿＿＿＿＿指导教师＿＿＿＿＿＿＿＿

实验报告

实验名称＿＿＿＿＿＿＿＿＿＿＿＿＿＿＿＿＿＿＿＿＿＿＿＿＿＿＿＿＿

班级＿＿＿＿＿＿＿＿＿姓名＿＿＿＿＿＿＿＿＿学号＿＿＿＿＿＿＿＿＿

实验时间＿＿＿＿＿＿＿实验地点＿＿＿＿＿＿＿指导教师＿＿＿＿＿＿＿

教师签名：　　　　　成绩：　　　　　批改日期：

预习及原始实验数据记录

实验名称_____

班级_____姓名_____学号_____

实验时间_____实验地点_____指导教师_____

_____
_____
_____
_____
_____
_____
_____
_____
_____
_____
_____
_____
_____
_____
_____
_____
_____
_____
_____
_____
_____
_____
_____
_____

实验报告

实验名称＿＿＿＿＿＿＿＿＿＿＿＿＿＿＿＿＿＿＿＿＿＿＿＿＿＿＿＿＿＿＿＿＿

班级＿＿＿＿＿＿＿＿＿＿＿姓名＿＿＿＿＿＿＿＿＿＿＿学号＿＿＿＿＿＿＿＿＿＿

实验时间＿＿＿＿＿＿＿＿实验地点＿＿＿＿＿＿＿＿指导教师＿＿＿＿＿＿＿＿

教师签名： 成绩： 批改日期：

预习及原始实验数据记录

实验名称＿＿＿＿＿＿＿＿＿＿＿＿＿＿＿＿＿＿＿＿＿＿＿＿＿＿＿＿＿＿＿＿＿＿

班级＿＿＿＿＿＿＿＿＿＿＿ 姓名＿＿＿＿＿＿＿＿＿＿＿ 学号＿＿＿＿＿＿＿＿＿＿＿

实验时间＿＿＿＿＿＿＿＿＿ 实验地点＿＿＿＿＿＿＿＿＿ 指导教师＿＿＿＿＿＿＿＿＿

ISBN 978-7-122-34849-4

定价：40.00 元